计算机基础课程系列教材

VISUAL C++
PROGRAMMING THIRD EDITION

Visual C++教程
第3版

郑阿奇 主编

丁有和 编著

U0332705

机械工业出版社
China Machine Press

图书在版编目（CIP）数据

Visual C++教程 / 郑阿奇主编. —3版. —北京：机械工业出版社，2015.3
（计算机基础课程系列教材）

ISBN 978-7-111-49143-9

I. V⋯ Ⅱ. 郑⋯ Ⅲ. C语言 – 程序设计 – 高等学校 – 教材 Ⅳ. TP312

中国版本图书馆 CIP 数据核字（2015）第 012222 号

　　本书在简单介绍 C/C++ 的基础上，重点介绍 Visual C++ 6.0 程序设计，分为教程、实验与实习三个部分，主要包括"C/C++ 语言概述"、"C++ 面向对象程序设计基础"、"C++ 面向对象程序设计进阶"、"MFC 框架、消息和对话框"、"常用控件"、"框架窗口界面设计"、"数据、文档和视图"、"图形、文本和数据库"等内容。在实践环节，配备 15 个实验进行知识块训练，最后进行综合实习，使知识块形成知识体，同时锻炼读者解决问题的能力。

　　本书基本每章包含常见问题解答、习题和单元综合测试，在书后配套单元综合测试参考答案。学期结束，学生可通过提供的两份模拟试卷和参考答案自测 C++ 和 Visual C++ 部分内容，教师可据此生成正式考试试卷。

　　通过阅读本书并且进行相关实验和综合实习，能在较短的时间内基本掌握 Visual C++ 及其应用技术。本书可作为高等院校本科、高职高专学生的教材，也可作为广大 Visual C++ 6.0 用户的学习和参考用书。

出版发行：机械工业出版社（北京市西城区百万庄大街22号　邮政编码：100037）
责任编辑：佘　洁　　　　　　　　　　　　　　　责任校对：董纪丽
印　　刷：北京瑞德印刷有限公司　　　　　　　　版　　次：2015年3月第3版第1次印刷
开　　本：185mm×260mm　1/16　　　　　　　　印　　张：21.5
书　　号：ISBN 978-7-111-49143-9　　　　　　　定　　价：40.00元

凡购本书，如有缺页、倒页、脱页，由本社发行部调换
客服热线：(010) 88378991　88361066　　　　　　投稿热线：(010) 88379604
购书热线：(010) 68326294　88379649　68995259　　读者信箱：hzjsj@hzbook.com

前　　言

在学习完 C 语言后再学习 C++ 和 Visual C++ 已经成为许多高等学校的一种模式。我们在汲取以前编写 C++ 和 Visual C++ 教材成功经验的基础上，结合 C++ 和 Visual C++ 的教学实践，以读者初步熟悉 C++ 语言为前提，编写了《Visual C++ 教程》第 1 版和第 2 版，该书受到广大师生的好评，至今已经重印多次。

第 3 版在第 2 版的基础上进行修订，在简单介绍 C/C++ 的基础上，重点介绍 Visual C++ 6.0 程序设计，分为教程、实验与实习 3 个部分。

对于 C++ 基础内容部分，根据近年教学实践进行了完善。同时，加强了"实验 1"的内容。

对于 MFC 部分，则做了如下调整。

第 4 章对 Windows 和 MFC 编程的框架内容进行细化，强化从本质上理解 MFC 的机制，同时对"对话框"内容进行优化。

第 5 章的常用控件去掉了"标签控件"内容，同时对内容做适当调整和优化。

第 6 章将整个框架的界面内容（窗口、图标、光标、菜单、工具栏和状态栏）的次序做了调整：在图标和光标后介绍菜单、工具栏和状态栏，同时将分散的菜单内容合并在一起，保持其相对独立。

第 7 章强调数据流的主线，去掉了"使用多个文档类型"，添加"类序列化"等内容。

第 8 章将图形、文本和数据库放在一起讲，去掉了"ADO 数据库编程"，既强调了 MFC ODBC 数据库的应用，又避免了应用技术的复杂性。

另外，基本每章都配有常用问题解答、习题、单元综合测试等内容，以更好地为教学服务。

本书不仅适合教学使用，也非常适合利用 Visual C++ 6.0 编程和开发应用程序的用户学习和参考。通过阅读本书，结合上机操作指导进行练习，读者就能在较短的时间内基本掌握 Visual C++ 及其应用技术。

本书主要由丁有和（南京师范大学）编写，郑阿奇（南京师范大学）对全书进行统编定稿。参加本书编写的还有顾韵华、梁敬东、朱毅华、时跃华、赵青松、彭作民、崔海源、徐卫军、刘毅、王燕平、汤玫、郑进、周怡君、刘博宇、吴明祥等。

本书为教师免费提供教学课件、实例源文件、综合应用实习源文件、模拟试卷、参考答案等教辅，需要者可从华章网站（www.hzbook.com）下载。

由于编者水平有限，不当之处在所难免，恳请读者批评指正。

编　者
2015 年 1 月

目　　录

第二部分　实　验

第三部分　实　习

第一部分　教　程

第 1 章　C/C++ 语言概述

最早的 C 语言是在 1970 年由 AT&T 贝尔实验室推出的。尽管 C 语言具有简洁高效、运算符丰富、兼有低级语言的特征和良好的可读性等许多优点，但为了能满足运用面向对象方法开发软件的需求，1983 年贝尔实验室对 C 语言进行了扩充和完善，开发出支持面向对象程序设计的 C++ 语言。为了使 C++ 具有良好的可移植性，C++ 的第一个国际标准 ISO/IEC 14882:1998 在 1998 年获得批准，这个标准常称为 C++98、标准 C++ 或 ANSI/ISO C++。C++ 第二版的标准（ISO/IEC 14882:2003）是在 2003 年发布的。随后，2011 年发布了 ISO/IEC 14882:2011，它是目前最新的标准，简称 C++11。但本书仍以 C++98 为基础。

本章主要简述 C/C++ 的基础内容，同时，凡 C++ 对 C 语言扩展的内容将予以注明。需要说明的是，在学习本章内容之前最好先做实验 1。

1.1　从 C 到 C++ 的程序结构

和 C 语言一样，一个 C++ 程序也是由预处理命令、语句、函数、变量（对象）、输入与输出以及注释等几个基本部分组成的。下面先来看一个简单的 C++ 程序（注意与 C 语言的区别）。

【例 Ex_Simple】一个简单的 C++ 程序

```
// C++程序的基本结构
#include <iostream.h>
void main()
{
    double r, area;                    // 声明变量
    cout<<"输入圆的半径: ";            // 显示提示信息
    cin>>r;                            // 从键盘上输入变量r的值
    area = 3.14159 * r * r;            // 计算面积
    cout<<"圆的面积为: "<<area<<"\n";  // 输出面积
}
```

该程序经编译、连接、运行后，屏幕上显示：

```
输入圆的半径:
```

此时等待用户输入，当输入 "10" 并按 Enter 键后，屏幕显示：

```
圆的面积为: 314.159
```

这就是程序运行的过程。

和 C 语言一样，代码中的 main 表示主函数，每一个 C++ 程序都必须包含一个且只能包含一个 main 函数。main 函数体是用一对花括号 "{" 和 "}" 括起来的，函数体中包括若干条语句，每一条语句都以分号 ";" 作为结束的标志。

在本例中，main 函数体的第 1 条语句用来声明 r 和 area 两个变量；第 2 条语句是一条输出语句，它将双引号中的内容输出到屏幕上，cout 表示标准输出流对象，用于屏幕输出，"<<" 是

插入符，它将后面的内容插入到 cout 中，即输出到屏幕上；第 3 条语句是一条输入语句，cin
表示标准输入流对象，用于键盘输入，"＞＞"是提取符，用来将用户键入的内容保存到后面的
变量 r 中；最后一条语句是采用多个 "＜＜" 将字符串和变量 area 的内容输出到屏幕中，后面的
"\n" 是换行符，即在输出内容后回车换行。

程序的第 2 行 "#include <iostream.h>" 是 C++的编译指令，称为预处理命令。iostream.h
文件是一个标准输入/输出流的头文件，由于程序中用到了输入/输出流对象 cin 和 cout，故需要
包含该头文件。

从代码中可以看出，C++用标准输入输出的头文件 iostream.h 替代了 C 语言的 stdio.h，用
cin、cout 和操作运算符＞＞、＜＜等实现并扩展了 C 语言的 scanf 和 printf 函数功能。

需要说明的是，为了能突出 C++与 C 语言本身的不同，对于以往 C 语言的标准头文件（.h）
也改用新的文件，去掉了 ".h" 扩展名。这就是说，【例 Ex_Simple】代码中头文件 iostream.h
的包含指令建议写成下面的新格式：

```
#include <iostream>
```

同时为使 iostream 中的定义对程序有效，还需使用下面名称空间编译指令来指定：

```
using namespace std;                    // 注意不要漏掉后面的分号
```

它是一个在代码编译之前处理的指令，namespace 称为**名称空间**。这样，C++程序基本框架
建议为：

```
#include <iostream>
using namespace std;
int main()
{    …
     return 0;
}
```

事实上，cin 和 cout 就是 std 中已定义的流对象，若不使用 "using namespace std;"，则还可
有下列两种方式来指定。

1）在使用前用下列代码来指定：

```
using std::cout;                        // 指定以后的程序中可以使用 cout 对象
using std::cin;                         // 指定以后的程序中可以使用 cin 对象
```

2）在调用时指定它所属的名称空间，即如下述格式来使用：

```
std::cout<<"输入圆的半径: ";            // ::是域作用运算符，表示 cout 是 std 域中的成员
std::cin>>r;
```

1.2 程序书写规范

C++程序的书写规范基本与 C 相同。下面从标识符命名、缩进和注释这几个方面进行简单
介绍。

1. 标识符命名

标识符是用来标识变量名、函数名、数组名、类名、对象名、类型名、文件名等的有效字
符序列。标识符命名需要遵守合法性、有效性和易读性的原则。

（1）合法性

C++规定标识符由大小写字母、数字字符（0～9）和下划线组成，且第一个字符必须为字
母或下划线。任何标识符中都不能有空格、标点符号、运算符及其他非法字符。标识符的大小
写是有区别的，并且不能和系统的关键字同名，以下是常用的 C++标准关键字（C 语言本身有

32 个，斜体为 C++新增加的）：

asm	auto	*bool*	break	case	*catch*
char	*class*	const	continue	default	*delete*
do	double	else	enum	extern	float
for	*friend*	goto	if	*inline*	int
long	*mutable*	*namespace*	*new*	*operator*	*private*
protected	*public*	register	return	*short*	*signed*
sizeof	static	struct	switch	*template*	*this*
throw	*try*	typedef	union	unsigned	*using*
virtual	void	volatile	while		

（2）有效性

虽然，标识符的长度（组成标识符的字符个数）是任意的，但最好不要超过 32 个，因为有的编译系统只能识别前 32 个字符，也就是说前 32 个字符相同的两个不同标识符被有的系统认为是同一个标识符。

（3）易读性

在定义标识符时，若能做到"见名知意"就可以达到易读性的目的。

另外，为了增强程序的可读性，许多程序员采用"匈牙利标记法"来定义标识符。这种方法是：在每个变量名前面加上表示数据类型的小写字符，变量名中每个单词的首字母均大写。例如：用 nWidth 或 iWidth 表示整型（int）变量。

2. 缩进和注释

程序在书写时不要将程序的每一行都由第一列开始，而应在语句前面加进一些空格，称为"缩进"，或是在适当的地方加进一些空行，以提高程序的可读性。在本书中，采用下列缩进形式：

每个花括号占一行，并与使用花括号的语句对齐。花括号内的语句采用缩进书写格式，缩进量为四个字符（一个缺省的制表符）。

同缩进的目的一样，注释也是为了提高程序的可读性。注释本身对编译和运行并不起作用。在程序中，凡是放在"/*……*/"之间或以"//"开头的行尾的内容都是注释的内容，其中，/*……*/ 注释方式可以出现在程序中的任何位置。一般来说，注释应在编程的过程中进行，且注释内容一般有：源程序的总体注释（文件名、作用、创建时间、版本、作者及引用的手册、运行环境等）、函数注释（目的、算法、使用的参数和返回值的含义、对环境的一些假设等）及其他的少量注释。一般不要陈述那些一目了然的内容，以免影响注释的效果。

1.3　数据类型

和 C 语言一样，C++的数据类型也分为基本类型、派生类型以及复合类型三类。基本数据类型是 C++系统的内部数据类型，如整型、浮点型等。派生类型是将已有的数据类型定义成指针或引用。而复合类型是根据基本类型和派生类型定义的复杂数据类型（又可称为构造类型），如数组、类、结构体和共用体等。

1.3.1　基本数据类型

C/C++的基本数据类型有字符型（char）、整型（int）和浮点型（float、double）三种。这些基本数据类型还可用 short、long、signed 和 unsigned 来修饰。表 1-1 列出了 C++中的基本数据类型，其字宽（以字节数为单位）和取值范围是在 Visual C++ 6.0 时的情况。

需要注意的是：

1）C++ 还可以有布尔型（bool），即值为 true 或 false。事实上，在计算机内，编译系统将 true 表示成整数 1，false 表示成整数 0，因此也可把布尔型看成是一个整型。

2）无符号（unsigned）和有符号（signed）的区别在于数值最高位的含义。对于 signed 类型来说，最高位是符号位，其余各位表示数值大小；而 unsigned 类型的各个位都用来表示数值大小；因此相同基本数据类型的 signed 和 unsigned 的数值范围是不同的。例如，无符号字符型值的范围为 0～255，而有符号字符型值的范围为 -128～-127。

3）char、short、int 和 long 可统称为整型。缺省时，char、short、int 和 long 本身是有符号（signed）的。

表 1-1   C++ 的基本数据类型

类 型 名	类 型 描 述	字 宽	范 围
char	字符型	1	-128～127
unsigned char	无符号字符型	1	0～255(0xff)
signed char	有符号字符型(与 char 相同)	1	-128～127
short [int]	短整型	2	-32 768～32 767
unsigned short [int]	无符号短整型	2	0～65 535(0xffff)
signed short [int]	有符号短整型(与 short int 相同)	2	-32 768～32 767
int	整型	4	-2 147 483 648～2 147 483 647
unsigned [int]	无符号整型	4	0～4 294 967 295(0xffffffff)
signed [int]	有符号整型(与 int 相同)	4	-2 147 483 648～2 147 483 647
long [int]	长整型	4	-2 147 483 648～2 147 483 647
unsigned long [int]	无符号长整型	4	0～4 294 967 295(0xffffffff)
signed long [int]	有符号长整型(与 long int 相同)	4	-2 147 483 648～2 147 483 647
float	单精度浮点型	4	3.4E-38～3.4E+38
double	双精度浮点型	8	1.7E-308～1.7E+308
long double	长双精度浮点型	8	1.7E-308～1.7E+308

注：表中 [int] 表示可以省略，即在 int 之前有 signed、unsigned、short、long 时，可以省略 int 关键字。

1.3.2 常 量

根据程序中数据的可变性，数据可以分为常量和变量两大类。

在程序运行过程中，其值不能被改变的量称为常量。常量可分为不同的类型，如 1、20、0、-6 为整型常量，1.2、-3.5 为浮点型常量，'a'、'b' 为字符常量。常量一般从其字面形式即可判别。

下面简单介绍几种不同数据类型常量的表示方法。

1. 整型常量

整型常量可以用十进制、八进制和十六进制来表示。

十进制整型常量即十进制整数，如 34、128 等。

八进制整型常量是以 0 开头的数，它由 0 至 7 的数字组成。如 045，即 $(45)_8$，表示八进制数 45，等于十进制数 37；-023 表示八进制数 -23，等于十进制数 -19。

十六进制整型常量是以 0x 或 0X 开头的数，它由 0 至 9、A 至 F 或 a 至 f 组成。例如 0X7B，即 $(7B)_{16}$，等于十进制的 123，-0x1a 等于十进制的 -26。

需要注意的是：

1）整型常量中的长整型（long）要以 L 或小写字母 l 作为结尾，如 3276878L、496l 等。

2）整型常量中的无符号型（unsigned）要以 U 或 u 作为结尾，如 2100U、6u 等。

3）整型常量中的无符号长整型（unsigned long）要以 U（或 u）和 L（或 l）的组合作为结尾，如 23UL、23ul、23LU、23lu、23Ul、23uL 等。

4）默认时，如果一个整数没有后缀，则可能是 int 或 long 类型，这取决该整数的大小。

2. 浮点型常量

浮点型常量即实数，它有十进制数或指数两种表示形式。

十进制数形式是由整数部分和小数部分组成的（注意必须有小数点）。例如 0.12、.12、1.2、12.0、12.、0.0 都是十进制数形式。

指数形式采用科学表示法，它能表示出很大或很小的浮点数。例如 1.2e9 或 1.2E9 都代表 1.2×10^9，注意字母 E（或 e）前必须有数字，且 E（或 e）后面的指数必须是整数。

若浮点型常量是以 F（或 f）结尾的，则表示单精度类型（float）；以 L（或小写字母 l）结尾的，表示长双精度类型（long double）。若一个浮点型常量没有任何说明，则表示双精度类型（double）。

3. 字符常量

字符常量是用单引号括起来的一个字符。如 'A'、'g'、'%'、'␣'（␣表示空格，以下同）等都是字符常量。注意 'B' 和 'b' 是两个不同的字符常量。

除了上述形式的字符常量外，C/C++ 还可以用一个 "\" 开头的字符来表示特殊含义的字符常量。例如前例中 '\n'，代表一个换行符，而不是表示字符 n。这种将反斜杠(\)后面的字符转换成另外意义的方法称为转义表示法，'\n' 称为转义字符。表 1-2 列出了常用的转义字符。

表 1-2　常用转义字符

字 符 形 式	含　　义
\a	响铃
\b	退格(相当于按 Backspace 键)
\f	进纸(仅对打印机有效)
\n	换行
\r	回车(相当于按 Enter 键)
\t	水平制表(相当于按 Tab 键)
\v	垂直制表(仅对打印机有效)
\'	单引号
\"	双引号
\\	反斜杠
\?	问号
\ooo	1 到 3 位八进制数所代表的字符
\xhh	1 到 2 位十六进制数所代表的字符

需要说明的是，当转义字符引导符后接数字时，用来指定字符的 ASCII 码值。默认时，数字为八进制，此时数字可以是 1 位、2 位或 3 位。若采用十六进制，则需在数字前面加上 X 或 x，此时数字可以是 1 位或多位。例如：'\101' 和 '\x41' 都是表示字符 'A'。若为 '\0'，则表示 ASCII 码值为 0 的字符。

注意：ANSI/ISO C++ 中由于允许出现多字节编码的字符，因此对于 "\x" 或 "\X" 后接的十六进制的数字位数已不再限制。

4. 字符串常量

和 C 语言一样，C++除了允许使用字符常量外，还允许使用字符串常量。字符串常量是一对双引号括起来的字符序列。例如：

```
"Hello, World!\n"
"C++语言"
"abcdef"
```

等等都是合法的字符串常量。字符串常量的字符个数称为字符串长度。字符串常量中还可以包含空格、转义字符或其他字符。并且必须在同一行书写，若一行写不下，则需要用 '\' 来连接，例如：

```
"ABCD\
EFGHIGK..."
```

不要将字符常量和字符串常量相混淆，它们的主要区别如下：

1）字符常量是用单引号括起来的，仅占一个字节；而字符串常量是用双引号括起来的，至少占用两个字节。例如 'a' 是字符常量，占用一个字节用来存放字符 a 的 ASCII 码值，而 "a" 是字符串常量，它的长度不是 1 而是 2，除了字符 a 之外，它的末尾还有个 '\0' 字符。每个字符串的末尾都有一个这样的字符，一定要注意。

2）字符常量实际上是整型常量的特殊形式，它可以参与常用的算术运算；而字符串常量则不能。例如：

```
int  b='a'+3;        // 结果 b 为 100，这是因为'a'的 ASCII 码值 97 参与了运算
```

5. 符号常量

在 C++中，除了用 C 语言的#define 定义符号常量外，还常常用 const 来定义符号常量。

1.3.3 变 量

变量是指在程序执行中其值可以改变的量。变量的作用是存储程序中需要处理的数据，它可以放在程序中的任何位置上。但无论如何，在使用一个变量前必须先定义这个变量。变量有三个基本要素：C++合法的变量名、变量类型和变量的数值。

1. 变量的定义

定义变量是用下面的格式语句进行定义的：

<类型> <变量名列表>;

需要说明的是：

1）可以将同类型的变量定义在一行语句中，不过变量名要用逗号(,)分隔。但在同一个程序块中，不能有两个相同的变量名。

2）注意在 C++中没有字符串变量类型，字符串是用字符类型的数组或指针来定义的。

3）与 C 语言相比，C++变量的定义比较自由。例如，可以在 for 语句中定义一个变量（以后还会讲到）。

2. 变量的初始化

程序中常需要对一些变量预先设置初值，这一过程称为初始化。在 C/C++中，可以在定义变量时同时使变量初始化。例如：

```
double    x=1.28;                 // 指定 x 为双精度浮点变量，初值为 1.28
int       nNum1, nNum2=3, nNum3;  // 指定某一个变量的初值
```

C++变量的初始化还有另外一种形式，它与 C 语言不同。例如：

```
int nX(1), nY(3);
```

表示 nX 和 nY 是整型变量，它们的初值分别为 1 和 3。

1.3.4 数据类型转换

C/C++采用两种方法对数据类型进行转换，一种是"自动转换"，另一种是"强制类型转换"。

1. 自动转换

自动转换是将数据类型从低到高的顺序进行转换，如图 1-1 所示。

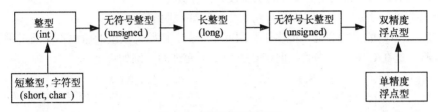

图 1-1 类型转换的顺序

2. 强制类型转换

强制类型转换是在程序中通过指定数据类型来改变图 1-1 所示的类型转换顺序，将一个变量从其定义的类型改变为另一种新的类型。强制类型转换有下列两种格式：

```
(<类型名>)<表达式>
<类型名>(<表达式>)
```

这里的"类型名"是任何合法的 C/C++数据类型，例如 float、int 等。通过类型的强制转换可以将"表达式"转换成指定的类型。

1.3.5 数组

C/C++可以允许程序员按一定的规则进行数据类型的构造，如定义数组类型、枚举类型、结构体类型和共用体类型等，这些类型统称为构造类型。

数组是相同类型的元素的有序集合，每个元素在数组中的位置可用统一的数组名和下标来唯一确定。

1. 数组的定义

定义一个数组可按下列格式进行：

```
<类型> <数组名> [<常量表达式 1>][<常量表达式 2>]…
```

<数组名>后面的常量表达式用于确定数组的维数和大小。例如：

```
int     a[10];
float   b[2][3];
```

分别定义了整型一维数组 a 和浮点型二维数组 b。

一般地，表示某维大小的常量表达式中不能包含变量，但可以包括常量和符号常量，其值必须是一个确定的整型数值，且数值大于 1。

2. 数组元素的引用

数组定义后，就可以引用数组中的元素，引用时按下列格式：

```
<数组名> [<下标>]......
```

例如 a[0]、b[5]等，这里的 0 和 5 是数组的下标，a 和 b 是定义过的数组名。

3. 数组的赋值

数组中的元素既可以在数组定义的同时赋初值，即初始化，也可以在定义后赋值。例如：

```
int    b[5]={1, 2};
```

是将数组 b 的元素 b[0]、b[1]分别赋予 1、2 的值。有时，在对全部数组元素赋初值时，可以不指定数组的长度，例如：

```
int    c[]={1, 2, 3, 4, 5};
```

系统将根据数值的个数自动定义 c 数组的长度，这里是 5。

对于二维或多维数组也可同样进行初始化。需要说明的是：

1）初始化数组的值的个数不能多于数组元素个数，初始化数组的值也不能通过跳过逗号的方式来省略，这在 C 中是允许的，但在 C++中是不允许的。例如：

```
int f[5] = {1, , 3, 4, 5};           // 错误，初始化值不能省略
int g[5] = {1, 2, 3, };              // 在 Visual C++中正确，它忽略最后一个值的逗号
int h[5] = { };                      // 语法格式错误
```

2）对于二维数组来说，如果对全部元素都赋初值，则定义数组时对第一维的大小可以忽略，但第二维的大小不能省。例如：

```
int k[][4] = {1, 2, 3, 4, 5, 6, 7, 8, 9, 10, 11, 12};
// 它等价于 int k[3][4] = {1, 2, 3, 4, 5, 6, 7, 8, 9, 10, 11, 12};
```

3）只对部分元素赋初值，可有两种说明方式：一种是以"行"为单位，依次列出部分元素的值；另一种是以数组元素的排列顺序依次列出前面部分元素的值。例如：

```
int m[3][4] = {{1, 2}, {3}, {4, 5, 6}};
```

没有明确列举元素值的元素，其值均为 0，即等同于：

```
int m[3][4] = {{1, 2, 0, 0}, {3, 0, 0, 0}, {4, 5, 6, 0}};
```

又如：

```
int n[3][4] = {1, 2, 3};
```

即 n[0][0] = 1，n[0][1] = 2，n[0][2] = 3，其余的各个元素的初值为 0。

【例 Ex_ArraySort】把 5 个整数按从小到大的次序排列

```cpp
#include <iostream.h>
const int ARRAYMAX=5;      // 用 const 定义一个符号常量
void main()
{
    int a[ARRAYMAX]={20, 40, -50, 7, 13};
    // 每次取余下数据的最小一个
    for(int i=0; i<ARRAYMAX; i++){
        for(int j=i+1; j<ARRAYMAX; j++){
            if(a[i]>a[j]){
                // 交换数据
                int temp = a[j];    a[j] = a[i];    a[i] = temp;
            }
        }
        cout<<a[i]<<" ";
    }
}
```

结果如下：

```
-50  7  13  20  40
```

4. 字符数组

在 C/C++语言中，一个字符串是用一个以空字符'\0'作为结束符的字符串来表示的，例如：

```
char  ch[]={"Hello!"};                    // 第一种形式
```

或

```
char  ch[ ]="Hello!";                     // 第二种形式
```

或

```
char  ch[]={'H','e','l','l','o','!','\0'};  // 第三种形式
```

都是使得 ch[0]为'H'，ch[1]为'e'，ch[2]为'l'，ch[3]为'l'，ch[4]为'o'，ch[5]为'!'，ch[6]为'\0'。但第二种形式是最简捷的。

上述定义的字符数组没有指定数组长度的目的是，避免在初始化时，字符串中的字符个数大于数组长度，从而产生语法错误；但如果指定的数组长度大于字符串中的字符个数，那么其余的元素将被系统默认为空字符'\0'。例如：

```
char  ch[9] = "Hello!";
```

因"Hello!"的字符个数为 6，但还要包括一个空字符'\0'，故数组长度至少是 7，从 ch[6]开始到 ch[8]都等于空字符。一定要小心字符数组与其他数组的这种区别，例如：

```
char  ch[6] = "Hello!";
```

虽然该代码不会引起编译错误，但由于改写了数组空间以外的内存单元，因此是危险的。正因为这一点，Visual C++将其列为数组超界错误。

对于二维的字符数组，其初始化也可依上进行。例如：

```
char  str[3][]={"How", "are", "you"};
```

这时，数组元素 str[0][0]表示一个字符，值为'H'；但 str[0][ ]却表示一个字符串"How"，因为 str[0][ ]是一个一维字符数组。

1.3.6　结构体

一个结构体是由多种类型的数据组成的整体。组成结构的各个分量称为结构体的数据成员（简称为成员）。结构体是 C/C++构造复杂数据类型的手段之一。

1. 定义结构体

结构体定义的格式为：

```
struct <结构体名>
{
      <成员定义 1>;
      <成员定义 2>;
      ...
      <成员定义 n>;
} [结构体变量名列表];
```

结构体定义是以关键字 struct 作为标志的，<结构体名>应是一个有效的标识符。在结构体中的每个成员都必须通过"成员定义"来确定成员名及其类型。例如：

```
struct PERSON
{
      char    name[25];    // 姓名
      int     age;         // 年龄
      char    sex;         // 性别
```

```
} family_member;
```

其中，PERSON 是自己定义的结构体名，该结构有 3 个成员变量。family_member 是跟随结构体一起定义的结构体变量。当然，也可以在结构体定义后再定义结构体变量。例如：

```
struct PERSON sister;              // struct 关键字可以省略
PERSON you, me, he;
```

或

```
PERSON persons[10];                // 定义一个结构数组
```

都是合法的结构体变量的定义。

需要注意：

1）在定义结构体时，不要忘记最后一个花括号后面的分号";"。

2）结构体的成员变量类型既可以是基本数据类型，也可以是其他合法的类型。例如：

```
struct STUDENT
{
        PERSON one;                // 用已定义的结构体类型声明成员
        float eng, phy, math, poli;  // 英语、物理、数学和政治的成绩
};
```

2. 结构体变量的初始化和引用

结构体变量的初始化的一般形式是在变量后面加上：

```
= {<初值列表>};
```

例如：

```
struct POINT
{      int x;
       int y;
} spot={20,40};                    // 依次使 spot 中的 x 为 20，y 为 40
```

或

```
POINT pt1={100, 200};              // 使 pt1 中的 x 为 100，y 为 200
POINT pt2={100};                   // 只是使 pt2 中的 x 为 100
```

当一个结构体变量定义之后，就可引用这个变量。使用时，遵循下列规则：

1）只能引用结构体变量中的成员变量，并使用下列格式：

```
<结构体变量名>.<成员变量名>
```

例如：

```
cout<<spot.x<<spot.y;
```

"."是成员运算符，它的优先级是最高的，因而可以把 spot.x 和 spot.y 作为一个整体来看待，它可以像普通变量那样进行赋值或各种运算。

2）若成员本身又是一个结构体变量，则引用时需要用多个成员运算符一级一级地找到要访问的成员。例如：

```
struct RECT
{
        POINT   ptLeftTop;
        POINT   ptRightDown;
} rc={{10,20},{40,50}};
```

则有：

```
cout<<rc.ptLeftTop.x<< rc.ptLeftTop.y;
```

【**例 Ex_Struct**】结构体的简单示例

```
#include <iostream.h>
struct STUSCORE {
     char strName[12];              // 姓名
     char strStuNO[9];              // 学号
     float fScore[3];               // 三门课程成绩
};
void main()
{
     STUSCORE one={"LiMing", "21020501",{80,90,65}};
     float fAve =(float)((one.fScore[0] + one.fScore[1] + one.fScore[2])/3.0);
     cout<<one.strName<<"的平均成绩为: "<<fAve<<"\n";
}
```

运行结果如下：

```
LiMing 的平均成绩为: 78.3333
```

1.3.7　共用体

在 C/C++中，共用体的功能和语法都和结构体相同，但它们最大的区别是：共用体在任一时刻只有一个成员处于活动状态，且共用体变量所占的内存长度等于各个成员中最长成员的长度，而结构体变量所占的内存长度等于各个成员的长度之和。

在共用体中，各个成员所占内存的字节数各不相同，但都是从同一地址开始的。这种多个成员变量共用一个内存区的技术，能有效地降低程序所占的内存空间。

定义一个共用体可用下列格式：

```
union <共用体名>
{
     <成员定义 1>;
     <成员定义 2>;
     ...
     <成员定义 n>;
} [共用体变量名列表];              // 注意最后的分号不要忘记
```

例如：

```
union NumericType
{
     int   iValue;                  // 整型变量, 4 字节长
     long  lValue;                  // 长整型变量, 4 字节长
     float fValue;                  // 浮点型, 8 字节长
};
```

这时，系统为 NumericType 开辟了 8 字节的内存空间，因为成员 fValue 是浮点型，所占空间最大。

需要说明的是，共用体除了关键字（union）不同外，其使用方法均与结构体相同。

1.3.8　枚举类型

枚举也是一种构造类型，它是一系列有标识符的整型常量的集合，其主要功能是增加程序代码的可读性。它的格式如下：

```
enum <枚举类型名> {<枚举常量列表>} [枚举变量];      // 注意最后的分号不要忘记.
```

enum 是关键字，枚举常量表中的枚举常量名之间要用逗号分隔。默认时，系统为每一个枚

举常量都对应一个整数，并从 0 开始，逐个增 1，不过，这些默认值可重新指定，例如：

```
enum Colors{Black,Blue,Green=4,Cyan,Red=8,Yellow,White}one;
```

则各枚举常量对应的整数依次为 0、1、4、5、8、9、10。

在上述定义中，one 是定义的枚举类型 Colors 的变量，也可以用下列格式来定义。例如：

```
enum Colors one, two;
```

或

```
Colors three;                 // 省略 enum 关键字
```

枚举变量最终的值只能等于该枚举类型中的某个枚举常量，而不能用一个整型数值直接赋值，并且不要在定义枚举类型的同时，再对枚举常量、枚举变量及枚举类型名重新定义。

1.3.9　用 typedef 定义类型

使用关键字 typedef 可以将已有的类型名用新的类型名（别名）来代替，它具有下列格式：

```
typedef <已有的类型名> <类型别名>;
```

例如：

```
typedef   float   FLOAT;
typedef   char    CH10[10];
```

这里，FLOAT 表示 float 类型，CH10 表示具有 10 个元素的字符数组类型。这样，在以后的代码中，就可以使用这些类型名定义新的变量，如：

```
FLOAT     x, y;
CH10      a, b;              // a 和 b 都是具有 10 个元素的字符数组。
```

它们等价于

```
float     x,y;
char      x[10],y[10];
```

1.4　运算符和表达式

C 语言的运算符十分丰富，C++在 C 的基础上还增加了 new 和 delete 等运算符，并且复杂的运算仍应遵循运算符的优先级和结合性。

运算符的运算优先级共分为 15 级。1 级最高，15 级最低（见表 1-3）。

表 1-3　C++常用运算符一览表

优先级	运 算 符	描 述	目 数	结 合 性
1	( ) :: [ ] · -> · * ->*	圆括号 作用域运算符 数组 成员运算符 成员指针运算符		从左至右
2	++, -- & * ! ~	增 1、减 1 运算符 取地址 取内容 逻辑非 按位求反	1 (单目运算符)	从右至左

（续）

优先级	运 算 符	描 述	目 数	结 合 性
2	+,- (类型) sizeof new delete	正号运算符、负号运算符 强制类型转换 返回操作数的字节大小 动态存储分配	1 (单目运算符)	从右至左
3	* / %	乘法、除法、取余	2 (双目运算符)	从左至右
4	+ -	加法、减法		
5	<< >>	左移位、右移位		
6	< <= > >=	小于、小于等于、大于、大于等于		
7	== !=	相等于、不等于		
8	&	按位求与		
9	^	按位异或		
10	|	按位或		
11	&&	逻辑与		
12	||	逻辑或		
13	?:	条件运算符	3(三目运算符)	从右至左
14	= += -= *= /= %= &= ^= |= <<= >>=	赋值运算符	2(三目运算符)	从右至左
15	,	逗号运算符		从左至右

在表达式中，优先级较高的先于优先级较低的进行运算。而在一个运算量两侧的运算符优先级相同时，则按运算符的结合性所规定的结合方向进行运算。运算符的结合性分为两种，即左结合性（自左至右）和右结合性（自右至左）。例如算术运算符的结合性是自左至右，即先左后右。如有表达式 x-y+z，则 y 应先与"-"号结合，执行 x-y 运算，然后再执行+z 的运算。这种自左至右的结合方向就称为"左结合性"。而自右至左的结合方向称为"右结合性"。最典型的右结合性运算符是赋值运算符。如 x=y=z，由于"="的右结合性，应先执行 y=z 再执行 x=(y=z)运算。C/C++语言运算符中有不少是右结合性，应注意区别，以避免理解错误。

1.4.1 算术运算符

算术运算符包括双目的加减乘除四则运算符、求余运算符以及单目的正负运算符。C++中没有幂运算符，幂运算符是通过函数来实现的。算术运算符如下所示：

+　　　　（正号运算符，如+4、+1.23 等）
–　　　　（负号运算符，如-4、-1.23 等）
*　　　　（乘法运算符，如 6*8、1.4*3.56 等）
/　　　　（除法运算符，如 6/8、1.4/3.56 等）
%　　　　（模运算符或求余运算符，如 40%11 等）
+　　　　（加法运算符，如 6+8、1.4+3.56 等）
–　　　　（减法运算符，如 6-8、1.4-3.56 等）

C++中算术运算符和数学运算的概念及运算方法是一致的，但要注意以下几点：

1）两个整数相除，结果为整数，如 7/5 的结果为 1，它是将保留整数部分，而不是四舍五入；若除数和被除数中有一个是浮点数，则进行浮点数除法，结果是浮点型。如 7/5.0、7.0/5、7.0/5.0 的结果都是 1.4。

2）求余运算要求参与运算的两个操作数都是整型，其结果是两个数相除的余数。例如 40%5 的结果是 0，40%11 的结果是 7。要理解负值的求余运算，例如 40%-11 结果是 7，-40%11 结果是-7，-40%-11 结果也是-7。

1.4.2 赋值运算符

在 C++语言中，赋值运算符 "=" 是一个双目运算符，结合性从右至左，其作用是将赋值运算符右边操作数的值赋给左边的操作数。每一个合法的表达式在求值后都有一个确定的值和类型。赋值表达式的值是赋值运算符右边操作数的值，赋值表达式的类型是赋值运算符右边操作数的类型。例如对浮点型变量 fTemp 的赋值表达式 "fTemp = 18" 完成后，该赋值表达式的类型是浮点型，表达式的值经类型转换后变成 18.0。下面将讨论复合赋值和多重赋值的问题。

1. 复合赋值

在 C/C++语言中，规定了 10 种复合赋值运算符：

+=, -=, *=, /=, %=, &=, |=, ^=, <<=, >>=

它们都是在赋值运算符 "=" 之前加上其他运算符而构成的。前 5 个是算术复合赋值运算符，其含义如表 1-4 所示。后 5 个是位操作复合赋值运算符，依次分别表示按位与赋值、按位或赋值、按位异或赋值、左移赋值、右移赋值。

表 1-4　C++算术复合赋值运算符一览表

运　算　符	含　义	例　子	等　效　表　示
+=	加赋值	a += b;	a = a + b;
-=	减赋值	a -= b;	a = a - b;
*=	乘赋值	a *= b;	a = a * b;
/=	除赋值	a /= b;	a = a / b;
%=	求余赋值	nNum %= 8;	nNum = nNum % 8;

但在使用复合赋值时要注意：

1）在复合赋值运算符之间不能有空格，例如+=不能写成+ =，否则编译系统将提示出错信息。

2）复合运算符的优先级和赋值运算符的优先级一样，在 C/C++的所有运算符中只高于逗号运算符，而且复合赋值运算符的结合性也是从右至左的，所以在组成复杂的表达式时要特别小心。例如：

```
a*=b-4/c+d;
```

等效于

```
a=a*(b-4/c+d);
```

而不等效于

```
a=a*b-4/c+d;
```

2. 多重赋值

所谓多重赋值是指在一个赋值表达式中出现两个或更多的赋值运算符（"="），例如：

```
nNum1=nNum2=nNum3=100;
```

由于赋值运算符的结合性是从右至左的，因此上述的赋值是这样的过程：首先对赋值表达式 nNum3 = 100 求值，即将 100 赋值给 nNum3，同时该赋值表达式取得值 100；然后将该值赋给 nNum2，这是第二个赋值表达式，该赋值表达式也取得值 100；最后将 100 赋给 nNum1。

由于赋值是一个表达式，因此它几乎可以出现在程序的任何地方，例如：

```
a=7+(b=8);          (赋值表达式值为 15，a 值为 15，b 值为 8)
a=(c=7)+(b=8);      (赋值表达式值为 15，a 值为 15，c 值为 7，b 值为 8)
```

1.4.3　关系运算符

关系运算是逻辑运算中比较简单的一种。所谓"关系运算"实际上是比较两个操作数是否符合给定的条件。若符合条件，则关系表达式的值为"真"，否则为"假"。在 C++编译系统中，往往将"真"表示为"true"或 1，将"假"表示为"false"或 0。而任何不为 0 的数被认为是"真"，0 被认为是"假"。

由于关系运算需要两个操作数，因此关系运算符都是双目运算符。

C++提供了下列 6 种关系运算符：

<(小于)，<=(小于等于)，>(大于)，>=(大于等于)，= =(相等于)，! =(不等于)

其中，前 4 种的优先级相同且高于后面的两种。例如：

```
a==b>c          等效于 a==(b>c)
```

但关系运算符的优先级低于算术运算符。例如：

```
a=b<c           等效于 a=(b<c)
```

1.4.4　逻辑运算符

逻辑运算符用于将多个关系表达式或逻辑量（"真"或"假"）组成一个逻辑表达式。C++提供了下列 3 种逻辑运算符：

```
!            逻辑非(单目)
&&           逻辑与(双目)
||           逻辑或(双目)
```

"逻辑非"是指将"真"变"假"，"假"变"真"。

"逻辑与"是指当两个操作数都是"真"时，结果才为"真"，否则为"假"。

"逻辑或"是指当两个操作数中有一个是"真"时，结果就为"真"，而只有当它们都为"假"时，结果才为"假"。

"逻辑非"、"逻辑与"和"逻辑或"的优先级依次从高到低，且"逻辑非"的优先级还比算术运算符和关系运算符高，而"逻辑与"和"逻辑或"的优先级却比关系运算符要低。

1.4.5　位运算符

位运算符是对操作数按其在计算机内表示的二进制数逐位地进行逻辑运算或移位运算，参与运算的操作数只能是整型常量或变量。C++语言提供了六种位运算符：

```
~            (按位求反，单目运算符)
<<           (左移，双目运算符)
>>           (右移，双目运算符)
&            (按位与，双目运算符)
^            (按位异或，双目运算符)
```

| （按位或，双目运算符）

"按位求反"是将一个二进制数的每一位求反，即 0 变成 1，1 变成 0。

"按位与"是将两个操作数对应的每个二进制位分别进行逻辑与操作。

"按位或"是将两个操作数对应的每个二进制位分别进行逻辑或操作。

"按位异或"是将两个操作数对应的每个二进制位分别进行异或操作。

"左移"是将左操作数的二进制值向左移动指定的位数，它具有下列格式：

操作数<<移位的位数

左移后，低位补 0，移出的高位舍弃。例如：表达式 4<<2 的结果是 16（二进制为 00010000），其中 4 是操作数，二进制为 00000100，2 是左移的位数。

"右移"是将左操作数的二进制值向右移动指定的位数，它的操作格式与"左移"相似。右移后，移出的低位舍弃。如果是无符号数则高位补 0；如果是有符号数，则高位补符号位或补 0，不同的编译系统对此有不同的处理方法。

1.4.6 三目运算符

C/C++中唯一的三目运算符是条件运算符，其格式如下：

<条件表达式> ? <表达式 1> : <表达式 2>

"条件表达式"是 C++中可以产生"真"和"假"结果的任何表达式，如果条件表达式的结果为"真"，则执行表达式 1，否则执行表达式 2。例如：

nNum=(a>b)? 10:8;

注意，只有在表达式 2 后面才能出现分号结束符，"表达式 1"和"表达式 2"中都不能有分号。

1.4.7 增 1 和减 1 运算符

单目运算符增 1(++)和减 1(--)为整型变量加 1 或减 1 提供了一种非常有效的方法。++和--既可放在变量的左边也可以出现在变量的右边，分别称为前缀运算符和后缀运算符。例如：

```
i++; 或 ++i;          (等效于 i=i+1; 或 i+=1;)
i--; 或 --i;          (等效于 i=i-1; 或 i-=1;)
```

需要特别注意的是，若前缀运算符和后缀运算符仅用于某个变量的增 1 和减 1，则这两个都是等价的，但如果将这两个运算符和其他运算符组合在一起，在求值次序上就会产生根本的不同：

1）如果用前缀运算符对一个变量增 1（减 1），则在将该变量增 1（减 1）后，用新的值在表达式中进行其他的运算。

2）如果用后缀运算符对一个变量增 1（减 1），则用该变量的原值在表达式进行其他的运算后，再将该变量增 1（减 1）。

例如：

```
a=5;
b=++a-1;        // 相当于 a=a+1; b=a-1;
```

和

```
a=5;
b=a++-1;        // 相当于 b=a-1; a=a+1;
```

虽然它们中的 a 值的结果都是 6，但 b 的结果却不一样，前者为 5，后者为 4。

1.4.8　逗号运算符

逗号运算符是优先级最低的运算符，它可以使多个表达式放在一行上，从而大大简化了程序。在计算时，C++将从左至右逐个计算每个表达式，最终整个表达式的结果是最后计算的那个表达式的类型和值。例如：

```
j=(i=12, i+8);
```

式中，i = 12 ,i + 8 是含逗号运算符的表达式，计算次序是先计算表达式 i = 12，然后再计算 i + 8，整个表达式的值是最后一个表达式的值，即 i + 8 的值 20，从而 j 的结果是 20。

再如：

```
d=(a=1, b=a+2; c=b+3);
```

d 的结果为 6。

1.4.9　sizeof 运算符

sizeof 的目的是返回操作数所占的内存空间大小（字节数），它具有下列两种格式：

```
sizeof(<表达式>)
sizeof(<数据类型>)
```

例如：

```
sizeof("Hello")        // 计算字符串常量"Hello"的实际长度(字符个数)，结果为 6
sizeof(int)            // 计算整型 int 所占内存的字节数
```

需要说明的是，由于同一类型的操作数在不同的计算机中占用的存储字节数可能不同，因此 sizeof 的结果有可能不一样。例如 sizeof（int）的值可能是 4，也可能是 2。

1.4.10　new 和 delete

在 C 语言中，使用 malloc 和 free 库函数能有效地、直接地进行动态内存的分配和释放。而在 C++中，则使用关键字 new 和 delete 来达到同样的效果。

运算符 new 返回指定类型的一个指针，如果分配失败（如没有足够的内存空间）时则返回 0。例如：

```
double *p;
p=new double;
```

系统自动根据 double 类型的空间大小开辟一个内存单元，并将地址放在指针 p 中。运算符 delete 操作是释放 new 请求到的内存。例如：

```
delete p;
```

需要注意的是：

1）运算符 delete 必须用于先前 new 分配的有效指针。如果使用了未定义的其他任何类型的指针，就会带来严重问题，如系统崩溃等。

2）在开辟内存单元时，也可对内存单元里的值进行初始化。例如：

```
int *p;
p = new int(60);                   // 单元里的初值为 60
```

3）new 可以为数组分配内存，但当释放时，必须告诉 delete 数组有多少个元素。例如：

```
int  *p;
p = new int[10];                   // 分配整型数组的内存，数组中有 10 元素
```

```
if(!p){
    cout<<"内存分配失败! ";
    exit(1);              // 中断程序执行
}
for(int i=0; i<10; i++)
    p[i] = i;             // 给数组赋值
...
delete [10]p;             // 告诉 delete 数组有多少个元素
```

1.5 基本语句

C++提供了相应的语句如表达式语句、复合语句、选择语句和循环语句等，满足了结构化程序设计所需要的三种基本结构：顺序结构、选择结构和循环结构。

1.5.1 表达式语句、空语句和复合语句

表达式语句、空语句及复合语句是一些系统顺序执行（操作）的语句，故又称为顺序语句。表达式语句是最简单的语句，任何一个表达式加上分号就是一个表达式语句。例如：

```
x+y;
nNum=5;
```

如果表达式是一个空表达式，那么构成的语句称为空语句，也就是说仅由分号";"也能构成一个语句，这个语句就是空语句。空语句仅为语法的需要而设置，并不执行任何动作。

复合语句是由两条或两条以上的语句组成，并由一对花括号({ })括起来的语句。它又称为块语句。复合语句中的语句可以是单条语句（包括空语句），也可以再包含复合语句。

需要注意的是，在复合语句中定义的变量只作用于该复合语句的范围，而在复合语句外，这些变量却不能被调用。

1.5.2 选择语句

选择结构可用来判断所给定的条件是否满足，并根据判定的结果（真或假）决定哪些语句被执行。C++中构成选择结构的语句有条件语句（if）和开关语句（switch）。

1. 条件语句

条件语句 if 具有下列形式：

```
if (<表达式>)<语句 1>
[else    <语句 2>]
```

这里的 if、else 是 C++的关键字。当"表达式"为"真"（true）或不为 0 时，将执行语句 1。当"表达式"为"假"（false 或 0）时，则执行语句 2。

需要注意的是：

1）条件语句中的表达式一般为逻辑表达式或关系表达式。当然，表达式的类型也可以是任意的数值类型（包括整型、浮点型、字符型等）。例如：

```
if(3)cout>>"This is a number 3";
```

执行结果是输出"This is a number 3"。因为 3 是一个不为 0 的数，条件总为"真"。

2）适当添加一些花括号（"{ }"）来增加程序的可读性。

3）条件语句中的语句 1 和语句 2 也可是 if 条件语句，这就形成了 if 语句的嵌套。

4）else 总是和其前面最近的 if 配套的。

2. 开关语句

当程序有多个条件判断时，若使用 if 语句则可能使嵌套太多，降低了程序的可读性。开关语句 switch 能很好地解决这种问题，它具有下列形式：

```
switch(<表达式>)
{
    case  <常量表达式 1>        : [语句 1]
    case  <常量表达式 2 >       : [语句 2]
    ...
    case  <常量表达式 n>        : [语句 n]
    [default                  : 语句 n+1]
}
```

其中 switch、case、default 都是关键字，当表达式的值与 case 中某个表达式的值相等时，就执行该 case 中 "："号后面的所有语句。若 case 中所有表达式的值都不等于表达式的值，则执行 default:后面的语句，若 default 不存在，则跳出 switch 结构。

使用时要注意：

1）switch 后面的表达式可以是整型、字符型或枚举型的表达式，而 case 后面的常量表达式的类型必须与其匹配。

2）多个 case 可以共有一组执行语句，如：

```
switch(...)
{
    ...
    case 'B':
    case 'b':   cout<<"80--89"<<endl;
                break;
}
```

这时，当用户输入 B 或 b 字符将得到相同的结果。

3）若同一个 case 后面的语句是复合语句，即有两条或两条以上的语句，则这些语句可以不用花括号（"{}"）括起来。

4）由于 case 语句起标号作用，因此每一个 case 常量表达式的值必须互不相同，否则会出现编译错误。

5）合理使用 break 语句使其跳出 switch 结构，以保证结果的正确性；若没有 break 语句，则后面的语句继续执行，直到 switch 结构的最后一个花括号（"}"）为止才跳出该结构。

1.5.3 循环语句

C++中提供了三种循环语句：while 语句、do...while 语句和 for 语句。这些循环语句在许多情况下可以相互替换。

1. while 循环语句

while 循环语句具有下列形式：

```
while(<表达式>)    <语句>
```

while 是关键字，<语句>是此循环的循环体，它可以是一条语句，也可以是复合语句。当表达式为非 0 时便开始执行 while 循环体中的语句，然后反复执行，每次执行都会判断表达式是否为非 0，若等于 0，则终止循环。例如：

【例 Ex_SumWhile】求整数 1 到 50 的和

```
#include <iostream.h>
```

```
void main()
{
    int nNum = 1, nTotal = 0;
    while(nNum<=50)
    {
        nTotal += nNum;
        nNum++;
    }
    cout<<"The sum, from 1 to 50, is: "<<nTotal<<"\n";
}
```

运行结果为：

```
The sum, from 1 to 50, is :1275
```

如果循环体包含一个以上的语句，应该用花括号括起来，以复合语句形式出现。如果不加花括号，则 while 的范围只到 while 后面第一条语句。

循环体中应有使循环趋向结束的语句。示例 Ex_SumWhile 中，nNum 的初值为 1，循环结束的条件是不满足 nNum<=50，随着每次循环都改变 nNum 的值，使得 nNum 的值越来越大，直到 nNum>50 为止。如果没有循环体中的 "nNum++;"，则 nNum 的值始终不改变，循环将永不终止。

2. do...while 循环语句

do...while 循环语句具有下列形式：

```
do  <语句>
while(<表达式>);
```

其中 do 和 while 都是 C++关键字，<语句>是此循环的循环体，它可以是一条语句，也可以是复合语句。当语句执行到 while 时，将判断表达式是否为非 0 值，若是，则继续执行循环体，直到下一次表达式等于 0 为止。要注意：while 后面 "表达式" 两边的圆括号不能省略，且 "表达式" 后面的分号不能漏掉。例如，Ex_SumWhile 用 do...while 循环语句可改写成：

【例 Ex_SumDoWhile】求整数 1 到 50 的和

```
#include <iostream.h>
void main()
{
    int nNum = 1, nTotal = 0;
    do {
        nTotal += nNum;
        nNum++;
    } while(nNum<=50);
    cout<<"The sum, from 1 to 50, is: "<<nTotal<<"\n";
}
```

从上述两个例子可以看出：do...while 循环语句至少执行一次循环体，而 while 循环语句可能一次都不会执行。

3. for 循环语句

for 循环语句具有下列形式：

```
for([表达式1]; [表达式2]; [表达式3])<语句>
```

其中 for 是关键字，<语句>是此循环的循环体，它可以是一条语句，也可以是复合语句。一般情况下，[表达式 1]用作循环变量的初始化，[表达式 2]是循环体的判断条件，当等于非 0 时，开始执行循环体，然后计算[表达式 3]，再判断表达式 2 的值是否为非 0，若是，再执行循环体，再计算表达式 3，如此反复，直到表达式 2 等于 0 为止。

需要注意的是：

1）表达式 1、表达式 2、表达式 3 都可以省略，但分号";"不能省略。若省略表达式 1，不影响循环体的正确执行，但循环体中所需要的一些变量及其相关的数值要在 for 语句之前定义。若省略表达式 2，则表达式 2 的值被认为是"真"，循环无终止地进行下去，这时应在循环体中使用 break 语句。若省略表达式 3，应在设计循环结构时保证表达式 2 的值有等于 0 的可能，以便能终止循环。例如下面的几种方式，其作用和结果都是一样的：

方式 1：

```
int nNum=1, nTotal=0;
for(; nNum<=50; nNum++)
{
      nTotal+=nNum;
}
```

方式 2：

```
int nNum=1, nTotal=0;
for(; nNum<=50;)
{
      nTotal += nNum;
      nNum++;
}
```

方式 3：

```
int nNum=1, nTotal=0;
for(; ;)
{
      nTotal += nNum;
      nNum++;
      if(nNum>50)break;
}
```

2）表达式 1 和表达 3 可以是一个简单的表达式，也可以是逗号表达式，即包含两个或两个以上的简单表达式，中间用逗号分隔。甚至还可以定义变量，例如：

```
int nTotal = 0;
for(int nNum=1; nNum<=50 ; nNum++)nTotal += nNum;
```

3）由于循环体是由任何类型的语句组成的，因此在循环体内还可以包含前面的几种循环语句，这样就形成了循环的嵌套。

以上是 C++几种类型的循环语句，使用时可根据实际需要进行适当选择。但不管是怎样的循环结构，在编程时均应保证循环有终止的可能。否则，程序就陷入死循环。

1.5.4　break、continue 语句

在 C++程序中，若需要跳出循环结构或重新开始循环，就得使用 break 和 continue 语句，其格式如下：

```
break;
continue;
```

break 语句既可以从一个循环体跳出，即提前终止循环，也可以跳出 switch 结构。

continue 是用于那些依靠条件判断而进行循环的循环语句，如 for、while 语句。对于 for 语句来说，continue 的目的是将流程转到 for 语句的表达 2 和表达式 3。

【例 Ex_Continue】把 1 ~ 100 之间的不能被 7 整除的数输出

```
#include <iostream.h>
void main()
{
    for(int nNum=1; nNum<=100; nNum++)
    {
        if(nNum%7 == 0)continue;
        cout<<nNum<<"  ";
    }
    cout<<"\n";
}
```

当 nNum 能被 7 整除时,执行 continue 语句,流程转到 for 语句中的 nNum<=100; nNum++,并根据表达式 nNum<=100 的值来决定是否再做循环。而当 nNum 不能被 7 整除时,才执行 cout<<nNum<<" "语句。

需要指出的是,C++语言保留了 C 语言的 goto 语句,但最好不要使用它,因为它会破坏程序结构,使可读性下降。

1.6 函数

在面向过程的结构化程序设计中,通常需要若干个模块实现较复杂的功能,而每一个模块自成结构,用来解决一些子问题。这种能完成某一独立功能的子程序模块,称为函数。

1.6.1 函数的定义和调用

在 C/C++程序中,一个函数的定义是由函数名、函数类型、形式参数表和函数体四个部分组成的。函数类型决定了函数所需要的返回值类型,它可以是函数或数组之外的任何有效的 C++数据类型,包括构造的数据类型、指针等。如果不需要函数有返回值,只要定义函数的类型为 void 即可。

1. 函数的定义格式

函数定义的格式如下:

```
<函数类型> <函数名>(<形式参数表>)
{
    <若干语句>         } 函数体
}
```

函数名是一个有效的 C++标识符(注意命名规则),函数名后面必须跟一对圆括号"( )",以区别于变量名及其他用户定义的标识名。函数的形式参数写在括号内,参数表中的参数个数可以是 0,表示没有参数,但圆括号不能省略;也可以是一个或多个参数,但多个参数间要用逗号分隔。

函数的函数体由在一对花括号中的若干条语句组成,用于实现这个函数执行的动作。C/C++不允许在一个函数体中再定义函数。

2. 函数的声明

"函数的声明"必须在函数定义前进行或在调用前进行,以保证函数调用的合法性。虽然函数不一定在程序的开始就声明,但为了提高程序的可读性,保证简洁的程序结构,最好将主函数 main 放在程序的开头,而将函数声明放在 main 之前。

声明一个函数可按下列格式进行:

```
<函数类型> <函数名>(<形式参数表>);
```

其中，形参的变量名可以省略。但要注意，函数声明的内容应与函数的定义相同。例如对于 sum 函数的声明如下：

```
int  sum(int x, int y);
```

和

```
int  sum(int , int);
```

是等价的。但末尾的分号 ";" 不要忘记。需要说明的是，函数的声明又可称为对函数的原型进行说明。

3. 函数的调用

函数调用的一般形式为：

```
<函数名>(<实际参数表>);
```

其中的 "实际参数"（简称 "实参"），与 "形参" 相对应，是实际调用函数时所给定的常量、变量或表达式，且必须有确定的值。

1.6.2 带默认形参值的函数

C++扩展了函数功能，允许在函数的声明或定义时给一个或多个参数指定默认值。这样在调用时，可以不给出参数，而按指定的默认值进行传递。例如：

```
void delay(int loops=1000);            // 函数声明
...
void delay(int loops)                  // 函数定义
{
    if(loops==0)return;
    for(int i=0; i<loops; i++);        // 空循环，起延时作用
}
```

当调用

```
delay();                               // 和 delay(1000)等效
```

时，程序都会自动将 loops 当作成 1000 的值来进行处理。当然，也可重新指定相应的参数值，例如：

```
delay(2000);
```

在设置函数的默认参数值时要注意：

1）当函数既有声明又有定义后，不能在函数定义中指定默认参数。

2）默认参数值可以是全局变量、全局常量，甚至是一个函数。但不可以是局部变量，因为默认参数的函数调用是在编译时确定的，而局部变量的值在编译时无法确定。

3）当一个函数中有多个默认参数时，则形参分布中，默认参数应从右到左逐次定义。在函数调用时，系统按从左到右的顺序将实参与形参结合，当实参的数目不足时，系统将按同样的顺序用声明或定义中的默认值来补齐所缺少的参数。例如：

【例 Ex_Default】一个设置多个默认参数的函数示例

```
#include <iostream.h>
void display(int a, int b=2, int c=3)          // 在函数的定义中设置默认参数
{
    cout<<"a = "<<a<<", b = "<<b<<", c = "<<c<<"\n";
}
```

```
void main()
{
    display(1);
    display(1, 5);
    display(1, 7, 9);
}
```

结果如下：

```
a = 1, b = 2, c = 3
a = 1, b = 5, c = 3
a = 1, b = 7, c = 9
```

1.6.3　函数的递归调用

和 C 语言一样，C++中也允许在调用一个函数的过程中出现直接地或间接地调用函数本身，这种情况称为函数的"递归"调用，相应的函数称为递归函数。例如：

【例 Ex_Factorial】编程求 n 的阶乘 n!

```
// f(n)=n!=n*(n-1)*(n-2)*...*2*1; 它一般也可用下式表示:
// 当n=0时          f(n) = 1
// 当n>0时          f(n) = n*f(n-1)
#include <iostream.h>
long factorial(int n);
void main()
{
    cout<<factorial(4)<<endl;          // 结果为24
}
long factorial(int n)
{
    long result = 0;
    if(n==0)
        result = 1;
    else
        result = n*factorial(n-1);
    return result;
}
```

在函数 factorial 中，当 n 不等于 0 时，又调用了该函数本身。

下面来分析此函数的执行过程：

1）因 n = 4，不等于 0，故执行 "result = 4*factorial(3);"，函数返回的值为 4*factorial(3)，即 factorial(4)= 4*factorial(3)。

2）调用 "factorial(3);"，n = 3 不等于 0，执行 "result=3*factorial(2);"，函数返回的值为 3*factorial(2)，即 factorial(3)=3*factorial(2)。

3）调用 "factorial(2);"，n = 2 不等于 0，执行 "result=2*factorial(1);"，函数返回的值为 2*factorial(1)，即 factorial(2)=2*factorial(1)。

4）调用 "factorial(1);"，n = 1 不等于 0，执行 "result=1*factorial(0);"，函数返回的值为 1*factorial(0)，即 factorial(1)=1*factorial(0)。

5）调用 "factorial(0);"，n 等于 0，结果函数返回的值为 1。

上述过程是根据程序运行过程进行推算的，这个过程称为"递推"过程。但到现在为止，还不知道 factorial(4)的最终结果；事实上，函数的递归调用在递推过程后还进行另一称为"回归"的过程，它是按"递推"的逆过程，逐一求值回归，一直到达递推的开始处。因此，当 factorial(0) = 1

后，factorial(1)= 1*1，factorial(2)= 2*1*1，factorial(3)= 3*2*1*1，factorial(4)= 4*3*2*1*1，结果为 4!，值为 24。

　　以上的例子可以看出，函数的递归调用能使程序精巧、高效。但要注意，递归函数中必须要有结束递归过程的条件，否则递归会无限制地进行下去。例如，在上述代码中，

```
if(n==0)
    result=1;
```

就是结束递归过程的条件，若函数 factorial 变为：

```
long factorial(int n)
{
    long result=0;
    result = n*factorial(n-1);
    return result;
}
```

则递归会无限制地进行下去，此程序将变得毫无用途。

　　需要说明的是：虽然递归调用编写的程序简洁清晰，但每次调用函数时，都需要分配内存来保存现场和返回地址，内存空间开销很大，有时会引起栈内存溢出。

1.6.4　内联函数

　　在程序的执行过程中，调用函数时首先需要保存主调函数的现场和返回地址，然后程序转移到被调函数的起始地址继续执行。被调函数执行结束后，先恢复主调函数的现场，取出返回地址并将返回值赋给函数调用本身，最后在返回地址处开始继续执行。当函数体比较小时，且执行的功能比较简单时，这种函数调用方式的系统开销相对较大。为了解决这一问题，C++提升了 C 语言的高效特点，引入了内联函数的概念，它把函数体的代码直接插入到调用处，将调用函数的方式改为顺序执行直接插入的程序代码，这样可以减少程序的执行时间，但同时需要更多的内存空间。

　　内联函数的定义方法是在函数定义时，在函数的类型前增加关键字 inline。例如：

【例 Ex_Inline】用内联函数实现求两个浮点数（实数）的最大值

```
#include <iostream.h>
inline float fmax(float x, float y)
{
    return x>y?x:y;
}
void main()
{
    float a, b;
    cout<<"请输入两个浮点数: ";
    cin>>a>>b;
    cout<<"最大的数为: "<<fmax(a,b)<<"\n";
}
```

在使用内联函数时，还需要注意的是：

1）内联函数也要遵循定义在前，调用在后的原则。形参与实参之间的关系与一般函数相同。

2）在 C++中，需要定义成的内联函数不能含有循环、switch 和复杂嵌套的 if 语句。

3）递归函数是不能被用来做内联函数的。

4）编译器是否将用户定义成的内联函数作为真正的内联函数处理，由编译器自行决定。

1.6.5 函数的重载

函数重载是 C++对 C 的扩展，它允许多个同名的函数存在，但同名的各个函数的形参必须有区别：形参的个数不同；或者形参的个数相同，但参数类型有所不同。例如：

【例 Ex_OverLoad】编程求两个或三个操作数之和

```cpp
#include <iostream.h>
int sum(int x, int y);
int sum(int x, int y, int z);
double sum(double x, double y);
double sum(double x, double y, double z);
void main()
{
    cout<<sum(2, 5)<<endl;                    // 结果为7
    cout<<sum(2, 5, 7)<<endl;                 // 结果为14
    cout<<sum(1.2, 5.0, 7.5)<<endl;           // 结果为13.7
}
int sum(int x, int y)
{
    return x+y;
}
int sum(int x, int y, int z)
{
    return x+y+z;
}
double sum(double x, double y)
{
    return x+y;
}
double sum(double x, double y, double z)
{
    return x+y+z;
}
```

从上面的例子可以看出：由于使用函数的重载，因而不仅方便函数名的记忆，而且更主要的是完善了同一个函数的代码功能，给调用带来了许多方便。程序中各种形式的 sum 函数都称为 sum 的重载函数。需要说明的是：

1）重载函数必须具有不同的参数个数或不同的参数类型，若只有返回值的类型不同是不行的。

2）当函数的重载带有默认参数时，应该注意避免二义性。例如：

```cpp
int fun(int a, int b = 0);
int fun(int a);
```

是错误的。因为如果有函数调用 fun(2)时，编译器无法准确地确定应调用哪个函数。

1.7 指针和引用

C 语言中有简捷高效的指针操作，在 C++中，除了指针外，还引入了"引用"的概念，它们在程序设计中都是非常重要的。

1.7.1 指针和指针变量

指针变量是存放内存地址的变量，一般情况下该地址是另一个变量存储在内存中的首地址，这时又称该指针变量"指向"这个变量。指针变量可按下列格式进行定义：

```
<类型名> *<指针变量名 1>[,*<指针变量名 2>,...];
```

式中的"*"是一个定义指针变量的说明符，每个指针变量前面都需要这样的"*"来标明。例如：

```
int *pInt1, *pInt2;          // pInt1、pInt2 是指向整型变量的指针
float  *pFloat;              // pFloat 是一个指向浮点型变量的指针
char   *pChar;               // pChar 是一个指向字符型变量的指针，它通常用来处理字符串
```

在定义一个指针后，系统也会给指针分配一个内存单元，但分配的空间大小都是相同的，因为指针变量的数值是某个变量的地址，而地址值的长度是一样的。

1.7.2 &和*运算符

C++中有两个专门用于指针的运算符：

```
&(取地址运算符)、*(取值运算符)
```

运算符"&"只能对变量操作，作用是取该变量的地址。运算符"*"用于指针类型的变量操作，作用是取该指针所指内存单元中存储的内容。例如：

```
int   a = 3;                 // 整型变量，初值为 3
int   *p = &a;               // 指向整型变量的指针，其值等于 a 的地址
int   b = *p;                // 将指针所指的地址中的内容赋值给 b，值为 3。
```

上述赋值是在指针变量定义时进行的。当然，也可以在程序中进行赋值。例如：

```
int   a = 3;                 // 整型变量，初值为 3
int   *pi;                   // 指向整型变量的指针
pi = p;                      // 将指针 p 的地址赋给指针 pi，使得它们都是指向 a 的指针，
                             // 它等价于 pi = &a；注意在 pi 前没有*。
```

另外，还需要说明的是：

1）在使用指针变量前，一定要对其进行初始化或使其有确定的地址数值。

2）指针变量只能赋以一个指针的值，若给指针变量赋了一个变量的值而不是该变量的地址或者赋了一个常量的值，则系统会以这个值作为地址。根据这个"地址"读写的结果将是致命的。

3）两个指针变量进行赋值，必须使这两个指针变量类型相同。否则，结果将是不可预测的。

4）给指针变量赋值实际上是"间接"给指针所指向的变量赋值。

5）指针变量还有算术运算，在实际应用中，主要是对其加上或减去一个整数，即：

```
<指针变量> + n
<指针变量> - n
```

指针变量的这种运算的意义和通常的数值加减运算的意义是不一样的。这是因为一旦指针变量赋初值后，指针变量的指向也就确定了。由于指针变量指向一块内存空间（设为 m 字节），因而当一个指针变量加减一个整数值 n 时，实际上是将指针变量的指向向上（减）或向下（加）移动 n 个块位置。这就是说，指针加上或减去一个整数值 n 后，其地址值移动 n * m 字节，其结果仍是一个指针。当 n 为 1 时，若有 ptr = ptr ± n，则就是 ptr++或 ptr--，即指针变量 ptr 的自增(++)、自减(--)运算。

6）指针变量也有关系运算，它是根据两个指针变量值的大小来进行比较。在实际应用中，通常是比较两个指针反映地址的前后关系。

1.7.3　指针和数组

数组中的所有元素都是依次存储在内存单元中的，每个元素都有相应的地址。C/C++又规定数组名代表数组中第一个元素的地址，即数组的首地址。例如，当有下列的数组定义时：

```
int    a[5];
```

则 a 所表示的地址就是元素 a[0]的地址。在指针操作中，若定义了下列指针：

```
int    *pi;
```

则

```
pi = &a[0];
```

等价于

```
pi = a;
```

通过指针能引用数组元素。例如：

```
*(pi+1)= 1;
```

和

```
a[1] = 1;
```

是等价的。因为 C++规定，pi+1 是下一个数组元素的地址，这里是元素 a[1]的地址，而 pi+i 就是元素 a[i]的地址。

由于指针变量和数组的数组名在本质上是一样的，都是地址值的变量，因此指向数组的指针变量实际上也可像数组变量那样使用下标，而数组变量又可像指针变量那样使用指针。例如：pi[i]与*(pi+i)及 a[i]是等价的，*(a+i)与*(pi+i) 是等价的。

1.7.4　指针和结构体

指针也可指向结构体类型变量，例如：

【例 Ex_StructPointer】指针在结构休中的应用

```
#include <iostream.h>
#include <string.h>
struct PERSON
{
    int    age;          // 年龄
    char   sex;          // 性别
    char   name[25];     // 姓名
};
void main()
{
    struct  PERSON one;
    struct  PERSON *p;       // 指向PERSON类型的指针变量
    p = &one;
    p->age = 32;
    p->sex = 'M';
    strcpy(p->name, "LiMing");
    cout<<"姓名: "<<(*p).name<<endl;
    cout<<"性别: "<<(*p).sex<<endl;
    cout<<"年龄: "<<(*p).age<<endl;
}
```

运行结果如下：

```
姓名：LiMing
性别：M
年龄：32
```

程序中，"->"称为指向运算符，它的左边必须是一个指针变量，它等效于指针变量所指向的结构体类型变量，如 p->name 和(*p).name 是等价的，都是引用结构 PERSON 类型变量 one 中的成员 name。由于成员运算符"."优先于"*"运算符，因此(*p).name 中的*p 两侧括号不能省，否则*p.name 与*(p.name)等价，但这里的*(p.name)是错误的。

若将结构体变量看成一个整体，那么指向结构体变量数组的指针操作和指向数组的指针操作是一样的。例如若有：

```
PERSON many[10], *pp;
pp = many;            // 等价于 pp=&many[0];
```

则 pp+i 与 many+i 是等价的，(pp+i)->name 与 many[i].name 是等价的，等等。

1.7.5　函数的指针传递

函数的参数可以是 C++语言中的任意合法变量，当然也可以是一个指针。如果函数的某个参数是指针，对这一个函数的调用就是按地址传递的函数调用，简称传址调用。由于函数形参指针和实参指针指向同一个地址，因此形参内容的改变必将影响实参。在实际应用中，函数可以通过指针类型的参数带回一个或多个值。

【例 Ex_SwapUsePointer】指针作为函数参数的调用方式

```
#include <iostream.h>
void swap(int *x, int *y);
void main()
{
    int  a = 7,  b = 11;
    swap(&a,  &b);
    cout<<"a = "<<a<<", b = "<<b<<"\n";
}
void swap(int *x, int *y)
{
    int temp;
    temp = *x;  *x = *y;  *y = temp;
    cout<<"x = "<<*x<<", y = "<<*y<<"\n";
}
```

结果是：

```
x = 11,  y = 7
a = 11,  b = 7
```

1.7.6　引用

C++中提供了一个与指针密切相关的特殊数据类型——引用。定义引用类型变量，实质上是给一个已定义的变量起一个别名，系统不会为引用类型变量分配内存空间，只是使引用类型变量与其相关联的变量使用同一个内存空间。

引用类型变量的一般定义格式为：

```
<类型> &<引用名> = <变量名>
```

或

```
<类型>  &<引用名>(<变量名>)
```

其中，变量名必须是一个已定义过的变量。例如：

```
int a = 3;
int &ra = a;
```

这样，ra 就是一个引用，它是变量 a 的别名。所有对这个引用 ra 的操作，实质上就是对被引用对象 a 的操作。例如：

```
ra = ra +2;
```

实质上是 a 加 2，a 的结果为 5。

在使用引用时，还需要注意的是：

1）定义引用类型变量时，必须将其初始化。而且引用变量类型必须与为它初始化的变量类型相同。例如：

```
float fVal;
int &rfVal = fVal;          // 错误：类型不同
```

2）当引用类型变量的初始化值是常数时，则必须将该引用定义成 const 类型。例如：

```
const int &ref = 2;         // const 类型的引用
```

3）不能引用一个数组，这是因为数组是某个数据类型元素的集合，数组名表示该元素集合空间的起始地址，它自己不是一个真正的数据类型。例如：

```
int a[10];
int &ra = a;                // 错误：不能建立数组的引用
```

4）可以引用一个结构体。

5）引用本身不是一种数据类型，所以没有引用的引用，也没有引用的指针。

1.7.7　函数的引用传递

前面已提到过，当指针作为函数的参数时，形参改变后相应的实参也会改变。但如果以引用作为参数，则既可以实现指针所带来的功能，而且更加简便自然。

一个函数能使用引用传递的方式是，在函数定义时将形参前加上引用运算符"&"。例如：

【例 Ex_SwapUseReference】引用作为函数参数的调用方式

```
#include <iostream.h>
void swap(int &x, int &y);
void main()
{
    int a(7), b(11);
    swap(a, b);
    cout<<"a = "<<a<<", b = "<<b<<"\n";
}
void swap(int &x, int &y)
{
    int temp;
    temp = x;  x = y;  y = temp;
    cout<<"x = "<<x<<", y = "<<y<<"\n";
}
```

结果是：

```
x = 11, y = 7
a = 11, b = 7
```

函数 swap 中的&x 和&y 就是形参的引用说明。在执行 swap(a, b);时，它实际上是将实参 a、b 的地址存放到系统为形参分配的内存空间中，也就是说，形参的任何操作都会改变相应的实参的数值。

引用除了可作为函数的参数外，还可作为函数的返回值。

1.8   作用域和存储类型

作用域又称作用范围，是指程序中标识符的有效范围。一个标识符是否可以被访问，称之为标识符的可见性。通常，一个标识符只能在声明或定义它的范围内可见，在此之外是不可见的。

存储类型决定了何时为标识符分配存储空间及该存储空间所具有的特征，存储类型是在标识符声明或定义时指定的。

1.8.1   作用域

在一个程序文件中，C++语言的作用域共有 5 种：块作用域、函数原型作用域、函数作用域、类作用域和文件作用域。对于类作用域，将在第 2 章介绍。

1. 块作用域

这里的块就是前面已提到过的块语句。在块中声明的标识符，其作用域从声明处开始，一直到结束块的花括号为止。具有块作用域的标识符称作局部标识符，块作用域也称作局部作用域。

需要说明的是：

1）当标识符的作用域完全相同时，不允许出现相同的标识符名。而当标识符具有不同的作用域时，允许标识符同名。

2）Visual C++中，在 for 语句中声明的标识符，其作用域是包含 for 语句的那个内层块，而不是仅仅作用于 for 语句，这与标准 C++不一样。

2. 函数原型作用域

函数原型作用域指的是在声明函数原型时所指定的参数标识符的作用范围。这个作用范围是在函数原型声明中的左、右括号之间。正因为如此，在函数原型中声明的标识符可以与函数定义中说明的标识符名称不同。由于所声明的标识符与该函数的定义及调用无关，因此可以在函数原型声明中只作参数的类型声明，而省略参数名。例如：

```
double  max(double x, double y);
```

和

```
double  max(double, double);
```

是等价的。不过，从程序的可读性考虑，在声明函数原型时，为每一个形参指定有意义的标识符，并且和函数定义时的参数名相同，是一个非常好的习惯。

3. 函数作用域

在 C++语言中，只有 goto 语句中的标号标识符具有函数作用域。具有函数作用域的标识符在声明它的函数内随处可见，但在此函数之外不可见。由于 goto 语句的滥用导致程序流程无规则、可读性差。因此现代程序设计方法不主张使用 goto 语句。

4. 文件作用域

在函数外定义的标识符或用 extern 说明的标识符称为全局标识符。全局标识符的作用域称为文件作用域，它从声明之处开始，直到文件结束一直是可见的。

前面已提及：在 C++语言中，对标识符应该遵循声明在先，引用在后的原则。在同一个作用域中，不能对同名的标识符进行多种不同的声明。而当块作用域内的标识符与全局标识符同名时，局部标识符优先，且在块作用域内使用作用域运算符 "::" 来引用与局部标识符同名的全局标识符。

1.8.2 变量的存储类型

存储类型是针对变量而言的，它规定了变量的生存期。无论是全局变量还是局部变量，编译系统往往根据其存储方式定义、分配和释放相应的内存空间。所谓全局变量是指其作用域是文件作用域的变量，而局部变量是指其作用域小于文件作用域的变量，如函数的参数变量、在函数体中声明的变量。

变量的存储类型反映了变量占用内存空间的期限。在 C++中，变量有四种存储类型：自动类型、静态类型、寄存器类型和外部类型，这些存储类型的声明是按下列格式进行的：

```
<存储类型的关键字> <数据类型名> <变量名列表>;
```

1. 自动类型（auto）

一般来说，用自动存储类型声明的变量都是限制在某个程序范围内使用的，即为局部变量。从系统角度来说，自动存储类型变量采用堆栈方式分配内存空间。因此，当程序执行到超出该变量的作用域时，就释放它所占用的内存空间，其值也随之消失了。

在 C++语言中，声明一个自动存储类型的变量是在变量类型前面加上关键字 auto，例如：

```
auto int i;
```

若自动存储类型的变量是在函数内或语句块中声明的，则可省略关键字 auto，例如：

```
int i;
```

2. 静态类型（static）

静态类型的变量也是一种局部变量。它和自动存储类型的变量的最大不同之处在于：静态类型的变量在内存中是以固定地址存放的，而不是以堆栈方式存放的。因此，只要程序还在继续执行，静态类型变量的值就一直有效，不会随它所在的函数或语句块的结束而消失。

在 C++语言中，声明一个静态类型的变量是在变量类型前面加上关键字 static。需要说明的是：

1）静态类型的变量均有确定的初值，当声明变量时没有指定其初值，则编译器将其初值置为 0。

2）在程序中声明的全局变量总是静态存储类型，若在全局变量前加一个 static，使该变量只在这个源程序文件内使用，称之为全局静态变量或静态全局变量。若一个程序由一个文件组成，在声明全局变量时，有无 static 并没有区别，但若多个文件组成一个程序时，加与不加 static，其作用完全不同。静态全局变量对组成该程序的其他源文件是无效的，它能很好地解决在程序多文件组织中全局变量的重名问题。

3）同静态全局变量相类似，静态函数也是在某个函数声明前加上 static，它的目的也是使该函数只在声明的源文件中使用，对于其他源文件则无效。

3. 寄存器类型（register）

使用关键字 register 声明寄存器类型的变量的目的是将所声明的变量放入寄存器内，从而加快程序的运行速度。但有时在使用这种声明时，若系统寄存器已经被其他数据占据时，寄存器类型的变量就会被系统自动默认为 auto 变量。

4. 外部类型（extern）

使用关键字 extern 声明的变量称为外部变量，一般是指定义在本程序外部的变量。当某个变量被声明成外部变量时，不必再次为它分配内存就可以在本程序中引用这个变量。在 C++中，只有在两种情况下要使用外部变量：

第一种情况，在同一个源文件中，若定义的变量使用在前，声明在后，这时在使用前要声明为外部变量。

第二种情况，当由多个文件组成一个完整的程序时，在一个源程序文件中完全定义的变量要被其他若干个源文件引用时，引用的文件中要使用 extern 声明外部变量。

需要强调的是，虽然外部变量对不同源文件中或函数之间的数据传递特别有用。但也应该看到，这种能被许多函数共享的外部变量，其数据值的任何一次改变，都将影响到所有引用此变量的函数的执行结果，其危险性是显而易见的。

1.9 预处理

和 C 语言一样，C++预处理命令也有三种：宏定义命令、文件包含命令、条件编译命令。这些命令在程序中都以"#"来引导，每一条预处理命令必须单独占用一行，但在行尾不能有分号";"。

1. 宏定义命令

我们知道，用#define 可以定义一个符号常量，如：

```
#define  PI 3.141593
```

这里的#define 就是宏定义命令，它的作用是将 3.141593 用 PI 代替；PI 称为宏名。需要注意的是：

1）#define、PI 和 3.141593 之间一定要有空格，且一般将宏名定义成大写，以便与普通标识符相区别。

2）宏被定义后，使用下列命令后可重新定义：

```
#undef   宏名
```

3）一个定义过的宏名可以用来定义其他新的宏。

4）宏还可以带参数，例如：

```
#define   MAX(a,b)((a)>(b)?(a):(b))
```

其中（a,b）是宏 MAX 的参数表，如果在程序出现下列语句：

```
x = MAX(3, 9);
```

则预处理后变成：

```
x =(3>9?3:9);     // 结果为 9
```

很显然，带参数的宏相当于一个函数的功能，但却比函数简捷。

2. 文件包含命令

所谓"文件包含"是指将另一个源文件的内容合并到源程序中。C/C++语言提供了#include 命令用来实现文件包含的操作，它有下列两种格式：

```
#include <文件名>
#include "文件名"
```

文件名一般是以.h 为扩展名，因而称它为"头文件"，如前面的程序中 iostream.h 是头文件的文件名。文件包含的两种格式中，第一种格式是将文件名用尖括号"＜＞"括起来的，用来包含那些由系统提供的并放在指定子目录中的头文件。第二种格式是将文件名用双引号括起来的，用来包含那些由用户定义的放在当前目录或其他目录下的头文件或其他源文件。

3. 条件编译命令

一般情况下，源程序中所有的语句都参加编译，但有时也希望根据一定的条件去编译源文件的不同部分，这就是"条件编译"。条件编译使得同一源程序在不同的编译条件下得到不同的目标代码。

C/C++提供的条件编译命令有几种常用的形式，现分别介绍如下。

（1）第一种形式

```
#ifdef <标识符>
        <程序段 1>
[#else
        <程序段 2>]
#endif
```

其中，#ifdef、#else 和#endif 都是关键字，<程序段>是由若干条预处理命令或语句组成的。这种形式的含义是：如果标识符已被#define 命令定义过，则编译<程序段 1>，否则编译<程序段 2>。

（2）第二种形式

```
#ifndef <标识符>
        <程序段 1>
[#else
        <程序段 2>]
#endif
```

这与前一种形式的区别仅在于，如果标识符没有被#define 命令定义过，则编译<程序段 1>，否则就编译<程序段 2>。

（3）第三种形式

```
#if    <表达式 1>
        <程序段 1>
[#elif  <表达式 2>
        <程序段 2>
        ...]
[#else
        <程序段 n>]
#endif
```

其中，#if 、#elif、#else 和#endif 是关键字。它的含义是，如果<表达式 1>为"真"就编译<程序段 1>，否则如果<表达式 2>为"真"就编译<程序段 2>，...，如果各表达式都不为"真"就编译<程序段 n>。

以上是 C/C++语言的最基础的内容。在第 2 章，我们将讨论 C++所支持的面向对象的程序设计方法。

习题

1. 判断下列标识符的合法性，并说明理由。

X.25   4foots   exam-1   Int   main

Who_am_I   Large&Small   _Years   val(7)   2xy

2. 下列常量的表示在C++中是否合法？若不合法，指出原因；若合法，指出常量的数据类型。

32767   35u   1.25e3.4   3L   0.0086e-32   '\87'

"Computer System"   "a"   'a'   '\96\45'   .5

3. 字符常量与字符串常量有什么区别？指出下列哪些表示字符？哪些表示字符串？哪些既不表示字符也不表示字符串？

'0x66'   China   "中国"   "8.42"   '\0x33'   56.34

"\n\t0x34"   '\r'   '\\'   '8.34'   "\0x33"   '\0'

4. 下列变量说明中，哪些是不正确的？为什么？

（1）int m, n, x, y; float x, z;

（2）char c1, c2; float a, b, c1;

5. 将下列代数式写成C++的表达式。

（1）ax^2+bx+c （2）$(x+y)^3$ （3）$(a+b)/(a-b)$

6. 下列式子中，哪些是合法的赋值表达式？哪些不是？为什么？

（1）A = b = 4.5+7.8   （2）c = 3.5+4.5 = x = y = 7.9

（3）x = (y=4.5) *45   （4）e = x>y

7. 计算下列表达式的值。

（1）x+y%4*(int)(x+z)%3/2   其中x=3.5,y=13,z=2.5

（2）(int)x%(int)y+(float)(z*w)   其中x=2.5,y=3.5,z=3,w=4

8. 写出下面表达式运算后a的值，设原来的a都是10。

（1）a+=a;   （2）a%=(7%2);   （3）a*=3+4

（4）a/=a+a;   （5）a-=a;   （6）a+=a-=a*=a;

9. 设有变量：

int a = 3, b = 4, c = 5;

求下列表达式的值：

（1）a+b>c&&b==c   （2）a||b+c&&b>c

（3）!a||!c||b   （4）a*b&&c+a

10. 设m、n的值分别为10、8，指出下列表达式运算后a、b、c和d的值。

（1）a = m++ + n++   （2）b = m++ + ++n

（3）c = ++m + ++n   （4）d = m-- + n++

11. 设a、b、c的值分别为5、8、9；指出下列表达式运算后x、y和z的值。

（1）y = (a+b, c+a)   （2）x = y = a, z = a+b

（3）y = (x = a*b, x+x, x*x)   （4）x = (y = a, z = a+b)

12. 设a、b、c的值分别为15、18、19；指出下列表达式运算后x、y、a、b和c的值。

（1）x = a<b||c++   （2）y = a>b&&c++

（3）x = a+b>c&&c++   （4）y = a||b++||c++

13. 编写一个程序，用来计算一个不大于20的正整数的阶乘，例如，5!=534333231；并将计算的结果输出。在程序设计中，还应考虑一些特殊情况的处理，如输入的整数小于0、等于0以及等于1等。

14. 菲波纳契数列中的头两个数是 1 和 1，从第三个数开始，每个数等于前两个数的和。编写一个程序计算此数列的前 30 个数，且每行输出 5 个数。

15. 编程求 100 以内被 7 整除的最大自然数。

16. 从键盘上输入一个整数 n 的值，按下式求出 y 的值，并输出 n 和 y 的值（y 用浮点数表示）：
$$y = 1! + 2! + 3! + \cdots + n!$$

17. 设计一个程序，输出所有的水仙花数。所谓水仙花数是一个三位整数，其各位数字的立方和等于该数的本身。例如：$153 = 1^3 + 5^3 + 3^3$。

18. 设计一个程序，输入一个四位整数，将各位数字分开，并按其反序输出。例如：输入 1234，则输出 4321。要求必须用循环语句实现。

19. 求 π/2 的近似值的公式为：
$$\frac{\pi}{2} = \frac{2}{1} \times \frac{2}{3} \times \frac{4}{3} \times \frac{4}{5} \times \cdots \times \frac{2n}{2n-1} \times \frac{2n}{2n+1} \times \cdots$$
其中，n = 1、2、3······设计一个程序，求出当 n = 1000 时 π 的近似值。

20. 编写两个函数：一个是将一个不大于 9999 的整数转换成一个字符串；另一个是求出转换后的字符串的长度。由主函数输入一个整数，并输出转换后的字符串和长度。

21. 设计一个程序，输入一个十进制数，输出相应的十六进制数。设计一个函数实现数制转换。

22. 设计一个程序，通过重载求两个数中最大数的函数 max，分别实现求两个实数和两个整数以及两个字符的最大数。

23. 设计一个程序，用内联函数实现求出三个实数中的最大值，并输出。

24. 用至少两种方法编程求下式的值，其中编写函数时，设置参数 n 的默认值为 2：
$$n^1 + n^2 + n^3 + n^4 + \cdots + n^{10},$$
其中 n = 1,2,3。

25. 用递归法将一个整数 n 转换成字符串，例如输入 1234，应输出字符串"1234"。n 的位数不确定，可以是任意位数的整数。

26. 当 x>1 时，Hermite 多项式定义为：
$$H_n(x) = \begin{cases} 1 & n = 0 \\ 2x & n = 1 \\ 2xH_{n-1} - 2(n-1)H_{n-2}(x) & n > 1 \end{cases}$$

当输入浮点数 x 和整数 n 后，求出 Hermite 多项式的前 n 项的值。分别用递归函数和非递归函数来实现。

27. 设计一个程序，定义带参数的宏 MAX(A, B) 和 MIN(A, B)，分别求出两数中的最大值和最小值。在主函数 main 中输入三个数，并求出这三个数中的最大值和最小值。

28. 已知三角形的三边 a、b、c，则三角形的面积为：
$$area = \sqrt{s(s-a)(s-b)(s-c)}$$
其中 s = (a+b+c)/2。编写程序，分别用带参数的宏和函数求三角形的面积。

29. 输入一组非 0 整数（以输入 0 作为输入结束标志）到一维数组中，设计一程序，求出这一组数的平均值，并分别统计出这一组数中正数和负数的个数。

30. 输入 10 个数到一维数组中，按升序排序后输出。分别用三个函数实现数据的输入、排序及输出。

31. 设计一个程序，求一个 4×4 矩阵两对角线元素之和。

32. 设计一个函数 void strcpy(char a[], char b[])，将 b 中的字符串拷贝到数组 a 中（要求不能使用 C++的库函数 strcpy）。

33. 已知 int　d=5, *pd=&d, b=3; 求下列表达式的值。

（1）*pd*b　　　　（2）++*pd-b　　　　（3）*pd++　　　　（4）++(*pd)

34. 用指针作为函数的参数，设计一个实现两个参数交换的函数。输入三个实数，按升序排序后输出。

35. 编写函数 void fun（int *a, int *n, int pos, int x）；其功能是将 x 值插入到指针 a 所指的一维数组中，其中指针 n 所指的存储单元中存放的是数组元素个数，pos 为指定插入位置的下标。

36. 输入一个字符串，串内有数字和非数字字符，例如，"abc2345v345fdf678 jdhfg945"。将其中连续的数字作为一个整数，依次存放到另一个整型数组 b 中。如将 2345 存放到 b[0]、345 放入 b[1]、678 放入 b[2]……统计出字符串中的整数个数，并输出这些整数。要求在主函数中完成输入和输出工作。设计一个函数，把指向字符串的指针和指向整数的指针作为函数的参数，并完成从字符串中依次提取出整数的工作。

第 2 章　C++面向对象程序设计基础

在传统的结构化程序设计方法中，数据和处理数据的程序是分离的。当对某段程序进行修改或删除时，整个程序中所有与其相关的部分都要进行相应的修改，从而使程序代码的维护变得比较困难。为了避免这种情况的发生，C++引用了面向对象的设计方法，它是将数据及处理数据的相应函数"封装"到一个类中。类的实例称为对象。在一个对象内，一般只有属于该对象的函数才可以存取该对象的数据。这样，其他函数就不会无意中破坏它的内容，从而达到保护和隐藏数据的目的。

2.1　类和对象

类是面向对象程序设计的核心，它实际上是一种新的数据类型。类是对某一类对象的抽象，而对象是某一种类的实例，因此，类和对象是密切相关的。

2.1.1　从结构到类

在讨论类之前，先来看一个 C 语言结构类型示例，该类型的成员有学生姓名、学号、三门课成绩。

【例 Ex_AveStruct】 用结构实现计算平均成绩

```
#include <iostream.h>
struct STUSCORE
{
    char strName[12];              // 姓名
    char strStuNO[9];              // 学号
    float fScore[3];               // 三门课程成绩
};
float GetAverage(STUSCORE one)     // 计算平均成绩
{
    return(float)((one.fScore[0] + one.fScore[1] + one.fScore[2])/3.0);
}
void main()
{
    STUSCORE one={"LiMing", "21020501", {80,90,65}};
    cout<<one.strName<<" 的平均成绩为: "<<GetAverage(one)<<"\n";
}
```

运行结果如下：

```
LiMing 的平均成绩为: 78.3333
```

从上述示例可以看出，学生三门课的平均成绩是通过程序中的全局函数 GetAverage 来计算的，那么能否将此函数作为结构的成员呢？这时就需要使用"类"了。

2.1.2　类的定义

类的定义一般地分为声明部分和实现部分。声明部分用来声明该类中的成员，包含数据成员的声明和成员函数的声明。成员函数是用来对数据成员进行操作的，又称为"方法"。实现部分用来对成员函数进行定义。概括说来，声明部分将告诉使用者"干什么"，而实现部分是告诉使用者"怎么干"。

C++中定义类的一般格式如下：

```
class <类名>
{
    private:
        [<私有数据和函数>]
    public:
        [<公有数据和函数>]
};
<各个成员函数的实现>
```

其中，class 是定义类的关键字，class 的后面是用户定义的类名，通常用大写的 C 字母开始的标识符作为类名，C 用来表示类（Class），以与对象、函数及其他数据类型相区别。类中的数据和函数是类的成员，分别称为数据成员和成员函数。需要说明的是，由于数据成员是用变量来描述的，因此数据成员又可称为"成员变量"。

类中的关键字 public 和 private 声明了类中的成员和程序其他部分的关系。对于 public 类成员来说，它们是公有的，能被外面的程序访问；对于 private 类成员来说，它们是私有的，只能由类中的函数所使用，而不能被外面的程序所访问。

<各个成员函数的实现>是类定义中的实现部分，这部分包含所有在类体中声明的函数的定义（即对成员函数的实现）。如果一个成员函数在类体中定义，实现部分将不出现。如果所有的成员函数都在类体中定义，则实现部分可以省略。需要说明的是，当类的成员函数的函数体在类的外部定义时，必须由作用域运算符"::"来通知编译系统该函数所属的类。

下面的示例就是将例 Ex_AveStruct 的功能用类来实现。

【例 Ex_AveClass】 用类实现计算平均成绩

```cpp
#include <iostream.h>
#include <string.h>
class CStuScore
{
public: // 公有类型声明
    char strName[12];          // 姓名
    char strStuNO[9];          // 学号
    void SetScore(float s0, float s1, float s2) // 成员函数：设置三门课成绩
    {
        fScore[0] = s0;   fScore[1] = s1;   fScore[2] = s2;
    }
    float   GetAverage();
private:                       // 私有类型声明
    float fScore[3];           // 三门课程成绩
};                             // 注意分号不能省略
float CStuScore::GetAverage()
{
    return (float)((fScore[0] + fScore[1] + fScore[2])/3.0);
}
void main()
{
    CStuScore one;
    strcpy(one.strName, "LiMing");
    strcpy(one.strStuNO, "21020501");
    one.SetScore(80, 90, 65);
    cout<<one.strName<<" 的平均成绩为: "<<one.GetAverage()<<"\n";
}
```

上述 CStuScore 类中包含了 SetScore 和 GetAverage 成员函数，分别用来输入成绩和返回计算后的平均成绩。其中，成员函数 SetScore 是在类体中定义的，而 GetAverage 是类的外部定义的，注意两者的区别。另外，定义类时还应注意：

1）在 "public:" 或 "private:" 后面定义的所有成员都是公有或私有的，直到下一个 "public:" 或 "private:" 出现为止。若成员前面没有类似的 "public:" 或 "private:"，则所定义的成员是 private（私有），这是类的默认设置。

2）关键字 public 和 private 可以在类中出现多次，且前后的顺序没有关系。但最好先声明公有成员，后声明私有成员，因为 public 成员是用户最关心的。

3）除了 public 和 private 外，关键字 protected（保护）也可修饰成员的类型，它与 private 基本相似，但在类的继承时有所不同。

4）数据成员的类型可以是任意的，包含整型、浮点型、字符型、数组、指针等，也可以是另一个类的对象，但不允许对所定义的成员变量进行初始化。

5）尽量将类单独存放在一个文件中或将类的声明放在.h 文件中而将成员函数的实现放在与.h 文件同名的.cpp 文件中。以后将会看到，Visual C++ 6.0 为用户创建的应用程序框架中都是将各个类以.h 和同名的.cpp 文件来组织的。

2.1.3 对象的定义

一个类定义后，就可以定义该类的对象，如下面的格式：

```
<类名> <对象名列表>
```

其中，类名是用户已定义过的类的标识符，对象名可以有一个或多个，多个时要用逗号分隔。被定义的对象既可以是一个普通对象，也可以是一个数组对象或指针对象。例如：

```
CStuScore one, *two, three[2];
```

这时，one 是类 CStuScore 的一个普通对象，two 和 three 分别是该类的一个指针对象和数组对象。

一个对象的成员就是该对象的类所定义的成员，引用（访问）时可用下列方式：

```
<对象名>.<成员名>
<对象名>.<成员名>(<参数表>)
```

前者用来表示引用数据成员，后者用来表示引用成员函数。"." 是一个成员运算符，用来引用对象的成员。如：

```
one.strName, three[0].GetAverage();
```

对于指针对象的成员引用可用下列方式：

```
<对象指针名>-><成员名>
<对象指针名>-><成员名>(<参数表>)
```

"->" 也是一个成员运算符，它与 "." 运算符的区别是："->" 用来访问指针对象的成员，而 "." 用来访问一般对象的成员。需要说明的是，下面的两种表示是等价的：

```
<对象指针名>-><成员名>
(*<对象指针名>).<成员名>
```

这对于成员函数也适用，例如 two->GetAverage()和(*two).GetAverage()是等价的，由于成员运算符 "." 的优先级比取内容运算符 "*" 高，因此需要在 "*two" 两边加上括号。

从上可以看出，C 语言的结构类型和 C++的类在很大程度上都是相同的。正因为如此，C++

对结构类型进行了扩展，使其成为类的一种特殊形式。也就是说，在 C++的结构类型定义中除了 struct 和 class 关键字不同外，其余都相同。只不过，若结构成员前面没有 "public:" 或 "private:"，则所定义的成员是 public（公有）。

2.2 类的成员及特性

与 C 语言结构类型相比，C++的类有其独特的成员函数和特性，本节就来阐述这些内容。

2.2.1 构造函数

前面已提及，在类的定义中是不能对数据成员进行初始化的。为了能给数据成员自动设置某些初始值，这时就要使用类的特殊成员函数——构造函数。构造函数的最大特点是在对象建立时它会被自动执行，因此用于变量、对象的初始化代码一般放在构造函数中。

C++规定：构造函数必须与相应的类同名，它可以带参数，也可以不带参数。它与一般的成员函数定义相同，而且可以重载，即有多个构造函数出现。但不能指定函数返回值的类型，也不能指定为 void 类型。例如：

```
class CStuScore
{
public:
    CStuScore(char str[12])                 // 第一个构造函数
    {
        strcpy(strName, str);
    }
    CStuScore(char str[12], char strNO[9])  // 第二个构造函数
    {
        strcpy(strName, str);
        strcpy(strStuNO, strNO);
    }
    char strName[12];                       // 姓名
    char strStuNO[9];                       // 学号
    ...
};
```

需要说明的是：

1）程序中的 strcpy 是 C++的一个库函数，用来复制字符串，使用时需要头文件 string.h。

2）实际上，在类定义时，如果没有定义任何构造函数，则编译器自动为类生成一个不带任何参数的默认构造函数。对于 CStuScore 类来说，默认构造函数的形式如下：

```
CStuScore()   // 默认构造函数的形式
{}
```

3）由于构造函数的参数只能在定义对象时指定，因此有：

```
CStuScore oOne("LiMing");
```

它是自动调用第一个构造函数，使得 strName 内容为 "LiMing"。若有：

```
CStuScore oTwo;
```

则编译器会给出错误的提示，因为类 CStuScore 中已经定义了构造函数，默认构造函数将不再显式调用，因此在类中还要给出默认构造函数的定义，这样才能对 oTwo 进行初始化，此时对象的所有数据成员（成员变量）都被初始化为零或空。

2.2.2　析构函数

与构造函数相对应的另一种特殊的 C++ 成员函数是析构函数，它的功能是用来释放一个对象，在对象删除前，用它来做一些清理工作，它与构造函数的功能正好相反。

析构函数也要与相应的类同名，并在名称前面加上一个"~"符号。每一个类只有唯一的一个析构函数，没有任何参数，也不返回任何值，也不能被重载。例如：

```
class  CStuScore
{
public:
    ...
    ~ CStuScore (){ }      // 析构函数
    ...
};
```

同样，如果一个类中没有定义析构函数时，则编译系统也会为类自动生成一个默认析构函数，其格式如下（以类 CStuScore 为例）：

```
~ CStuScore()              // 默认析构函数的形式
{}
```

需要说明的是，析构函数只有在下列两种情况下才会被自动调用：

1）当对象定义在一个函数体中，该函数调用结束后，析构函数被自动调用。

2）用 new 为对象分配动态内存后，当使用 delete 释放对象时，析构函数被自动调用。

2.2.3　对象成员初始化

前面程序中所定义的类基本都是一个，但在实际应用中往往需要多个类，这时就可能把一个已定义类的对象作为另一个类的成员（称为对象成员）。为了能对这些对象成员进行初始化，C++ 允许采用这样的构造函数定义格式：

```
<类名>::<构造函数名>(形参表):对象1(参数表)，对象2(参数表)，...，对象n(参数表)
{
}
```

其中，对象 1、对象 2……对象 n 就是该类使用的其他类的对象，冒号"："后面的列表称为成员初始化列表。下面来看一个示例。

【例 Ex_InitMultObject】对象成员的初始化

```
#include <iostream.h>
class CPoint
{
public:
    CPoint(int x, int y){
        nPosX = x;  nPosY = y;
    }
    void ShowPos(){
        cout<<"当前位置: x = "<<nPosX<<", y = "<<nPosY<<endl;
    }
private:
    int nPosX, nPosY;
};
class CSize
{
public:
```

```
        CSize(int l, int w){
            nLength = l;  nWidth = w;
        }
        void ShowSize(){
            cout<<"当前大小: l = "<<nLength<<", w = "<<nWidth<<endl;
        }
private:
        int nLength, nWidth;
};
class CRect
{
public:
        CRect(int left, int top, int right, int bottom);
        void Show()
        {
            ptCenter.ShowPos();
            size.ShowSize();
        }
private:
        CPoint  ptCenter;
        CSize   size;
};
CRect::CRect(int left, int top, int right, int bottom)
        :size(right-left, bottom-top), ptCenter((left+right)/2, (top+bottom)/2)
{  }
void main()
{
        CRect rc(10, 100, 80, 250);
        rc.Show();
}
```

运行结果为:

```
当前位置: x = 45, y = 175
当前大小: l = 70, w = 150
```

在代码中，CRect 类私有成员——CPoint 类对象 ptCenter 和 CSize 类对象 size 的初始化是在
CRect 类构造函数实现时进行的。需要说明的是:

1）类的对象成员必须初始化，但不能将对象成员直接在构造函数体内进行初始化，例如下
面的初始化是不可以的:

```
CRect(int left, int top, int right, int bottom)
{
    ptCenter = CPoint((left+right)/2, (top+bottom)/2);
    size = CSize(right-left, bottom-top);
}
```

2）对象成员初始化时，必须有相应的构造函数，且多个对象成员的构造次序不是按初始化
成员列表的顺序，而是按各类声明的先后次序进行的，从上例的运行结果可以得到证明。

3）对象成员初始化也可在类构造函数定义时进行。例如:

```
class CRect
{
public:
        CRect(int left, int top, int right, int bottom)
            :size(right-left, bottom-top),
            ptCenter((left+right)/2, (top+bottom)/2)
```

```
    {
    }
    void Show()
    {
        ptCenter.ShowPos();
        size.ShowSize();
    }
private:
    CPoint  ptCenter;
    CSize   size;
};
```

4）事实上，成员初始化列表也可用于类中的普通数据成员的初始化。例如：

```
class COne {
    int a;
public:
    COne(int x):a(x)        // 注意，不能是 COne(int x):a = x
    { }
};
```

2.2.4 常类型

常类型是指使用类型修饰符 const 说明的类型，由于常类型的变量或对象的值是不能被更新的，因此定义或声明常类型时必须进行初始化。

1. 常对象

常对象是指对象常量，定义格式如下：

```
<类名> const <对象名>
```

定义常对象时，同样要进行初始化，并且该对象不能再被更新，修饰符 const 可以放在类名后面，也可以放在类名前面。例如：

```
class COne
{
public:
    COne(int a, int b)
    {
        x = a;
        y = b;
    }
    ...
private:
    int x, y;
};
const COne a(3,4);
COne const b(5,6);
```

其中，a 和 b 都是 COne 对象常量，初始化后就不能再被更新。

2. 常成员函数

使用 const 关键字进行声明的成员函数，称为常成员函数。只有常成员函数才有资格操作常量或常对象。常成员函数说明格式如下：

```
<类型说明符> <函数名> (<参数表>)const;
```

其中，const 是加在函数声明后面的类型修饰符，由于它是函数类型的一个组成部分，因此在函数实现部分也要带 const 关键字。例如：

【例 Ex_ConstFunc】常成员函数的使用

```
#include <iostream.h>
class COne
{
public:
    COne(int a, int b){ x = a; y = b; }
    void print();
    void print()const;                // 声明常成员函数
private:
    int x, y;
};
void COne::print()
{
    cout<<x<<", "<<y<<endl;
}
void COne::print()const
{
    cout<<"使用常成员函数: "<<x<<", "<<y<<endl;
}
void main()
{
    COne one(5, 4);
    one.print();
    const COne two(20, 52);
    two.print();
}
```

运行结果为:

```
5, 4
使用常成员函数: 20, 52
```

该程序的类 COne 声明了两个重载成员函数,一个带 const,一个不带。语句 "one.print();" 调用成员函数 "void print();",而 "two.print();" 调用常成员函数 "void print() const;"。

需要说明的是,在 Visual C++中,常成员函数还可以理解成是一个"只读"函数,它既不能更改数据成员的值,也不能调用那些引起数据成员值变化的成员函数,而只能调用 const 成员函数。例如:

```
class CDate
{
  public:
    CDate(int mn, int dy, int yr);        // 构造函数
    int getMonth()const;                  // 常成员函数
    void setMonth(int mn);                // 一般成员函数
    int month;                            // 数据成员
};
int CDate::getMonth()const
{
    return month;                         // 不能修改数据成员的值,只有一个返回值
}
void CDate::setMonth(int mn)
{
    month = mn;                           // 可以使用赋值等语句,修改数据成员的值
}
```

3. 常数据成员

类型修饰符 const 不仅可以说明成员函数,也可以说明数据成员。由于const 类型对象必须

被初始化，并且不能更新，因此，在类中声明 const 数据成员后，只能通过构造函数成员初始化方式来对常数据成员初始化。例如：

【例 Ex_ConstData】常数据成员的使用

```
#include <iostream.h>
class COne
{
public:
    COne(int a):x(a),r(x)        // 常数据成员的初始化
    {
    }
    void print();
    const int &r;                // 引用类型的常数据成员
private:
    const int x;                 // 常数据成员
};
void COne::print()
{
    cout<<"x = "<<x<<", r = "<<r<<endl;
}
void main()
{
    COne one(100);
    one.print();
}
```

该程序的运行结果为：

```
x = 100, r = 100
```

2.2.5 this 指针

this 指针是一个特殊指针，当类实例化时，即用类定义对象时，则 this 指针总是指向对象本身。而在类声明时，this 指针指向类本身，所以可以在类成员函数中通过 this 指针来访问类中的所有成员。这样，当成员函数的形参名与该类的成员变量名同名时，就可用 this 指针来区分，例如：

```
class CPoint
{
public:
    CPoint( int x = 0, int y = 0)
    {
        this->x = x; this->y = y;
    }
    void Offset(int x, int y)
    {
        (*this).x += x;    (*this).y += y;
    }
    void Print() const
    {
        cout<<"Point("<<x<<", "<<y<<")"<<endl;
    }
private:
    int x, y;
};
```

　　类 CPoint 中的私有数据成员 x、y 和构造函数、Offset 成员函数的形参同名，正是因为成员函数体中使用了 this 指针，从而使函数中的赋值语句合法有效，且含义明确。

　　需要说明的是，对于静态成员函数来说，由于它是为所有对象所共享，因此在静态成员函数中使用 this 指针将无法确定 this 的具体指向。所以，在静态成员函数中千万不能使用 this 指针。

2.2.6　类的作用域和对象的生存期

　　类的作用域是指在类的定义中由一对花括号所括起来的部分。每一个类都具有该类的类作用域。

　　从类的定义可知，类作用域中可以定义变量，也可以定义函数。从这一点上看，类作用域与文件作用域很相似。但是，类作用域又不同于文件作用域，在类作用域中定义的变量不能使用 auto、register 和 extern 等修饰符，只能使用 static 修饰符，而定义的函数也不能用 extern 修饰符。另外，在类作用域中的静态成员和成员函数还具有外部的连接属性。

　　文件作用域中可以包含类作用域，显然，类作用域小于文件作用域。一般而言，类作用域中可包含成员函数的作用域。

　　由于类中成员的特殊访问规则，使得类中成员的作用域变得比较复杂，因此只能根据具体问题具体分析。具体地讲，某个类 A 中某个成员 M 在下列情况下具有类 A 的作用域：

　　1）成员 M 出现在类 A 的某个成员函数中，并且该成员函数没有定义同名标识符。

　　2）成员 M 出现在 a.M 或 A::M 表达式中，其中 a 是 A 的对象。

　　3）成员 M 出现在 pa->M 这样的表达式中，其中 pa 是一个指向类 A 的对象的指针。

　　对象的生存期是指对象从被创建开始到被释放为止的时间。按生存期的不同，对象可分为如下三种：

　　1）局部对象：当对象被定义时调用构造函数，该对象被创建，当程序退出定义该对象所在的函数体或程序块时，调用析构函数，释放该对象。

　　2）静态对象：当程序第一次执行所定义的静态对象时，该对象被创建，当程序结束时，该对象被释放。

　　3）全局对象：当程序开始时，调用构造函数创建该对象，当程序结束时调用析构函数释放该对象。

　　局部对象是被定义在一个函数体或程序块内的，它的作用域小，生存期也短。静态对象被定义在一个文件中，它的作用域从定义时起到文件结束时止。它的作用域比较大，生存期也比较长。全局对象被定义在某个文件中，而它的作用域却在包含该文件的整个程序中，它的作用域是最大的，生存期也是最长的。

2.2.7　静态成员

　　静态成员的提出是为了解决数据共享的问题。实现数据共享有许多方法，设置全局变量或对象是一种方法。但是，全局变量或对象是有局限性的。下面就来讨论静态成员，它包括静态数据成员和静态成员函数。

1. 静态数据成员

　　静态数据成员是同一个类中所有对象共享的成员，而不是某一对象的成员。使用静态数据成员可以节省内存，因为它是所有对象所公有的。静态数据成员的值对每个对象都是一样的，但它的值是可以更新的。与静态变量相似，静态数据成员是静态存储的，具有静态生存期。但定义一个静态数据成员与一般静态变量不一样，它是这样定义的：

1）使用关键字 static 声明静态数据成员。

2）对静态数据成员进行初始化。由于静态数据成员需要系统为其分配内存空间，因此不能在类声明中进行初始化。静态数据成员初始化须在类的外部进行，且与一般数据成员初始化不同，它的格式如下：

<数据类型><类名>::<静态数据成员名>=<值>

【例 Ex_StaticData】静态数据成员的使用

```
#include <iostream.h>
class CSum
{
public:
    CSum(int a = 0, int b = 0)
    {
        nSum += a+b;
    }
    int GetSum()
    {
        return nSum;
    }
    void SetSum(int sum)
    {
        nSum = sum;
    }
private:
    static int nSum;        // 声明静态数据成员
};
int CSum::nSum = 0;         // 静态数据成员的初始化
void main()
{
    CSum one(10, 2);
    cout<<"sum = "<<one.GetSum()<<endl;
    one.SetSum(5);
    cout<<"sum = "<<one.GetSum()<<endl;
}
```

运行结果为：

```
sum = 12
sum = 5
```

2. 静态成员函数

静态成员函数和静态数据成员一样，它们都属于类的静态成员，但它们都不是对象成员。因此，对静态成员的引用不要用对象名。

在静态成员函数的实现中不能直接引用类中的非静态成员，但可以引用类中的静态成员。如果静态成员函数中一定要引用非静态成员时，则可通过对象来引用。

【例 Ex_StaticFunc】静态成员函数的使用

```
#include <iostream.h>
class CSum
{
public:
    CSum(int a = 0, int b = 0)
    {
        nSum += a+b;
```

```
        }
        int GetSum()
        {
            return nSum;
        }
        void SetSum(int sum)
        {
            nSum = sum;
        }
        static void ShowData(CSum one);        // 声明静态成员函数
private:
        static int nSum;
};
void CSum::ShowData(CSum one)                  // 静态成员函数的实现
{
        cout<<"直接使用静态成员"<<endl;
        cout<<"sum = "<<nSum<<endl;
        cout<<"使用同类的对象"<<endl;
        cout<<"sum = "<<one.GetSum()<<endl;
}
int CSum::nSum = 0;
void main()
{
        CSum one(10, 2);
        CSum::ShowData(one);
        one.SetSum(8);
        one.ShowData(one);
}
```

运行结果为：

```
直接使用静态成员
sum = 12
使用同类的对象
sum = 12
直接使用静态成员
sum = 8
使用同类的对象
sum = 8
```

从例中可以发现：公有的静态成员函数既可以通过相应的对象访问（这一点与一般成员函数相同），也可以通过其所属的类名来引用。

2.2.8　友元

类的重要特性是使数据封装与隐藏，但同时也给外部函数访问类中的私有和保护类型数据成员带来了不便，为此，C++使用一个特殊的函数——"友元函数"来解决这个问题。

"友元函数"必须在类中进行声明而在类外定义，声明时须在函数类型前面加上关键字friend。友元函数虽不是类的成员函数，但它可以访问类中的私有和保护类型数据成员。

【例 Ex_FriendFunc】友元函数的使用

```
#include <iostream.h>
class CPoint
{
public:
        CPoint()
```

```
    {
        m_x = m_y = 0;
    }
    CPoint(unsigned x, unsigned y)
    {
        m_x = x;      m_y = y;
    }
    void  Print()
    {
        cout << "Point(" << m_x << ", " << m_y << ")"<< endl;
    }
    friend CPoint Inflate(CPoint &pt, int nOffset);   // 声明一个友元函数
private:
    unsigned    m_x, m_y;
};
CPoint Inflate(CPoint &pt, int nOffset) // 友元函数的定义
{
    CPoint ptTemp = pt;
    ptTemp.m_x += nOffset;             // 直接改变私有数据成员m_x和m_y
    ptTemp.m_y += nOffset;
    return ptTemp;
}
void main()
{
    CPoint pt(10, 20);
    pt.Print();
    pt = Inflate(pt, 3);               // 调用友元函数
    pt.Print();
}
```

运行结果为：

```
Point(10, 20)
Point(13, 23)
```

在上述程序中，ptTemp.m_x 和 ptTemp.m_y 是引用类的私有数据成员，由于 Inflate 函数是在类 CPoint 外定义的（注意，Inflate 没有像成员函数定义时所用的 "CPoint::"），因此这样的访问是可以的。若 Inflate 声明的不是友元函数，则这样的调用是错误的。另外，从语句 pt = Inflate（pt, 3）可以看出：友元函数的调用和普通函数一样，是直接调用的，而不像成员函数的调用那样还需要指出所属类的对象。

friend 除了可以定义友元函数外，还可以定义友元类，即一个类可以作另一个类的友元。当一个类作为另一个类的友元时，这就意味着这个类的所有成员函数都是另一个类的友元函数。

2.3 继承和派生类

继承是面向对象语言的一个重要机制，通过继承可以在一个一般类的基础上建立新类。被继承的类称为基类（base class），在基类上建立的新类称为派生类（derived class）。如果一个类只有一个基类则称为单继承，否则称为多继承。通过进行类继承，可以提高程序的可重用性和可维护性。

2.3.1 单继承

从一个基类定义一个派生类可按下列格式：

```
class <派生类名> : [<继承方式>] <基类名>
{
[<派生类的成员>]
};
```

其中，继承方式有三种：public（公有）、private（私有）及 protected（保护），若继承方式没有指定，则被指定为默认的 public 方式。继承方式决定了派生类继承基类的属性及其使用权限，下面分别说明。

1. 公有继承（public）

公有继承的特点是基类的公有成员和保护成员作为派生类的成员时，它们都保持原有的状态，而基类的私有成员仍然是私有的。先来看一个例子，该示例定义两个类 CPerson 和 CStudent；其中 CStudent 公有继承 CPerson 类。

【例 Ex_ClassPublicDerived】派生类的公有继承示例

```cpp
#include <iostream.h>
#include <string.h>
class CPerson                         // 基类
{
public:
    void SetData(char *name, char *id, bool isman = 1)
    {
        int n = strlen(name);
        strncpy(pName, name, n);  pName[n] = '\0';
        n = strlen(id);
        strncpy(pID, id, n);      pID[n] = '\0';
        bMan = isman;
    }
    void Output()
    {
        cout<<"姓名: "<<pName<<endl;
        cout<<"编号: "<<pID<<endl;
        char *str = bMan?"男":"女";
        cout<<"性别: "<<str<<endl;
    }
private:
    char pName[20];                   // 姓名
    char pID[20];                     // 编号
    bool bMan;                        // 性别: 0表示女, 1表示男
};
class CStudent: public CPerson        // 派生类
{
public:
    void InputScore(double score1, double score2, double score3)
    {
        dbScore[0] = score1;
        dbScore[1] = score2;
        dbScore[2] = score3;
    }
    void Print()
    {
        Output();                     // 在类中调用基类成员函数
        for(int i=0; i<3; i++)
```

```
                cout<<"成绩"<<i+1<<": "<<dbScore[i]<<endl;
        }
private:
        double dbScore[3];                  // 三门成绩
};
void main()                                 // 主函数
{
        CStudent stu;
        stu.SetData("LiMing", "21010211"); // 在派生类对象中调用公有基类成员函数
        stu.InputScore(80, 76, 91);
        stu.Print();
}
```

运行结果为：

```
姓名：LiMing
编号：21010211
性别：男
成绩1：80
成绩2：76
成绩3：91
```

从上例可以看出，从基类 CPerson 派生的 CStudent 类除具有 CPerson 所有公有成员和保护成员外，还有自身的私有数据成员 dbScore 和公有成员函数 InputScore 和 Print。CStudent 类的成员函数 Print 中调用了基类 CPerson 的 Output 函数，stu 对象调用了基类的 SetData 成员函数。总之，公有（public）继承方式具有下列特点：

1）在派生类中，基类的公有成员、保护成员和私有成员的访问属性保持不变。在派生类中，只有基类的私有成员是无法访问的。也就是说，基类的私有成员在派生类中被隐藏了，但不等于说基类的私有成员不能由派生类继承。

2）派生类对象只能访问派生类和基类的公有（public）成员。

需要说明的是，由于继承具有单向性，因而基类或基类的对象不能访问派生类的成员。

2. 私有继承（private）

私有继承的特点是基类的公有成员和保护成员都作为派生类的私有成员，并且不能被这个派生类的子类所访问。例如：

【例 Ex_ClassPrivateDerived】派生类的私有继承示例

```
#include <iostream.h>
#include <string.h>
class CPerson              // 基类，此代码与Ex_ClassPublicDerived相同
{
public:
        void SetData(char *name, char *id, bool isman = 1)
        {
                int n = strlen(name);
                strncpy(pName, name, n);   pName[n] = '\0';
                n = strlen(id);
                strncpy(pID, id, n);       pID[n] = '\0';
                bMan = isman;
        }
        void Output()
        {
                cout<<"姓名: "<<pName<<endl;
```

```
            cout<<"编号: "<<pID<<endl;
            char *str = bMan?"男":"女";
            cout<<"性别: "<<str<<endl;
        }
private:
        char pName[20];                 // 姓名
        char pID[20];                   // 编号
        bool bMan;                      // 性别: 0表示女, 1表示男
};
class CStudent: public CPerson          // 派生类
{
public:
        void SetPersonData(char *name, char *id, bool isman = 1)
        // 与Ex_ClassPublicDerived相比, 这是新增加的代码
        {
            SetData(name, id, isman);   // 在类中调用基类成员函数
        }
        void InputScore(double score1, double score2, double score3)
        {
            dbScore[0] = score1;
            dbScore[1] = score2;
            dbScore[2] = score3;
        }
        void Print()
        {
            Output();                   // 在类中调用基类成员函数
            for (int i=0; i<3; i++)
                cout<<"成绩"<<i+1<<": "<<dbScore[i]<<endl;
        }
private:
        double dbScore[3];              // 三门成绩
};
void main()                             // 主函数
{
        CStudent stu;
        stu.SetPersonData("LiMing", "21010211");
        stu.InputScore(80, 76, 91);
        stu.Print();
}
```

运行结果同上例相同。在本例中，由于私有继承的派生类对象不能访问基类的所有成员，因此 stu 不能直接调用基类的 SetData 成员函数，但在派生类 CStudent 中可以访问。

3. 保护继承（protected）

保护继承的特点是基类的所有公有成员和保护成员都成为派生类的保护成员，并且只能被它的派生类成员函数或友元访问，基类的私有成员仍然是私有的。

需要注意的是，一定要区分清楚派生类的对象和派生类中的成员函数对基类的访问是不同的。例如，在公有继承时，派生类的对象可以访问基类中的公有成员，派生类的成员函数可以访问基类中的公有成员和保护成员。在私有继承和保护继承时，基类的所有成员不能被派生类的对象访问，而派生类的成员函数可以访问基类中的公有成员和保护成员。

表 2-1 列出了三种不同的继承方式的基类特性和派生类特性。

表 2-1   不同继承方式的基类特性和派生类特性

继 承 方 式	基 类 特 性	派生类特性
公有继承(public)	public	public
	protected	protected
	private	不可访问
私有继承(private)	public	private
	protected	private
	private	不可访问
保护继承(protected)	public	protected
	protected	protected
	private	不可访问

2.3.2   派生类的构造函数和析构函数

派生类对象在建立时,先执行基类的构造函数,然后执行派生类的构造函数。但对于析构函数来说,其顺序刚好相反,先执行派生类的析构函数,而后执行基类的析构函数。注意:基类的构造函数和析构函数不能被派生类继承。

需要注意的是,如果在对派生类进行初始化时,需要对其基类设置初值,则可按下列格式进行:

```
<派生类名>(总参表):<基类1>(参数表1),<基类2>(参数表2),...,<基类n>(参数表n),对象成员1(对象成员参数表1),对象成员2(对象成员参数表2),...,对象成员n(对象成员参数表n)
{...}
```

其中,构造函数总参表后面给出的是需要用参数初始化的基类名、对象成员名及各自对应的参数表,基类名和对象成员名之间的顺序可以是任意的,且对于使用默认构造函数的基类和对象成员,可以不列出基类名和对象成员名。这里所说的对象成员是指在派生类中新声明的数据成员,它属于另外一个类的对象。对象成员必须在初始化列表中进行初始化。

2.3.3   多继承

前面所讨论的是单继承的基类和派生类之间的关系,实际在类的继承中,还允许一个派生类继承多个基类,这种多继承的方式可使派生类具有多个基类的特性,因而不仅使程序结构清晰,且大大提高了程序代码的可重用性。

多继承下派生类的定义格式:

```
class <派生类名> : [<继承方式1>] <基类名1>,[<继承方式2>] <基类名2>,...
{
    [<派生类的成员>]
};
```

其中的继承方式还是前面的三种:public、private 和 protected。
例如:

```
class A
{...}
class B
{...}
class C:public A,private B
{...}
```

由于派生类 C 继承了基类 A 和 B，具有多继承性，因此派生类 C 的成员包含了基类 A 中成员和 B 中的成员以及该类本身的成员。

除了类的多继承性以外，C++还允许一个基类有多个派生类（称为多重派生）以及从一个基类的派生类中再进行多个层次的派生。总之，掌握了基类和派生类之间的关系，类的多种形式的继承也就清楚了。

在第 3 章中，将讨论类的多态性、输入输出和模板。

习题

1. 定义一个描述学生基本情况的类，数据成员包括姓名、学号、C++成绩、英语成绩和数学成绩，成员函数包括输出数据、置姓名和学号、置三门课的成绩，求出总成绩和平均成绩。

2. 设有一个描述坐标点的 CPoint 类，其私有变量 x 和 y 代表一个点的 x、y 坐标值。编写程序实现以下功能：利用构造函数传递参数，并设其默认参数值为 60 和 75，利用成员函数 display 输出这一默认的值；利用公有成员函数 setpoint 将坐标值修改为（80，150），并利用成员函数 display 输出修改后的坐标值。

3. 下面是一个类的测试程序，给出类的定义，构造一个完整的程序。执行程序时的输出为：

输出结果：200 - 60 = 140

主函数为：

```
void main()
{
    CTest c;
    c.init(200, 60);
    c.print();
}
```

4. 定义一个人员类 CPerson，包括数据成员：姓名、编号、性别和用于输入输出的成员函数。在此基础上派生出学生类 CStudent（增加成绩）和教师类 CTeacher（增加教龄），并实现对学生和教师信息的输入输出。

5. 把定义平面直角坐标系上的一个点的类 CPoint 作为基类，派生出描述一条直线的类 CLine，再派生出一个矩形类 CRect。要求成员函数能求出两点间的距离、矩形的周长和面积等。设计一个测试程序，并构造完整的程序。

6. 定义一个字符串类 CStrOne，它包含一个存放字符串的数据成员；能够通过构造函数初始化字符串，通过成员函数显示字符串的内容。在此基础上派生出 CStrTwo 类，它增加一个存放字符串的数据成员，并能通过派生类的构造函数传递参数，初始化两个字符串，还能通过成员函数进行两个字符串的合并以及输出（字符串合并可使用标准库函数 strcat，且需要包含头文件 string.h）。

第 3 章 C++面向对象程序设计进阶

面向对象的程序设计方法除了前面介绍的封装性、继承和派生性，它还具有多态性。所谓多态性是指不同类型的对象接收相同的消息时产生不同的行为。这里的消息主要是指对类的成员函数的调用，而不同的行为是指成员函数的不同实现，例如前面的函数重载就是多态性的典型例子。在本章中，除了讨论多态性外，还讨论 C++的输入输出流和模板。

3.1 多态和虚函数

在 C++中，多态性可分为两种：编译时的多态性和运行时的多态性。编译时的多态性是通过函数的重载或运算符的重载来实现的。而运行时的多态性是通过虚函数来实现的，之所以称之为"运行时的多态性"，是因为在程序执行之前，根据函数和参数还无法确定应该调用哪一个函数，而必须在程序的执行过程中，根据具体的执行情况才能动态地确定。

3.1.1 虚函数

先来看一个实例，该实例中是将 CShape 类中的成员函数 area 定义为虚函数。

【例 Ex_VirtualFunc】虚函数的使用

```cpp
#include <iostream.h>
class CShape
{
public:
    virtual float area()  // 将area定义成虚函数
    {
        return 0.0;
    }
};
class CTriangle:public CShape
{
public:
    CTriangle(float h, float w)
    {
        H=h; W=w;
    }
    float area()
    {
        return(float)(H * W * 0.5);
    }
private:
    float H, W;
};
class CCircle:public CShape
{
public:
    CCircle(float r)
    { R=r; }
    float area()
    {
        return(float)(3.14159265 * R * R);
    }
```

```
private:
    float R;
};
void main()
{
    CShape *s[2];
    s[0] = new CTriangle(3,4);
    cout<<s[0]->area()<<endl;
    s[1] = new CCircle(5);
    cout<<s[1]->area()<<endl;
}
```

运行结果为：

```
6
78.5398
```

与重载函数相似，虚函数也能使一个函数具有多种不同的版本。但虚函数是在基类定义的，而它的不同版本是在该基类的派生类中重新进行定义。在此代码中，虚函数 area() 是通过在基类的 area() 函数的前面加上 virtual 关键字来实现的。程序中*s[2]是定义的基类 CShape 指针，语句"s[0]=new CTriangle(3,4);"是将 s[0]指向派生类 CTriangle，因而"s[0]->area();"实际上是调用 CTriangle 类的 area 成员函数，结果是 6；同样可以分析 s[1]->area()的结果。

从这个例子可以看出，正是通过虚函数，达到了用基类指针访问派生类对象成员函数的目的。这样，只要声明了基类指针就可以使不同的派生类对象产生不同的函数调用，这实现了程序的运行时多态。

需要说明的是：

1）虚函数在重新定义时参数的个数和类型必须和基类中的虚函数完全匹配，这一点和函数重载完全不同。

2）虚函数所具备的上述功能，只有通过基类指针才可实现。虚函数在用对象名和成员运算符以正常方式调用时，不能达到其效果。例如：

```
CShape  ss;
ss.area();
```

将得到 0.0。

3）如果不使用 new 来创建相应的派生类对象，也可使用下列方法来实现：

```
void main()
{
    CShape *p1, *p2;
    CTriangle tri(3, 4);
    CCircle cir(5);
    p1 = &tri;
    p2 = &cir;
    cout<<p1->area()<<endl;
    cout<<p2->area()<<endl;
}
```

4）虚函数必须是类的一个成员函数，不能是友元函数，也不能是静态的成员函数。

5）可把析构函数定义为虚函数，但不能将构造函数定义为虚函数。通常在释放基类及其派生类中的动态申请的存储空间时，也要把析构函数定义为虚函数，以便实现撤销对象时的多态性。

3.1.2 纯虚函数和抽象类

在定义一个基类时，有时会遇到这样的情况：无法定义基类中虚函数的具体实现，其实现完全依赖于其不同的派生类。例如，一个"形状类"由于没有确定的具体形状，因此其计算面积的函数也就无法实现。这时可将基类中的虚函数声明为纯虚函数。

声明纯虚函数的一般格式为：

```
virtual <函数类型><函数名>(<形数表>)= 0;
```

它与一般虚函数不同的是：在纯虚函数的形参表后面多了个"=0"。把函数名赋予 0，本质上是将指向函数的指针的初值赋为 0。需要说明的是，纯虚函数不能有具体的实现代码。

抽象类是指至少包含一个纯虚函数的特殊的类。它本身不能被实例化，也就是说不能声明一个抽象类的对象。必须通过继承得到派生类后，在派生类中定义了纯虚函数的具体实现代码，才能获得一个派生类的对象。

下面举例说明纯虚函数和抽象类的应用。

【例 Ex_PureVirtualFunc】纯虚函数的使用

```cpp
#include <iostream.h>
class CShape
{
public:
    virtual float area()= 0;          // 将area定义成纯虚函数
};
class CTriangle:public CShape
{
public:
    CTriangle(float h, float w)
    {
        H = h;  W = w;
    }
    float area()                      // 在派生类定义纯虚函数的具体实现代码
    {
        return(float)(H * W * 0.5);
    }
private:
    float H, W;
};
class CCircle:public CShape
{
public:
    CCircle(float r)
    {
        R = r;
    }
    float area()                      // 在派生类定义纯虚函数的具体实现代码
    {
        return(float)(3.14159265 * R * R);
    }
private:
    float R;
};
void main()
{
    CShape *pShape;
```

```
    CTriangle tri(3, 4);
    cout<<tri.area()<<endl;
    pShape = &tri;
    cout<<pShape->area()<<endl;
    CCircle cir(5);
    cout<<cir.area()<<endl;
    pShape = &cir;
    cout<<pShape->area()<<endl;
}
```

运行结果为:

```
6
6
78.5398
78.5398
```

从这个示例可以看出，与虚函数使用方法相同，也可以声明指向抽象类的指针，虽然该指针不能指向任何抽象类的对象，但可以通过该指针获得对派生类成员函数的调用。事实上，纯虚函数是一个特殊的虚函数。

3.2 运算符重载

尽管 C++语言有丰富的数据类型和运算符，但仍然不能满足应用编程的一些需要。复数及其操作就是这样的一个例子。虽然用户可以定义一个复数类，然后利用成员函数实现数据之间的运算操作，但没有运算符操作来得更为简便、直接。

运算符重载就是赋予已有的运算符多重含义。在 C++中通过重新定义运算符，使它能够用于特定类的对象来执行特定的功能，从而增强了 C++语言的扩充能力。

3.2.1 运算符重载的语法

为了重载运算符，必须定义一个特殊的函数，以便通知编译器，遇到该重载运算符时调用该函数，并由该函数来完成该运算符应该完成的操作。这种特殊的函数称为运算符重载函数，它通常是类的成员函数或是友元函数，运算符的操作数通常也是该类的对象。

定义一个运算符重载函数与定义普通函数相类似，只不过函数名必须以 operator 开头，其一般形式如下:

```
<函数类型><类名>::operator <重载的运算符>(<形参表>)
{ ... }  // 函数体
```

由于运算符重载函数的函数是以特殊的关键字 operator 开始的，因而编译器很容易与其他的函数名区分开来。

重载的运算符必须是一个 C++合法的运算符，如 "+"、"-"、"*"、"/"、"++" 等。下面来看一个实例，这个例子是定义一个复数类 CComplex，然后重载 "+" 运算符，使这个运算符能直接完成复数的加运算。

【例 Ex_Complex】运算符的简单重载

```
#include <iostream.h>
class CComplex
{
public:
    CComplex(double r = 0, double i = 0)
    {
```

```
            realPart = r;
            imagePart = i;
        }
        void print()
        {
            cout<<"该复数实部 = "<<realPart<<", 虚部 = "<<imagePart<<endl;
        }
        CComplex operator +(CComplex &c);        // 重载运算符+
        CComplex operator +(double r);           // 重载运算符+
private:
        double realPart;                         // 复数的实部
        double imagePart;                        // 复数的虚部
};
CComplex CComplex::operator +(CComplex &c)   // 参数是CComplex引用对象
{
        CComplex temp;
        temp.realPart = realPart + c.realPart;
        temp.imagePart = imagePart + c.imagePart;
        return temp;
}
CComplex CComplex::operator +(double r)       // 参数是double类型数据
{
        CComplex temp;
        temp.realPart = realPart + r;
        temp.imagePart = imagePart;
        return temp;
}
void main()
{
        CComplex c1(12,20), c2(50,70), c;
        c = c1 + c2;
        c.print();
        c = c1+ 20;
        c.print();
}
```

运行结果为：

```
该复数实部 = 62, 虚部 = 90
该复数实部 = 32, 虚部 = 20
```

在程序中，对运算符"+"作了两次重载，一个用于实现两个复数的加法，另一个用于实现一个复数与一个实数的加法。从例中可以看出，当重载一个运算符时，必须定义该运算符要完成的具体操作，而且当运算符重载函数是类的成员函数时，该函数的形参个数要比运算符操作数个数少一个，双目运算符（例如"+"）重载的成员函数只有一个参数，单目运算符重载的成员函数没有参数。

从上面可以看出，经重载后的运算符的使用方法与普通运算符基本一样。但实际上，系统自动完成了相应的运算符重载函数的调用过程。例如表达式"c = c1 + c2"，编译器首先将"c1 + c2"解释为"c1.operator + (c2)"，调用运算符重载函数 operator + (CComplex &c)，然后再赋给 c。同样，对于表达式"c = c1 + 20"，编译器将"c1 + 20"解释为"c1.operator + (20)"，调用运算符重载函数 operator + (double r)。

还需要说明的是：

1）当用成员函数实现双目运算符的重载时，运算符的左操作数一定是对象，右操作数作为调用运算符重载函数的参数，参数可以是对象、对象的引用或是其他类型的参数。例如，若有表达式"c = 20 + c1"，则编译器必将"20 + c1"解释为"20.operator + (c1)"，显然出现编译错误。但实际应用时，这种运算操作是存在的，解决这个问题的办法是将运算符重载为友元函数。

2）不是所有的运算符都可以重载。在 C++中不允许重载的运算符除三目运算符"?:"外，还有成员操作符"."、成员指针取值操作符"*"、作用域操作符"::"以及 sizeof 运算符。

3）只能对 C++中已定义了的运算符进行重载，而且当重载一个运算符时，该运算符的操作数个数、优先级和结合性是不能改变的。

前面的例子说明了双目运算符的重载方法，对于单目运算符的重载也可类似进行，但对于增 1 "++"和减 1 "--"的后缀运算符在重载时将其视为双目运算符。

3.2.2　赋值运算符的重载

我们知道，相同类型的对象之间可以直接相互赋值，但不是所有的同类型对象都可以这么操作的。当对象的成员中有数组或动态的数据类型时，就不能直接相互赋值，否则在程序的编译或执行过程中出现编译或运行错误。例如：

```
class CDemo{
  public:
    CDemo(char *s)
    {
       ps = new char[strlen(s)+ 1];
       strcpy(ps, s);
    }
    ~CDemo()
    {
       if(ps)delete[] ps;
    }
    void print()
    {
       cout<<ps<<endl;
    }
  private:
    char *ps;
};
void main()
{
    CDemo d1("Key"), d2("Mouse");
    d1 = d2;
}
```

程序运行到"d1 = d2"时发生运行错误。因此，必须重载"="运算符；它与其他运算符的重载相同。

【例 Ex_Evaluate】赋值运算符的重载

```
#include <iostream.h>
#include <string.h>
class CDemo
{
public:
    // 同上面的斜体部分代码
    CDemo& operator =(CDemo &a)     // 赋值运算符重载
    {
        if(ps)delete[] ps;
```

```
            if(a.ps)
            {
                    ps = new char[strlen(a.ps)+ 1];
                    strcpy(ps, a.ps);
            } else ps = 0;
            return *this;
        }
private:
        char *ps;
};
void main()
{
        CDemo d1("Key"), d2("Mouse");
        d1 = d2;
        d1.print();
}
```

运行结果为：

```
Mouse
```

需要说明的是：

1）赋值运算符重载函数 operator = ()的返回类型是 CDemo&，注意它返回的是类的引用而不是对象。

2）赋值运算符不能重载为友元函数，而只能是一个非静态成员函数。

3.2.3 提取和插入运算符重载

C++一个最引人注目的特性是允许用户重载 ">>" 和 "<<" 运算符，以便用户利用标准的输入输出流来输入输出自己定义的数据类型（包括类），实现对象的输入输出。

重载这两个运算符时，虽然可使用别的方法，但最好将重载声明为类的友元函数，以便能访问类中的私有成员。

友元重载的一般格式如下：

```
friend <函数类型>operator <重载的运算符>(<形参>)          // 单目运算符重载
{ ... }  // 函数体
friend <函数类型>operator <重载的运算符>(<形参1，形数2)  // 双目运算符重载
{ ... }  // 函数体
```

其中，对于单目运算符的友元重载函数来说，只有一个形参，形参类型可以是类的对象，也可以是引用，这取决于不同的运算符。对于双目运算符的友元重载函数来说，它有两个形参，这两个形参中必须有一个是类的对象。需要说明的是，=、()、[]和->运算符不能用友元来重载。

【例 Ex_ExtractAndInsert】提取和插入运算符的重载

```
#include <iostream.h>
class CStudent
{
public:
        friend ostream& operator<<(ostream& os, CStudent& stu);
        friend istream& operator>>(istream& is, CStudent& stu);
private:
        char strName[10];       // 姓名
        char strID[10];         // 学号
        float fScore[3];        // 三门成绩
};
```

```
ostream& operator<<(ostream& os, CStudent& stu)
{
    os<<endl<<"学生信息如下："<<endl;
    os<<"姓名："<<stu.strName<<endl;
    os<<"学号："<<stu.strID<<endl;
    os<<"成绩："<<stu.fScore[0]<<",\t"
               <<stu.fScore[1]<<",\t"
               <<stu.fScore[2]<<endl;
    return os;
}
istream& operator>>(istream& is, CStudent& stu)
{
    cout<<"请输入学生信息"<<endl;
    cout<<"姓名：";
    is>>stu.strName;
    cout<<"学号：";
    is>>stu.strID;
    cout<<"三门成绩：";
    is>>stu.fScore[0]>>stu.fScore[1]>>stu.fScore[2];
    return is;
}
void main()
{
    CStudent one;
    cin>>one;
    cout<<one;
}
```

运行结果为（其中，带下划线的内容为用户输入信息）：

```
请输入学生信息
姓名：LiMing↵
学号：21010212↵
三门成绩：80 90 75↵
学生信息如下：
姓名：LiMing
学号：21010212
成绩：80,   90,   75
```

经重载提取和插入运算符后，通过 cin 和 cout 实现了对象的直接输入和输出。

3.3 输入输出流库

在 C++中，没有专门的内部输入输出语句。但为了方便用户灵活实现输入输出基本功能，C++提供了两套输入输出方法：一套是与 C 语言相兼容的输入输出函数，如 printf()和 scanf()等；另一套是使用功能强大的输入输出流库 ios，这是本节要讨论的内容。

3.3.1 概述

在 C++中，输入输出操作是由"流"来处理的。所谓"流"，它是 C++的一个核心概念，数据从一个位置到另一个位置的流动抽象为"流"。当数据从键盘流入到程序中时，这样的流称为"输入流"；而当数据从程序中流向屏幕或磁盘文件时，这样的流称为"输出流"。当流被建立后就可以使用一些特定的操作从流中获取数据或向流中添加数据。从流中获取数据的操作称为"提取"操作，向流中添加数据的操作称为"插入"操作。

C++针对流的特点，构造了功能强大的输入输出流库，它具有面向对象的特性，其继承结构如图 3-1 所示。

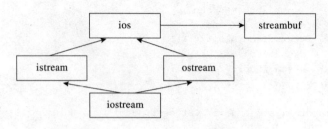

图 3-1   C++的输入输出流库

在图 3-1 中，ios 类用来提供一些对流状态进行设置的功能，它是一个虚基类，其他类都是从这个类派生而来的，但 streambuf 不是 ios 类的派生类，在 ios 类中只是有一个指针成员，指向 streambuf 类的一个对象。streambuf 类用于为 ios 类及其派生类提供对数据的缓冲支持。所谓"缓冲"，是指系统在主存中开辟一个专用的区域用来临时存放输入输出信息，这个区域称为缓冲区。有了缓冲以后，输入输出时所占用的 CPU 时间就大大减少了，这提高了系统的效率。这是因为只有当缓冲区满时，或当前送入的数据为新的一行时，系统才对流中的数据进行处理（称为刷新）。

itream 和 ostream 类均是 ios 的公有派生类，前者提供了向流中插入数据的有关操作，后者提供了从流中提取数据的有关操作。iostream 类是 itream 和 ostream 类公有派生的，该类并没有提供新的操作，只是将 itream 和 ostream 类的行为综合在一起，提供一种方便。

为了方便用户对基本输入输出流进行操作，C++提供了四个预定义的标准流对象：cin、cout、cerr 和 clog。当用户在程序中包含了头文件"iostream.h"时，编译器调用相应的构造函数，产生这四个标准流对象，用户在程序中就可以直接使用它们了。其中，cin 是 istream 类的对象，用于处理标准输入，即键盘输入。cout 是 ostream 类的对象，用于处理标准输出，即屏幕输出。cerr 和 clog 都是 ostream 类的对象，用来处理标准出错信息，并将信息显示在屏幕上。在这四个标准流对象中，除了 cerr 不支持缓冲外，其余三个都带有缓冲区。

标准流通常使用提取运算符">>"和插入运算符"<<"来进行输入输出操作，而且系统还会自动地完成数据类型的转换。

3.3.2   cout 和 cin

前面已提及，C++中的 cin 和 cout 是预先定义的流的对象，分别代表标准输入设备（键盘）和标准输出设备（显示器）。这里将进一步介绍用 cin 和 cout 进行输入输出的方法。

1. 输出流（cout）

通过 cout 可以输出一个整数、实数、字符及字符串，cout 中的插入符"<<"可以连续写多个，每个后面可以跟一个要输出的常量、变量、转义序列符、对象以及表达式等。

【例 Ex_CoutEndl】cout 的输出算子 endl

```
#include <iostream.h>
void main()
{
    cout<<"ABCD\t"<<1234<<"\t"<<endl;
}
```

执行该程序，结果如下：

ABCD　　1234

　　程序中"\t"是制表符，它将后面的 1234 在水平的下一个制表位置输出。endl 是 C++中控制输出流的类的一个操作算子（预定义的对象），它的作用和'\n'等价，都是结束当前行，并将屏幕输出的光标移至下一行。

　　实际上，为了更好地调整输出格式，有时还可以使用下面的输出函数。

　　（1）width 函数

　　width 函数有两种格式：

```
int width();
int width(int);
```

　　第一种格式用来获取当前输出数据时的宽度，第二种格式是用来设置当前输出数据时的宽度。例如当在程序中执行 cout.width(10)后，数据输出的宽度为 10；如果遇到 endl，则设置的数据宽度将无效。

　　（2）precision 函数

　　与 width 相似，precision 也有两种格式：

```
int precision();
int precision(int);
```

　　这两种格式分别用来获取和设置当前浮点数的有效数字的个数，第二种格式函数还将返回设置前的有效数字的个数。需要说明的是，C++默认的有效数字的个数为 6。

　　（3）fill 函数

　　fill 函数也有两种格式：

```
char fill();
char fill(char);
```

　　这两种格式分别用来获取和设置当前宽度内的填充字符，第二种格式函数还将返回设置前的填充字符。

　　下面通过一个例子说明上述格式输出函数的用法。

【例 Ex_CoutFrm】cout 的格式输出

```
#include <iostream.h>
void main()
{
    int      nNum = 1234;
    double   fNum = 12.3456789;
    cout<<"1234567890"<<endl;
    cout.width(10);
    cout<<nNum<<'\n';
    cout.width(10);
    cout<<fNum<<endl;
    cout<<cout.precision(4)<<endl;
    cout<<fNum<<endl;
    cout.fill('#');
    cout.width(10);
    cout<<fNum<<endl;
}
```

　　执行该程序，结果如下：

```
1234567890
      1234
```

```
    12.3457
6
12.35
####12.35
```

2. 输入流(cin)

cin 可以获得多个键盘的输入值，它具有下列格式：

```
cin>> <表达式1 > [>> <表达式2> ...]
```

其中，提取符"＞＞"可以连续写多个，每个后面跟一个表达式，该表达式通常是获得输入值的变量或对象。例如：

```
int  nNum1, nNum2, nNum3;
cin>>nNum1>>nNum2>>nNum3;
```

要求用户从键盘上输入三个整数。输入时，必须在三个数值之间加上一些空格来分隔，空格的个数不限，最后用回车键结束输入；或者在每个数值之后按回车键。例如，上述输入语句执行时，用户可以：

12 9 20↵

或

12↵
9↵
20↵

3. 格式算子 oct、dec 和 hex

格式算子 oct、dec 和 hex 能分别将输入或输出的数值转换成八进制、十进制及十六进制，例如：

【例 Ex_Algorism】格式算子的使用

```
#include <iostream.h>
void main()
{
    int nNum;
    cout<<"Please input a Hex integer:";
    cin>>hex>>nNum;
    cout<<"Oct\t"<<oct<<nNum<<endl;
    cout<<"Dec\t"<<dec<<nNum<<endl;
    cout<<"Hex\t"<<hex<<nNum<<endl;
}
```

程序执行时，结果如下：

```
Please input a Hex integer:7b↵
Oct      173
Dec      123
Hex      7b
```

3.3.3 流的错误处理

在输入输出过程中，一旦发现操作错误，C++流就会将发生的错误记录下来。用户可以使用 C++提供的错误检测功能，检测和查明错误发生的原因和性质，然后调用 clear 函数清除错误状态，使流能够恢复处理。

在 ios 类中，定义了一个公有枚举成员 io_state 来记录各种错误的性质：

```
enum io_state {
```

```
    goodbit  = 0x00,      // 正常
    eofbit   = 0x01,      // 已达到文件尾
    failbit  = 0x02,      // 操作失败
    badbit   = 0x04       // 非法操作
};
```

在 ios 类中又定义了检测上述流状态的下列成员函数：

```
int  ios::rdstate();      // 返回当前的流状态
int      ios::bad();      // 如果 badbit 位被置位，返回非 0
void ios::clear(int);     // 清除错误状态
int      ios::eof();      // 返回非 0 表示提取操作已到文件尾
int      ios::fail();     // 如果 failbit 位被置位，返回非 0
int      ios::good();     // 操作正常时，返回非 0
```

可以利用上述函数来检测流是否错误，然后进行相关处理。例如：

【例 Ex_ManipError】检测流的错误

```cpp
#include <iostream.h>
void main()
{
    int i, s;
    char buf[80];
    cout<<"输入一个整数: ";
    cin>>i;
    s = cin.rdstate();
    cout<<"流状态为: "<<hex<<s<<endl;
    while(s)
    {
        cin.clear();
        cin.getline(buf, 80);
        cout<<"非法输入，重新输入一个整数: ";
        cin>>i;
        s = cin.rdstate();
    }
}
```

　　该程序检测输入的数据是否为整数，若不是，则要求重新输入。需要说明的是，当输入一个浮点数时，C++会自动进行类型转换，不会发生错误。只有键入字符或字符串时，才会产生输入错误，但由于 cin 有缓冲区，输入的字符或字符串会暂时保存到它的缓冲区中，因此为了能继续提取用户的输入，必须先将缓冲区清空，语句"cin.getline(buf, 80);"就起到了这样的作用。如果没有这条语句，就会必然导致输入流不能正常工作，而产生死循环。

3.3.4　使用输入输出成员函数

　　不同数据类型的多次输入输出可以通过提取符 ">>" 和插入符 "<<" 来进行。但是，如果想要更为细致深入地控制，例如如果希望把输入的空格也作为一个字符，就需要使用 istream 和 ostream 类中的相关成员函数了。

　　1. 输入操作的成员函数

　　数据的输入/输出可以分为三大类：字符类、字符串和数据。

　　（1）使用 get 和 getline 函数

　　用于输入字符或字符串的成员函数 get 原型如下：

```cpp
int get();
istream& get(char& rch);
```

```
istream& get(char* pch, int nCount, char delim ='\n');
```

第一种形式是从输入流中提取一个字符，并转换成整型数值。第二种形式是从输入流中提取字符到 rch 中。第三种形式是从输入流中提取一个字符串并由 pch 返回，nCount 用来指定提取字符的最多个数，delim 用来指定结束字符，默认时是 '\n'。

getline 函数原型如下：

```
istream& getline(char* pch, int nCount, char delim = '\n');
```

它是用来从输入流中提取一个输入行，并把提取的字符串由 pch 返回，nCount 和 delim 的含义同上。

这些函数可以从输入流中提取任何字符，包括空格等。示例如下所示。

【例 Ex_GetAndGetLine】get 和 getline 函数的使用

```
#include <iostream.h>
void main()
{
    char s1[80], s2[80], s3[80];
    cout<<"请键入一个字符: ";
    cout<<cin.get()<<endl;
    cin.get();                  // 提取换行符
    cout<<"请输入一行字符串: ";
    for(int i=0; i<80; i++)
    {
        cin.get(s1[i]);
        if(s1[i] == '\n')
        {
            s1[i] = '\0';
            break;              // 退出for循环
        }
    }
    cout<<s1<<endl;
    cout<<"请输入一行字符串: ";
    cin.get(s2,80);
    cout<<s2<<endl;
    cin.get();                  // 提取换行符
    cout<<"请输入一行字符串: ";
    cin.getline(s3,80);
    cout<<s3<<endl;
}
```

运行结果为：

```
请键入一个字符: A↵
65
请输入一行字符串: This is a test!↵
This is a test!
请输入一行字符串: Computer↵
Computer
请输入一行字符串: 今天过得好吗? ↵
今天过得好吗?
```

需要说明的是，在用 get 函数提取字符串时，由于遇到换行符就会结束提取，此时换行符仍保留在缓冲区中，当下次提取字符串时就不会正常；而 getline 在提取字符串时，换行符也会被提取，但不保存它。因此，当提取一行字符串时，最好能使用函数 getline。

（2）使用 read 函数

read 函数不仅可以读取字符或字符串（称为文本流），而且可以读取字节流。其原型如下：

```
istream& read(char* pch, int nCount);
istream& read(unsigned char* puch, int nCount);
istream& read(signed char* psch, int nCount);
```

read 函数的这几种形式都是从输入流中读取由 nCount 指定数目的字节并将它们放在由 pch 或 puch 或 psch 指定的数组中。例如：

【例 Ex_Read】read 函数的使用

```
#include <iostream.h>
void main()
{
    char data[80];
    cout<<"请输入: "<<endl;
    cin.read(data, 80);
    data[cin.gcount()] = '\0';
    cout<<endl<<data<<endl;
}
```

运行结果为：

```
请输入:
12345↵
ABCDE↵
This is a test!↵
^Z↵
12345
ABCDE
This is a test!
```

其中，^Z 表示用户按下"Ctrl+Z"键，gcount 是 istream 类的另一个成员函数，用来返回上一次提取的字符个数。从这个例子可以看出，当用 read 函数读取数据时，不会因为换行符而结束读取，因此它可以读取多个行的字符串，这在许多场合下是很有用处的。

2. 输出操作的成员函数

ostream 类中用于输出单个字符或字节的成员函数是 put 和 write，它们的原型如下：

```
ostream& put(char ch);
ostream& write(const char* pch, int nCount);
ostream& write(const unsigned char* puch, int nCount);
ostream& write(const signed char* psch, int nCount);
```

例如：

```
char data[80];
cout<<"请输入: "<<endl;
cin.read(data, 80);
cout.write(data,80);
cout<<endl;
```

3.3.5　文件流概述

C++将文件看作是由连续的字符（字节）的数据顺序组成的。根据文件中数据的组织方式，可分为文本文件（ASCII 文件）和二进制文件。文本文件中每一个字节用以存放一个字符的 ASCII 码值，而二进制文件是将数据用二进制形式存放在文件中，它保持了数据在内存中存放的原有格式。

无论是文本文件还是二进制文件，都需要用"文件指针"来操纵。一个文件指针总是和一个文件所关联，在文件每一次打开时，文件指针指向文件的开始，随着对文件的处理，文件指针不断地在文件中移动，并一直指向最新处理的字符（字节）位置。

文件处理有两种方式，一种称为文件的顺序处理，即从文件的第一个字符（字节）开始顺序处理到文件的最后一个字符（字节），文件指针也相应地从文件的开始位置到文件的结尾。另一种称为文件的随机处理，即在文件中通过 C++相关的函数移动文件指针，并指向所要处理的字符（字节）位置。按照这两种处理方式，可将文件相应地称为顺序文件和随机文件。

为方便用户对文件的操作，C++提供了文件操作的文件流库，它的体系结构如图 3-2 所示。

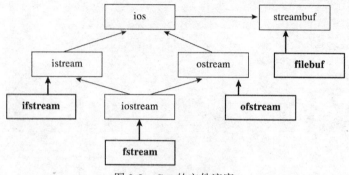

图 3-2   C++的文件流库

其中，ifstream 类是从 istream 类公有派生而来，用来支持从输入文件中提取数据的各种操作。ofstream 类是从 ostream 类公有派生而来，用来实现把数据写入到文件中的各种操作。fstream 类是从 iostream 类公有派生而来，提供从文件中提取数据或把数据写入到文件的各种操作。filebuf 类从 streambuf 类派生而来，用来管理磁盘文件的缓冲区，应用程序中一般不涉及该类。

在使用上述类的成员函数进行文件操作时，需要在程序中包含头文件 fstream.h。文件操作一般是按打开文件、读写文件、关闭文件这三个步骤进行的。

3.3.6 顺序文件操作

文件的顺序处理是文件操作中最简单的一种方式。

1. 文件的打开和关闭

在 C++中打开或创建一个指定的文件需要下列两个步骤：

1）声明一个 ifstream、ofstream 或 fstream 类对象。例如：

```
ifstream infile;           // 声明一个输入(读)文件流对象
ofstream outfile;          // 声明一个输出(写)文件流对象
fstream iofile;            // 声明一个可读可写的文件流对象
```

2）使用文件流类的成员函数打开或创建一个指定的文件，使得该文件与声明的文件流对象联系起来，这样对流对象的操作也就是对文件的操作。例如：

```
infile.open("file1.txt");
outfile.open("file2.txt");
iofile.open("file3.txt",ios::in | ios::out);
```

上述这两步操作也可合为一步进行，即在声明对象时指定文件名。例如：

```
ifstream infile("file1.txt");
ofstream outfile("file2.txt");
fstream iofile("file3.txt",ios::in | ios::out);
```

事实上，ifstream、ofstream 或 fstream 类构造函数中总有一种原型和它的成员函数 open 功能相同。它们的函数原型如下：

```
ifstream(const char* szName,int nMode=ios::in,int nProt=filebuf::openprot);
void ifstream::open(const char* szName,int nMode=ios::in,int nProt=filebuf::openprot);
ofstream(const char* szName,int nMode=ios::out,int nProt=filebuf::openprot);
void ofstream::open(const char* szName,int nMode=ios::out,int nProt=filebuf::openprot);
fstream(const char* szName,int nMode,int nProt=filebuf::openprot);
void fstream::open(const char* szName,int nMode,int nProt=filebuf::openprot);
```

其中，参数 szName 用来指定要打开的文件名，包括路径和扩展名，mode 指定文件的访问方式，文件的访问方式包括只读、只写、可读/可写、二进制文件方式等，表 3-1 列出了 open 函数可以使用的访问方式。参数 prot 是用来指定文件的共享方式，默认时是 filebuf::openprot，表示 DOS 兼容的方式。

表 3-1　文件访问方式

方　式	含　义
ios::app	打开一个文件使新的内容始终添加在文件的末尾
ios::ate	打开一个文件使新的内容添加在文件的末尾，但下一次添加时，却在当前位置处进行
ios::in	为输入(读)打开一个文件，若文件存在，则不清除文件原有内容
ios::out	为输出(写)打开一个文件
ios::trunc	若文件存在，则清除文件原有内容
ios::nocreate	打开一个已有的文件，若文件不存在，则打开失败
ios::noreplace	若打开的文件已经存在，则打开失败
ios::binary	二进制文件方式(默认时是文本文件方式)

需要说明的是，nMode 指定文件的访问方式是通过"|"（或）运算组合而成的。其中，ios::trunc 方式将消除文件原有内容，在使用时要特别小心，它通常与 ios::out、ios::ate、ios::app 和 ios:in 进行 '|' 组合，如 ios::out| ios::trunc。ios::binary 是二进制文件方式，通常可以有这样的组合：

```
ios::in | ios::binary          表示打开一个只读的二进制文件
ios::out | ios::binary         表示打开一个可写的二进制文件
ios::in | ios::out| ios::binary 表示打开一个可读可写的二进制文件
```

在使用文件过程中，一定不要忘记：**当文件使用结束后要及时调用 close 函数关闭，以防止文件被"误用"**。

2. 文件的读写

从一个文件中读出数据，可以使用 get、getline、read 函数以及提取符 ">>"；而向一个文件写入数据，可以使用 put、write 函数以及插入符 "<<"。

下面举例来说明文件的操作过程和方法。

【例 Ex_File】将文件内容保存在另一文件中，并将内容显示在屏幕上

```
#include <iostream.h>
#include <fstream.h>
void main()
{
    fstream  file1;          // 定义一个fstream类的对象用于读
    file1.open("Ex_DataFile.txt", ios::in);
    if(!file1)
    {
        cout<<"Ex_DataFile.txt不能打开! \n";
```

```
        return;
    }
    fstream  file2;              // 定义一个fstream类的对象用于写
    file2.open("Ex_DataFileBak.txt", ios::out | ios::trunc);
    if(!file2)
    {
        cout<<"Ex_DataFileBak.txt不能创建! \n";
        file1.close();
        return;
    }
    char ch;
    while(!file1.eof())
    {
        file1.read(&ch, 1);
        cout<<ch
        file2.write(&ch, 1);
    }
    file2.close();               // 不要忘记文件使用结束后要及时关闭
    file1.close();
}
```

在上述程序中，eof 是 ios 类的一个成员函数，当达到文件的末尾时，它将返回"真"。

3.3.7 随机文件操作

随机文件可以在文件中来回移动文件指针，从而可以实现非顺序读写文件数据的功能，达到快速检索、修改和删除文件数据的效果。

C++为用户提供 seekg 和 seekp 函数将文件指针移动到指定的位置。它们的原型如下：

istream& seekg(long pos**);**
istream& seekg(long off, **ios::seek_dir** dir**);**
ostream& seekp(long pos**);**
ostream& seekp(long off, **ios::seek_dir** dir**);**

其中，pos 用来指定文件指针的绝对位置。若用 off 指定文件指针的相对偏移量时，文件指针的最终位置还需根据 dir 值才能确定。dir 值可以是：

```
ios::beg        从文件流的头部开始
ios::cur        从当前的文件指针位置开始
ios::end        从文件流的尾部开始
```

【例 Ex_FileSeek】使用 seekp 指定文件指针的位置

```
#include <iostream.h>
#include <iomanip.h>
#include <fstream.h>
#include <string.h>
class CStudent
{
public:
    CStudent(char* name, char* id, float score = 0);
    void print();            // 输出
    friend ostream& operator<<(ostream& os, CStudent& stu);
    friend istream& operator>>(istream& is, CStudent& stu);
private:
    char strName[10];        // 姓名
    char strID[10];          // 学号
    float fScore;            // 成绩
```

```
};
CStudent::CStudent(char* name, char* id, float score)
{
    strncpy(strName, name, 10);
    strncpy(strID, id, 10);
    fScore = score;
}
void CStudent::print()
{
    cout<<endl<<"学生信息如下: "<<endl;
    cout<<"姓名: "<<strName<<endl;
    cout<<"学号: "<<strID<<endl;
    cout<<"成绩: "<<fScore<<endl;
}
ostream& operator<<(ostream& os, CStudent& stu)
{
    // 使用定长格式，使每一个类的数据长度为24个字节
    os.write(stu.strName, 10);
    os.write(stu.strID, 10);
    os.write((char *)&stu.fScore, 4);          // 使float数据类型占4字节
    return os;
}
istream& operator>>(istream& is, CStudent& stu)
{
    char name[10], id[10];
    is.read(name, 10);
    is.read(id, 10);
    is.read((char*)&stu.fScore, 4);            // 读入4字节数据作为float类型
    strncpy(stu.strName, name, 10);
    strncpy(stu.strID, id, 10);
    return is;
}
void main()
{
    CStudent stu1("MaWenTao","99001",88);
    CStudent stu2("LiMing","99002",92);
    CStudent stu3("WangFang","99003",89);
    CStudent stu4("YangYang","99004",90);
    CStudent stu5("DingNing","99005",80);
    fstream file1;
    file1.open("student.dat",ios::out|ios::in|ios::binary);
    file1<<stu1<<stu2<<stu3<<stu4<<stu5;
    CStudent* one = new CStudent("","");
    const int size = 24;           // 每一个类的数据长度为24字节，与前呼应
    file1.seekp(size*4);       file1>>*one; one->print();
    file1.seekp(size*1);       file1>>*one; one->print();
    file1.seekp(size*2, ios::cur); file1>>*one; one->print();
    file1.close();
    delete one;
}
```

运行结果如下:

```
学生信息如下:
姓名: DingNing
学号: 99005
成绩: 80
```

```
学生信息如下:
姓名: LiMing
学号: 99002
成绩: 92
学生信息如下:
姓名: DingNing
学号: 99005
成绩: 80
```

在该程序中,先将五个学生记录保存到文件中,然后移动文件指针,读取相应的记录,最后将数据输出到屏幕上。需要说明的是,由于文件流 file1 既可以读(ios::in)也可以写(ios::out),因此用 seekg 代替程序中的 seekp,其结果也是一样的。

3.4 模板

模板是类型参数化的工具,也是 C++通用编程实现的机制。所谓**类型参数化**,是指把类型定义为参数,这样当参数实例化时,可指定不同的数据类型,从而实现了真正的代码可重用性。在 C++中,模板可分为**函数模板**和**类模板**。

3.4.1 函数模板

在 C++中,函数重载不仅方便用户对函数名的记忆,而且更主要的是完善了同一个函数的代码功能,给调用带来了方便。但函数重载并不能适应所有的数据类型,且同名函数过多,必然会造成代码量增加,程序可读性也会变差。为了解决这个问题,C++引入了**模板**来使函数中的数据类型进行参数化,使之成为**函数模板**,这样不仅能适应所有的数据类型,而且函数的代码也大为简化。

1. 函数模板定义

在 C++中,定义一个函数模板一般是按下列格式进行:

```
template < class 类型名 1[, class 类型名 2, ...]>    // 模板声明部分
函数声明或定义                                        // 函数声明或定义部分
```

从格式可以看出,函数模板的定义包括两个部分:一是**模板(类型参数)声明部分**,二是**函数自身声明或定义部分**。其中:

1)template 是 C++关键字,表示声明的是**模板**。

2)由一对“< >”尖括号构成的是该模板的**类型参数表**,类型参数表中可以有 1 个或多个类型参数,但多个类型参数之间需用逗号“,”分隔。

3)每个类型参数可以由 C++关键字 class 和类型名组成,也可以由一般具体类型和类型名来组成,其中的类型名一定要符合 C++命名规则。

例如:

```
template <class T>                                  // A
T  sum(T  x,  T  y )
{
    return  x+y;
}
```

则将函数 sum 定义为一个**函数模板**。在该函数模板的模板声明部分中,声明了一个通用类型名 T,T 又称为**模板类型参数**。需要说明的是:

1)在类型参数声明中,由于 class 又是类声明的关键字,为了避免混淆,在 ANSI/ISO C++中,往往将 class 关键字用 typename 关键字来代替。也就是说,A 可写成下列代码:

```
template <typename T>
```

2）函数模板的定义可像函数那样按声明和实现两个部分分开进行：

```
template <class T1>                     // 第 1 部分：函数模板原型声明
T1 sum(T1  x,  T1  y );
//...
template <class T2>                     // 第 2 部分：函数模板实现
T2 sum(T2  x,  T2  y )
{
    return  x+y;
}
```

从中可以看出，函数模板声明和实现的格式与普通函数的声明和实现基本相同。所不同的是，函数模板声明和实现时必须在函数头前面加上**模板声明**部分。

3）对于在模板声明部分中声明的类型名来说，若模板声明部分是在函数模板原型声明前面，则类型名的作用域仅在函数模板原型范围中；若模板声明部分是在函数模板定义或实现前面，则类型名的作用域是该函数的作用域范围。正因为如此，函数模板原型声明中的所声明的类型名可以与函数模板实现时声明的类型名**不一样**，如前面的 T1 和 T2。

2. 函数模板实例化

一旦函数模板定义后，就可以用它来生成各种具体的函数，称为**模板函数**。在函数调用时，用函数模板生成模板函数的过程，实际上就是将模板参数表中的参数化类型根据实参实例化成具体类型的过程，这个过程称为函数模板的**实例化**（Instantiation）过程。函数模板的实例化可分为**隐式实例化**和**显式实例化**，下面将分别说明。

先来看一个**隐式实例化**示例：定义的函数模板 sum 用来求任何合法类型数据之和，T1 和 T2 是该函数模板的两个参数化类型。

【例 Ex_FunTemplate】使用函数模板

```
#include <iostream>
using namespace std;
template <class T1, class T2>           // 定义函数模板
T1 sum(T1 x, T2 y)
{
    return  x+y;
}
int  main()
{
    cout<<sum(2,'a')<<endl;             // 结果为99
    cout<<sum('a',2)<<endl;             // 结果为'c'
    cout<<sum(2.2, 5.5)<<endl;          // 结果为7.7
    cout<<sum(2, 5.5)<<endl;            // 结果为7
    return 0;
}
```

执行该程序，结果如下：

```
99
c
7.7
7
```

分析和说明：

1）代码中，"template <class T1,　class T2>"声明两个通用类型名称 T1 和 T2，其中 T2 作为函数模板中形参的一个类型，而 T1 既是用于定义形参时的类型，又是用于函数返回值的类

型。也就是说，实例化函数返回值的数据类型和第 1 个实参类型相同。

2）当输出 sum(2,'a')时，因实参 2 是整型，因此编译将 T1=int，返回值也是整型，结果为 99。类似的，当输出 sum('a',2)时，因实参'a'是字符型，因此编译将 T1=char，返回值类型也是 char，结果为字符'c'。可见， sum(2,'a')和 sum('a',2)返回的结果是不一样的，前者为整型，而后者为字符型。同样可以分析，sum(2.2, 5.5)返回的结果是 double 型，值为 7.7。而 sum(2, 5.5)返回的结果是 int 型，值为 7。

可见，当函数模板在实际调用时，编译会根据指定的实参类型自动将模板函数的形参数据类型转换成实际参数的类型。这种方式称为函数模板的**隐式实例化**。

但对于带数据参数的函数模板来说，函数模板则必须使用显式实例化，而不能用隐式实例化，因为隐式实例化无法将模板中的数据参数进行初始化。例如：

```
template <class T1, class T2, int ZZZ>
T1 sum(T1 x, T2 y)
{
        return x+y+ZZZ;
}
```

其中，ZZZ 是在模板参数中声明的一个 int 形参，它不是类型名。此时，若有隐式实例化模板函数调用：

```
cout<<sum(2,'a')<<endl;
```

则编译无法进行实例化的推演。所谓**推演**（Reduce），就是编译将模板实例化函数的实参与函数模板的形参一一实例化的过程。因此，对于带数据参数的函数模板实例化来说，必须按下列一般格式进行**显式调用**：

函数名<类型名 1, 类型名 2, ..., 常量表达式> （实参表）

其中，函数名后面一对尖括号中的类型名、常量表达式等与模板声明部分的一对尖括号中的内容一一匹配。例如：

```
sum<int, char, 3>(2,'a');
```

就是带参函数模板的一个显式实例化的调用。

【例 Ex_Fun0Template】函数模板的显式实例化

```
#include <iostream>
using namespace std;
template <class T1, class T2, int ZZZ>                    // 定义函数模板
T1 sum(T1 x, T2 y)
{
     return x+y+ZZZ;
}
int  main()
{
     cout<<sum<int, char, 3>(2,'a')<<endl;                // 结果为102
     cout<<sum<double,double, 5>(2, 5.5)<<endl;           // 结果为12.5
     return 0;
}
```

执行该程序，结果如下：

```
102
12.5
```

代码中，函数模板具有两个通用类型名 T1、T2 和一个 int 形参 ZZZ。其中，ZZZ 与函数形

参一起参与求和运算。T1 类型既是用于定义形参时的类型，又是用于函数返回值的类型。

可见，在 C++中，模板是实现类型参数化的工具，它把类型定义为参数，即**类型参数化**，这样当参数在具体实例化时，可指定 C++任意合法的数据类型。因此，参数化类型又称为**通用类型**或**泛型**。

3.4.2 类模板

参数化类型也可用于类的数据成员、成员函数的参数以及函数的返回值的类型。也就是说，模板也可用于类的声明，这样的类称为**类模板**，当类实例化时，根据传入的实际的参数类型，使对象实例化成具体类型的对象。

1. 类模板的定义

与函数模板定义格式基本相同，类模板一般是按下列格式定义的：

```
template < class 类型名 1[, class 类型名 2, ...]>     // 模板声明部分
类声明或定义                                         // 类声明或定义部分
```

从中可以看出，与函数模板相比，类模板的定义也是包括两个部分：一是模板声明部分，二是类自身声明或定义部分。例如：

```
template< typename T1, typename T2>          // 模板声明部分
class CSum
{
public:
    // ...
    void sum( T1 x, T1 y)
    {
        result = x + y;
    }
    void sum( T1 x, T2 y)
    {
        result = x + y;
    }
private:
    T1   result;
};
```

则是定义了一个 CSum 类模板，模板声明部分指定了两个通用类型名 T1 和 T2。在类 CSum 中，数据成员 result 指定的类型名为 T1，而成员函数 sum 的形参类型有的是 T1，有的是 T2。

同一般类成员函数一样，类模板中的成员函数的声明和定义可以合并在类中进行，也可将成员函数在类中声明而在类外实现。此时，因模板声明部分的类型名只对后跟的类声明有效，因此当类模板中的成员函数在类外实现时必须重新指定模板声明部分，且按下列格式进行：

```
template < 类型参数表 >                        // 模板声明部分
类型 类名<模板参数名表>::函数名(参数表)
{   函数体；    }
```

其中，类型参数表应与类模板声明时指定的类型参数表相同，且模板参数名表列出的应是类型参数表中的类型名，顺序应与类型参数表中的顺序一致。

例如，若类模板中还有一个成员函数 sum，在类中声明的代码如下：

```
void sum( T2 x, T2 y);
```

则该成员函数在类外的实现可以是：

```
template< typename S1, typename S2>
```

```
void CSum<S1, S2>::sum( S2 x, S2 y )
{
    result = x + y;
}
```

尽管这里模板声明部分的类型名与类模板声明指定的类型名不一样，但都是通用类型，在实例化时会自动转换成一致的类型，因此上述成员函数的实现代码是合法的。但要注意：

1）在类外实现成员函数时，模板声明部分的类型名虽可与类模板声明指定的类型名不一样，但类型名的个数和性质要一致。

2）成员函数所属的类名后面尖括号中的类型名和函数形参的类型名一定是在模板声明部分指定了的类型名，且应与类模板中相应的部分在类型名的个数和性质上保持一致。

2. 类模板的实例化

类模板定义后就可以对其进行实例化，实例化后的类模板称为**模板类**，它必须用显式实例化方式来指定类模板的具体类型。

【例 Ex_ClassTemplate】使用类模板

```
#include <iostream>
using namespace std;
template< typename T1, typename T2>
class CSum
{
public:
    CSum()
    {
        result = 0;
    }
    ~CSum(){}
    void show(void)
    {
        cout<<"结果 = "<<result<<endl;
    }
    void sum( T1 x, T1 y)
    {
        result = x + y;
    }
    void sum( T1 x, T2 y)
    {
        result = x + y;
    }
    void sum( T2 x, T2 y);
private:
    T1   result;
};

template< typename S1, typename S2>
void CSum<S1, S2>::sum( S2 x, S2 y )
{
    result = x + y;
}
int main()
{
    CSum<char,double> one;              // 类模板实例化
    one.sum(2,'a');        one.show();
    CSum<int, double> two;              // 类模板实例化
```

```
        two.sum(5, 5);          two.show();
        return 0;
    }
```

执行该程序，结果如下：

```
结果 = c
结果 = 10
```

在 main 函数中，"CSum<char,double> one;" 和 "CSum<int, double> two;" 都是用了两部分操作：一是将类模板进行实例化，前者使"T1 = char, T2 = double"，后者使"T1 = int, T2 = double"，从而使类模板变成具体的模板类；二是用模板类进行实例化，即定义对象。

需要说明的是，在对类模板进行实例化时，一定要考虑类中的成员是否有重复定义的情况产生。例如，当"CSum<double, double>"时，T1 = double，T2 = double，此时类的成员重载函数都变成了：

```
void sum( double x, double y);
```

从而出现了成员函数 sum 的重复定义。若是"CSum<char,double>"时，则类中的成员函数 sum 依次变成了：

```
void sum( char x,   char y );
void sum( char x,   double y );
void sum( double x,  double y );
```

因为它们的形参类型不一样，故上述同名函数都是合法的重载函数。

另外，在**类模板**声明中，还可指定默认的类型名或形参值。例如：

```
template< typename T1, typename T2 = int>        // 指定默认类型
class CSum
{// ...};
```

则实例化时，可使用默认的具体类型，如下列代码：

```
CSum< char > three;                              // 使用默认类型
```

需要说明的是，在 C++中，还有一个标准模板库（Standard Template Library，STL），它是通过 STL 中的相应运算法则在应用程序的迭代子（iterator）、容器以及其他定义的序列中建立一种统一的标准。从根本上来说，STL 是一个基于模板的群体类库，它包含群体类（链表或列表、向量、栈、队列、集合、映象等）、算法（排序、查找等）以及迭代子。1994 年 7 月，STL 正式成为标准 C++库的一部分。

习题

1. 定义一个抽象类 CShape，包含纯虚函数 Area（用来计算面积）和 SetData（用来重设形状大小）。然后派生出三角形 CTriangle 类、矩形 CRect 类、圆 CCircle 类，分别求其面积。最后定义一个 CArea 类，计算这几个形状的面积之和，各形状的数据通过 CArea 类构造函数或成员函数来设置。编写一个完整的程序。

2. 定义一个复数类，通过重载运算符=、+=、-=、+、-、*、/，直接实现两个复数之间的各种运算。编写一个完整的程序（包括测试各种运算符的程序部分）。提示：两复数相乘的计算公式为：$(a + bi) * (c + di) = (ac - bd) + (ad + bc)i$，而两复数相除的计算公式为：$(a + bi) / (c + di) = (ac + bd)/(c*c + d*d) + (bc - ad)/(c*c + d*d)i$。

3. 定义一个学生类，数据成员包括：姓名、学号、C++成绩、英语成绩和数学成绩。重载

运算符 "<<" 和 ">>"，实现学生类对象的直接输入和输出。增加转换函数，实现姓名的转换。设计一个完整的程序，验证成员函数和重载运算符的正确性。

4. 定义平面直角坐标系上的一个点的类 CPoint，重载 "++" 和 "--" 运算符，并区分这两种运算符的前置和后置运算，构造一个完整的程序。

5. 设有语句：

```
int a, b, c;
cin>>hex>>a>>oct>>b>>dec>>c;
cout<<hex<<a<< '\t'<<oct<<b<<'\t'<<dec<<c;
```

若在执行过程中，输入

```
123  123  123↵
```

指出 cin 执行后，a、b、c 的值分别是什么？输出的结果是什么？

6. 设计一个程序，实现整数和字符串的输入和输出，当输入的数据不正确时，要进行流的错误处理，要求重新输入数据，直到输入正确为止。

7. 重载提取(>>)和插入(<<)运算符，使其可以实现 "点" 对象的输入和输出，并利用重载后的运算符，从键盘读入点坐标，写到磁盘文件 point.txt 中。

8. 建立一个二进制文件，用来存放自然数 1~20 及其平方根，然后输入 1~20 之内的任意一个自然数，查找出其平方根显示在屏幕上（求平方根时可使用 math.h 中的库函数 sqrt）。

9. 设计一个模板函数，求三个数的最大数。

第4章 MFC框架、消息和对话框

前面三章中的 C++编程及其实例都是在控制台方式下进行的，这样可以不需要太多涉及 Visual C++的细节而专注于 C++程序设计本身。但是，掌握 C++基本内容后，就不能仅停留在控制台方式下的程序设计，因为学习 C++的目的在于应用。从本章开始，将重点讨论如何利用 Visual C++ 6.0 的强大功能来开发 Windows 应用程序。

4.1 Windows编程

编制一个功能强大和易操作的 Windows 应用程序所需要的代码肯定会比一般的 C++程序要多得多，但并不是所有的代码都需要自己从头开始编写，因为 Visual C++中的 MFC 不仅提供了常用的 Windows 应用程序的基本框架，而且可以在框架程序中直接调用 Win32 API（Application Programming Interface, 应用编程接口）函数。这样，用户仅需要在相应的框架中添加或修改代码，就可实现 Windows 应用程序的许多功能。

4.1.1 C++的 Windows 编程

自从图形用户界面（Graphical User Interface，GUI）的 Windows 操作系统取代早期的文本模式的 DOS 系统以后，越来越多的程序员早已转向致力于 Windows 应用程序的研究与开发。早期的 Windows 应用程序开发是使用 C/C++通过调用 Windows API 提供的结构和函数来进行的。有些特殊的功能，有时还要借助相应的软件开发工具（Software Development Kit，SDK）来实现。这种 SDK 编程方式由于其运行效率高，至今在某些特殊场合中仍旧使用，但它编程繁琐，手工代码量也比较大。下面来看一个简单的 Windows 应用程序。

【例 Ex_HelloMsg】一个 C++简单的 Windows 应用程序

```
#include <windows.h>
int WINAPI WinMain (HINSTANCE hInstance, HINSTANCE hPrevInstance,
                LPSTR lpCmdLine, int nCmdShow)
{
    MessageBox (NULL, "你好，我的Visual C++世界！", "问候", 0);
    return 0;
}
```

在 Visual C++ 6.0 运行上述程序的步骤如下。

1）选择"文件"→"新建"命令，显示"新建"对话框。在"工程"标签的列表框中，选中 Win32 Application（Win32 应用程序）项。

2）在"工程名称"文本框中键入 Win32 应用程序项目名称 Ex_HelloMsg。在"位置"文本框中键入文件夹名称，或单击"浏览"按钮 选择一个已有的文件夹，这里为"D:\Visual C++ 程序\第 4 章"，如图 4-1 所示。

3）单击 确定 按钮继续。弹出向导对话框，询问创建的 Win32 应用程序的项目类型，选中"一个空工程"（An empty project）。单击 完成 按钮，系统将显示该应用程序向导的创建信息，单击 确定 按钮系统将自动创建此应用程序。

4）再次选择"文件"→"新建"命令，显示"新建"对话框。在"文件"标签左边的列表框中选择 C++ Source File 项，在右边的"文件名"框中键入 Ex_HelloMsg.cpp，如图 4-2 所示，单击 确定 按钮。

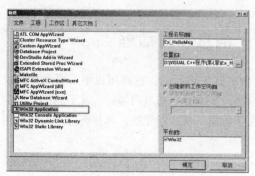

图 4-1 "新建"对话框的"工程"页面   图 4-2 "新建"对话框的"文件"页面

5）输入上面的代码，运行程序，结果如图 4-3 所示。

从上面的程序代码可以看出：

1）C++控制台应用程序以 main 函数作为进入程序的初始入
口点，但在 Windows 应用程序中，main 主函数被 WinMain 函
数取代。WinMain 函数的原型如下。

图 4-3 Ex_HelloMsg 运行结果

```
int WINAPI WinMain (
    HINSTANCE hInstance,                          // 当前实例句柄
    HINSTANCE hPrevInstance,                      // 前一实例句柄
    LPSTR lpCmdLine,                              // 指向命令行参数的指针
    int nCmdShow)                                 // 窗口的显示状态
```

这里出现了一个新的概念——"句柄"（handle）。所谓句柄，就是一个标识 Windows 资源
（如菜单、图标、窗口等）和设备等的指向地址（无符号的 32 位整数）。通常用它来标识系统中
的一个内核（资源）对象。

2）每一个 C++ Windows 应用程序都需要 Windows.h 头文件，它还包含了其他的一些
Windows 头文件。这些头文件定义了 Windows 涉及的数据类型、函数调用、数据结构和符号常
量等。

3）程序结果的输出已不再显示在控制台窗口中，而是通过对话框（如 MessageBox）等来
显示或是用代码将结果**绘制**出来。

4）MessageBox 是一个 Win32 API 函数，用来弹出一个消息对话框（以后还会讨论）。该函
数第 1 个参数用来指定父窗口句柄，即对话框所在的窗口句柄。第 2、第 3 个参数分别用来指
定显示的消息内容和对话框的标题，最后一个参数用来指定在对话框中显示的按钮。

下面再看一个比较完整的 Windows 应用程序 Ex_HelloWin。

【例 Ex_HelloWin】一个完整的 C++Windows 应用程序

```
#include <windows.h>
LRESULT CALLBACK WndProc(HWND, UINT, WPARAM, LPARAM);        // 窗口过程
int WINAPI WinMain(HINSTANCE hInstance, HINSTANCE hPrevInstance,
            LPSTR lpCmdLine, int nCmdShow)
{
    HWND        hwnd ;                              // 窗口句柄
    MSG             msg ;                           // 消息
    WNDCLASS    wndclass ;                          // 窗口类
    wndclass.style          = CS_HREDRAW | CS_VREDRAW ;
    wndclass.lpfnWndProc    = WndProc ;
    wndclass.cbClsExtra     = 0 ;
    wndclass.cbWndExtra     = 0 ;
    wndclass.hInstance      = hInstance ;
```

```
    wndclass.hIcon          = LoadIcon (NULL, IDI_APPLICATION) ;
    wndclass.hCursor        = LoadCursor (NULL, IDC_ARROW) ;
    wndclass.hbrBackground  = (HBRUSH) GetStockObject (WHITE_BRUSH) ;
    wndclass.lpszMenuName   = NULL ;
    wndclass.lpszClassName  = "HelloWin";        // 窗口类名
    if (!RegisterClass (&wndclass)  {            // 注册窗口
        MessageBox (NULL, "窗口注册失败! ", "HelloWin", 0) ;
        return 0 ;
    }
    hwnd = CreateWindow ( "HelloWin",            // 窗口类名
                          "我的窗口",             // 窗口标题
                          WS_OVERLAPPEDWINDOW,   // 窗口样式
                          CW_USEDEFAULT,         // 窗口最初的 x 位置
                          CW_USEDEFAULT,         // 窗口最初的 y 位置
                          CW_USEDEFAULT,         // 窗口最初的 x 大小
                          CW_USEDEFAULT,         // 窗口最初的 y 大小
                          NULL,                  // 父窗口句柄
                          NULL,                  // 窗口菜单句柄
                          hInstance,             // 应用程序实例句柄
                          NULL) ;                // 创建窗口的参数
    ShowWindow(hwnd, nCmdShow) ;                 // 显示窗口
    UpdateWindow (hwnd) ;                        // 更新窗口, 包括窗口的客户区
    // 进入消息循环: 当从应用程序消息队列中检取的消息是WM_QUIT时, 退出循环
    while (GetMessage (&msg, NULL, 0, 0))
    {
        TranslateMessage (&msg) ;                // 转换某些键盘消息
        DispatchMessage (&msg) ;                 // 将消息发送给窗口过程, 这里是WndProc
    }
    return msg.wParam ;
}
LRESULT CALLBACK WndProc (HWND hwnd, UINT message, WPARAM wParam, LPARAM lParam)
{
    switch (message){
    case WM_CREATE:                              // 窗口创建产生的消息
                    return 0 ;
    case WM_LBUTTONDOWN:
                    MessageBox (NULL, "你好, 我的Visual C++世界! ", "问候", 0) ;
                    return 0 ;
    case WM_DESTROY:                             // 当窗口关闭时产生的消息
                    PostQuitMessage(0) ;
                    return 0 ;
    }
    return DefWindowProc (hwnd, message, wParam, lParam) ;     // 执行默认的消息处理
}
```

在 Visual C++ 6.0 创建和运行上述程序的步骤与【例 Ex_HelloMsg】相同。程序运行后, 单击鼠标左键, 就会弹出一个对话框, 结果如图 4-4 所示。

与【例 Ex_HelloMsg】相比, 尽管【例 Ex_HelloWin】要复杂得多, 但总可以将其分解成两个基本函数的程序结构。一个是 WinMain 函数, 另一个是用户定义的窗口过程函数 WndProc。窗口过程函数 WndProc 用来接收和处理各种不同的消息, 而主函数 WinMain 通常要完成以下几步工作。

图 4-4　Ex_HelloWin 运行结果

1）调用 API 函数 RegisterClass 注册应用程序的窗口类。

2）调用相关 API 函数创建和显示窗口，并进行其他必要的初始化处理。其中，函数 CreateWindow 用来创建已注册窗口类的窗口。Windows 每一个窗口都有一些基本属性，如窗口标题、窗口位置和大小、应用程序图标、鼠标指针、菜单和背景颜色等。窗口类就是充当这些属性的模板（容器）。

3）创建和启动应用程序的消息循环。Windows 应用程序接收各种不同的消息，包括键盘消息、鼠标以及窗口产生的各种消息。Windows 系统首先将消息放入消息队列中，应用程序的消息循环就是从应用程序的消息队列中检取消息，并将消息发送到相应的窗口过程函数中做进一步处理。API 函数 GetMessage 和 DispatchMessage 就是起到这样的作用。

4）如果接收到 WM_QUIT 消息，则调用 PostQuitMessage，向系统请求退出。

4.1.2　Windows 编程特点

从上面的示例可以看出，一个完整的 Windows 应用程序除了 WinMain 函数外，还包含用于处理用户动作和窗口消息的窗口函数。这不同于一个 C++的控制台应用程序，可以将整个程序包含在 main 函数中。事实上，它们的区别还远不止这些。不久还会发现，一个 Windows 应用程序还常常具有这样的一些特性或概念：消息驱动机制、图形设备接口、基于资源的程序设计以及动态链接库等。

1. 消息驱动机制

前面已经看到，Windows 应用程序和 C++控制台应用程序之间的一个最根本区别就在于，C++控制台应用程序是通过调用系统函数来获得用户输入的，Windows 应用程序则是通过系统发送的消息来处理用户输入。例如，对鼠标消息 WM_LBUTTONDOWN 的处理。

在 Windows 操作环境中，无论是系统产生的动作，还是用户运行应用程序产生的动作，都称为**事件**（events）产生的**消息**（message）。例如，在 Windows 桌面（传统风格）上，双击应用程序的快捷图标，系统会根据这个事件产生的消息来执行该应用程序。在 Windows 的应用程序中，也是通过接收消息、分发消息、处理消息来和用户进行交互的。这种消息驱动的机制是 Windows 编程的最大特点。

需要注意的是，许多 Windows 消息都经过了严格的定义，并且适用于所有的应用程序。例如，当用户按下鼠标的左键时，系统会发送 WM_LBUTTONDOWN 消息，而当用户敲了一个字符键时，系统会发送 WM_CHAR 消息，当用户进行菜单选择或工具按钮单击等操作时，系统又会相应地发送 WM_COMMAND 消息给相应的窗口，等等。

2. 图形设备接口

在传统的 DOS 环境中，想要在屏幕或打印机上显示或打印一幅图形是非常复杂的，因为用户必须按照屏幕分辨率模式以及专用绘图函数在屏幕上绘图，或根据打印机类型及指令规则向打印机输送数据。Windows 提供了一个抽象的接口，称为**图形设备接口**（Graphical Device Interface，GDI），这使得用户直接利用系统的 GDI 函数就能方便实现图形和文本的输出，而不必关心与系统相连的外部设备的类型。

3. 基于资源的程序设计

Windows 应用程序常常包含众多图形元素，如光标、菜单、工具栏、位图、对话框等。每一个这样的资源都用相应的标识符来区分，而且 Windows 内部也有预定义的资源。例如，在【例 Ex_HelloWin】中，LoadIcon 和 LoadCursor 函数将系统内部的 IDI_APPLICATION（应用程序图标）和 IDC_ARROW（箭形光标）作为创建窗口的图标和鼠标指针。

实际上，在 Windows 环境下，每一个这样的元素都作为一种可以装入应用程序的资源来存放。这些资源不仅可以被其他应用程序共享，而且可以被编辑、修改。需要说明的是，Visual C++ 6.0 为这些资源提供了相应的 "所见即所得" 编辑器。一般来说，"Visual C++" 中的 "Visual （可视化）" 也正是体现在这点上。

4. 动态链接库

动态链接库提供了一些特定结构的函数，它们能被应用程序在运行过程中装入和连接，且多个程序可以共享同一个动态链接库，这样可以大大节省内存和磁盘空间。从编程角度来说，动态链接库可以提高程序模块的灵活性，因为它本身是可以单独设计、编译和调试的。

Windows 提供了应用程序可利用的丰富的函数调用，大多数用于实现其用户界面和在显示器上显示的文本和图形，都是通过动态链接库（Dynamic Link Library，DLL）来实现的。这些动态链接库是一些具有.DLL 扩展名或者.EXE 扩展名的文件。

在 Windows 操作系统中，最主要的 DLL 有 KERNEL32.DLL、GDI32.DLL 和 USER32.DLL 3 个模块。其中，KERNEL32 用来处理存储器低层功能、任务和资源管理等 Windows 核心服务；GDI32 用来提供图形设备接口，管理用户界面和图形绘制，包括 Windows 元文件、位图、设备描述表和字体等；USER32 负责窗口的管理，包括消息、菜单、光标、计时器以及其他与控制窗口显示相关的一些功能。

除了上述特性外，Windows 还有进程和线程的管理模式。对于刚接触 Windows 编程的初学者来说，了解这些特点是非常必要的。在以后的章节中，将陆续讨论上述部分相关内容。

4.1.3 Windows 基本数据类型

在前面的示例和函数原型中，有一些 "奇怪" 的数据类型，如前面的 HINSTANCE 和 LPSTR 等，事实上，很多这样的数据类型只是一些基本数据类型的别名。表 4-1 列出了一些在 Windows 编程中常用的基本数据类型。表 4-2 列出了常用的预定义句柄，它们的类型均为 void *，即一个 32 位指针。

表 4-1　Windows 常用的基本数据类型

Windows 所用的数据类型	对应的基本数据类型	说　　明
BOOL	bool	布尔值
BSTR	unsigned short *	32 位字符指针
BYTE	unsigned char	8 位无符号整数
COLORREF	unsigned long	用作颜色值的 32 位值
DWORD	unsigned long	32 位无符号整数，段地址和相关的偏移地址
LONG	long	32 位带符号整数
LPARAM	long	作为参数传递给窗口过程或回调函数的 32 位值
LPCSTR	const char *	指向字符串常量的 32 位指针
LPSTR	char *	指向字符串的 32 位指针
LPVOID	void *	指向未定义类型的 32 位指针
LRESULT	long	来自窗口过程或回调函数的 32 位返回值
UINT	unsigned int	32 位无符号整数
WORD	unsigned short	16 位无符号整数
WPARAM	unsigned int	当作参数传递给窗口过程或回调函数的 32 位值

表 4-2 Windows 常用的句柄类型

句柄类型	说　　明	句柄类型	说　　明
HBITMAP	保存位图信息的内存域的句柄	HINSTANCE	应用程序的实例句柄
HBRUSH	画刷句柄	HMENU	菜单句柄
HCURSOR	鼠标光标句柄	HPALETTE	颜色调色板句柄
HDC	设备描述表句柄	HPEN	在设备上画图时用于指明线型的笔的句柄
HFONT	字体句柄	HWND	窗口句柄
HICON	图标句柄		

需要说明的是：

1）这些基本数据类型都以大写字符出现，以与一般的 C++基本数据类型相区别。

2）凡是前缀是 P 或 LP 的数据类型，都表示该类型是一个指针或长指针数据类型。前缀是 H，表示是句柄类型。前缀是 U，表示是无符号数据类型，等等。

3）Windows 还提供一些宏来处理上述基本数据类型。例如，LOBYTE 和 HIBYTE 分别用来获取 16 位数值中的低位和高位字节；LOWORD 和 HIWORD 分别用来获取 32 位数值中的低位和高位字；MAKEWORD 是将两个 16 位无符号值结合成一个 32 位无符号值，等等。

4.2 MFC编程

前面的【例 Ex_HelloMsg】和【例 Ex_HelloWin】都是基于 Windows API 的 C++应用程序。显然，随着应用程序复杂性的增加，C++应用程序代码也必然更复杂。为了方便处理那些经常使用又复杂繁琐的各种 Windows 操作，Visual C++设计了一套基础类库（Microsoft Foundation Class Library，MFC），它把 Windows 编程规范中的大多数内容封装成各种类，称为 MFC 程序框架，它使程序员从繁杂的编程中解脱出来，提高了编程和代码效率。

4.2.1 MFC 程序框架

在理解 MFC 程序框架机制之前，先来看一个 MFC 应用程序。

【例 Ex_HelloMFC】一个 MFC 应用程序

```
#include <afxwin.h>                        // MFC头文件
class CHelloApp : public CWinApp           // 声明应用程序类
{
public:
    virtual BOOL InitInstance();
};
CHelloApp theApp;                          // 建立应用程序类的实例
class CMainFrame: public CFrameWnd         // 声明主窗口类
{
public:
    CMainFrame()
    {
        // 创建主窗口
        Create(NULL, "我的窗口", WS_OVERLAPPEDWINDOW, CRect(0,0,400,300));
    }
protected:
    afx_msg void OnLButtonDown(UINT nFlags, CPoint point);
    DECLARE_MESSAGE_MAP()
```

```
};
// 消息映射入口
BEGIN_MESSAGE_MAP(CMainFrame, CFrameWnd)
    ON_WM_LBUTTONDOWN()                         // 单击鼠标左键消息的映射宏
END_MESSAGE_MAP()
//定义消息映射函数
void CMainFrame::OnLButtonDown(UINT nFlags, CPoint point)
{
    MessageBox ("你好，我的Visual C++世界! ", "问候", 0) ;
    CFrameWnd::OnLButtonDown(nFlags, point);
}
//应用程序首次执行时都要调用的初始化函数
BOOL CHelloApp::InitInstance()
{
    m_pMainWnd = new CMainFrame();
    m_pMainWnd->ShowWindow(m_nCmdShow);
    m_pMainWnd->UpdateWindow();
    return TRUE;
}
```

在 Visual C++ 6.0 运行上述 MFC 程序的步骤如下。

1）选择"文件"→"新建"命令，显示"新建"对话框。在"工程"标签页面的列表框中，选中 Win32 Application 项，创建一个 Ex_HelloMFC 空应用程序项目。

2）再次选择"文件"→"新建"命令，显示"新建"对话框。在文件标签页面左边的列表框中选择 C++ Source File 项，在右边的文件框中键入 Ex_HelloMFC.cpp，单击 确定 按钮。

3）输入上面的代码。选择"工程"→"设置"命令，在出现的对话框中选择"常规"标签。在"Microsoft 基础类"（Microsoft Foundation Classes）组合框中，选择"使用 MFC 作为共享的 DLL"（Use MFC in a Shared DLL），如图 4-5 所示。单击 确定 按钮。

图 4-5 设置工程属性

4）程序运行后，单击鼠标左键，弹出一个对话框，结果同【例 Ex_HelloWin】。

从【例 Ex_HelloMFC】可以看出，MFC 是使用 afxwin.h 来代替头文件 windows.h，但在 Ex_HelloMFC 程序中却看不到 Windows 应用程序所必需的程序入口函数 WinMain。这是因为 MFC 将它隐藏在应用程序框架内部了。

当用户运行应用程序时，Windows 会自动调用应用程序框架内部的 WinMain 函数，并自动查找该应用程序类 CHelloApp（从 CWinApp 派生）的全局变量 theApp，然后自动调用 CHelloApp 的虚函数 InitInstance，该函数会进一步调用相应的函数来完成主窗口的构造和显示工作。下面来看看上述程序中 InitInstance 的执行过程。

1）首先执行的是：

```
m_pMainWnd = new CMainFrame();
```

该语句用来创建从 CFrameWnd 类派生而来的用户框架窗口 CMainFrame 类对象，继而调用该类的构造函数，使得 Create 函数被调用，完成窗口创建工作。

2）然后执行后面两句：

```
m_pMainWnd->ShowWindow(m_nCmdShow);
m_pMainWnd->UpdateWindow();
```

用于显示和更新窗口。

3）最后返回 TRUE，表示窗口创建成功。

需要说明的是，全局的应用程序派生类 CHelloApp 对象 theApp 在构造时还自动进行基类 CWinApp 的初始化，这使得在 InitInstance 完成初始化工作之后，还调用基类 CWinApp 的成员函数 Run，执行应用程序的消息循环，即重复执行接收消息并转发消息的工作。当 Run 检查到消息队列为空时，将调用基类 CWinApp 的成员函数 OnIdle 进行空闲时的后台处理工作。若消息队列为空且又没有后台工作要处理时，则应用程序一直处于等待状态，直到有消息为止。当程序结束后，调用基类 CWinApp 的成员函数 ExitInstance，完成终止应用程序的收尾工作。

另外还需要强调的是，上述代码中还有 MFC 消息映射机制（后面会讨论）来处理单击鼠标左键产生的 WM_LBUTTONDOWN 消息。

4.2.2 使用 MFC AppWizard

事实上，上述 MFC 程序代码可以不必从头构造，甚至不需要输入一句代码就能创建这样的 MFC 应用程序，这就是 Visual C++ 6.0 中的 MFC 应用程序向导（MFC AppWizard）的功能。

Visual C++ 6.0 中的 MFC AppWizard 能为用户快速、高效、自动地生成一些常用的标准程序结构和编程风格的应用程序，它们被称为**应用程序框架结构**。前面的【例 Ex_HelloMsg】和【例 Ex_HelloWin】事实上使用的就是它的 Win32 Application 向导类型。

在 Visual C++ 6.0 中，选择"文件"→"新建"菜单，在弹出的"新建"对话框中，可以看到**工程**标签页面中，显示出一系列应用程序项目类型，如表 4-3 所示。

表 4-3 MFC 应用程序框架类型

名　称	项　　目
ATL COM MFC AppWizard	创建 ATL（active template library）应用模块工程
Cluster Resource Type Wizard	创建 Cluster Resource（用于 Windows NT 服务器）
Custom MFC AppWizard	创建自己的应用程序向导
Database Project	创建数据库应用程序
DevStudio Add-in Wizard	创建 ActiveX 组件或 VBScript 宏
Extended Stored Proc Wizard	创建基于 SQL 服务器下的外部存储过程
ISAPI Extension Wizard	创建 Internet Server 程序
MakeFile	创建独立于 Visual C++ 开发环境的应用程序
MFC ActiveX ControlWizard	创建 ActiveX Control 应用程序
MFC AppWizard(dll)	MFC 的动态链接库
MFC AppWizard(exe)	一般 MFC 的 Windows 应用程序
Utility Project	创建简单、实用的应用程序
Win32 Application	其他 Win32 的 Windows 应用程序
Win32 Console Application	Win32 的控制台应用程序
Win32 Dynamic-Link Library	Win32 的动态链接库
Win32 Static Library	Win32 的静态链接库

这些类型基本满足了各个层次的需求，但更关心的是 MFC AppWizard（exe）类型，因为它包含最常用、最基本的 3 种可执行的 Windows 应用程序类型：**单文档、多文档**和**基于对话框**的应用程序。

所谓**单文档应用程序**，就是类似于 Windows **记事本**的程序，它的功能比较简单，复杂程度适中，虽然每次只能打开和处理一个文档，但已能满足一般应用上的需要。因此，大多数应用程序的编制都是从单文档程序框架开始的。

与单文档应用程序相比较，基于**对话框**的应用程序是最简单，也是最紧凑的。它没有菜单、工具栏及状态栏，也不能处理文档，但它的好处是速度快，代码少，程序员所花费的开发和调试时间短。

顾名思义，**多文档应用程序**就是允许同时打开和处理多个文档。与单文档应用程序相比，增加了许多功能，因而需要大量额外的编程工作。例如它不仅需要跟踪所有打开文档的路径，而且还需要管理各文档窗口的显示和更新等。

需要说明的是，不论选择何种类型的应用程序框架，一定要根据自己的具体需要而定。

MFC AppWizard（exe）用来创建常见的可执行 Windows 应用程序，它是使用最频繁的 MFC 应用程序向导，因此本书叙述中凡不特别说明的 MFC 向导都是使用 MFC AppWizard（exe）。**本书作此约定！**

4.2.3 创建文档应用程序

用 MFC AppWizard（MFC 应用程序向导）可以方便地创建一个通用的 Windows 单文档应用程序，其步骤如下。

1. 开始

选择"文件"→"新建"菜单，弹出"新建"对话框，在"工程"标签页面中，选择 MFC AppWizard（exe）项目类型，将项目工作文件夹定位在"D:\VISUAL C++程序\第 4 章"，在"工程名称"编辑框中输入项目名 Ex_SDIHello，如图 4-6 所示。

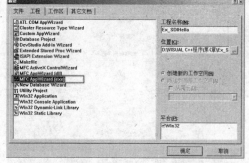

图 4-6 MFC AppWizard 的"新建"对话框

2. 第一步

单击 确定 按钮，出现如图 4-7 所示的对话框，进行下列选择。

1）从"单文档"（single document，SDI）、"多重文档"（multiple document，MDI、多文档）和"基于对话框"（Dialog Based，基于对话框的应用程序，简称**对话框**）中选择创建的应用程序类型（见图 4-7 中的①）。这里选择"单文档"。

2）决定应用程序中是否需要"文档/查看体系结构支持"（见图 4-7 中的②）。一般情况下，应选中此项（"文档/查看体系结构支持"应汉化成"文档/视图体系结构支持"。文档/视图体系结构是 Visual C++独有的一种程序框架结构，后面将会介绍）。

3）选择资源使用的语言，这里是"中文[中国]"（见图 4-7 中的③）。

3. 第二步

单击 下一步> 按钮，出现如图 4-8 所示的对话框，从中可选择程序中是否加入数据库的支持（有关数据库的内容将在以后的章节中介绍）。

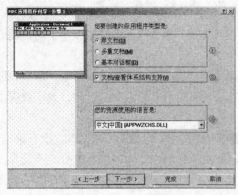

图 4-7　第一步对话框

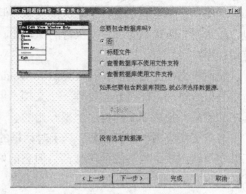

图 4-8　第二步对话框

4. 第三步

单击 下一步> 按钮，出现如图 4-9 所示的对话框。允许在程序中加入复合文档、自动化、ActiveX 控件的支持。

5. 第四步

单击 下一步> 按钮，出现如图 4-10 所示的对话框，前几项依次确定对浮动工具栏、打印与预览以及网络通信等特性的支持。最后两项是最近文件列表数目的设置（默认为 4）和一个 高级(A)... 按钮。单击 高级(A)... 按钮将弹出一个对话框，允许对文档及其扩展名、窗口风格进行修改（以后还会讨论）。

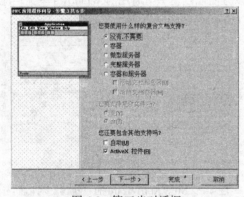

图 4-9　第三步对话框

图 4-10　第四步对话框

6. 第五步

保留默认选项，单击 下一步> 按钮，弹出如图 4-11 所示的对话框，这里有以下 3 个方面的选项。

1）程序主窗口是 MFC 标准风格，还是窗口左边有切分窗口的 Windows 资源管理器样式。

2）在源文件中是否加入注释来引导用户编写程序代码。

3）使用动态的共享链接库还是静态链接库。

7. 第六步

保留默认选项，单击 下一步> 按钮，出现如图 4-12 所示的对话框。在这里，可以修改 MFC AppWizard 提供的默认类名、基类名、各个源文件名。

单击 完成 按钮出现一个信息对话框，显示在前面几个步骤中做出的选择内容，单击 确定 按钮，系统开始创建，并返回 Visual C++ 6.0 的主界面。

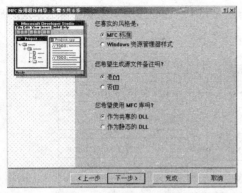

图 4-11 第五步对话框

图 4-12 第六步对话框

8. 编连并运行

到这里为止，虽然没有编写任何程序代码，但 MFC AppWizard 已经根据前面的选择自动生成相应的基本应用程序框架。单击编译工具栏 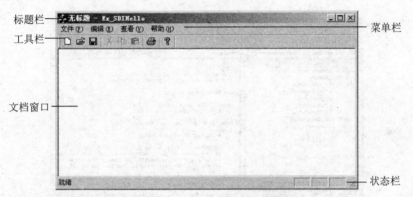 上的"运行"按钮 ! 或按【Ctrl+F5】组合键，系统开始编连并运行生成的单文档应用程序可执行文件 Ex_SDIHello.exe，一个通用的文档应用程序窗口就运行出来了，其结果如图 4-13 所示。

图 4-13 Ex_SDIHello 运行结果

事实上，在用 MFC AppWizard（.exe）创建应用程序的向导过程中，若在"步骤 1"对话框中选定应用程序类型后，则直接单击 完成 按钮出现一个信息对话框，显示默认的选项内容，单击 确定 按钮，系统开始创建。这种方式，本书约定为默认创建。

4.2.4 项目文件和管理

定位到创建时指定的工作文件夹"D:\Visual C++ 6.0 程序\第 4 章"，可以看到 Ex_SDIHello文件夹，打开它可浏览单文档应用程序 Ex_SDIHello 所有的文件和信息。其中，还有 Debug（调试）或 Release（发行）、Res（资源）等子文件夹。正是由于应用程序还包含了除源程序文件外的许多信息，因此，在 Visual C++中常将其称为**项目**或**工程**。

Ex_SDIHello 应用程序中各文件的组织如图 4-14 所示。当然，不同类型项目的文件类型及数目会略有所不同。

可以看出，Visual C++是用文件夹来管理一个应用程序项目，且将项目名作为文件夹名，在此文件夹下包含源代码文件（.cpp 和.h）、项目文件（.dsp）和项目工作区文件（.dsw）等。为了能有效地管理项目中的上述文件并维护各源文件之间的依赖关系，Visual C++ 6.0 通过开发环境左边的**项目工作区窗口**来进行管理，如图 4-15 所示。其中，▣按钮用来切换项目工作区的显示和隐藏。

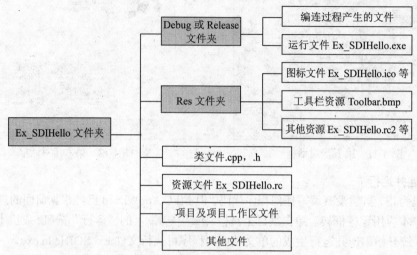

图 4-14　Ex_SDIHello 项目的文件组织

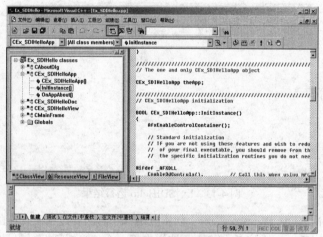

图 4-15　有项目的开发环境

项目工作区窗口包含 3 个标签页面，分别是 ClassView（类页面）、ResourceView（资源页面）和 FileView（文件页面）。

1）ClassView。项目工作区窗口的 ClassView 页面用于显示和管理项目中的所有类。以打开的项目名 Ex_SDIHello 为例，ClassView 页面显示 "Ex_SDIHello classes" 的树状节点，在它的前面是一个图标和一个套在方框中的符号 "+"，单击符号 "+" 或双击图标，显示 Ex_SDIHello 中的所有类名，如 CMainFrame、CEx_SDIHelloApp、CEx_SDIHelloDoc、CEx_SDIHelloView 等，如图 4-16 所示。

在 ClassView 页面中，每个类名前也有一个图标和一个套在方框中的符号 "+"，双击图标，直接打开并显示类定义的头文件（如 Ex_SDIHelloView.h）；单击符号 "+"，显示该类中的成员函数和成员变量，双击成员函数前的图标，在文档窗口中直接打开源文件并显示相应的函数体代码。

这里要注意一些图标表示的含义。例如，在成员函数的图标中，使用紫色方块表示公有型成员函数，使用紫色方块和一把钥匙表示私有型成员函数，使用紫色方块和一把锁表示保护型成员函数；又例如用蓝绿色图标表示成员变量等。

2）ResourceView。单击项目工作区窗口底部的 ResourceView 标签，打开 ResourceView 页面，如图 4-17 所示。ResourceView 页面用于显示和管理项目中的所有资源，它与 ClassView 页面一样，都是按树层次结构来呈现不同的显示列表。在 Visual C++ 中，每一个图片、字符串值、工具栏、图标或其他非代码元素等都可以看作是 ResourceView 页面中的一种**资源**节点，并使用了各自默认的资源节点图标。每一个资源都有相应的标识符，对应于某个整型值。

3）FileView。单击项目工作区窗口底部的 FileView 标签，打开 FileView 页面，如图 4-18 所示。FileView 可将项目中的所有文件（C++源文件、头文件、资源文件、Help 文件等）分类按树层次结构显示。每一类文件在 FileView 页面中都有自己的节点。例如，所有的 C++源文件都在 Source File 目录项中。用户不仅可以在节点项中移动文件，而且可以创建新的节点项以及将一些特殊类型的文件放在该节点项中。

 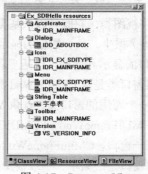 

图 4-16　ClassView　　　　图 4-17　ResourceView　　　　图 4-18　FileView

4.2.5　MFC 程序类结构

1987 年微软公司推出了第一代 Windows 产品，并为应用程序设计者提供了 Win16（16 位 Windows 操作系统）API，在此基础上推出了 Windows GUI（图形用户界面），然后采用面向对象技术对 API 进行封装。1992 年推出应用程序框架产品 AFX（application frameworks），并在 AFX 的基础上进一步发展为 MFC 产品。因此，在用 MFC 应用程序向导创建的程序中仍然保留 stdafx.h 头文件包含，它是每个应用程序必有的预编译头文件，程序用到的 Visual C++ 头文件包含语句一般均添加到这个文件中。

将 Visual C++ 6.0 项目工作区窗口切换到 ClassView 页面，可以看到 MFC 为单文档应用程序项目 Ex_SDIHello 自动创建了类 CAboutDlg、CEx_SDIHelloApp、CEx_SDIHelloDoc、CEx_SDIHelloView 和 CMainFrame，这些 MFC 类之间的继承和派生关系如图 4-19 所示。

其中，对话框类 CAboutDlg 是每一个应用程序框架都有的，用来显示本程序的有关信息。它是从对话框类 CDialog 派生的。

CEx_SDIHelloApp 是应用程序类，它从 CWinApp 类派生而来，负责应用程序的创建、运行和终止，每一个应用程序都需要这样的类。CWinApp 类是应用程序的主线程类，它从 CWinThread 类派生而来。CWinThread 类用来完成对线程的控制，包括线程的创建、运行、终止和挂起等。

CEx_SDIHelloDoc 是应用程序文档类，它从 CDocument 类派生而来，负责管理应用程序文档数据。

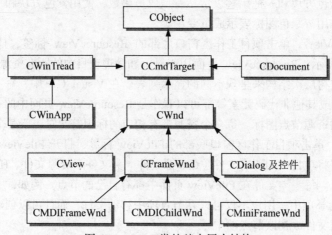

图 4-19 MFC 类的基本层次结构

CEx_SDIHelloView 是应用程序视图类，它既可以从基类 CView 派生，也可以从 CView 派生类（如 CListView、CTreeView 等）派生，负责数据的显示、绘制和其他用户交互。

CMainFrame 类负责主框架窗口的显示和管理，包括工具栏和状态栏等界面元素的初始化。对于单文档应用程序来说，主框架窗口类是从 CFrameWnd 派生而来的。

CFrameWnd 的基类 CWnd 是一个通用的窗口类，提供 Windows 中的所有通用特性、对话框和控件。CFrameWnd 的派生类 CMDIFrameWnd 和 CMDIChildWnd 类分别用来显示和管理多文档应用程序的主框架窗口和文档子窗口。CMiniFrameWnd 类是一种简化的框架窗口，它没有最大化和最小化窗口按钮，也没有窗口系统菜单，一般很少用到它。

CObject 类是 MFC 提供的绝大多数类的基类。该类完成动态空间的分配与回收，支持一般的诊断、出错信息处理和文档序列化等。

CCmdTarget 类主要负责将系统事件（消息）和窗口事件（消息）发送给响应这些事件的对象，完成消息的发送、等待和派遣（调度）等工作，实现应用程序对象之间的协调运行。

需要说明的是，基于对话框的应用程序一般有 CAboutDlg 类、应用程序类和对话框类。

4.3 消息和消息映射

在早期的 C/C++Windows 编程中，Win32 的消息处理是在窗口过程函数中的 switch 结构中进行的。在 MFC 中，则使用独特的消息映射机制。所谓消息映射（message map）机制，就是使 MFC 类中的消息与消息处理函数——对应起来的机制。

4.3.1 消息类别

Windows 应用程序中的消息主要有下面 3 种类型。

1. 窗口消息（windows message）

这类消息主要是指由 WM_开头的消息，但 WM_ COMMAND 除外。例如，WM_CREATE（窗口对象创建时产生）、WM_DESTROY（窗口对象清除前发生）、WM_PAINT（窗口更新时产生绘制消息）等，一般由窗口类和视图类对象来处理。窗口消息往往带有参数，以标志处理消息的方法。

2. 控件的通知消息（control notifications）

当控件的状态发生改变（如用户在控件中进行输入）时，控件就会向其父窗口发送

WM_COMMAND 通知消息。应用程序框架处理控件消息的方法和窗口消息相同，但按钮的
BN_CLICKED 通知消息除外，它的处理方法与命令消息相同。

3. 命令消息（command message）

命令消息主要包括由用户交互对象（菜单、工具栏的按钮、快捷键等）发送的
WM_COMMAND 通知消息。

需要说明的是，命令消息的处理方式与其他两种消息不同，它能够被多种对象接收、处理，
这些对象包括文档类、文档模板类、应用程序本身以及窗口和视类等；而窗口消息和控件的通
知消息是由窗口对象接收并处理的，这里的窗口对象是指从窗口类 CWnd 中派生的类的对象，
包括 CFrameWnd、CMDIFrameWnd、CMDIChildWnd、CView、CDialog 以及从这些派生的类
对象等。

4.3.2 消息映射机制

在 MFC 中，任何一个从 CCmdTarget 派生的类理论上均可处理消息，且都有相应的消息映
射函数。在 MFC 中，映射一个消息的过程由以下 3 个部分组成。

1）在处理消息的类中，使用消息宏 DECLARE_MESSAGE_MAP 声明对消息映射的支持，
并在该宏之前声明消息处理函数。例如【例 Ex_HelloMFC】中的：

```
protected:
    afx_msg void OnPaint();
    afx_msg void OnLButtonDown(UINT nFlags, CPoint point);
    // 可以添加其他的消息处理函数
    DECLARE_MESSAGE_MAP()
```

2）使用 BEGIN_MESSAGE_MAP 和 END_MESSAGE_MAP 宏在类声明之后的地方定义该
类支持的消息映射入口点。

```
BEGIN_MESSAGE_MAP(CMainFrame, CFrameWnd)
// ...，这里是添加消息映射宏的地方
END_MESSAGE_MAP()
```

其中，BEGIN_MESSAGE_MAP 带有两个参数，第一个参数用来指定需要支持消息映射的
用户派生类，第二个参数指定该类的基类。需要说明的是，所有消息映射宏都添加在这里，当
然不同的消息 MFC 都会有不同的消息映射宏。

3）定义消息处理函数，即消息函数的实现。例如：

```
void CMainFrame::OnPaint()
{
    CPaintDC            dc(this);          // 为当前窗口客户区构造设备环境类对象
    dc.TextOut( 10, 10, "Hello MFC!" );    // 在客户区左上角(0,0)位置处输出文本
}
```

注意，为了使映射的消息还能被其他对象接收并处理，在函数中常常需要调用基类中的相
关消息处理函数。例如 OnLButtonDown 的最后一条语句。

```
void CMainFrame::OnLButtonDown(UINT nFlags, CPoint point)
{
    // 弹出消息对话框，MessageBox 是基类 CWnd 的一个成员函数，以后还会讨论
    MessageBox ("你好，我的 Visual C++世界! ", "问候", 0) ;
    CFrameWnd::OnLButtonDown(nFlags, point);
}
```

综上所述，使用 MFC 不仅可以减少 Windows 应用程序的代码量，而且通过消息映射机制

使消息处理更为方便，并能很好地体现面向对象编程的优点。

4.3.3 使用类向导

事实上，绝大多数消息都可通过 MFC ClassWizard（MFC 类向导）来映射。不仅如此，MFC 类向导还能方便地为一个项目添加一个类、进行消息和数据映射、创建 OLE Automation（自动化）属性和方法以及进行 ActiveX 事件处理等。

1. 打开 MFC 类向导

在 Visual C++中，打开 MFC 类向导可以使用下列几种方法。

1）选择"查看"→"建立类向导"命令或按【Ctrl+W】组合键。

2）在源代码文件的文档编辑窗口中，单击鼠标右键，从弹出的快捷菜单中选择"建立类向导"命令。

MFC 类向导打开后，弹出如图 4-20 所示的 MFC ClassWizard 对话框（以前面单文档应用程序 Ex_SDIHello 为例）。

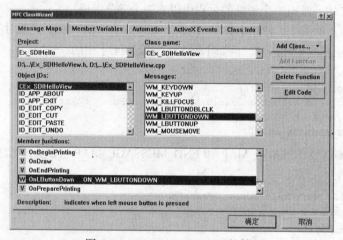

图 4-20 MFC ClassWizard 对话框

可以看到 MFC ClassWizard 对话框包含了 5 个标签页面，它们各自含义如下：

- Message Maps（消息映射）：用来添加、删除和编程处理消息的成员函数。
- Member Variables（成员变量）：添加或删除与控件相关联的成员变量（或称控件变量），以便与控件进行数据交换。这些控件所在的类一般是从 CDialog、CPropertyPage、CRecordView 或 CDaoRecordView 中派生的。
- Automation（自动化）：为支持自动化的类（如 ActiveX 控件类）添加属性和方法。
- ActiveX Events（ActiveX 事件）：为 ActiveX 控件类添加触发事件的支持。
- Class Info（类信息）：有关项目中类的其他信息。

一般来说，MFC ClassWizard 对话框最前两项是用户最关心的，也是最经常使用的，因为几乎所有的代码编写都要用到这两个标签项的操作。

2. 映射消息

切换到 MFC ClassWizard 对话框的 Message Maps（消息映射）页面（参看图 4-20），可以看到它有许多选项，如项目（Project）组合框、类名（Class Name）组合框等。各项功能说明如表 4-4 所示。

表 4-4 "ClassWizard" 对话框的 Message Maps 页面功能

项 目	说 明
Project 框	选择应用程序项目名，一般只有一个
Class name 框	在相应的项目中选择指定的类，它的名称与项目工作区中的 ClassView 相同
Object IDs 列表	列表中列出了在 Class name 框指定的类中可以使用的 ID 号，用户可以从中选择要映射的资源号
Messages 列表	该列表中列出了相应的资源对象的消息，若用户从中选定某个消息，则按钮 Add Function... 被激活
Member functions 列表	列出 Class name 中指定类的成员函数，若用户从中选定某个成员函数，则按钮 Delete Function 被激活
Add Class 按钮	向项目中添加类
Add Function 按钮	向指定的类中添加成员函数
Delete Function 按钮	删除指定类中的成员函数
Edit Code 按钮	转向文档窗口，并定位到相应的函数源代码处

下面以向 CEx_SDIHelloView 中添加 WM_LBUTTOMDOWN（单击鼠标左键产生的消息）的消息映射为例，说明其消息映射的一般过程。

1）按【Ctrl+W】组合键，打开 MFC ClassWizard 对话框。

2）在 Class name 组合框中，将类名选定为 CEx_SDIHelloView。此时，Object IDs 和 Messages 列表内容会相应改变。

3）在 Object IDs 列表框中选定 CEx_SDIHelloView，然后拖动 Messages 列表框右侧的滚动块，直到出现要映射的 WM_LBUTTOMDOWN 消息为止。

4）双击 Messages 列表中的 WM_LBUTTOMDOWN 消息或单击 Add Function 按钮，都会在 CEx_SDIHelloView 类中添加该消息的映射函数 OnLButtonDown，同时在 Member funcions 列表中显示这一消息映射函数和被映射的消息，结果见图 4-20。

5）单击 Edit Code 按钮，退出 MFC ClassWizard 对话框，并转向文档窗口，定位到消息处理函数 OnLButtonDown 实现处，添加下列代码。

```
void CEx_SDIHelloView::OnLButtonDown(UINT nFlags, CPoint point)
{
    // TODO: Add your message handler code here and/or call default
    MessageBox ("你好，我的Visual C++世界! ", "问候", 0) ;
    CView::OnLButtonDown(nFlags, point);
}
```

6）这样就完成了一个消息映射过程。程序运行后，在窗口客户区单击鼠标左键，弹出一个消息对话框。

需要说明的是：

1）由于鼠标和键盘消息都是 MFC 预定义的窗口命令消息，它们各自都有相应的消息处理宏和预定义消息处理函数，因此消息映射函数名称不再需要用户重新定义。但是，对于菜单和按钮等命令消息来说，用 ClassWizard 映射时还会弹出一个对话框，用来指定消息映射函数的名称（以后还会讨论）。

2）若指定的消息映射函数需要删除，则先在 MFC ClassWizard 对话框中的 member functions（成员函数）列表中选定要删除的消息映射函数，单击 Delete Function 按钮，最后关闭 MFC

ClassWizard 对话框，并在该消息映射函数所在的类实现文件（.cpp）中将映射函数声明和实现的代码全部删除。

4.3.4 键盘和鼠标消息

当敲击键盘某个键时，应用程序框架中只有一个窗口过程能接收到该键盘消息。接收到这个键盘消息的窗口称为有"输入焦点"的窗口。通过捕获 WM_SETFOCUS 和 WM_KILLFOCUS 消息可以确定当前窗口是否具有输入焦点。WM_SETFOCUS 表示窗口正在接收输入焦点，WM_KILLFOCUS 表示窗口正失去输入焦点。

当键按下时，Windows 将 WM_KEYDOWN 或 WM_SYSKEYDOWN 放入具有输入焦点的应用程序窗口的消息队列中。当键被释放时，Windows 把 WM_KEYUP 或 WM_SYSKEYUP 消息放入消息队列中。字符键还会在这两个消息之间产生 WM_CHAR 消息。

MFC ClassWizard 能自动添加当前类的 WM_KEYDOWN 和 WM_KEYUP 击键消息处理函数的调用，它们的函数原型如下。

```
afx_msg void OnKeyDown( UINT nChar, UINT nRepCnt, UINT nFlags );
afx_msg void OnKeyUp( UINT nChar, UINT nRepCnt, UINT nFlags );
```

afx_msg 是 MFC 用于定义消息函数的标志，参数 nChar 表示"虚拟键代码"，nRepCnt 表示当用户按住一个键时的重复计数，nFlags 表示击键消息标志。所谓虚拟键代码，是指与设备无关的键盘编码。在 Visual C++中，最常用的虚拟键代码已被定义在 Winuser.h 中，例如，VK_SHIFT 表示【Shift】键，VK_F1 表示【F1】功能键等。

同击键消息一样，MFC 中的 ClassWizard 也提供相应的字符消息处理框架，并自动添加了当前类的 WM_CHAR 消息处理函数调用，它的函数原型如下。

```
afx_msg void OnChar( UINT nChar, UINT nRepCnt, UINT nFlags );
```

参数 nChar 表示键的 ASCII 码，nRepCnt 表示当用户按住一个键时的重复计数，nFlags 表示字符消息标志。

由于键盘消息属于窗口消息（以 WM_为开头的），故只能被窗口对象接收、处理。若用 ClassWizard 将键盘消息映射在 CMainFrame、CChildFrame（多文档）、用户应用程序类中，则不管消息映射函数中的用户代码究竟如何，都不会被执行。

当用户对鼠标进行操作时，与键盘一样也会产生对应的消息。通常，Windows 只将键盘消息发送给具有输入焦点的窗口，但鼠标消息不受这种限制。只要鼠标移过窗口的客户区，就会向该窗口发送 WM_MOUSEMOVE（移动鼠标）消息。

这里的客户区是指窗口中用于输出文档的区域。在窗口的客户区中双击、按下或释放一个鼠标键时，都会根据所操作的鼠标按键（LBUTTON、MBUTTON 和 RBUTTON）向该窗口发送 DBLCLK（双击）、DOWN（按下）和 UP（释放）消息。

对于所有鼠标按键消息来说，MFC ClassWizard 都将会映射成类似 afx_msg void OnXXXX 的消息处理函数，如前面 WM_LBUTTONDOWN 的消息函数 OnLButtonDown，它们的函数原型如下。

```
afx_msg void OnXXXX( UINT nFlags, CPoint point );
```

其中，point 表示鼠标光标在屏幕的（x, y）坐标；nFlags 表示鼠标按钮和键盘组合情况，它可以是下列值的组合（MK 前缀表示"鼠标键"）。

```
MK_CONTROL    — 键盘上的【Ctrl】键被按下
MK_LBUTTON    — 鼠标左按钮被按下
```

```
MK_MBUTTON      — 鼠标中按钮被按下
MK_RBUTTON      — 鼠标右按钮被按下
MK_SHIFT        — 键盘上的 Shift 键被按下
```

若要判断某个键被按下，则可用对应的标识与 nFlags 进行逻辑"与"（＆）运算，所得结果为 true（非 0）时，表示该键被按下。例如，若收到了 WM_LBUTTONDOWN 消息，且值 nFlags& MK_CONTROL 是 true 时，表明按下鼠标左键的同时也按下【Ctrl】键。

4.3.5 其他窗口消息

在系统中，除了用户输入产生的消息外，还有许多系统根据应用程序的状态和运行过程产生的消息，有时也需要用户跟踪或进行处理。

1）WM_CREATE 消息。它是在窗口对象创建后向视图发送的第一个消息；如果有什么工作需要在初始化时处理，就可在该消息处理函数中加入所需代码。但是，由于 WM_CREATE 消息发送时，窗口对象还未完成，窗口还不可见，因此在该消息处理函数 OnCreate 内，不能调用那些依赖于窗口处于完成激活状态的 Windows 函数，如窗口绘制函数等。

2）WM_CLOSE 或 WM_DESTROY 消息。当用户从系统菜单中关闭窗口或者父窗口被关闭时，Windows 都会发送 WM_CLOSE 消息；而 WM_DESTROY 消息是在窗口从屏幕消失后发送的，因此它紧随 WM_CLOSE 之后。

3）WM_PAINT 消息。当窗口的大小、窗口内容、窗口间的层叠关系发生变化，调用函数 UpdateWindow 或 RedrawWindow 时，系统都将产生 WM_PAINT 消息，表示要重新绘制窗口的内容。该消息处理函数的原型如下。

```
afx_msg void OnPaint();
```

用 MFC ClassWizard 映射该消息的目的是执行自己的图形绘制代码（以后还会讨论）。

4.4 设计并使用对话框

前面的 Ex_SDIHello 单文档应用程序运行后弹出一个通用的文档主窗口，它包含菜单栏、工具栏和状态栏等界面元素。事实上，一个最基本的窗口就是对话框，它是 Windows 应用程序中最重要的用户界面元素之一，是与用户交互的重要手段。对话框还可以作为各种**控件**的容器，用于捕捉和处理用户的多个输入信息或数据；任何对窗口进行的操作（如移动、最大化、最小化等）都可在对话框中实施。在 Visual C++ 6.0 应用程序中添加并使用对话框的一般过程是：① 添加对话框资源；② 设置对话框的属性；③ 添加和布局控件；④ 创建对话框类；⑤ 添加对话框代码；⑥ 在程序中调用对话框。

4.4.1 资源和资源标识

在向应用程序添加对话框资源之前，有必要先理解资源和资源标识的概念。

Visual C++ 6.0 将 Windows 应用程序中经常用到的菜单、工具栏、对话框、图标等都视为"资源"，并将其单独存放在一个资源文件中。每个资源都有相应的标识符来区分，并且可以像变量那样进行赋值。

1. 资源的分类

先用 MFC AppWizard（exe）来创建一个默认的单文档应用程序 Ex_SDI，然后将项目工作区切换到"ResourceView"页面，展开所有节点，如图 4-21 所示。

可以看出，Visual C++ 6.0 使用的资源可分为下列几类。

1）**快捷键列表（Accelerator）**。是一系列组合键的集合，被应用程序用来引发一个动作。该列表一般与菜单命令相关联，用来代替鼠标操作。

2）**对话框（Dialog）**。是含有按钮、列表框、编辑框等各种控件的窗口。

3）**图标（Icon）**。代表应用程序显示在 Windows 桌面上的位图，它同时有 32×32 像素和 16×16 像素两种规格。

4）**菜单（Menu）**。用户通过菜单可以完成应用程序的大部分操作。

5）**字串表（String Table）**。应用程序使用的全局字符串或其他标识符。

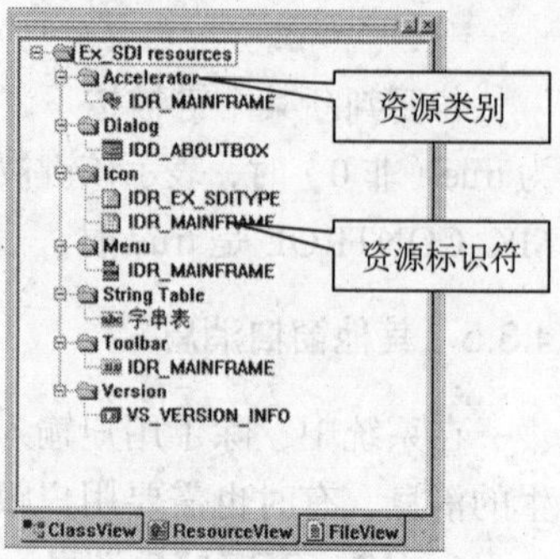

6）**工具栏按钮（Toolbar）**。工具栏是由一系列具有相同尺寸的位图组成的，它通常与一些菜单命令项相对应，用于提高用户的工作效率。

图 4-21　单文档程序的资源

7）**版本信息（Version）**。包含应用程序的版本、用户注册码等相关信息。

除了上述常用资源类别外，还有鼠标指针、HTML 等，甚至可以自己添加新的资源类别。

2. 资源标识符（ID）

在图 4-21 中，每一个资源类别下都有一个或多个相关资源，每一个资源均是由标识符来定义的。当添加或创建一个新的资源或资源对象时，系统会为其提供默认的名称，如 IDR_MAINFRAME 等。当然，也可重新命名，但要按一定的规则进行，以便于在应用程序代码设计时理解和记忆。一般要遵循下列规则。

1）在标识符名称中允许使用字母 a~z、A~Z、0~9 以及下划线。

2）标识符名称不区分大小写字母，如 new_idd 与 New_Idd 是相同的标识符。

3）不能以数字开头，如 8BIT 是不合法的标识符名。

4）字符不得超过 247 个。

除了上述规则外，出于习惯，Visual C++还提供了一些常用的定义标识符名称的前缀供用户使用和参考，见表 4-5。

表 4-5　常用标识符定义的前缀

标识符前缀	含　义
IDR_	表示快捷键或菜单相关资源
IDD_	表示对话框资源
IDC_	表示光标资源或控件
IDI_	表示图标资源
IDB_	表示位图资源
IDM_	表示菜单项
ID_	表示命令项
IDS_	表示字符表中的字符串
IDP_	表示消息框中使用的字符串

事实上，每一个定义的标识符都保存在应用程序项目的 Resource.h 文件中，它的取值范围为 0~32767。在同一个项目中，资源标识符名称不能相同，不同标识符的值也不能相同。

4.4.2 添加对话框资源

在一个 MFC 应用程序中添加一个对话框资源的步骤
如下（以 Ex_SDI 为例）。

1）选择"插入"→"资源"菜单，或按快捷键【Ctrl+
R】打开"插入资源"对话框，在对话框中可以看到资源
列表中存在 Dialog 项，单击 Dialog 项左边的"+"号，将
展开对话框资源的不同类型选项，如图 4-22 所示。表 4-6
列出各种类型对话框资源的不同用途。

图 4-22 "插入资源"对话框

表 4-6 对话框资源类型

类 型	说 明
IDD_DIALOGBAR	对话条，往往和工具栏停放一起
IDD_FORMVIEW	一个表单(一种样式的对话框)，用于表单视图类的资源模板
IDD_OLE_PROPPAGE_LARGE	一个大的 OLE 属性页
IDD_OLE_PROPPAGE_SMALL	一个小的 OLE 属性页
IDD_PROPPAGE_LARGE	一个大属性页，用于属性对话框
IDD_PROPPAGE_MEDIUM	一个中等大小的属性页，用于属性对话框
IDD_PROPPAGE_SMALL	一个小的属性页，用于属性对话框

其中，<u>新建(N)</u>按钮用来创建"资源类型"列表中指定类型的新资源，<u>自定义(C)..</u>按钮用来创
建"资源类型"列表中没有的新类型资源，<u>引入(M)..</u>按钮用于将外部已有的位图、图标、光标
或其他定制的资源添加到当前应用程序中。

2）对展开的不同类型的对话框资源不做任何选择，选中"Dialog"，单击<u>新建(N)</u>按钮，系
统会自动为当前应用程序添加一个对话框资源，并出现如图 4-23 所示的开发环境界面。

图 4-23 添加对话框资源后的开发环境界面

从中可以看出：

- 系统为对话框资源自动赋予一个默认的标识符名称（第一次为 IDD_DIALOG1，以后依
  次为 IDD_DIALOG2、IDD_DIALOG3……）。
- 当使用通用的对话框模板创建新的对话框资源时，对话框默认标题为 Dialog，有"确定"
  和"取消"两个按钮，这两个按钮的标识符分别为内部定义的 IDOK 和 IDCANCEL。

● 对话框模板资源所在的窗口称为**对话框资源编辑器**，在这里可设计对话框和设置对话框的属性。

需要说明的是，Visual C++ 6.0 开发环境的工具栏具有"浮动"与"停泊"功能，图 4-23 中的"控件工具栏"处于"浮动"状态，通常需要将其拖放并停靠到对话框编辑器窗口的右侧，以便于操作。

4.4.3　设置对话框属性

在对话框模板的空白处单击鼠标右键，从弹出的快捷菜单中选择"属性"菜单项，出现如图 4-24 所示的对话框属性窗口。

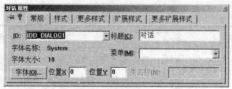

图 4-24　对话框属性窗口

从中可以看出，对话框具有常规（general）、样式（styles）、更多样式（more styles）、扩展样式（extended styles）、更多扩展样式（more extended styles）等部分，这里仅介绍最常用的常规属性，如表 4-7 所示。

表 4-7　对话框的常规属性

项　　目	说　　明
ID 框	修改或选择对话框的标识符名称
标题框	输入对话框的标题名称，中英文均可，如"我的对话框"
字体按钮	单击此按钮可选择字体的种类（如宋体）及尺寸（如 9 号）
位置 X/位置 Y	对话框左上角在父窗口中的 X、Y 坐标，都为 0 时表示居中
菜单框	默认值为无，当对话框需要菜单时，输入或选择指定的菜单资源
类名称框	默认值为无，它提供 C/C++语言编程时所需要的对话框类名，对 MFC 类库的资源文件来说，该项不被激活

需要说明的是：

1）图 4-24 左上角有一个 图标，单击此图标后，图标变成 ，表示该对话框将一直显示，直到用户关闭它。在 状态下，该对话框一旦失去活动状态，就会自动消失。

2）在 ID 框中，可修改对话框默认的标识符 IDD_DIALOG1；在"标题"框中，可设置对话框的默认标题，如改为"我的第一个对话框"。

3）单击 字体(O)... 按钮，弹出的"字体"对话框，将对话框文本字体设置成"宋体，9"，以使自己设计的对话框和 Windows 对话框保持外观上的一致（这是界面设计的"一致性"原则）。

4.4.4　添加和布局控件

对话框资源打开或创建后，就会出现对话框编辑器，通过它可以在对话框中进行控件的添加和布局等操作。

1. 控件的添加

对话框编辑器打开后，"控件"工具栏一般都会随之出现。若不出现，则可在开发环境的工具栏区的空白处单击鼠标右键，从弹出的快捷菜单中选择"控件"。利用"控件"工具栏可以完成控件的添加。图 4-25 说明了"控件"工具栏中各个按钮对应的控件类型。

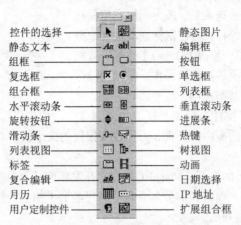

图 4-25　"控件"工具栏中各按钮的含义

　　向对话框添加一个控件的方法有下列几种：

　　1）在控件工具栏中单击某控件，此时的鼠标指针在对话框内变成"十"字形状；在对话框指定位置单击，此控件被添加到对话框的相应位置，拖动刚添加控件的选择框可改变其大小和位置。

　　2）在控件工具栏中单击某控件，此时的鼠标指针在对话框内变成"十"字形状；在指定位置处按住鼠标左键不放，拖动鼠标至满意位置，释放鼠标左键。

　　3）选中控件工具栏中的某控件，并按住鼠标左键不放；在移动鼠标到对话框指定位置的过程中，会看到一个虚线框，下面带有该控件的标记；释放鼠标左键，新添加的控件立即出现在对话框中。

　　2. 控件的选取

　　控件的删除、复制和布局一般都要先选取控件。选取单个控件有下列几种方法：

　　1）用鼠标直接选取。首先保证"控件"工具栏中的"选择"按钮 处于选中状态，然后移动鼠标指针至指定的控件上，单击鼠标左键即可。

　　2）用助记符来选取。控件标题中带有下划线的字符是助记符，选择时直接按下该助记符键或"Alt+助记符"组合键即可。

　　3）用【Tab】键选取。在对话框编辑器中，系统会根据控件的添加次序自动设置相应的【Tab】键次序。利用【Tab】键，用户可在对话框内的控件中选择。每按一次【Tab】键，依次选取对话框中的下一个控件，若按住【Shift】键，再按【Tab】键，则选取上一个控件。

　　多个控件的选取有下列几种方法：

　　1）在对话框内按住鼠标左键不放，拖出一个大的虚线框，释放鼠标，则被该虚线框包围的控件都被选取。

　　2）先按住【Shift】键不放，然后用鼠标选取控件，直到所需的多个控件选取之后再释放【Shift】键。若在选取时，再次选取已选取的控件，则取消该控件的选取。

　　需要注意的是：

　　1）单个控件被选取后，其四周由选择框包围，选择框上还有几个（通常是 8 个）蓝色实心小方块，拖动它可改变控件的大小，如图 4-26a 所示。

　　2）多个控件被选取后，其中只有一个控件的选择框有几个蓝色实心小方块，这个控件称为主控件，其他控件的选择框的小方块是空心的，如图 4-26b 所示。

3. 控件的删除、复制和布局

单个控件或多个控件被选取后，按方向键或用鼠标拖动控件的选择框可移动控件。若在鼠标拖动过程中按住【Ctrl】键，则复制控件。若按【Delete】键可将选取的控件删除。当然还有其他一些编辑操作，但这些操作方法和一般的文档编辑器基本相同，这里不再介绍。

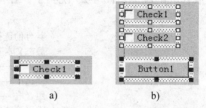

图 4-26 单个控件和多个控件的选择框

对话框编辑器提供了控件布局工具栏，如图 4-27 所示，它可以自动排列对话框内的控件，并能改变控件的大小。

需要说明的是：

1）随着对话框编辑器的打开，Visual C++ 6.0 开发环境的菜单栏还出现"布局"菜单，它的命令与布局工具相对应，而且大部分命令名后面还显示了相应的快捷键，由于它们都是中文的（汉化过），故这里不再列出。

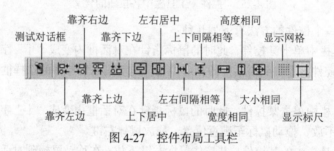

图 4-27 控件布局工具栏

2）大多数布置控件的命令使用前，都需要用户选取多个控件，且"主控件"起到了关键作用。例如，用户选取多个控件后，使用"大小相同"命令将改变其他控件的大小，并与"主控件"的尺寸一致。因此，在多个控件的布置过程中，常需要重新设置"主控件"。设置的方法是按住【Ctrl】或【Shift】键，然后单击所要指定的控件即可。

3）为了便于用户在对话框内精确定位各个控件，系统还提供了网格、标尺等辅助工具。图 4-27 的控件布局工具栏的最后两个按钮分别用来切换网格和标尺。一旦网格显示，添加或移动控件时都将自动定位到网格线上。

4. 测试对话框

"布局"菜单下的"测试"命令和"布局"工具栏上的"测试"按钮都用来模拟所编辑对话框的运行情况，帮助用户检验对话框是否符合用户的设计要求以及控件功能是否有效等。

【操作示例】向对话框添加 3 个静态文本控件（一个静态文本控件就是一个文本标签）

1）在"控件"工具栏上，单击 Aa 按钮，然后在对话框模板左上角按住鼠标左键不放，拖动鼠标至满意位置，释放鼠标左键。这样，第一个静态文本控件就添加到对话框中了。

2）单击"布局"工具栏上的 按钮，打开对话框模板的网格。

3）在"控件"工具栏上，将 Aa 按钮拖放到对话框模板的左中部。将第二个静态文本控件添加到对话框中。执行同样的操作，将第三个静态文本控件拖放到对话框模板的左下部。

4）按住 Shift 键不放，依次单击刚才添加的 3 个静态文本控件，结果如图 4-28 所示。

5）在"布局"工具栏上，依次单击"大小相同"按钮、"靠左对齐"按钮、"上下间隔相等"按钮，结果如图 4-29 所示。

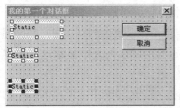

图 4-28 布局前的静态文本控件

图 4-29 布局后的静态文本控件

4.4.5 创建对话框类

在一个应用程序中添加并布局对话框资源模板后，还需为该资源模板创建一个对话框类，以便在应用程序中调用。创建对话框类的步骤如下。

1）在对话框资源模板的空白区域（没有其他元素或控件）内双击，弹出如图 4-30 所示的对话框，询问是否为对话框资源创建一个新类。

2）单击 OK 按钮，出现如图 4-31 所示的 "New Class"（新类）对话框。其中，Name 框用来输入用户定义的类名，注意要以 "C" 字母开头，以保持与 Visual C++标识符命名规则一致。File Name 框用来指定类的源代码文件名，Base class 和 Dialog ID 的内容由系统自动设置，一般无需修改。从 Base class 框的内容可以看出，用户对话框类是从基类 CDialog 派生而来的。

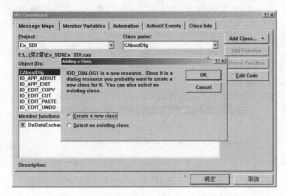

图 4-30 "Adding a Class" 对话框

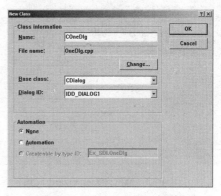

图 4-31 "New Class" 对话框

3）在 Name 框中输入类名 COneDlg，单击 OK 按钮，一个基于对话框资源模板 IDD_DIALOG1 的用户对话框类 COneDlg 就创建好了。返回 MFC ClassWizard（MFC 类向导）对话框界面，可以对 COneDlg 类进行消息映射等操作。

4）单击 确定 按钮，退出 MFC ClassWizard 对话框。

4.4.6 映射 WM_INITDIALOG 消息

WM_INITDIALOG 是在对话框显示之前向父窗口发送的消息。CDialog 类中包含了此消息的映射虚函数 OnInitDialog。一旦建立了它们的关联，系统在对话框显示之前会调用此函数，因此常将对话框一些初始化代码添加到这个函数中。下面以单文档应用程序 Ex_SDI 添加的 COneDlg 对话框为例，说明消息 WM_INITDIALOG 的映射过程。

1）按【Ctrl+W】快捷键，弹出 MFC ClassWizard 对话框，切换到 "Message Maps" 标签页面。

2）在 Class name 组合框中，将类名选定为 COneDlg（图 4-32 中的标记 1）；在 Object IDs 列表框中选定 COneDlg（图 4-32 中的标记 2），然后拖动 Messages 列表框右侧的滚动块，直到出现要映射的 WM_INITDIALOG 消息为止（图 4-32 中的标记 3）。

3）双击 Messages 列表中的 WM_INITDIALOG 消息或单击 Add Function 按钮，都会在 COneDlg 类中添加该消息的映射函数 OnInitDialog，并在 Member funcions 列表中显示这一消息映射函数和被映射的消息。

4）双击消息函数（即图 4-33 中的标记 1）或单击 Edit Code 按钮，退出 MFC ClassWizard 对话框，并转向文档窗口，定位到 COneDlg::OnInitDialog 函数实现的源代码处，从中可添加如下初始化代码。

```
BOOL COneDlg::OnInitDialog()
{
    CDialog::OnInitDialog();
    // TODO: Add extra initialization here
    this->SetWindowText("修改标题");
    return TRUE;  // return TRUE unless you set the focus to a control
                  // EXCEPTION: OCX Property Pages should return FALSE
}
```

代码中，SetWindowText 是 CWnd 的一个成员函数，用来设置窗口的文本内容。对于对话框来说，它设置的是对话框标题。

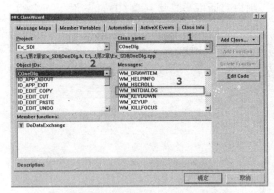

图 4-32　MFC ClassWizard 对话框

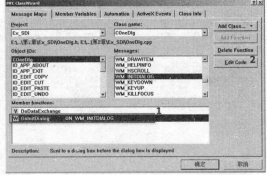

图 4-33　映射 WM_INITDIALOG 消息

4.4.7　在程序中调用对话框

在程序中调用对话框，一般是通过映射事件的消息（如命令消息、鼠标消息、键盘消息等），在映射函数中调用。这样，相应事件产生后，就会调用其消息映射函数，从而执行对话框的调用代码。例如，在单文档应用程序 Ex_SDI 的客户区中单击鼠标左键，显示前面添加的对话框。具体步骤如下：

1）按【Ctrl+W】组合键，弹出 MFC ClassWizard 对话框。

2）在 Message Maps 页面的 Class name 列表中选择 CEx_SDIView，在 IDs 列表中选择 CEx_SDIView，然后在 Messages 框中找到并选中 WM_LBUTTONDOWN 消息。

3）单击 Add Function 按钮或双击 WM_LBUTTONDOWN 消息，该消息的映射函数 OnLButton-Down 自动添加到 Member Functions 列表框中。

4）选中刚才添加的 OnLButtonDown 函数，单击 Edit Code 按钮（或直接双击函数名），在打开的文档窗口中的此成员函数中添加下列代码。

```
void CEx_SDIView::OnLButtonDown(UINT nFlags, CPoint point)
{
```

```
    // TODO: Add your message handler code here and/or call default
    COneDlg dlg;
    dlg.DoModal();
    CView::OnLButtonDown(nFlags, point);
}
```

其中，DoModal 是 CDialog 基类成员函数，用于将对话框按模式方式显示。

5）在 CEx_SDIView 类的实现文件 Ex_SDIView.cpp 前面添加 COneDlg 类的文件包含：

```
#include "Ex_SDIDoc.h"
#include "Ex_SDIView.h"
#include "OneDlg.h"
```

6）编译并运行。在应用程序文档窗口的客户区中单击，出现一个对话框，如图 4-34 所示，它就是前面添加的对话框，对话框的标题文字是前面 COneDlg::OnInitDialog 函数中的程序代码所指定的结果。

4.4.8　模式和非模式对话框

上述通过 DoModal 成员函数来显示的对话框称为**模式对话框**，所谓"模式对话框"，是指对话

图 4-34　Ex_SDI 运行的结果

框弹出时，用户必须在对话框中做出相应的操作，在退出对话框之前，对话框所在应用程序的其他操作不能继续执行。

模式对话框的应用范围较广，一般情况下，模式对话框会有 确定 （OK）和 取消 （Cancel）按钮。单击 确定 按钮，系统认定用户在对话框中的选择或输入有效，对话框退出；单击 取消 按钮，对话框中的选择或输入无效，对话框退出，程序恢复原有状态。

事实上，对话框还可以用"非模式"方式显示，称为**非模式对话框**，所谓"非模式对话框"，是指当对话框弹出后，一直保留在屏幕上，用户可继续在对话框所在的应用程序中进行其他操作；当需要使用对话框时，只需像激活一般窗口一样，单击对话框所在的区域即可激活。由于"非模式"方式还要涉及其他一些编程工作，限于篇幅，这里不做讨论。

4.4.9　创建对话框应用程序

若应用程序本身就是一个对话框，则可用 MFC AppWizard（MFC 应用程序向导）直接创建，如下面的示例。

【例 Ex_Dlg】创建一个基于对话框的应用程序

1）启动 Visual C++ 6.0，选择"文件"→"新建"命令，在弹出的"新建"对话框的工程标签中，选择 MFC AppWizard（exe）项目类型。单击位置框右侧的 按钮，在弹出的对话框中，将该应用程序的文件夹定位到"D:\Visual C++程序\第 4 章"，并在"工程名称"编辑框中输入应用程序名 Ex_Dlg。

2）单击 确定 按钮进入下一步，从弹出的"步骤 1"对话框中，选择"基本对话框"应用程序类型。单击 下一步> 按钮，出现如图 4-35 所示的对话框，从中可选择对话框的风格以及 ActiveX 控件、Windows Sockets 网络等的支持。

3）单击 下一步> 按钮，出现如图 4-36 所示的对话框，除了窗口风格是 MFC 标准风格外，还可以选择：一是是否在源文件中加入注释来引导编写程序代码，另一个是使用动态链接库，还

是静态链接库。

4）保留默认选项，单击 下一步> 按钮，出现如图 4-37 所示的对话框，从中可以修改 MFC AppWizard 提供的默认类名、基类名、各个源文件名。

图 4-35 "步骤 2"对话框

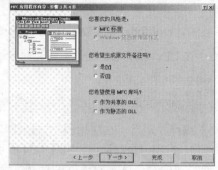

图 4-36 "步骤 3"对话框

5）单击 完成 按钮，出现一个信息对话框，显示用户在前面几个步骤中做出的选择，单击 确定 按钮，系统开始创建，并返回 Visual C++ 6.0 的主界面，同时自动打开对话框模板编辑器、控件工具栏、控件布局工具栏等（这个界面和前面添加对话框资源后出现的界面相同）。

6）单击编译工具栏 上的"运行"按钮 或按【Ctrl+F5】组合键，系统开始编译、连接并运行生成的对话框应用程序可执行文件 Ex_Dlg.exe，运行结果如图 4-38 所示。

图 4-37 "步骤 4"对话框

图 4-38 Ex_Dlg 运行结果

可以看出：在 Ex_Dlg 中，创建的对话框资源模板 ID 为 IDD_EX_DLG_DIALOG，为之生成的对话框类为 *CEx_Dlg*Dlg。Visual C++还自动为其添加了 WM_INITDIALOG 消息的映射函数 OnInitDialog，并自动添加了一系列的初始化代码。

4.5 通用对话框和消息对话框

从前面示例可以得知，使用对话框编辑器和 MFC ClassWizard 可以创建自己的对话框类。但事实上，MFC 还提供了一些通用对话框以及消息对话框供用户在程序中直接调用。

4.5.1 通用对话框

Windows 提供了一组标准用户界面对话框，它们都有相应的 MFC 库中的类来支持。读者或许早已熟悉了全部或大部分的这些对话框，因为许多基于 Windows 的应用程序其实早已使用过它们，这其中就包括 Visual C++。MFC 对这些通用对话框构造的类都是从一个公共的基类 CCommonDialog 派生而来。表 4-8 列出了这些通用对话框类。

这些对话框都有一个共同特点：它们都从用户获取信息，但并不处理信息。例如文件对话框可以帮助用户选择一个用于打开的文件，但它实际上只是给程序提供了一个文件路径，用户的程序必须调用相应的成员函数才能打开文件。类似地，字体对话框只是填充一个描述字体的逻辑结构，但它并不创建字体。

表 4-8　MFC 的通用对话框类

对话框	用　　途
CColorDialog	颜色对话框，允许用户选择或创建颜色
CFileDialog	文件对话框，允许用户指定打开或保存一个文件
CFindReplaceDialog	查找替换对话框，允许用户查找或替换指定字符串
CPageSetupDialog	页面设置对话框，允许用户设置页面参数
CFontDialog	字体对话框，允许用户从列出的可用字体中选择一种字体
CPrintDialog	打印对话框，允许用户设置打印机的参数及打印文档

需要强调的是，只有当调用通用对话框类的成员函数 DoModal 并返回 IDOK 后，该通用对话框类的属性成员函数才会有效。

4.5.2　消息对话框

消息对话框是最简单的一类对话框，它只用来显示信息，MFC 类库中提供了相应的函数实现这样的功能。使用时，直接在程序中调用它们即可。它们的函数原型如下。

```
int AfxMessageBox( LPCTSTR lpszText, UINT nType = MB_OK, UINT nIDHelp = 0 );
int MessageBox( LPCTSTR lpszText, LPCTSTR lpszCaption = NULL, UINT nType = MB_OK );
```

这两个函数都用来创建和显示消息对话框，它们和 Win32 API 函数 MessageBox 不同。AfxMessageBox 是全程函数，可以用在任何地方。而 MessageBox 只能在控件、对话框、窗口等一些窗口类中使用。

这两个函数都返回用户选择按钮的情况，其中 IDOK 表示用户单击"OK"按钮。参数 lpszText 表示在消息对话框中显示的字符串文本，lpszCaption 表示消息对话框的标题，为 NULL 时使用默认标题，nIDHelp 表示消息的上下文帮助 ID 标识符，nType 表示消息对话框的图标类型以及所包含的按钮类型，这些类型是用 MFC 预先定义的一些标识符指定的，如 MB_ICONSTOP、MB_YESNOCANCEL 等，具体见表 4-9 和表 4-10。

表 4-9　消息对话框常用图标类型

图标类型	含　　义
MB_ICONHAND、MB_ICONSTOP、 MB_ICONERROR	用来表示 ✖
MB_ICONQUESTION	用来表示 ❓
MB_ICONEXCLAMATION、MB_ICONWARNING	用来表示 ⚠
MB_ICONASTERISK、MB_ICONINFORMATION	用来表示 ⓘ

表 4-10　消息对话框常用按钮类型

按钮类型	含　　义
MB_ABOUTRETRYIGNORE	表示含有"关于"、"重试"、"忽略"按钮
MB_OK	表示含有"确定"按钮

(续)

按钮类型	含　义
MB_OKCANCEL	表示含有"确定"、"取消"按钮
MB_RETRYCACEL	表示含有"重试"、"取消"按钮
MB_YESNO	表示含有"是"、"否"按钮
MB_YESNOCANCEL	表示含有"是"、"否"、"取消"按钮

在使用消息对话框时，图标类型和按钮类型的标识可使用按位或运算符"|"来组合。例如下面的代码框架中，MessageBox 将产生如图 4-39 所示的结果。

```
int nChoice = MessageBox("你喜欢Visual C++吗？","提问", MB_OKCANCEL|MB_ICONQUESTION);
if (nChoice == IDYES)
{   //…
}
```

　　总之，MFC 是对 Windows APIs 编程模式的一种封装，不仅有相应的应用程序框架，而且提供应用程序创建向导、独特的类操作和消息映射机制。除此之外，在 Visual C++中，对界面的设计还提供了各自"所见即所得"的编辑器，这使得操作变得非常简单。下一章就来讨论构成对话框界面的必备元素——"控件"。

图 4-39　消息对话框

4.6　常见问题解答

　　（1）在输入类代码后，忘记缩进了，如何快速并规范代码的缩进格式？

　　解答：选中要规范的代码，按【Alt+F8】组合键，或者选中要规范的代码，然后选择"编辑"→"高级"→"格式选择内容"菜单命令。

　　（2）工作区（workspace）和工程（项目，project）之间是什么样的关系？

　　解答：每个 workspace 可以包括几个 project，但只有一个处于活动（active）状态，各个 project 之间可以有依赖关系。选择"工程"（project）→"设置"（setting）菜单命令，可在弹出的对话框中设定其依存的关系或静态库等。

　　（3）如何将项目的 Debug 版本设置成 Release 版本？

　　解答：当应用程序经过测试后并可以交付时，应选择"组建"→"移除工程配置"菜单命令，在弹出的对话框中，选择"Ex_SDIHello-Win32 Release"，然后单击　确定　按钮。重新编连后，可将默认的 Win32 Debug 版本修改成 Win32 Release 版本。这样，Release 文件中的.exe 文件就是交付用户的可执行文件。

　　（4）在编辑状态下，当输入类的成员变量或函数时，会自动弹出相应的智能感知窗口，从中可以快速选择相应的成员。同样，指定函数调用时，还会自动弹出其形参窗口提示。可有时却怎么也不能显示这样提示，如何解决呢？

　　解答：可按下列步骤进行。

　　① 选择"文件"→"关闭工作区"命令，关闭当前项目。

　　② 删除当前项目文件夹中的"*.ncb"文件。

　　③ 选择"文件"→"打开工作区"命令，重新打开项目。

　　（5）什么是消息队列？

　　解答：在 Windows 中有一个**系统消息队列**，对于每一个正在执行的 Windows 应用程序，系统为其建立一个"消息队列"，即应用程序消息队列，用来存放该程序可能创建的各种窗口的消息。应用程序中含有一段称作"消息循环"的代码，用来从消息队列中检索这些消息并把它们分发到相应的窗口函数中。

习题

1. Windows 编程和 MFC 编程的主要区别是什么？

2. 简述 Visual C++、Win32 API 和 MFC 之间的关系。

3. MFC 的 AppWizard（exe）提供了哪几种类型的应用程序？分别默认创建它们，从功能和类等方面说明它们的区别。

4. MFC 有哪些机制？这些机制有什么用？（列举不少于 3 种机制）

5. MFC 文档应用程序组成的类有哪些？它们各有什么用处？这些类的各自基类又是什么？

6. MFC 将消息分成哪几类？这些消息可在哪些类中用 MFC ClassWizard 映射？

7. 用 MFC AppWizard（exe）分别创建一个多文档应用程序项目、一个单文档应用程序项目和一个对话框应用程序项目，在类结构、虚函数 InitInstance 代码等方面，比较它们的异同。

8. 消息的类别有哪些？用 MFC ClassWizard 如何映射消息？

9. 如果消息对话框只有两个按钮："是"和"否"，则如何设置 MessageBox 函数的参数？

10. 什么是对话框？它分为哪两类？什么是对话框模板、对话框资源和对话框类？对一个对话框编程一般经过哪几个步骤？

11. 模式对话框和非模式对话框有何区别？

12. 在 MFC 中，通用对话框有哪些？如何在程序中使用它们？

单元综合测试

一、选择题

1. Window 程序设计是一种（　　　）的程序设计模式。

    A) 结构化　　　　　　B) 面向对象　　　　　　C) 事件驱动方式　　　　D) 以上都不是

2. 下列对于消息队列的描述，正确的是（　　　）。

    A) 在 Windows 中只有一个消息系统，即系统消息队列。消息队列是系统定义的一个数据结构，用于临时存储消息

    B) 系统可从消息队列将信息直接发送给窗口。另外，每个正在 Windows 下运行的应用程序都有自己的消息队列

    C) 系统消息队列中的每个消息最终都要被传送到应用程序的消息队列中。应用程序的消息队列存储了程序的全部消息

    D) 以上都正确

3. 在 Windows 主要基本核心 DLL 中，负责进程加载、线程和内存管理的是（　　　）。

    A) GDI32.DLL　　　　B) KERNEL32.DLL　　　C) USER32.DLL　　　　D) 以上都不是

4. 根据对话框的行为模式，对话框可以分为两类，即（　　　）。

    A) 对话框资源和对话框类　　　　　　　　　B) 模式对话框和非模式对话框

    C) 对话框资源和对话框模板　　　　　　　　D) 消息对话框和通用对话框

5. MFC 类库的类从层次关系可知，文档应用程序的所有类都是从（　　　）继承的。

    A) CObject　　　　　　B) CWnd　　　　　　　C) CWinApp　　　　　D) CCmdTarget

6. MFC 文档应用程序的所有类中，除文档类外，其他所有类都是从（   ）继承的。

A) CObject　　　　　B) CWnd　　　　　C) CWinApp　　　　　D) CCmdTarget

7. 若在 MFC 用户文档类中使用消息对话框弹出消息，则调用的函数是（   ）。

A) MessageBox　　　　　　　　　B) AfxMessageBox

C) ::MessageBox　　　　　　　　D) ::MessageBoxEx

8. 在 MFC 消息映射中，下列消息中可以重新指定消息映射函数名的是（   ）。

A) WM_LBUTTOMDOWN　　　　　　B) WM_INITDIALOG

C) WM_CREATE　　　　　　　　　D) BN_CLICKED

9. 下面是 MFC 应用程序框架中的类（xxx 为项目名或其他）：

① CMainFrame　　② CxxxApp　　③ CxxxDoc　　④ C...Dlg

则基于对话框应用程序的类一定会有（   ）。

A) ①③　　　　　B) ①④　　　　　C) ②③　　　　　D) ②④

10. 在 CWinApp 类的关键函数中，负责消息循环的函数是（   ）。

A) Run　　　　　B) InitInstance　　　　　C) OnPaint　　　　　D) WndProc

二、填空题

1. 在 MFC 中，定义消息映射架构的基类是_____。

2. 由 MFC AppWizard 向导创建的文档应用程序中，文档类是由_____①_____派生来的，视图类是由_____②_____派生来的。

3. 假如工程名称为 iPro，则 MFC AppWizard 向导创建的单文档应用程序中，除了 CAboutDlg 类外，还会自动创建 4 个派生类，其中应用程序类是_____①_____，框架类是_____②_____。

4. 在 Windows 操作系统中，最常见的系统错误提示对话框属于模式还是非模式？答：_____。

5. MFC 编程中，创建并显示模式对话框的函数是_____。

6. MFC 提供了一些公共通用对话框类。其中，用于选择颜色的通用对话框类为_____①_____；选择文件名的通用对话框类为_____②_____；设置字体的对话框类为_____③_____。

第5章　常用控件

控件是在系统内部定义的用于与用户交互的基本单元。根据控件的使用及 MFC 对其支持的情况，可以把控件分为 Windows 一般控件（即早期的如编辑框、列表框、组合框和按钮等）、通用控件（如列表视图、树视图等控件）和 MFC 扩展控件（如 IP 地址控件）。本章重点介绍 Windows 应用程序中经常使用的控件，主要有静态控件、按钮、编辑框、列表框、组合框、滚动条、进展条、旋转按钮、滑动条、计时器和日期时间控件等。

5.1　创建和使用控件

在 MFC 应用程序中使用控件不仅简化编程，还能完成常用的各种功能。为了更好地发挥控件的作用，还必须理解和掌握控件的属性、消息以及创建和使用的方法。

5.1.1　控件的创建方式

控件的创建方式有以下两种：一种是在对话框模板中用编辑器指定控件，即将对话框看作控件的父窗口。这样做的好处是显而易见的，因为当应用程序启动该对话框时，Windows 系统会为对话框创建控件，而当对话框消失时，控件也随之自动清除。

另一种是编程方式，即调用 MFC 相应控件类的成员函数 Create 来创建，并在 Create 函数指定控件的父窗口指针。例如，下面的示例过程。

【例 Ex_Create】使用编程方式来创建一个按钮

1）启动 Visual C++ 6.0，使用 MFC AppWizard 创建一个默认基于对话框的应用程序项目 Ex_Create。

2）切换到项目工作区的 ClassView 页面，展开 Ex_Create 所有的类节点，右击 CEx_CreateDlg 类名，弹出如图 5-1 所示的快捷菜单。从快捷菜单中选择 Add Member Variable（添加成员变量），出现如图 5-2 所示的对话框，在 Variable Type（变量类型）编辑框中输入 CButton（MFC 按钮类），在 Variable Name（变量名）编辑框中输入要定义的 CButton 类对象名 m_btnWnd（注意：对象名通常以 "m_" 开头，表示 "成员"(member)），单击 确定 按钮。

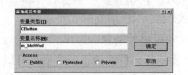

图 5-1　弹出的快捷菜单　　　　　　　　　图 5-2　"添加成员变量" 对话框

需要说明的是，在 MFC 中，每一种类型的控件都用相应的类来封装。如编辑框控件的类是 CEdit，按钮控件的类是 CButton，通过这些类创建的对象来访问其成员，从而实现控件的相关操作。

3）在项目工作区窗口的 ClassView 页面中，将 CEx_CreateDlg 节点展开，双击 OnInitDialog 函数名，在该函数中添加下列代码（"return true;" 语句之前添加）。

```
BOOL CEx_CreateDlg::OnInitDialog()
{
    CDialog::OnInitDialog();
    //……
    m_btnWnd.Create("你好", WS_CHILD | WS_VISIBLE | BS_PUSHBUTTON | WS_TABSTOP,
                CRect(20, 20, 120, 40), this, 201);    // 创建
    CFont *font = this->GetFont();                      // 获取对话框的字体
    m_btnWnd.SetFont(font);                             // 设置控件字体
    return TRUE;  // return TRUE  unless you set the focus to a control
}
```

4）编译并运行，结果如图 5-3 所示。

下面分析和说明添加的代码。

1）前面介绍过，由于 OnInitDialog 函数在对话框初始化时被调用，因此将对话框中的一些初始化代码都添加在此函数中。

2）由于 Windows 操作系统使用的是图形界面，因此在 MFC 中，对于每种界面元素的几何大小和位置常使用 CPoint 类（点）、CSize 类（大小）和 CRect 类（矩形）来描述。

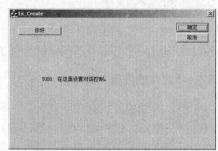

图 5-3　Ex_Create 运行结果

3）在代码中，CButton 类成员函数 Create 用来创建按钮控件，该函数第 1 个参数用来指定按钮的标题，第 2 个参数指定按钮控件的样式（风格），其中 BS_PUSHBUTTON（以 BS_ 开头的）是按钮类封装的预定义样式，表示创建的是按键按钮。WS_CHILD（子窗口）、WS_VISIBLE（可见）、WS_TABSTOP（可用 Tab 键选择）等都是 CWnd 类封装的预定义窗口样式，它们都可以直接引用。指定多个样式时，需要使用**按位或运算符** "|" 来连接。第 3 个参数用来指定它在父窗口中的位置和大小，第 4 个参数用来指定父窗口指针，最后一个参数指定该控件的标识值。

4）由于按钮是作为对话框的一个子窗口来创建的，因此 WS_CHILD 样式是必不可少的，而且还要使用 WS_VISIBLE 使控件在创建后显示出来。

通过上例可以看出，控件编程创建方法是使用各自封装类的 Create 成员来创建，它最大的优点就是能动态创建，但它涉及的编程内容比较复杂，且不能发挥对话框编辑器可视化的优点，故在一般情况下都采用第一种方法，即在对话框模板中用编辑器指定控件。

5.1.2　控件的消息及消息映射

应用程序创建控件后，当控件的状态发生变化（如用户利用控件进行输入）时，控件就会向其父窗口发送消息，这个消息称为"通知消息"。Windows 通用控件的通知消息是一条 WM_NOTIFY 消息；一般控件的通知消息（如控件的单击通知消息 BN_CLICKED）却是按 WM_COMMAND 消息形式发送的。

1. 映射控件消息

不管是什么控件消息，一般都可以用 MFC ClassWizard 对它们加以映射，如下面的过程。

【操作示例】映射控件 BN_CLICKED 消息

1）切换到项目工作区窗口的 ResourseView 页面，双击 Dialog 资源下的标识 IDD_EX_CREATE_DIALOG，打开 Ex_Create 项目的对话框资源模板。

2）选中"TODO: 在这里设置对话控制。"控件，按【Delete】键删除。从控件工具箱中拖放添加一个按钮控件，如图 5-4 所示，保留其默认属性。

3）按【Ctrl+W】组合键，打开 MFC ClassWizard 对话框，查看"Class name"列表中是否选择了 CEx_CreateDlg，在 IDs 列表中选择 IDC_BUTTON1，这是添加按钮后，系统自动为此按钮设置的默认标识符，然后在 Messages 框中选择 BN_CLICKED 消息。

4）单击 Add Function 按钮或双击 BN_CLICKED 消息，出现"Add Member Function"对话框，从中可以输入成员函数的名称，系统默认的函数名为 OnButton1，如图 5-5 所示。单击 OK 按钮，BN_CLICKED 消息映射函数添加到"Member functions"列表中。

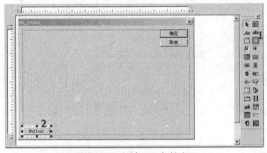
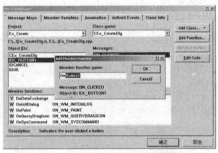

图 5-4　添加一个按钮　　　　　图 5-5　添加按钮消息映射函数

5）双击消息函数 OnButton1 或单击 Edit Code 按钮，退出 MFC ClassWizard 对话框，并转向文档窗口，定位到 CEx_CreateDlg::OnButton1 函数实现的源代码处，添加下列代码。

```
void CEx_CreateDlg::OnButton1()
{
    MessageBox("你按下了\"Button1\"按钮！");
}
```

6）编译并运行，单击 Button1 按钮时，执行 OnButton1 函数，弹出一个消息对话框，显示"你按下了'Button1'按钮！"内容。

这就是按钮 BN_CLICKED 消息的映射过程，其他控件的消息映射也可以类似进行。需要说明的是：

1）不同资源对象（控件、菜单命令等）所产生的消息是不同的。例如，按钮控件 IDC_BUTTON1 的消息有两个：BN_CLICKED 和 BN_DOUBLECLICKED，分别表示当用户单击或双击该按钮时产生的消息。

2）一般不需要对对话框中的"OK"（确定）与"Cancel"（取消）按钮进行消息映射，因为系统已自动设置了这两个按钮的动作，单击这两个按钮都将自动关闭对话框，且"OK"（确定）按钮动作还使得对话框数据有效。

2. 映射控件通用消息

上述的过程是映射一个控件的某一个消息，实际上也可以通过 WM_COMMAND 消息的映射来处理一个或多个控件的通用消息，如下面的过程。

【操作示例】映射控件 WM_COMMAND 消息

1）按【Ctrl+W】组合键，打开 MFC ClassWizard 对话框，查看"Class name"列表中是否选择了 CEx_CreateDlg，在 IDs 列表中选择 CEx_CreateDlg，在 Messages 框中找到并双击 OnCommand，这样 OnCommand 消息函数就添加好了，如图 5-6 所示。

需要说明的是，由于 OnCommand 函数是一个用来处理 WM_COMMAND 消息的虚函数，因此这里添加的 OnCommand 函数是一个在类中实际调用的函数，可称为"实例函数"。这样的映射操作可以称为"对虚函数 OnCommand 的重载"。

2）双击消息函数 OnCommand 或单击 [Edit Code] 按钮，退出 MFC ClassWizard 对话框，并转向文档窗口，定位到 CEx_CreateDlg::OnCommand 函数实现的源代码处，添加下列代码。

图 5-6　添加 OnCommand 消息函数

```
BOOL CEx_CreateDlg::OnCommand(WPARAM wParam,
LPARAM lParam)
{
    WORD nCode = HIWORD(wParam);        // 控件的通知消息
    WORD nID= LOWORD(wParam);           // 控件的ID号
    if ((nID == 201)&&(nCode == BN_CLICKED))
        MessageBox("你按下了\"你好\"按钮！");
    if ((nID == IDC_BUTTON1)&&(nCode == BN_CLICKED))
        MessageBox("这是在OnCommand处理的结果！");
    return CDialog::OnCommand(wParam, lParam);
}
```

需要说明的是，对于 WM_COMMAND 消息来说，这条消息的 wParam 参数的低位字中含有控件标识符，wParam 参数的高位字则为通知代码，lParam 参数是指向控件的句柄。

3）编译并运行。单击图 5-3 所示对话框中的 [你好] 按钮时，弹出消息对话框，显示"你按下了"你好"按钮！"内容。

需要说明的是：

1）在 MFC 中，资源都是用其 ID 来标识的，而各资源的 ID 本身就是数值，因此在上述代码中，201 和 IDC_BUTTON1 都是程序中用来标识按钮控件的 ID，201 是前面创建控件时指定的 ID 值。

2）在上述编写的代码中，[Button1] 按钮的 BN_CLICKED 消息用不同的方式处理了两次，即同时存在两种函数 OnButton1 和 OnCommand，因此若单击 [Button1] 按钮，系统会先执行哪一个函数呢？测试的结果表明，系统首先执行 OnCommand 函数，然后执行 OnButton1 代码。之所以还能执行 OnButton1 函数代码，是因为 OnCommand 函数的最后一条语句"return CDialog::OnCommand(wParam, lParam);"将控件的消息交由对话框其他函数处理。

3）由于用 Create 创建的控件无法用 MFC ClassWizard 直接映射其消息，因此上述方法弥补了 MFC ClassWizard 的不足，使用时要特别注意。

5.1.3　控件类和控件对象

创建控件后，有时需要使用控件进行深入编程。控件使用之前必须获得该控件的类对象指针或映射为一个对象，然后通过该指针或对象来引用其成员函数进行操作。表 5-1 列出了 MFC 封装的常用控件类。

表 5-1　常用控件类

控件名称	MFC 类	功能描述
静态控件	CStatic	用来显示一些几乎固定不变的文字或图形
按钮	CButton	用来产生某些命令或改变某些选项，包括单选按钮、复选框和组合框
编辑框	CEdit	用于完成文本和数字的输入和编辑

（续）

控件名称	MFC 类	功能描述
列表框	CListBox	显示一个列表，让用户从中选取一个或多个项
组合框	CComboBox	是一个列表框和编辑框组合的控件
滚动条	CScrollBar	通过滚动块在滚动条上的移动和滚动按钮来改变某些量
进展条	CProgressCtrl	用来表示一个操作的进度
滑动条	CSliderCtrl	通过滑动块的移动来改变某些量，并带有刻度指示
旋转按钮控件	CSpinButtonCtrl	带有一对反向箭头的按钮，单击这对按钮可增加或减少某个值
日期时间控件	CDateTimeCtrl	用于选择指定的日期和时间
图像列表	CImageList	一个具有相同大小的图标或位图的集合
标签控件	CTabCtrl	类似于一个笔记本的分隔器或一个文件柜上的标签，使用它可以将一个窗口或对话框的相同区域定义为多个页面

在 MFC 中，获取一个控件的类对象指针是通过 CWnd 类的成员函数 GetDlgItem 来实现的，其原型如下。

```
CWnd* GetDlgItem( int nID ) const;
void GetDlgItem( int nID, HWND* phWnd) const;
```

其中，*nID* 用来指定控件或子窗口的 ID，第 1 版本是直接通过函数来返回 CWnd 类指针，第 2 版本是通过函数形参 *phWnd* 来返回其句柄指针。

本书约定：在 C++中允许同一个类中有多个同名的成员重载函数存在，为叙述方便，这些同名函数从上到下依次称为第 1 版本、第 2 版本……

需要说明的是，由于 CWnd 类是通用的窗口基类，因此想要调用实际的控件类及其基类成员，还必须对其进行强制类型转换。例如下面的代码。

```
CButton* pBtn = (CButton*)GetDlgItem(IDC_BUTTON1);
```

由于 GetDlgItem 获取的是类对象指针，因而它可以用到程序的任何地方，且可多次使用，并可对同一个控件定义不同的对象指针，均可对指向的控件操作有效。事实上，在父窗口类，还可为控件或子窗口定义一个成员变量，通过它也能引用其成员函数进行操作。

与控件关联的成员变量称为**控件变量**，在 MFC 中，控件变量分为两种类型，一种是用于操作的控件对象，另一种是用于存取的数据变量。它们都与控件或子窗口绑定，但 MFC 仅允许每种类型各绑定一次。下面来看一个示例。

【例 Ex_Member】使用控件变量

1）创建一个默认的对话框应用程序 Ex_Member。

2）在打开的对话框资源模板中，删除"TODO: 在这里设置对话控制。"静态文本控件，将 `确定` 和 `取消` 按钮向对话框左边移动一段距离，然后将鼠标移至对话框资源模板右下角的实心蓝色方块处，拖动鼠标，将对话框资源模板缩小一些。

3）在对话框资源模板的左边添加一个编辑框控件和一个按钮控件，保留其默认属性，并将其布局得整齐一些，如图 5-7 所示。

4）按【Ctrl+W】组合键，打开 MFC ClassWizard 对话框，并切换到 Member Variables 页面，查看"Class name"列表中是否选择了 CEx_MemberDlg，此时可以在 Control IDs 列表中看到刚才添加的控件和编辑框的标识符 IDC_BUTTON1 和 IDC_EDIT1。

5）在 Control IDs 列表中，选定按钮控件标识符 IDC_BUTTON1，双击或单击 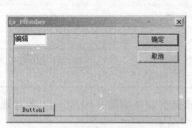 按钮，弹出 Add Member Variable 对话框，如图 5-8 所示。

6）在 Member variable name 框中填好与控件相关联的成员变量 m_btnWnd，使 Category（类别）项为 "Control"，单击 OK 按钮，返回 MFC ClassWizard 对话框的 Member Variables 页面中，在 Control IDs 列表中出现刚才添加的 CButton 控件对象 m_btnWnd。这样，按钮控件 IDC_BUTTON1 的编程操作就可用与之绑定的对象 m_btnWnd 来操作。

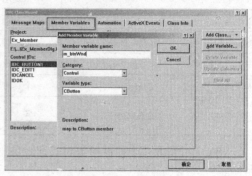

图 5-7　添加编辑框和按钮　　　　　　　图 5-8　添加控件对象

7）切换到 MFC ClassWizard 对话框的 Message Maps 页面，为 CEx_MemberDlg 添加 IDC_BUTTON1 的 BN_CLICKED 消息映射函数 OnButton1，并添加下列代码。

```
void CEx_MemberDlg::OnButton1()
{
    CString strEdit;                        // 定义一个字符串
    CEdit   *pEdit = (CEdit*)GetDlgItem( IDC_EDIT1);
    pEdit->GetWindowText( strEdit );        // 获取编辑框中的内容
    strEdit.TrimLeft();
    strEdit.TrimRight();
    if (strEdit.IsEmpty())
        m_btnWnd.SetWindowText("Button1");
    else
        m_btnWnd.SetWindowText(strEdit);
}
```

在代码中，由于 strEdit 是 CString 类对象，因而可以调用 CString 类的公有成员。其中，TrimLeft 和 TrimRight 函数不带参数时分别用来去除字符串最左边或最右边的空格符、换行符、Tab 字符等白字符，IsEmpty 用来判断字符串是否为空。

这样，当编辑框内容有除白字符之外的实际字符的字符串时，SetWindowText 将其内容设定为按钮控件的标题，否则按钮控件的标题为 "Button1"。

8）编译并运行。在编辑框中输入 "Hello" 后，单击 Button1 按钮，按钮的名称就变成了编辑框控件中的内容 "Hello"。

5.1.4　DDX 和 DDV

对于控件的数据变量，MFC 还提供了独特的 DDX 和 DDV 技术。DDX 将数据成员变量与对话框类模板内的控件相连接，使数据在控件之间很容易地传输（交换）。DDV 用于数据校验，例如它能自动校验数据成员变量数值的范围，并发出相应的警告。

一旦某控件与一个数据变量相绑定后，就可以使用 CWnd::UpdateData 函数实现控件数据的交换更新。UpdateData 函数只有一个参数，它为 TRUE（默认值）或 FALSE。当在程序中调用

UpdateData（FALSE）时，数据由控件绑定的成员变量向控件传输，当调用 UpdateData（TRUE）或不带参数（使用默认值）的 UpdateData() 时，数据从控件向绑定的成员变量复制。

需要说明的是，数据变量的类型由被绑定的控件类型而定。例如，对于编辑框来说，数值类型可以有 CString（字符串类）、int、UINT、long、DWORD（双字类型，32 位）、float、double、BYTE、short、BOOL 等。不过，任何时候传递的数据类型只能是一种。也就是说，一旦指定了数据类型，在控件与变量之间传递交换的数据就不能是其他类型，否则无效。

下面来看一个示例，它是在 Ex_Member 项目基础上进行的。

【续例 Ex_Member】使用控件变量

1）按【Ctrl+W】组合键，打开 MFC ClassWizard 对话框，并切换到 Member Variables 页面，查看 "Class name" 列表中是否选择了 CEx_MemberDlg。

2）在 Control IDs 列表中，选定按钮控件标识符 IDC_EDIT1，双击或单击 Add Variable... 按钮，弹出 Add Member Variable 对话框，选择 Category（类别）为默认的 Value（值），Variable Type 类型为默认的 CString，在 Member variable name 框中填好与控件相关联的成员变量 m_strEdit，如图 5-9 所示。

3）单击 OK 按钮，返回 MFC ClassWizard 对话框的 Member Variables 页面中，在 Control IDs 列表中出现刚才添加的编辑框控件变量 m_strEdit。选择后，将在 MFC ClassWizard 对话框下方出现 Maximum Characters 编辑框，从中可设定该变量允许的最大字符数，这就是控件变量的 DDV 设置。输入 10 后，如图 5-10 所示，单击 确定 按钮，退出 MFC ClassWizard 对话框。

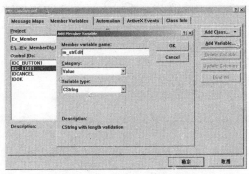 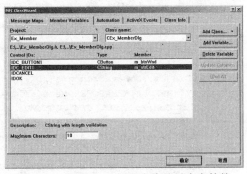

图 5-9　添加控件变量　　　　　　图 5-10　设置 m_strEdit 允许的最大字符数

4）切换到项目工作区的 ClassView 页面，展开 CEx_MemberDlg 类节点，双击 OnButton1 成员函数节点，定位到 CEx_MemberDlg::OnButton1 函数实现代码处，修改代码如下。

```
void CEx_MemberDlg::OnButton1()
{
    UpdateData();                  // 将控件的内容存放到变量中
    // 没有参数，表示使用的是默认参数值TRUE
    m_strEdit.TrimLeft();
    m_strEdit.TrimRight();
    if (m_strEdit.IsEmpty())
        m_btnWnd.SetWindowText("Button1");
    else
        m_btnWnd.SetWindowText(m_strEdit);
}
```

5）编译并运行。在编辑框中输入 "Hello"，单击 Button1 按钮后，OnButton1 函数中的 UpdateData 将编辑框内容保存到 m_strEdit 变量中，执行下一条语句后，按钮的名称变为编辑框控件中的内容"Hello"。若输入"Hello123456",则当输入第 10 个字符后,再也输入不进去了,这就是 DDV 的作用。

打开 CEx_MemberDlg 类源文件,可以发现 MFC ClassWizard 为前面的操作进行了以下 3 方面的修改。

1)在 Ex_MemberDlg.h 文件中,添加了与控件关联的成员变量的声明,代码如下。

```
// Dialog Data
    //{{AFX_DATA(CEx_MemberDlg)
    enum { IDD = IDD_EX_MEMBER_DIALOG };
    CButton  m_btnWnd;
    CString  m_strEdit;
    //}}AFX_DATA
```

2)在 Ex_MemberDlg.cpp 文件中的 CEx_MemberDlg 构造函数实现代码处,添加了数据成员变量的一些初始代码。

```
CEx_MemberDlg::CEx_MemberDlg(CWnd* pParent /*=NULL*/)
    : CDialog(CEx_MemberDlg::IDD, pParent)
{
    //{{AFX_DATA_INIT(CEx_MemberDlg)
    m_strEdit = _T("");
    //}}AFX_DATA_INIT
    ...
}
```

3)在 Ex_MemberDlg.cpp 文件中的 DoDataExchange 函数体内,添加了控件的 DDX/DDV 代码,它们都是一些以 DDV_ 或 DDX_ 开头的函数调用。

```
void CEx_MemberDlg::DoDataExchange(CDataExchange* pDX)
{
    CDialog::DoDataExchange(pDX);
    //{{AFX_DATA_MAP(CEx_MemberDlg)
    DDX_Control(pDX, IDC_BUTTON1, m_btnWnd);
                                // 将控件 IDC_BUTTON1 与 m_btnWnd 进行关联
    DDX_Text(pDX, IDC_EDIT1, m_strEdit);
                                // 将控件 IDC_EDIT1 与 m_strEdit 进行数据交换
    DDV_MaxChars(pDX, m_strEdit, 10);
                                // 校验 m_strEdit 的最大字符个数不超过 10
    //}}AFX_DATA_MAP
}
```

需要说明的是,上述代码中以"//{{AFX_DATA"或"//{{AFX_DATA_XXXX"开头,以"//}}AFX_DATA"或"//}}AFX_DATA_XXXX"结尾的标记是 MFC ClassWizard 专门用作 DDX/DDV 的标记,表示该部分的代码由 MFC ClassWizard 自动管理,一般不需要更改。

5.2 静态控件和按钮

静态控件和按钮是 Windows 最基本的控件之一。

5.2.1 静态控件

静态控件是用来显示字符串、框、矩形、图标、位图或增强型图元文件。它可以用来作为标签、框或用来分隔其他的控件。静态控件一般不接收用户的输入,也不产生通知消息。

在对话框编辑器的控件工具栏中，属于静态控件的有：静态文本 **Aa**、组框 **[xy]** 和静态图片 **[图]** 3 种。其中，静态图片控件的常规属性对话框（右击添加的控件，从弹出的快捷菜单中选择"属性"菜单，即可弹出该控件的属性对话框），如图 5-11 所示。

在静态图片控件的"常规"属性对话框中，可以选择图片"类型"、"图像"两个组合框中的有关选项内容，并可将应用程序资源中的图标、位图等内容显示在该静态图片控件中。另外，用户还可设置其样式来改变控件的外观以及图像在控件的位置等。例如，在任意对话框中添加一个静态图片控件，在其常规属性对话框中，选择其"类型"为"图标（Icon）"，选择其"图像"为 IDR_MAINFRAME，则静态图片控件显示的图标是 **[图]**。

另外，静态图片控件还可用来在对话框中形成一个水平或垂直蚀刻线，蚀刻线可起到分隔其他控件的作用。例如，下面的示例在对话框中创建一个水平蚀刻线。

【例 Ex_Etched】 制作水平蚀刻线

1）创建一个默认的对话框应用程序 Ex_Etched。

2）在打开的对话框资源模板中，删除"TODO：在这里设置对话控制。"静态文本控件，将 **[确定]** 和 **[取消]** 按钮向对话框左边移动一段距离，然后将鼠标移至对话框资源模板右下角的实心蓝色方块处，拖动鼠标，将对话框资源模板缩小一些。

3）在对话框资源模板靠左中间位置添加一个静态图片控件，右击该控件，从弹出的快捷菜单中选择"属性"，弹出其属性对话框。

4）选择"类型"为默认的"框架（Frame）"类型，"颜色"为"蚀刻（Etched）"，然后关闭属性对话框。此时，静态图片控件变成一个蚀刻的矩形框。

5）将鼠标移动到添加的静态图片控件的右下角，使鼠标指针变成 ↖，拖动鼠标使控件的大小变成一条水平线，单击"测试对话框"按钮，结果如图 5-12 所示。

图 5-11 静态图片控件的"常规"属性对话框

图 5-12 水平蚀刻线

需要说明的是，凡以后在对话框中有这样的水平蚀刻线或垂直蚀刻线，都是指的这种制作方法。**本书作此约定。**

5.2.2 按钮

Windows 中的按钮用来实现开与关的输入，常见的按钮有 3 种类型：按键按钮、单选按钮和复选框按钮，如图 5-13 所示。

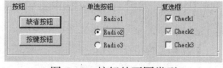

图 5-13 按钮的不同类型

1. 不同按钮的作用

按键按钮通常可以立即产生某个动作，执行某个命令，因此也常被称为**命令按钮**。按键按钮有两种样式：标准按钮和默认按钮（或称缺省按钮）。从外观上来说，默认按钮是在标准按钮的周围加上一个黑色边框（参见图 5-13），这个黑色边框表示该按钮已接受键盘的输入焦点，这样一来，用户只需按回车键就能按下该按钮。一般，只把最常用的按键按钮设定为默认按钮，具体的设定方法是在按键按钮属性对话框的 Style 页面中选中"默认按钮（Default button）"选项。

单选按钮的外形是在文本前有一个圆圈，当它被选中时，圆圈中标上一个黑点，它可分为一般和自动两种类型。在自动类型中，用户若选中同组按钮中的某个单选按钮，则其余单选按钮的选中状态被清除，保证了多个选项始终只有一个被选中。

复选框的外形是在文本前有一个空心方框，当它被选中时，方框中加上一个"✔"标记。通常复选框只有选中和未选中两种状态，若复选框前面有一个灰色的"✔"，则这样的复选框是三态复选框，如图 5-13 中的 Check2，它表示复选框的选择状态是"不确定"。设定成三态复选框的方法是在复选框属性对话框的样式（Style）页面中选中"三次状态"（Tri-state，应译为"三态"）选项。

2. 按钮的消息

常见的按钮消息有两个：BN_CLICKED（单击按钮）和 BN_DOUBLE_CLICKED（双击按钮）。

3. 按钮操作

最常用的按钮操作是设置或获取一个或多个按钮的选中状态。按钮类 CButton 中的成员函数 SetCheck 和 GetCheck 分别用来设置或获取指定按钮的选中状态，其原型如下。

```
void SetCheck( int nCheck );
int GetCheck( ) const;
```

其中，nCheck 和 GetCheck 函数的返回值可以是 0（不选中）、1（选中）和 2（不确定，仅用于三态按钮）。

设置或获取同组多个单选按钮的选中状态，需要使用通用窗口类 CWnd 的成员函数 CheckRadioButton 和 GetCheckedRadioButton，它们的原型如下。

```
void CheckRadioButton( int nIDFirstButton, int nIDLastButton, int nIDCheckButton );
int GetCheckedRadioButton( int nIDFirstButton, int nIDLastButton );
```

其中，nIDFirstButton 和 nIDLastButton 分别指定同组单选按钮的第一个和最后一个按钮 ID，nIDCheckButton 用来指定要设置选中状态的按钮 ID，函数 GetCheckedRadioButton 返回被选中的按钮 ID。

5.2.3　示例：制作问卷调查

问卷调查是日常生活中经常遇到的调查方式。例如，图 5-14 就是一个问卷调查对话框，它针对"上网"话题提出了 3 个问题，每个问题都有 4 个选项，除最后一个问题外，其余都是单项选择。本例用到了组框、静态文本、单选按钮、复选框等控件。实现时，需要通过 CheckRadioButton 函数来设置同组单选按钮的最初选中状态，通过 SetCheck 来设置指定复选框的选中状态，然后 GetCheckedRadioButton 和 GetCheck 判断被选中的单选按钮和复选框，并通过 GetDlgItemText 或 GetWindowText 获取选中控件的窗口文本。

【例 Ex_Research】制作问卷调查

（1）创建并设计对话框

1）创建一个默认的基于对话框的应用程序项目 Ex_Research。系统自动打开对话框编辑器并显示对话框资源模板。单击对话框编辑器工具栏上的"切换网格"按钮▦，显示对话框网格。打开对话框属性对话框，将对话框标题改为"上网问卷调查"。

2）调整对话框的大小，删除对话框中间的"TODO: 在这里设置对话控制。"静态文本控件，将 确定 和 取消 按钮移至对话框的下方，并向对话框中添加组框（Group）控件，然后调整其大小和位置。

3）右击添加的组框控件，从弹出的快捷菜单中选择"属性"菜单，打开该控件的属性对话框，在"常规"页面中可以看到它的 ID 为默认的 IDC_STATIC。将其"标题"（Caption）属性内容由"Static"改成"你的年龄"。组框控件的"样式（Styles）"属性中的"水平排列"属性用来指定文本是在顶部的左边（left）、居中（center）还是右边（right）。此时，默认（default，缺省）选项表示左对齐，保留默认选项。

4）在组框内添加 4 个单选按钮，默认的 ID 依次为 IDC_RADIO1、IDC_RADIO2、IDC_RADIO3 和 IDC_RADIO4。在其属性对话框中将 ID 属性内容分别改成 IDC_AGE_L18、IDC_AGE_18T27、IDC_AGE_28T38 和 IDC_AGE_M38，然后将其"标题"（Caption）属性内容分别改成"< 18"、"18 – 27"、"28 – 38"和"> 38"，最后调整位置，结果如图 5-15 所示。

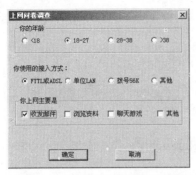

图 5-14　"上网问卷调查"对话框

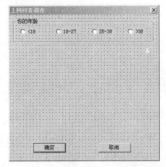

图 5-15　添加的组框和单选按钮

5）添加一个静态文本，标题设为"你使用的接入方式："，在其下再添加 4 个单选按钮，标题分别是"FTTL 或 ADSL"、"单位 LAN"、"拨号 56K"和"其他"，并将相应的 ID 属性依次改成：IDC_CM_FTTL、IDC_CM_LAN、IDC_CM_56K 和 IDC_CM_OTHER。用对话框编辑器工具栏的"左右间隔相等"按钮调整控件的左右间距，结果如图 5-16 所示。

6）在对话框的下方添加一个组框控件，其标题为"你上网主要是"。然后添加 4 个复选框，标题分别为"收发邮件"、"浏览资料"、"聊天游戏"和"其他"，ID 分别为 IDC_DO_POP、IDC_DO_READ、IDC_DO_GAME 和 IDC_DO_OTHER，结果如图 5-17 所示。

图 5-16　添加单选按钮

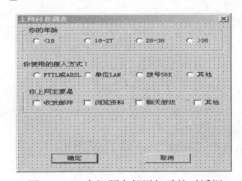

图 5-17　3 个问题全部添加后的对话框

7）单击工具栏上的"测试对话框"按钮。测试对话框后，可以发现顺序添加的这 8 个单选按钮全部变成一组，也就是说，在这组中只有一个单选按钮被选中，这不符合本意。解决这个问题的最好办法是将每一组中的第 1 个单选按钮的"组"（group）属性选中。因此，将以上 2 个问题中的第 1 个单选按钮的"组"（group）属性均选中。图 5-18 是设置第 2 个问题的结果。

8）单击对话框编辑器工具栏上的"切换辅助线"按钮，将对话框中的控件调整到辅助线以内，并适当调整其他控件。这样，整个问卷调查的对话框就设计好了，单击工具栏上的█按钮测试对话框。

（2）完善代码

1）切换到项目工作区的 ClassView 页面，展开 CEx_ResearchDlg 类的所有成员，双击 OnInitDialog 函数节点，自动定位到文档窗口中该函数的实现代码处，在此函数添加下列初始化代码。

图 5-18　选中"组"属性

```
BOOL CEx_ResearchDlg::OnInitDialog()
{
    CDialog::OnInitDialog();
    //…
    CheckRadioButton(IDC_AGE_L18, IDC_AGE_M38, IDC_AGE_18T27);
    CheckRadioButton(IDC_CM_FTTL, IDC_CM_OTHER, IDC_CM_FTTL);
    CButton* pBtn = (CButton*)GetDlgItem(IDC_DO_POP);
    pBtn->SetCheck(1);                  // 使"收发邮件"复选框选中
    return TRUE;  // return TRUE  unless you set the focus to a control
}
```

2）打开 MFC ClassWizard 对话框，在 CEx_ResearchDlg 类中添加 IDOK 按钮的 BN_CLICKED 消息映射，并添加下列代码。

```
void CEx_ResearchDlg::OnOK()
{
    CString str, strCtrl; // 定义两个字符串变量, CString是操作字符串的MFC类
    // 获取第一个问题的用户选择
    str = "你的年龄: ";
    UINT nID = GetCheckedRadioButton( IDC_AGE_L18, IDC_AGE_M38);
    GetDlgItemText(nID, strCtrl);       // 获取指定控件的标题文本
    str = str + strCtrl;
    // 获取第二个问题的用户选择
    str = str + "\n你使用的接入方式: ";
    nID = GetCheckedRadioButton( IDC_CM_FTTL, IDC_CM_OTHER);
    GetDlgItemText(nID, strCtrl);       // 获取指定控件的标题文本
    str = str + strCtrl;
    // 获取第三个问题的用户选择
    str = str + "\n你上网主要是: \n";
    UINT nCheckIDs[4] = {IDC_DO_POP, IDC_DO_READ, IDC_DO_GAME, IDC_DO_OTHER};
    CButton* pBtn;
    for (int i=0; i<4; i++)    {
        pBtn = (CButton*)GetDlgItem(nCheckIDs[i]);
        if ( pBtn->GetCheck() ) {
            pBtn->GetWindowText( strCtrl );
            str = str + strCtrl;
            str = str + " ";
        }
    }
    MessageBox( str );
    CDialog::OnOK();
}
```

代码中的 GetDlgItemText 是 CWnd 类成员函数，用来获得对话框（或其他窗口）中指定控件的窗口文本。在单选按钮和复选框中，控件的窗口文本就是它们的标题属性内容。该函数有

两个参数，第一个参数用来指定控件的标识，第二个参数是返回的窗口文本。后面的函数 GetWindowText 的作用与 GetDlgItemText 相同，也是获取窗口的文本内容。不过，GetWindowText 使用更加广泛，要注意这两个函数在使用上的不同。

3）编译并运行，出现"上网问卷调查"对话框，回答问题后，单击 确定 按钮，出现如图 5-19 所示的消息对话框，显示选择的结果内容。

图 5-19　显示选择的内容

5.3　编辑框和旋转按钮

编辑框 abl 是一个让用户从键盘输入和编辑文本的矩形窗口，通过它可以很方便地输入各种文本、数字或者口令，也可使用它来编辑和修改简单的文本内容。当编辑框被激活且具有输入焦点时，出现一个闪动的插入符（又称为文本光标），表明当前插入点的位置。

5.3.1　编辑框

用对话框编辑器可以方便地设置编辑框的属性和样式，如图 5-20 所示。其中各项的含义如表 5-2 所示。

图 5-20　编辑框的属性对话框

表 5-2　编辑框的"样式"（Style）属性

项　　目	说　　明
排列文本（Align text）	各行文本对齐方式：Left、Center、Right，默认为 Left
多行（Multiline）	选中时为多行编辑框，否则为单行编辑框
数字（Number）	选中时控件只能输入数字
水平滚动（Horizontal scroll）	水平滚动，仅对多行编辑框有效
自动水平滚动（Auto HScroll）	当用户在行尾键入一个字符时，文本自动向右滚动
垂直滚动（Vertical scroll）	垂直滚动，仅对多行编辑框有效
自动垂直滚动（Auto VScroll）	当用户在最后一行按 Enter 键时，文本自动向上滚动一页，仅对多行编辑框有效
密码（Password）	选中时，在编辑框中输入的字符都将显示为"*"，仅对单行编辑框有效
没有隐藏选择（No hide selection）	通常情况下，当编辑框失去键盘焦点时，被选择的文本仍然反色显示。选中时，则不具备此功能
OEM 转换（OEM convert）	选中时，实现对特定字符集的字符转换
需要返回（Want return）	选中时，用户只要按 Enter 键，编辑框中就会插入一个回车符
边框（Border）	选中时，控件的周围存在边框
大写（Uppercase）	选中时，在编辑框中输入的字符全部转换成大写形式
小写（Lowercase）	选中时，在编辑框中输入的字符全部转换成小写形式
只读（Read-Only）	选中时，防止用户键入或编辑文本

需要注意的是，多行编辑框具有简单文本编辑器的常用功能，如它可以有滚动条等。而单行编辑框功能较简单，它仅用于单行文本的显示和操作。当编辑框的文本修改或者被滚动时，会向其父窗口发送一些消息，如表 5-3 所示。

表 5-3 编辑框的通知消息

通知消息	说 明
EN_CHANGE	当编辑框中的文本已被修改，在新的文本显示之后发送此消息
EN_HSCROLL	当编辑框的水平滚动条被使用，在更新显示之前发送此消息
EN_KILLFOCUS	编辑框失去键盘输入焦点时，发送此消息
EN_MAXTEXT	文本数目达到限定值时发送此消息
EN_SETFOCUS	编辑框得到键盘输入焦点时，发送此消息
EN_UPDATE	编辑框中的文本已被修改，新的文本显示之前发送此消息
EN_VSCROLL	编辑框的垂直滚动条被使用，在更新显示之前发送此消息

由于编辑框的形式多样，用途各异，因此下面针对编辑框的不同用途，分别介绍一些常用操作，以实现一些基本功能。

1. 口令设置

口令设置在编辑框中不同于一般的文本编辑框，用户输入的每个字符都被一个特殊的字符代替显示，这个特殊的字符称为**口令字符**。默认的口令字符是"*"，应用程序可以用成员函数 CEdit::SetPasswordChar 来定义自己的口令字符，其函数原型如下。

```
void SetPasswordChar( TCHAR ch );
```

其中，参数 ch 表示设定的口令字符；当 ch = 0 时，编辑框内将显示实际字符。

2. 获取编辑框文本

获取编辑框控件文本最简单的方法是使用 DDX/DDV，当将编辑框控件所关联的变量类型选定为 CString 后，不管编辑框的文本有多少，都可用此变量来保存，从而能简单地解决编辑框文本的读取。

5.3.2 旋转按钮

旋转按钮控件◆（也称为**上下控件**）是一对箭头按钮。用户单击它们来增加或减小某个值，如一个滚动位置或显示在相应控件中的一个数字。

一个旋转按钮控件通常与一个相伴的控件一起使用，它们结成"伙伴"控件，相伴控件的窗口称为"伙伴窗口"。若相伴控件的 Tab 键次序刚好在旋转按钮控件的前面，则这时的旋转按钮控件可以自动定位在它的伙伴窗口的旁边，看起来就像一个独立的单个控件。

通常，一个旋转按钮控件与一个编辑框一起使用，以提示用户输入数字。单击向上箭头使当前位置向最大值方向移动，单击向下箭头使当前位置向最小值方向移动。如图 5-21 所示。默认时，旋转按钮控件的最小值是 100，最大值是 0。单击向上箭头减少数值，单击向下箭头则增加它，这看起来就像颠倒一样，因此还需使用 CSpinButtonCtrl::SetRange 成员函数来改变其最大值和最小值。但在使用时不要忘记在旋转按钮控件属性对话框中选中"自动伙伴（Auto buddy）"，若还选中"设置结伴整数（Set buddy integer）"属性，则伙伴窗口的数值将自动改变。

1. 旋转按钮控件常用的样式

旋转按钮控件有许多样式，它们都可以通过旋转按钮控件属性对话框进行设置，如图 5-22 所示，其中各项的含义如表 5-4 所示。

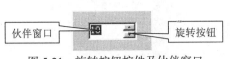

图 5-21 旋转按钮控件及伙伴窗口

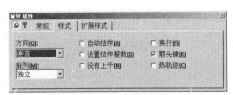

图 5-22 旋转按钮控件属性对话框

表 5-4 旋转按钮控件的"样式"（Style）属性

项　　目	说　　明
方向（Orientation）	控件放置方向：Vertical(垂直)、Horizontal(水平)
排列（Alignment）	控件在伙伴窗口的位置安排：Unattached(不相干)、Right(右边)、Left(左边)
自动结伴（Auto buddy）	选中此项，自动选择 Z-order 中的前一个窗口作为控件的伙伴窗口
自动结伴整数（Set buddy integer）	选中此项，使控件设置伙伴窗口数值，这个值可以是十进制或十六进制
没有上千（No thousands）	选中此项，每隔 3 个十进制数字的地方不加上千分隔符
换行（Wrap）	选中此项，当增加或减小的数值超出范围时，从最小值或最大值开始回绕
箭头键（Arrow keys）	选中此项，按向上和向下方向键，也能增加或减小
热轨迹（Hot track）	选中此项，当光标移过控件时，突出显示控件的上下按钮

2. 旋转按钮控件的基本操作

MFC 的 CSpinButtonCtrl 类提供了旋转按钮控件的各种操作函数，使用它们可以进行基数（SetBase）、范围、位置设置和获取等基本操作。其中，成员函数 SetPos 和 SetRange 分别用来设置旋转按钮控件的当前位置和范围，它们的函数原型如下。

```
int SetPos( int nPos );
void SetRange( int nLower, int nUpper );
```

参数 nPos 表示控件的新位置，它必须在控件的上限和下限指定的范围之内。nLower 和 nUpper 表示控件的上限和下限。与这两个函数相对应的成员函数 GetPos 和 GetRange 分别用来获取旋转按钮控件的当前位置和范围。

3. 旋转按钮控件的通知消息

旋转按钮控件的通知消息只有一个：UDN_DELTAPOS，在控件的当前数值将要改变时向其父窗口发送该消息。

5.3.3 示例：学生成绩输入

在一个简单的学生成绩结构中，常常有学生的姓名、学号以及三门成绩等内容。为了能够输入这些数据，需要设计一个对话框，如图 5-23 所示。本例将用到静态文本、编辑框、旋转按钮等控件。实现的关键是如何将编辑框设置成旋转按钮控件的伙伴窗口。

【例 Ex_Input】用对话框输入学生成绩

（1）设计对话框

1）创建一个默认的基于对话框的应用程序项目 Ex_Input。系统自动打开对话框编辑器并显示对话框资源模板。单击对话框编辑器工具栏上的"切换网格"按钮▦，显示对话框网格。打开对话框属性对话框，将对话框标题改为"学生成绩输入"。

2）删除对话框中间的"TODO: 在这里设置对话控制。"静态文本控件，将 [确定] 和 [取消] 按钮移至对话框的下方，并向对话框中添加水平蚀刻线。调整对话框大小（状态栏显示的大小

为  ），向对话框添加如表 5-5 所示的控件，调整控件位置，结果如图 5-24 所示。

图 5-23 学生成绩输入对话框

图 5-24 设计的学生成绩输入对话框

表 5-5 学生成绩输入对话框添加的控件

添加的控件	ID	标 题	其他属性
编辑框	IDC_EDIT_NAME	—	默认
编辑框	IDC_EDIT_NO	—	默认
编辑框	IDC_EDIT_S1	—	默认
旋转按钮控件	IDC_SPIN_S1	—	自动结伴，设置结伴整数，靠右排列
编辑框	IDC_EDIT_S2	—	默认
旋转按钮控件	IDC_SPIN_S2	—	自动结伴，设置结伴整数，靠右排列
编辑框	IDC_EDIT_S3	—	默认
旋转按钮控件	IDC_SPIN_S3	—	自动结伴，设置结伴整数，靠右排列

表格中的 ID、标题和其他属性均是通过控件的属性对话框设置的，凡是"默认"的属性均保留属性对话框中的默认设置。

本书约定：由于控件的添加、布局和属性设置的方法以前已详述过，为了节约篇幅，这里用表格形式列出需要添加的控件，并且因默认静态文本控件的"标题"属性内容可从对话框直接看出，因此不在表中列出。

3）选择"布局"→"Tab 次序"菜单命令，或按【Ctrl+D】组合键，此时每个控件的左上方都有一个数字，表明了当前【Tab】键次序，这个次序就是在对话框显示时按【Tab】键所选择控件的次序。

4）单击对话框中的控件，重新设置控件的【Tab】键次序，以保证旋转按钮控件的【Tab】键次序在对应的编辑框（伙伴窗口）之后，结果如图 5-25 所示，单击对话框或按【Enter】键结束 Tab Order 方式。

5）打开 MFC ClassWizard，在 Member Variables 页面中确定 Class name 中是否已选择了 CEx_InputDlg，选中所需的控件 ID，双击或单击 Add Variables 按钮。依次为表 5-6 所示的控件增加成员变量。

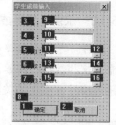

图 5-25 改变 Tab 次序

表 5-6 控件变量

控件 ID	变量类别	变量类型	变量名	范围和大小
IDC_EDIT_NAME	Value	CString	m_strName	20
IDC_EDIT_NO	Value	CString	m_strNO	20

（续）

控件 ID	变量类别	变量类型	变量名	范围和大小
IDC_EDIT_S1	Value	float	m_fScore1	0.0 ~ 100.0
IDC_SPIN_S1	Control	CSpinButtonCtrl	m_spinScore1	—
IDC_EDIT_S2	Value	float	m_fScore2	0.0 ~ 100.0
IDC_SPIN_S2	Control	CSpinButtonCtrl	m_spinScore2	—
IDC_EDIT_S3	Value	float	m_fScore3	0.0 ~ 100.0
IDC_SPIN_S3	Control	CSpinButtonCtrl	m_spinScore3	—

（2）添加代码

1）定位到 CEx_InputDlg::OnInitDialog 函数，在 "return TRUE;" 前添加下列代码。

```
BOOL CEx_InputDlg::OnInitDialog()
{
    CDialog::OnInitDialog();
    //…
    m_spinScore1.SetRange( 0, 100 );
    m_spinScore2.SetRange( 0, 100 );
    m_spinScore3.SetRange( 0, 100 );
    return TRUE;
}
```

2）用 MFC ClassWizard 为 CEx_InputDlg 类增加 IDC_SPIN_S1 控件的 UDN_DELTAPOS 消息映射，并添加下列代码。

```
void CEx_InputDlg::OnDeltaposSpinS1(NMHDR* pNMHDR, LRESULT* pResult)
{
    NM_UPDOWN* pNMUpDown = (NM_UPDOWN*)pNMHDR;
    UpdateData(TRUE);                      // 将控件的内容保存到变量中
    m_fScore1 += (float)pNMUpDown->iDelta * 0.5f;
    if (m_fScore1<0.0)        m_fScore1 = 0.0f;
    if (m_fScore1>100.0)  m_fScore1 = 100.0f;
    UpdateData(FALSE);                     // 将变量的内容显示在控件中
    *pResult = 0;
}
```

代码中，LPNMUPDOWN 是 NMUPDOWN 结构指针类型，NMUPDOWN 结构用于反映旋转按钮控件的当前位置（由成员 iPos 指定）和增量大小（由成员 iDelta 指定）。

3）同样，为 CEx_InputDlg 类增加 IDC_SPIN_S2 和 IDC_SPIN_S3 控件的 UDN_DELTAPOS 消息映射，并在映射函数中添加对 m_fScore2 和 m_fScore3 处理的类似代码。

4）用 MFC ClassWizard 为 CEx_InputDlg 类添加 IDOK 按钮的 BN_CLICKED 消息映射，并添加下列代码。

```
void CEx_InputDlg::OnOK()
{
    UpdateData(TRUE);                      // 将控件的内容保存到变量中
    CString str;
    str.Format("%s, %s, %4.1f, %4.1f, %4.1f",
        m_strName, m_strNo, m_fScore1, m_fScore2, m_fScore3 );
    MessageBox(str);
    CDialog::OnOK();
}
```

代码中，Format 是 CString 类的一个经常使用的成员函数，它通过格式操作使任意类型的数据转换成一个字符串。该函数的第一个参数是带格式的字符串，其中的"%s"就是一个格式符，每一个格式符依次对应该函数后面参数表中的参数项。例如，格式字符串中第一个%s对应 dlg.m_strName。CString 类的 Format 函数与 C 语言库函数 printf 十分相似。

5）编译运行并测试。

5.4 列表框

列表框 是一个列有许多项目让用户选择的控件。它与单选按钮组或复选框组一样，都可让用户在其中选择一个或多个项，但不同的是，列表框中项的数目可以灵活变化，程序运行时可向列表框中添加或删除某些项。当列表框中项的数目较多，不能一次全部显示时，还可自动显示滚动条来让用户浏览其余的列表项。

5.4.1 列表框样式和消息

按性质来分，列表框有单选、多选、扩展多选和非选 4 种类型，如图 5-26 所示。默认样式下的**单选列表框**一次只能选择一个项，**多选列表框**一次选择几项，**扩展多选列表框**允许用鼠标拖动或其他特殊组合键进行选择，**非选列表框**则不提供选择功能。

列表框还有一系列其他样式，用来定义列表框的外观及操作方式，这些样式可在如图 5-27 所示的列表框属性对话框中设置。表 5-7 列出列表框样式（Style）各项的含义。

图 5-26 不同类型的列表框

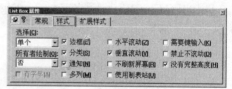

图 5-27 列表框的属性对话框

表 5-7 列表框的"样式"（Style）属性

项 目	说 明
选择（Selection）	指定列表框的类型：单选（Single）、多选（Multiple）、扩展多选（Extended）、不选（None）
所有者绘制（Owner draw）	自画列表框，默认为 No
有字符串（Has strings）	选中时，自画列表框中的项目中含有字符串文本
边框（Border）	选中时，使列表框含有边框
排序（分类）（Sort）	选中时，列表框的项目按字母顺序排列
通知（Notify）	选中时，只要用户操作列表框，就会向父窗口发送通知消息
多列（Multi-column）	选中时，指定一个具有水平滚动的多列列表框
水平滚动（Horizontal scroll）	选中时，在列表框中创建一个水平滚动条
垂直滚动（Vertical scroll）	选中时，在列表框中创建一个垂直滚动条
不刷新屏幕（No redraw）	选中时，列表框发生变化后不会自动重画
使用制表站（位）（Use tabstops）	选中时，允许使用停止位来调整列表项的水平位置
需要键输入（Want key input）	选中此项，当用户按键且列表框有输入焦点时，向列表框的父窗口发送相应消息

（续）

项　目	说　明
禁止不滚动（Disable no scroll）	选中时，即使列表框的列表项能全部显示，垂直滚动条也会显示，但此时是禁用的（灰显）
没有完整高度（No integral height）	选中时，在创建列表框的过程中，系统会把用户指定的尺寸完全作为列表框的尺寸，而不管项目能否在列表框中完全显示出来

当列表框中发生了某个动作，如双击选择了列表框中某一项时，列表框向其父窗口发送一条通知消息。常用的通知消息如表 5-8 所示。

表 5-8　列表框的通知消息

通知消息	说　明
LBN_DBLCLK	用户双击列表框的某项字符串时，发送此消息
LBN_KILLFOCUS	列表框失去键盘输入焦点时，发送此消息
LBN_SELCANCEL	当前选项被取消时，发送此消息
LBN_SELCHANGE	列表框中的当前选项将要改变时，发送此消息
LBN_SETFOCUS	列表框获得键盘输入焦点时，发送此消息

5.4.2　列表框基本操作

当列表框创建之后，往往要添加、删除、改变或获取列表框中的列表项，这些操作都可以调用 MFC 封装 CListBox 类的成员函数来实现。要注意的是：列表框的选项除了用字符串来标识外，还常常通过索引来指定。索引表明项目在列表框中排列的位置，它以 0 为基数，即列表框中第 1 项的索引是 0，第 2 项的索引是 1，以此类推。

1．添加列表项

列表框创建时是一个空的列表，需要用户添加或插入一些列表项。CListBox 类成员函数 AddString 和 InsertString 分别用来向列表框增加列表项，其函数原型如下。

```
int AddString( LPCTSTR lpszItem );
int InsertString( int nIndex, LPCTSTR lpszItem );
```

其中，列表项的字符串文本由参数 pszItem 指定。这两个函数成功调用时都将返回列表项在列表框的索引，错误时返回 LB_ERR，空间不够时，返回 LB_ERRSPACE。但 InsertString 函数不会对列表项进行排序，不管列表框是否具有"排序（分类）（sort）"属性，只是将列表项插在指定索引的列表项之前，若 nIndex 等于-1，则列表项添加在列表框末尾。当列表框控件具有"排序（分类）（sort）"属性时，AddString 函数自动将添加的列表项进行排序。

上述两个函数只能将字符串增加到列表框中，但有时用户还要根据列表项使用其他数据。这时，就需要调用 CListBox 的 SetItemData 和 SetItemDataPtr，它们能使用户数据和某个列表项关联起来。这两个函数的原型如下。

```
int SetItemData( int nIndex, DWORD dwItemData );
int SetItemDataPtr( int nIndex, void* pData );
```

其中，SetItemData 用于将一个 32 位数与某列表项（由 nIndex 指定）关联起来，SetItemDataPtr 可以将用户的数组、结构体等大量的数据与列表项关联。有错误产生时，两个函数都将返回 LB_ERR。

与上述函数相对应的两个函数 GetItemData 和 GetItemDataPtr 分别用来获取相关联的用户数据。

2. 删除列表项

CListBox 类成员函数 DeleteString 和 ResetContent 分别用来删除指定的列表项和清除列表框的所有项目。这两个函数的原型如下。

```
int DeleteString( UINT nIndex );          // nIndex 指定要删除的列表项的索引
void ResetContent( );
```

需要注意的是，若在添加列表项时使用 SetItemDataPtr 函数，不要忘记在进行删除操作时，及时释放关联数据所占的内存空间。

3. 查找列表项

为了保证列表项不会重复地添加到列表框中，有时还需要查找列表项。CListBox 类成员函数 FindString 和 FindStringExact 分别用来在列表框中查找匹配的列表项。其中，FindStringExact 的查找精度最高。这两个函数的原型如下。

```
int FindString( int nStartAfter, LPCTSTR lpszItem ) const;
int FindStringExact( int nIndexStart, LPCTSTR lpszFind ) const;
```

其中，lpszFind 和 lpszItem 指定要查找的列表项文本，nStartAfter 和 nIndexStart 指定查找的开始位置，若为-1，则从头至尾查找。查到后，这两个函数都将返回所匹配列表项的索引，否则返回 LB_ERR。

4. 列表框的单项选择

选中列表框中的某个列表项时，可使用 CListBox::GetCurSel 来获取这个结果，与该函数相对应的 CListBox::SetCurSel 函数用来设定某个列表项呈选中状态（高亮显示）。

```
int GetCurSel( ) const;                   // 返回当前选择项的索引
int SetCurSel( int nSelect );
```

其中，nSelect 指定要设置的列表项索引，执行有错误时这两个函数都将返回 LB_ERR。

要获取某个列表项的字符串，可使用下列函数。

```
int GetText( int nIndex, LPTSTR lpszBuffer ) const;
void GetText( int nIndex, CString& rString ) const;
```

其中，nIndex 指定列表项索引，lpszBuffer 和 rString 用来存放列表项文本。

5.4.3 示例：城市邮政编码

在一组城市邮政编码中，城市名和邮政编码是一一对应的。为了能添加和删除城市邮政编码列表项，需要设计如图 5-28 所示的对话框。

单击 添加 按钮，将城市名和邮政编码添加到列表框中，为了使添加不重复，还要进行一些判断操作。单击列表框的城市名，在编辑框中显示城市名和邮政编码，单击 删除 按钮，删除当前的列表项。实现本例有两个要点：一是在添加时需要通过 FindString 或 FindStringExact 来判断添加的列表项是否重复，然后通过 SetItemData 将邮政编码（将它视为一个 32 位整数）与列表项关联起来；二是由于删除操作是针对当前选中的列表项的，如果当前没有选中的列表项，则应通过 EnableWindow（FLASE）使 删除 按钮灰显，即不能单击它。

【例 Ex_City】城市邮政编码对话框

（1）设计对话框

1）创建一个默认的基于对话框的应用程序项目 Ex_City。系统自动打开对话框编辑器并显示对话框资源模板。单击对话框编辑器工具栏上的"切换网格"按钮▤，显示对话框网格。打开对话框属性对话框，将对话框标题改为"城市邮政编码"。

2）删除 取消 按钮和对话框中间的"TODO: 在这里设置对话控制。"静态文本控件，将 确定 按钮标题改为"退出"，然后调整对话框大小（▤ 232×95 ）。向对话框添加如表 5-9 所示的控件，并调整控件位置，结果如图 5-29 所示。

图 5-28　城市邮政编码

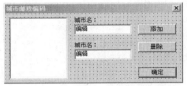

图 5-29　设计的城市邮政编码对话框

（2）完善 CCityDlg 类代码

1）打开 ClassWizard 的 Member Variables 页面，看看 Class name 是否是 CEx_CityDlg，然后选中所需的控件 ID，双击或单击 Add Variables 按钮，依次添加。如表 5-10 所示的控件变量。

2）切换到项目工作区的 ClassView 页面，右击 C Ex_CityDlg 类名，从弹出的快捷菜单中选择"Add Member Function"，弹出"添加成员函数"对话框，在"函数类型"（Function Type）框中输入 BOOL，在"函数描述（声明）"（Function Declaration）框中输入 IsValidate，单击 确定 按钮。

表 5-9　"城市邮政编码"对话框添加的控件

添加的控件	ID	标　　题	其他属性
列表框	IDC_LIST1	—	默认
编辑框(城市名)	IDC_EDIT_CITY	—	默认
编辑框(邮政编码)	IDC_EDIT_ZIP	—	默认
按钮(添加)	IDC_BUTTON_ADD	添加	默认
按钮(修改)	IDC_BUTTON_DEL	修改	默认

表 5-10　控件变量

控件 ID	变量类别	变量类型	变量名	范围和大小
IDC_LIST1	Control	CListBox	m_ListBox	—
IDC_EDIT_CITY	Value	CString	m_strCity	40
IDC_EDIT_ZIP	Value	DWORD	m_dwZipCode	100000~999999

3）在 CEx_CityDlg::IsValidate 函数中输入下列代码。

```
BOOL CEx_CityDlg::IsValidate()
{
    UpdateData(); .
    m_strCity.TrimLeft();
    if (m_strCity.IsEmpty()) {
        MessageBox("城市名输入无效! ");
        return FALSE;
    }
    return TRUE;
}
```

    IsValidate 函数的功能是判断城市名编辑框中的内容是否是有效的字符串。代码中，TrimLeft 是 CString 类的一个成员函数，用来去除字符串左边的空格。

    4）打开 MFC ClassWizard，切换到 Messsage Maps 页面，为对话框添加 WM_INITDIALOG 消息映射，并添加下列代码。

```
BOOL CEx_CityDlg::OnInitDialog()
{
    CDialog::OnInitDialog();
    m_dwZipCode = 100000;                    // 设置初始的邮政编码
    UpdateData( FALSE );                     // 将邮政编码显示在控件中
    GetDlgItem(IDC_BUTTON_DEL)->EnableWindow( FALSE );
    return TRUE;  // return TRUE unless you set the focus to a control
}
```

    5）打开 MFC ClassWizard，切换到 Messsage Maps 页面，为按钮 IDC_BUTTON_ADD 添加 BN_CLICKED 的消息映射，并添加下列代码。

```
void CEx_CityDlg::OnButtonAdd()
{
    if (!IsValidate()) return;
    int nIndex = m_ListBox.FindStringExact( -1, m_strCity );
    if (nIndex != LB_ERR ){
        MessageBox("该城市已添加! ");          return;
    }
    nIndex = m_ListBox.AddString( m_strCity );
    m_ListBox.SetItemData( nIndex, m_dwZipCode );
}
```

    6）用 MFC ClassWizard 为按钮 IDC_BUTTON_DEL 添加 BN_CLICKED 的消息映射，并添加下列代码。

```
void CEx_CityDlg::OnButtonDel()
{
    int nIndex = m_ListBox.GetCurSel();
    if (nIndex != LB_ERR ){
        m_ListBox.DeleteString( nIndex );
    } else
        GetDlgItem(IDC_BUTTON_DEL)->EnableWindow( FALSE );
}
```

    7）用 MFC ClassWizard 为列表框 IDC_LIST1 添加 LBN_SELCHANGE（当前选项发生变化发出的消息）的消息映射，并添加下列代码。这样，当单击列表框的城市名时，在编辑框中显示城市名和邮政编码。

```
void CEx_CityDlg::OnSelchangeList1()
{
    int nIndex = m_ListBox.GetCurSel();
    if (nIndex != LB_ERR ){
        m_ListBox.GetText( nIndex, m_strCity );
        m_dwZipCode = m_ListBox.GetItemData( nIndex );
        UpdateData( FALSE );            // 将当前列表项关联的内容显示在控件上
        GetDlgItem(IDC_BUTTON_DEL)->EnableWindow( TRUE );
    }
}
```

    8）编译运行并测试。

5.5 组合框

组合框结合了列表框和编辑框的特点，取二者之长，可以完成较为复杂的输入功能。

5.5.1 组合框样式和消息

组合框可分为 3 类：简单组合框、下拉式组合框、下拉式列表框，如图 5-30 所示。简单组合框和下拉式组合框都包含列表框和编辑框。简单组合框中的列表框不需要下拉，是直接显示出来的，只有单击下拉式组合框中的下拉按钮时，下拉的列表框才会显示出来。下拉式列表框虽然具有下拉式的列表，但没有文字编辑功能。

组合框还有其他一些样式，这些样式可在组合框的属性对话框中设置，如图 5-31 所示。其各项含义见表 5-11。

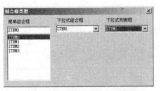

图 5-30 组合框的类型

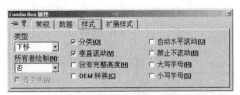

图 5-31 组合框的属性对话框

表 5-11 组合框的“样式”（Style）属性

项　目	说　明
类型（Type）	设置组合框的类型：Simple（简单）、Dropdown（下拉）、Drop List（下拉列表框）
所有者绘制（Owner draw）	自画组合框，默认为 No
有字符串（Has strings）	选中时，在自画组合框中的项目中含有字符串文本
排序（分类）（Sort）	选中时，组合框的项目按字母顺序排列
垂直滚动（Vertical scroll）	选中时，在组合框中创建一个垂直滚动条
没有完整高度（No integral height）	选中时，在创建组合框的过程中，系统会把用户指定的尺寸完全作为组合框的尺寸，而不管项目在组合框中的列表中能否完全显示出来
OEM 转换（OEM convert）	选中时，实现对特定字符集的字符转换
自动水平滚动（Auto HScroll）	当用户在行尾键入一个字符时，文本自动向右滚动
禁止不滚动（Disable no scroll）	选中时，即使组合框的列表项能全部显示，垂直滚动条也会显示，但此时是禁用的（灰显）
大写字母（Uppercase）	选中时，在编辑框中输入的字符全部转换成大写形式
小写字母（Lowercase）	选中时，在编辑框中输入的字符全部转换成小写形式

需要说明的是，在组合框属性对话框中的“数据”（Data）标签页面可以直接输入组合框的数据项，每输入一条数据项后，按【Ctrl+Enter】组合键可继续输入下一条数据项。

在组合框的通知消息中，有的是列表框发出的，有的是编辑框发出的，如表 5-12 所示。

表 5-12 组合框的常用通知消息

通知消息	说　明
CBN_DBLCLK	用户双击组合框的某项字符串时，发送此消息
CBN_DROPDOWN	当组合框的列表打开时，发送此消息

（续）

通知消息	说　明
CBN_EDITCHANGE	同编辑框的 EN_CHANGE 消息
CBN_EDITUPDATE	同编辑框的 EN_UPDATE 消息
CBN_SELENDCANCEL	当前选项被取消时，发送此消息
CBN_SELENDOK	当用户选择一个选项并按【Enter】键或单击下拉箭头（▼）隐藏列表框时，发送此消息
CBN_SELCHANGE	组合框中的当前选项将要改变时，发送此消息
CBN_SETFOCUS	组合框获得键盘输入焦点时，发送此消息

5.5.2　组合框常见操作

组合框的操作大致分为两类，一类是对组合框中的列表框进行操作，另一类是对组合框中的编辑框进行操作。这些操作都可以调用 CComboBox 成员函数来实现，如表 5-13 所示。

表 5-13　CComboBox 类常用成员函数

成员函数	说　明
int AddString(LPCTSTR lpszString);	向组合框添加字符串。错误时返回 CB_ERR；空间不够时，返回 CB_ERRSPACE
int DeleteString(UINT nIndex)	删除指定的索引项。返回剩下的列表项总数，错误时返回 CB_ERR
int InsertString(int nIndex, LPCTSTR lpszString)	在指定的位置插入字符串，nIndex=-1 时，向组合框尾部添加。成功时返回插入后的索引，错误时返回 CB_ERR；空间不够时，返回 CB_ERRSPACE
void ResetContent( );	删除组合框的全部项和编辑文本
int FindString(int nStartAfter, LPCTSTR lpszString) const;	查找字符串。参数 1=搜索起始项的索引，-1 表示从头开始，参数 2=被搜索字符串
int FindStringExact(int nIndexStart, LPCTSTR lpszFind) const;	精确查找字符串。成功时返回匹配项的索引，错误时返回 CB_ERR
int SelectString(int nStartAfter, LPCTSTR lpszString);	选定指定字符串。返回选项的索引，若当前选项没有改变，则返回 CB_ERR
int GetCurSel( ) const;	获得当前选项的索引。没有当前选项时，返回 CB_ERR
int SetCurSel(int nSelect);	设置当前选项。参数为当前选项的索引，-1 表示没有选项。错误时返回 CB_ERR
int GetCount( ) const;	获取组合框的项数。错误时返回 CB_ERR
int SetItemData(int nIndex, DWORD dwItemData);	将一个 32 位值和指定列表项关联。错误时返回 CB_ERR
int SetItemDataPtr(int nIndex, void* pData);	将一个值的指针和指定列表项关联。错误时返回 CB_ERR
DWORD GetItemData(int nIndex) const;	获取和指定列表项关联的一个 32 位值。错误时返回 CB_ERR
void* GetItemDataPtr(int nIndex) const;	获取和指定列表项关联的一个值的指针。错误时返回-1
int GetLBText(int nIndex, LPTSTR lpszText); void GetLBText(int nIndex, CString& rString);	获取指定项的字符串。返回字符串的长度，执行有错误时返回 CB_ERR
int GetLBTextLen(int nIndex) const;	获取指定项的字符串长度。执行有错误时返回 CB_ERR

组合框的一些编辑操作与编辑框 CEdit 的成员函数相似，如 GetEditSet、SetEditSel 等，因此这些成员函数没有在表中列出。

5.5.3 示例：城市邮编和区号

前面的【例 Ex_City】只是简单地涉及城市名和邮政编码的对应关系。实际上，城市名还和区号一一对应，为此本例需要设计如图 5-32 所示的对话框。

单击 添加 按钮将城市名、邮政编码和区号添加到组合框中，在添加前同样需要进行重复性判断。选择组合框中的城市名，将在编辑框中显示出邮政编码和区号，单击 修改 按钮，以城市名作为组合框的查找关键字，找到后修改其邮政编码和区号内容。

图 5-32 城市邮政编码和区号

实现本例的关键是如何使组合框中的项关联邮政编码和区号内容。这里先将邮政编码和区号合并为一个字符串，中间用逗号分隔，然后通过 SetItemDataPtr 将字符串和组合框中的项相关联。由于 SetItemDataPtr 关联的是一个数据指针，因此要用 new 运算符为要关联的数据分配内存，在对话框即将关闭时，要用 delete 运算符释放组合框中的项关联的所有数据的内存空间。

【例 Ex_Zone】创建并使用城市邮政编码和区号对话框

（1）设计对话框

1）创建一个默认的基于对话框应用程序 Ex_Zone。系统自动打开对话框编辑器并显示对话框资源模板。单击对话框编辑器工具栏上的"切换网格"按钮，显示对话框网格。打开对话框属性对话框，将对话框标题改为"城市邮编和区号"。

2）删除 取消 按钮和对话框中间的"TODO: 在这里设置对话控制。"静态文本控件，将 确定 按钮标题改为"退出"，然后调整对话框大小（ 232 × 95 ）。参看图 5-32 的布局，向对话框添加如表 5-14 所示的控件。

表 5-14 "城市邮编和区号"对话框添加的控件

添加的控件	ID	标 题	其他属性
组合框	IDC_COMBO1	—	默认
编辑框（邮政编码）	IDC_EDIT_ZIP	—	默认
编辑框（区号）	IDC_EDIT_ZONE	—	默认
按钮（添加）	IDC_BUTTON_ADD	添加	默认
按钮（修改）	IDC_BUTTON_CHANGE	修改	默认

需要说明的是，将组合框添加到对话框模板后，一定要单击组合框的下拉按钮，然后调整出现的下拉框大小，如图 5-33 所示，否则组合框可能因为下拉框太小而无法显示其下拉列表项。

图 5-33 调整组合框的下拉框

（2）完善代码

1）打开 MFC ClassWizard 对话框，切换到 Member Variables 页面，看看 Class name 是否是 CEx_ZoneDlg，然后选中所需的控件 ID，双击或单击 Add Variables 按钮。依次添加如表 5-15 所示的控件变量。

表 5-15   控件变量

控件 ID	变量类别	变量类型	变量名	范围和大小
IDC_COMBO1	Control	CComboBox	m_ComboBox	—
IDC_COMBO1	Value	CString	m_strCity	20
IDC_EDIT_ZONE	Value	CString	m_strZone	10
IDC_EDIT_ZIP	Value	CString	m_strZip	6

2）切换到项目工作区的 ClassView 页面，右击 CEx_ZoneDlg 类名，从弹出的快捷菜单中选择"Add Member Function"，弹出"添加成员函数"对话框，在"函数类型"框中输入 BOOL，在"函数声明"框中输入 IsValidate，单击 确定 按钮。在 CEx_ZoneDlg::IsValidate 函数中输入下列代码。

```
BOOL CEx_ZoneDlg::IsValidate()
{
    UpdateData();
    m_strCity.TrimLeft();
    if (m_strCity.IsEmpty()){
        MessageBox("城市名输入无效！");          return FALSE;
    }
    m_strZip.TrimLeft();
    if (m_strZip.IsEmpty())    {
        MessageBox("邮政编码输入无效！");          return FALSE;
    }
    m_strZone.TrimLeft();
    if (m_strZone.IsEmpty()){
        MessageBox("区号输入无效！");              return FALSE;
    }
    return TRUE;
}
```

3）打开 MFC ClassWizard，切换到 Messsage Maps 页面，为按钮 IDC_BUTTON_ADD 添加 BN_CLICKED 的消息映射，并添加下列代码。

```
void CEx_ZoneDlg::OnButtonAdd()
{
    if (!IsValidate()) return;
    int nIndex = m_ComboBox.FindStringExact( -1, m_strCity );
    if (nIndex != CB_ERR ){
        MessageBox("该城市已添加！");
        return;
    }
    nIndex  = m_ComboBox.AddString( m_strCity );
    CString strData;
    strData.Format("%s,%s", m_strZip, m_strZone);
    // 将邮政编码和区号合并为一个字符串
    m_ComboBox.SetItemDataPtr( nIndex, new CString(strData) );
}
```

4）用 MFC ClassWizard 为按钮 IDC_BUTTON_CHANGE 添加 BN_CLICKED 的消息映射，并添加下列代码。

```
void CEx_ZoneDlg::OnButtonChange()
{
    if (!IsValidate()) return;
```

```
        int nIndex = m_ComboBox.FindStringExact( -1, m_strCity );
        if (nIndex != CB_ERR ){
            delete (CString*)m_ComboBox.GetItemDataPtr( nIndex );
            CString strData;
            strData.Format("%s,%s", m_strZip, m_strZone);
            m_ComboBox.SetItemDataPtr( nIndex, new CString(strData) );
        }
    }
```

5）用 MFC ClassWizard 为组合框 IDC_COMBO1 添加 CBN_SELCHANGE（当前选项改变时发出的消息）的消息映射，并添加下列代码。

```
void CEx_ZoneDlg::OnSelchangeCombo1()
{
        int nIndex = m_ComboBox.GetCurSel();
        if (nIndex != CB_ERR ){
            m_ComboBox.GetLBText( nIndex, m_strCity );
            CString strData;
            strData = *(CString*)m_ComboBox.GetItemDataPtr( nIndex );
            // 分解字符串
            int n = strData.Find(',');
            m_strZip = strData.Left( n );            // 前面的n个字符
            m_strZone = strData.Mid( n+1 );          // 从中间第n+1字符到末尾的字符串
            UpdateData( FALSE );
        }
    }
```

6）用 MFC ClassWizard 为对话框 CEx_ZoneDlg 添加 WM_DESTROY 的消息映射，并添加下列代码。

```
void CEx_ZoneDlg::OnDestroy()                     // 此消息是当对话框关闭时发送的
{
        for (int nIndex = m_ComboBox.GetCount()-1; nIndex>=0; nIndex--)
        {
            // 删除所有与列表项相关联的CString数据，并释放内存
            delete (CString *)m_ComboBox.GetItemDataPtr(nIndex);
        }
        CDialog::OnDestroy();
    }
```

需要说明的是，当对话框从屏幕消失后，对话框被清除时发送 WM_DESTROY 消息。在此消息的映射函数中添加一些对象删除代码，以便在对话框清除前有效地释放内存空间。

7）编译运行并测试。

5.6 进展条、日历控件和计时器

进展条通常用来说明一个操作的进度，并在操作完成时从左到右填充进展条，这个过程可以让用户看到任务还有多少没完成。日历控件可以允许用户选择日期和时间，另外还有一个与时间相关的"计时器"。

5.6.1 进展条

进展条▪▪（见图 5-34）除了能表示一个过程的进展情况外，还可以表明温度、水平面或类似的测量值。

图 5-34　进展条

1）**进展条的样式**。打开进展条的属性对话框，可以看到它的"样式"属性并不是很多。其

中，"边框"（Border）用来指定进展条是否有边框，"垂直"（Vertical）用来指定进展是水平还是垂直的，若选中，则为垂直的。"平滑"（Smooth）表示平滑地填充进展条，若不选中则表示将用块来填充，就像图 5-34 那样。

2）**进展条的基本操作**。进展条的基本操作有：设置其范围、当前位置、增量等。这些操作都是通过 CProgressCtrl 类的相关成员函数来实现的。

```
int SetPos( int nPos );
int GetPos();
```

这两个函数分别用来设置和获取进展条的当前位置。需要说明的是，这个当前位置是指在 SetRange 中的上限和下限之间的位置。

```
void SetRange( short nLower, short nUpper );
void SetRange32(int nLower, int nUpper );
void GetRange( int & nLower, int& nUpper );
```

它们分别用来设置和获取进展条范围的上限和下限值。设置后，还会刷新此进展条来反映新的范围。成员函数 SetRange32 为进展条设置 32 位的范围。参数 nLower 和 nUpper 分别表示范围的下限（默认值为 0）和上限（默认值为 100）。

SetStept 函数用来设置进展条的步长并返回原来的步长，默认步长为 10。

```
int SetStep( int nStep );
```

StepIt 函数将当前位置向前移动一个步长并刷新进展条以反映新的位置。函数返回进展条上一次的位置。

```
int StepIt();
```

5.6.2 日历控件

日历控件（ ），又称**日期时间拾取控件**（简称 DTP 控件），是一个组合控件，它由编辑框和一个下拉按钮组成，单击控件右边的下拉按钮，即可弹出日历控件供用户选择日期，如图 5-35 所示。

日期时间有许多样式，这些样式用来定义日期时间控件的外观及操作方式，它们可以在日期时间控件属性对话框中设置，如图 5-36 所示。表 5-16 列出各样式的含义。

图 5-35　日期时间控件

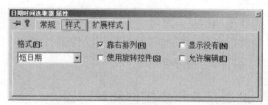

图 5-36　日期时间控件属性对话框

表 5-16　日期时间控件的"样式"（Style）属性

项　　目	说　　明
格式（Format）	日期时间控件的格式有：短日期（Short Date）、长日期（Long Date）、时间（Time）
靠右排列（Right Align）	下拉月历右对齐控件
使用旋转控件（Use Spin Control）	选中此项，在控件的右边出现一个用来调整日期的旋转按钮，否则控件的右边是一个用来弹出月历的下拉按钮

（续）

项　目	说　明
显示没有（Show None）	选中此项，日期前面显示一个复选框，只有选中复选框时，方可键入或选择一个日期
允许编辑（Allow Edit）	选中此项，允许在编辑框中直接更改日期和时间

在 MFC 中，CDateTimeCtrl 类封装了 DTP 控件的操作，一般来说，用户最关心的是如何设置和获取日期时间控件的日期或时间。CDateTimeCtrl 类的成员函数 SetTime 和 GetTime 分别用于获取日期和时间，它们最常用的函数原型如下。

```
BOOL SetTime( const CTime* pTimeNew );
BOOL SetTime( const COleDateTime& timeNew );
DWORD GetTime( CTime& timeDest ) const;
BOOL GetTime( COleDateTime& timeDest ) const;
```

其中，COleDateTime 和 CTime 都是 Visual C++用于时间操作的类。COleDateTime 类封装了在 OLE 自动化中使用的 DATE 数据类型，它是 OLE 自动化的 VARIANT 数据类型转化成 MFC 日期时间的一种最有效类型，使用时要加上头文件 afxdisp.h 包含。CTime 类是对 ANSI time_t 数据类型的一种封装。这两个类都有同名的静态函数 GetCurrentTime 用来获取当前的时间和日期。

5.6.3　计时器

严格来说，计时器不是控件，它类似于输入设备。计时器周期性地按一定的时间间隔向应用程序发送 WM_TIMER 消息，由于它能实现"实时更新"以及"后台运行"等功能，因而在应用程序中计时器是一个难得的程序方法。

应用程序通过 CWnd 的 SetTimer 函数来设置并启动计时器，该函数的原型如下。

```
UINT SetTimer( UINT nIDEvent, UINT nElapse,
            void (CALLBACK EXPORT* lpfnTimer)(HWND, UINT, UINT, DWORD) );
```

参数 nIDEvent 用来指定该计时器的标识值（不能为 0），当应用程序需要多个计时器时，可多次调用该函数，但每一个计时器的标识值应是唯一的，各不相同。nElapse 表示计时器的时间间隔（单位为 ms），lpfnTimer 是一个回调函数的指针，该函数由应用程序定义，用来处理计时器 WM_TIMER 消息。一般情况下该参数为 NULL，此时 WM_TIMER 消息被放入应用程序消息队列中供 CWnd 对象处理。

SetTimer 函数成功调用后，返回新计时器的标识值。当应用程序不再使用计时器时，可调用 CWnd:: KillTimer 函数来停止 WM_TIMER 消息的传送，其函数原型如下。

```
BOOL KillTimer( int nIDEvent );
```

其中 nIDEvent 和用户调用 SetTimer 函数设置的计时器标识值一致。

对于 WM_TIMER 消息，ClassWizard 会将其映射成具有下列原型的消息处理函数。

```
afx_msg void OnTimer( UINT nIDEvent );
```

通过 nIDEvent 可判断出 WM_TIMER 是哪个计时器传送的。

5.6.4　示例：自动时间显示

在本例中，对话框中的日期时间控件能自动显示当前系统中的时间，而且通过进展条在线显示 0~59s 的情况，如图 5-37 所示。

【例 Ex_Timer】 自动时间显示

1）用 MFC AppWizard(exe)创建一个默认的对话框应用程序 Ex_Timer。

2）将对话框的标题设为"自动时间显示"。删除"TODO: 在这里设置对话控制。"静态文本控件和 [取消] 按钮，将 [确定] 按钮标题改为"退出"。

3）打开对话框网格，调整对话框大小为  ，参看图 5-37 的控件布局，向对话框添加 2 个静态标签控件、1 个日期时间控件（设为"时间"格式，其他默认）、1 个进展条控件（去除"边框"选项，选中"平滑"项，其他默认）。

图 5-37 自动显示时间

4）打开 MFC ClassWizard 的 Member Variables 页面，为进展条控件添加 Control 类型变量 m_wndProgress，为日期时间控件添加 Value 类型（CTime）变量 m_curTime。

5）再次打开 MFC ClassWizard，切换到 Messsage Maps 页面，为 CEx_TimerDlg 类添加 WM_TIMER 消息映射，并添加下列代码。

```
void CEx_TimerDlg::OnTimer(UINT nIDEvent)
{
    m_curTime    = CTime::GetCurrentTime();    // 获取当前时间
    UpdateData( FALSE );                        // 结果显示在控件中
    int nSec = m_curTime.GetSecond();          // 获取当前时间的秒数
    m_wndProgress.SetPos( nSec );              // 设定进展条的当前位置
    CDialog::OnTimer(nIDEvent);
}
```

6）在 CEx_TimerDlg::OnInitDialog 中添加下列代码：

```
BOOL CEx_TimerDlg::OnInitDialog()
{
    CDialog::OnInitDialog();
    ...
    m_wndProgress.SetRange( 0, 59 );
    SetTimer( 1, 200, NULL );
    return TRUE;  // return TRUE  unless you set the focus to a control
}
```

7）编译运行。

需要说明的是，由于 OnTimer 函数是通过获取系统时间来显示相应的内容，因此 SetTimer 中指定消息发生的时间间隔对结果基本没有影响，因此间隔设置得小一些，只是让显示结果更加可靠而已。

5.7 滚动条和滑动条

滚动条和滑动条可以完成诸如定位、指示之类的操作。

5.7.1 滚动条

滚动条 是一个独立的窗口，虽然它具有直接的输入焦点，但不能自动滚动窗口内容，因此，它的使用受到一定的限制。根据滚动条的走向，可分为 **垂直滚动条**（ ▤ ）和 **水平滚动条**（ ◧ ）两种类型。这两种类型滚动条的组成相同，两端都有两个箭头按钮，中间有一个可移动的滚动块，如图 5-38 所示。

1. 滚动条的基本操作

滚动条的基本操作一般包括设置和获取滚动条的范围及滚动块的相应位置。在 MFC 中，CScrollBar 类封装了滚动条的所有操作。

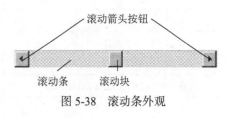

图 5-38　滚动条外观

由于滚动条控件的默认滚动范围是 0 ~ 0，因此在使用滚动条之前，必须设定其滚动范围。函数 SetScrollRange 用来设置滚动条的滚动范围，其原型为：

SetScrollRange(**int** *nMinPos*, **int** *nMaxPos*, **BOOL** *bRedraw* = **TRUE**);

其中，nMinPos 和 nMaxPos 表示滚动位置的最小值和最大值。bRedraw 为重画标志，当为 TRUE 时，滚动条被重画。

SetScrollPos 函数用来设置滚动块的位置，其原型如下。

int SetScrollPos(**int** *nPos*, **BOOL** *bRedraw* = **TRUE**);

其中，nPos 表示滚动块的新位置，它必须在滚动范围之内。

与 SetScrollRange 和 SetScrollPos 相对应的两个函数分别用来获取滚动条的当前范围和当前滚动位置。

void GetScrollRange(**LPINT** *lpMinPos*, **LPINT** *lpMaxPos*) ;
int GetScrollPos();

其中，LPINT 是整型指针类型，lpMinPos 和 lpMaxPos 分别用来返回滚动块的最小和最大滚动位置。

2. WM_HSCROLL 或 WM_VSCROLL 消息

当用户对滚动条进行操作时，滚动条向父窗口发送 WM_HSCROLL 或 WM_VSCROLL 消息（分别对应于水平滚动条和垂直滚动条）。这些消息通过 MFC ClassWizard 在其对话框（滚动条的父窗口）中映射，并产生相应的消息映射函数 OnHScroll 和 OnVScroll。

OnHScroll 和 OnVScroll 函数原型如下。

afx_msg void OnHScroll(**UINT** *nSBCode*, **UINT** *nPos*, **CScrollBar*** *pScrollBar*);
afx_msg void OnVScroll(**UINT** *nSBCode*, **UINT** *nPos*, **CScrollBar*** *pScrollBar*);

其中，nPos 表示滚动块的当前位置，pScrollBar 表示由滚动条控件的指针，nSBCode 表示滚动条的通知消息。图 5-39 表示当单击滚动条的不同部位时，产生的不同通知消息。

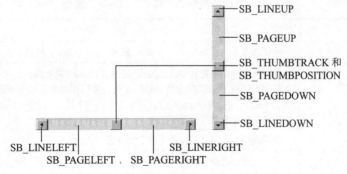

图 5-39　滚动条通知代码与位置的关系

表 5-17 列出了各通知消息的含义。

表 5-17　滚动条的通知消息

通知消息	说　明
SB_LEFT、SB_RIGHT	滚动到最左端或最右端时，发送此消息
SB_TOP 、SB_BOTTOM	滚动到最上端或最下端时，发送此消息
SB_LINELEFT、SB_LINERIGHT	向左或向右滚动一行（或一个单位）时，发送此消息
SB_LINEUP、SB_LINEDOWN	向上或向下滚动一行（或一个单位）时，发送此消息
SB_PAGELEFT、SB_PAGERIGHT	向左或向右滚动一页时，发送此消息
SB_PAGEUP、SB_PAGEDOWN	向上或向下滚动一页时，发送此消息
SB_THUMBPOSITION	滚动到某绝对位置时，发送此消息
SB_THUMBTRACK	拖动滚动块时，发送此消息
SB_ENDSCROLL	结束滚动

5.7.2　滑动条

滑动条控件（ ）由滑动块和可选的刻度线组成，如图 5-40 所示。当用户用鼠标或方向键移动滑动块时，该控件发送通知消息来表明这些改变。

滑动条按照应用程序中指定的增量来移动。例如，如果指定滑动条的范围为 5，则滑动块只能有 6 个位置：在滑动条控件最左边的位置和另外 5 个在此范围内每隔一个增量的位置。通常，这些位置都由相应的刻度线来标识。

1. 滑动条的风格和消息

滑动条控件有许多样式，它们都可以通过"滑块属性"对话框进行设置，如图 5-41 所示。表 5-18 列出该属性对话框各项的含义。

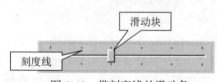

图 5-40　带刻度线的滑动条

图 5-41　"滑块属性"对话框

表 5-18　滑动条控件的"样式"（Style）属性

项　目	说　明
方向（Orientation）	控件放置方向：垂直（Vertical）、水平（Horizontal，默认）
点（Point）	刻度线在滑动条控件中放置的位置：两者（Both，两边都有）、顶部/左侧（Top/Left，水平滑动条的上边或垂直滑动条的左边，同时滑动块的尖头指向有刻度线的哪一边）、底部/右侧（Bottom/Right，水平滑动条的下边或垂直滑动条的右边，同时滑动块的尖头指向有刻度线的哪一边）
打勾标记（Tick marks）	选中此项，在滑动条控件上显示刻度线
自动打勾（Auto ticks）	选中此项，滑动条控件上的每个增量位置处都有刻度线，并且增量大小自动根据其范围确定
边框（Border）	选中此项，控件周围有边框
允许选择（Enable selection）	选中此项，控件中供用户选择的数值范围高亮显示

滑动条常见的通知消息代码有: TB_BOTTOM、TB_LINEDOWN、TB_LINEUP、TB_PAGEDOWN、TB_PAGEUP、TB_THUMBPOSITION、TB_TOP 和 TB_THUMBTRACK 等。这些消息代码都来自于 WM_HSCROLL 或 WM_VSCROLL 消息, 其具体含义同滚动条。

2. 滑动条的基本操作

MFC 的 CSliderCtrl 类提供了滑动条控件的各种操作函数, 其中包括范围、位置设置和获取等。

成员函数 SetPos 和 SetRange 分别用来设置滑动条的位置和范围, 其原型如下。

```
void SetPos( int nPos );
void SetRange( int nMin, int nMax, BOOL bRedraw = FALSE );
```

其中, 参数 nPos 表示新的滑动条位置。bMin 和 nMax 表示滑动条的最小位置和最大位置, bRedraw 表示重画标志, 为 TRUE 时, 滑动条被重画。

与这两个函数相对应的成员函数 GetPos 和 GetRange 分别用来获取滑动条的位置和范围。

5.7.3　示例: 调整对话框背景颜色

设置对话框背景颜色有许多方法, 这里采用最简单, 也是最直接的方法, 即通过映射 WM_CTLCOLOR (子窗口将要绘制时发送的消息) 来改变背景颜色。本例通过滚动条和两个滑动条来调整 Visual C++ 所使用的 RGB 颜色的 3 个分量: R (红色)、G (绿色) 和 B (蓝色), 如图 5-42 所示。

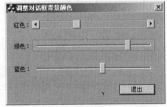

图 5-42　调整对话框背景颜色

【例 Ex_BkColor】调整对话框背景颜色

1) 用 MFC AppWizard(exe) 创建一个默认的对话框应用程序 Ex_BkColor。

2) 将对话框的标题设为 "调整对话框背景颜色"。删除 "TODO: 在这里设置对话控制。" 静态文本控件和 取消 按钮, 将 确定 按钮标题改为 "退出"。

3) 打开对话框网格, 调整对话框大小为 ▦ 217×119 , 参看图 5-42 的控件布局, 添加如表 5-19 所示的控件。

表 5-19　对话框添加的控件

添加的控件	ID 标识符	标　题	其他属性
水平滚动条 (红色)	IDC_SCROLLBAR_RED	—	默认
滑动条 (绿色)	IDC_SLIDER_GREEN	—	默认
滑动条 (蓝色)	IDC_SLIDER_BLUE	—	默认

4) 打开 ClassWizard 的 Member Variables 页面, 选中所需的控件 ID 标识符, 双击。依次添加如表 5-20 所示的控件变量。

表 5-20　控件变量

控件 ID 标识符	变量类别	变量类型	变量名	范围和大小
IDC_SCROLLBAR_RED	Control	CScrollBar	m_scrollRed	—
IDC_SLIDER_GREEN	Control	CSliderCtrl	m_sliderGreen	—
IDC_SLIDER_GREEN	Value	int	m_nGreen	—
IDC_SLIDER_BLUE	Control	CSliderCtrl	m_sliderBlue	—
IDC_SLIDER_BLUE	Value	int	m_nBlue	—

5）为 CEx_BkColorDlg 类添加两个成员变量，一个是 int 型 m_nRedValue，用来指定 RGB 中的红色分量，另一个是画刷 CBrush 类对象 m_Brush，用来设置对话框背景所需的画刷。在 OnInitDialog 中添加下列初始化代码。

```
BOOL CEx_BkColorDlg::OnInitDialog()
{
    CDialog::OnInitDialog();
    ...
    // TODO: Add extra initialization here
    m_scrollRed.SetScrollRange(0, 255);
    m_sliderBlue.SetRange(0, 255);
    m_sliderGreen.SetRange(0, 255);
    m_nBlue = m_nGreen = m_nRedValue = 192;
    UpdateData( FALSE );
    m_scrollRed.SetScrollPos(m_nRedValue);
    return TRUE;  // return TRUE  unless you set the focus to a control
}
```

6）用 MFC ClassWizard 为 CEx_BkColorDlg 类添加 WM_HSCROLL 消息映射，并添加下列代码。

```
void CEx_BkColorDlg::OnHScroll(UINT nSBCode, UINT nPos, CScrollBar* pScrollBar)
{
    int nID = pScrollBar->GetDlgCtrlID();            // 获取对话框中控件的ID
    if (nID == IDC_SCROLLBAR_RED) {                  // 若是滚动条产生的水平滚动消息
        switch(nSBCode){
            case SB_LINELEFT:     m_nRedValue--;     // 单击滚动条左边箭头
                                  break;
            case SB_LINERIGHT:    m_nRedValue++;     // 单击滚动条右边箭头
                                  break;
            case SB_PAGELEFT:     m_nRedValue -= 10;
                                  break;
            case SB_PAGERIGHT:    m_nRedValue += 10;
                                  break;
            case SB_THUMBTRACK:   m_nRedValue = nPos;
                                  break;
        }
        if (m_nRedValue<0) m_nRedValue = 0;
        if (m_nRedValue>255) m_nRedValue = 255;
        m_scrollRed.SetScrollPos(m_nRedValue);
    }
    Invalidate();                                    // 使对话框无效，强迫系统重绘对话框
    CDialog::OnHScroll(nSBCode, nPos, pScrollBar);
}
```

7）用 MFC ClassWizard 为 CEx_BkColorDlg 类添加 WM_CTLCOLOR 消息映射，并添加下列代码。

```
HBRUSH CEx_BkColorDlg::OnCtlColor(CDC* pDC, CWnd* pWnd, UINT nCtlColor)
{
    UpdateData(TRUE);
    COLORREF color = RGB(m_nRedValue, m_nGreen, m_nBlue);
    m_Brush.Detach();                      // 使画刷和对象分离
    m_Brush.CreateSolidBrush(color);       // 创建颜色画刷
    pDC->SetBkColor( color );              // 设置背景颜色
    return (HBRUSH)m_Brush;                // 返回画刷句柄，以便系统使此画刷绘制对话框
}
```

代码中，COLORREF 是用来表示 RGB 颜色的一个 32 位的数据类型，它是 Visual C++中专门用来定义颜色的数据类型。（画刷的详细用法以后还会讨论）

8）编译运行并测试。需要说明的是：由于滚动条和滑动条等许多控件都能产生 WM_HSCROLL 或 WM_VSCROLL 消息，因此当它们处在同一方向（水平或垂直）时，需要添加相应代码判断消息是谁产生的。同时，由于滚动条中间的滚动块在默认时不会停止在用户操作的位置，因此需要调用 SetScrollPos 函数来设置相应的位置。

在界面设计中，对话框是一种常用的模板，它包含了许多具有独立功能的控件。实际上，一个完整的应用程序界面除了对话框外，还应有菜单栏、工具栏、状态栏、图标、光标（指针）等基本界面元素，下一章就来讨论。

5.8　常见问题解答

（1）如何找出在项目工作区中消失的类？或者是有"类"信息节点显示，但双击成员函数节点却打不开其实现文件（.cpp）？

解答：可有以下几种解决方法。

- 打开该类对应的头文件，然后将其类名随便改一下，这时工作区出现新的类，再将这个类改回原来的名字就可以了。
- 关闭当前项目，删除当前项目文件夹中的"*.ncb"文件，然后重新打开项目。
- 删除当前项目文件夹中的"*.clw"文件，然后按【Ctrl+W】组合键，提示添加类，添加全部。
- 用 MFC ClassWizard 为这个类生成一个消息映射函数，即可在项目工作区的 ClassView 页面中看到该类，最后删除添加的映射函数。

（2）如何使用编辑框 CEdit 类的相关成员函数来获取文本？

解答：下面的代码将显示编辑框中第二行的文本内容。

```
char str[100];
if (m_Edit.GetLineCount()>=2)                     // 判断多行编辑框的文本是否有两行以上
{
    int nChars;
    nChars = m_Edit.LineLength(m_Edit.LineIndex(1));
    // 获取第二行文本的字符数
    // 0表示第一行，1表示第二行，以此类推。LineIndex用于将文本行转换成
    // 能被 LineLength 识别的索引
    m_Edit.GetLine(1,str,nChars);                  // 获取第二行文本
    str[nChars] = '\0';
    MessageBox(str);
}
```

代码中，由于调用 GetLine 获得某行文本内容时，并不能自动在文本后添加文本的结束符'\0'，因此需要先获得某行文本的字符数，然后设置文本的结束符。

（3）如何使编辑框与旋转按钮控件结成"伙伴"控件，使其看起来像一个控件一样？

解答：结成"伙伴"控件要满足以下条件。

- 编辑框和旋转按钮的 Tab 次序要按从小到大的顺序连续。例如，若编辑框的 Tab 次序是 10，则结伴的旋转按钮控件的次序一定是 11。
- 指定旋转按钮控件的"自动结伴（Auto buddy）"属性，并指定附着（排列）的方式：Right（右边）或 Left（左边）。

- 指定旋转按钮控件的"自动结伴整数（Set buddy integer）"属性。

习题

1. 什么是控件？根据控件的性质可以将控件分为哪几类？

2. 什么是 DDV/DDX 技术？如何使用该技术？

3. 什么是控件的通知消息？它在编程中的作用是什么？

4. 什么是静态控件？静态控件有哪些？什么是按钮控件？按钮控件有哪些？

5. 一个对话框中有 9 个单选按钮控件，分为 3 组，每组 3 个，每组中只能有一个单选按钮被选中。先设计这个对话框，然后编程获得每组选中的单选按钮控件的文本内容。

题 7 图

6. 若在"学生个人信息"对话框中添加一个静态图片控件，当单击性别"男"时，图片呈现一张"男"图片（可用其他图片代替），单击性别"女"时，图片换成"女"。看看如何实现？

7. 制作一个"用户登录"对话框，如右图所示。当用户输入"用户名"和"密码"分别是"LiMing"和"886688"时，显示"输入正确！"，否则显示"没有此用户名！"或"密码错误！"。

8. 什么是编辑框控件？EN_CHANGE 和 EN_UPDATE 通知消息有何异同？

9. 什么是列表框和组合框？它们的通知消息有何异同？

10. 什么是滚动条、进展条、滑动条和旋转按钮控件？

11. 什么是旋转按钮的"伙伴"控件？若在对话框中添加一个编辑框和旋转控件，并使它们成为伙伴窗口。设编辑框默认的数值为 29.7，当单击旋转控件的向上和向下按钮时，分别使编辑框数值按 0.1 增加和减少。如何实现？

12. 与时间日期相关的控件有哪些？

单元综合测试

一、选择题

1. 下列关于对话框中数据交换的说法中，正确的是（　　）。

A) 只能交换基本数据类型，不能交换"类"类型的对象数据

B) 可以交换任何 C++中合法的数据类型

C) 可以交换基本数据类型和一些特定的"类"类型的数据

D) 可以对所有数据的大小范围进行限制

2. CDialog 类的成员函数 UpdateData 的功能是（　　）。

A) 在调用 UpdateData 函数时，令参数为 FALSE，控件变量的值将更新对话框控件的显示值

B) 在调用 UpdateData 函数时，令参数为 TRUE，控件变量的值将更新对话框控件的显示值

C) 用对话框中的数据更新数据库中的数据

D) 用数据库中的数据更新对话框中的数据

3. 在 MFC 类中，访问对话框的编辑框中文本的函数是（　　）。

A) GetText　　　　B) GetItem　　　　C) GetDlgItemText　　　　D) GetDlgText

4. 在窗口中添加一个仅用于显示文字提示的控件，这个控件的类为（　　）。

　　A) CStatic　　　　　　　B) CButton　　　　　C) CEdit　　　　　　　　D) CComboBox

5. 在 MFC 编程中，所有基于窗口的控件类的基类是（　　）。

　　A) CWnd　　　　　　　B) CView　　　　　C) CWindow　　　　　D) CFrameWnd

6. 已知以下语句：

```
GetDlgItem(IDC_COOL)->EnableWindow(FALSE);
```

则下列说法正确的是（　　）。

　　A) 该语句禁用了对话框中 ID 为 IDC_COOL 的控件

　　B) 该语句将显示 ID 为 IDC_COOL 的对话框

　　C) 该语句使 ID 为 IDC_COOL 的控件变为可见

　　D) 该语句使 ID 为 IDC_COOL 的控件由灰色变为可用

7. 如果 1 个单选按钮的 Group（组）属性被设置为"TRUE"（选中），则说明（　　）。

　　A) 该单选按钮是 1 组单选按钮的第 1 个

　　B) 该单选按钮独自作为 1 个按钮组

　　C) 该单选按钮的消息响应属于 1 个组框

　　D) 该单选按钮一定是默认的单选按钮

8. 关于列表框（List Box）控件，以下说法错误的是（　　）。

　　A) 列表框控件可以列出一系列供用户从中选择的项

　　B) 列表框控件中的选项可以使用字符串

　　C) 列表框控件中的选项可以使用滚动条

　　D)一次只能选择列表框中的 1 个选项

9. 要在列表框中添加字符串，可以使用的成员函数是（　　）。

　　A) AddString　　　　B) AddText　　　　C) SelectString　　　　D) SetSel

10. 若要将列表框的某个列表项与一个较大的"类"类型的对象数据相关联，则应调用的成员函数是（　　）。

　　A) SetItemData　　　B) SetItemDataPtr　　C) SetItemText　　　　D) SetData

二、填空题

1. 判断一组单选按钮中哪一个被选中了，要使用_____①_____函数；要得到单选或复选框的选中状态，应使用_____②_____函数。

2. 列举 3 个没有 Caption（标题）属性的控件：_____。

3. 对话框中有一个列表控件，ID 为 IDC_LIST1，要获取该控件的类对象指针，应使用语句_____①_____。要将"China"添加到 IDC_LIST1 的最前面，应使用语句_____②_____。

4. 组合框将控件_____①_____和_____②_____的功能组合在一起，当删除组合框的所有项时，应调用其成员函数_____③_____。

5. 单击滚动条的滚动块时，会产生_____消息。

6. 计时器能周期性地按一定的时间间隔向应用程序发送_____消息。

第6章 框架窗口界面设计

在 Windows 应用程序中，窗口、菜单、图标、光标（指针）是最基本的界面元素，工具栏和状态栏是界面中另一种形式的容器，这些风格和外观有时直接影响着用户对软件的评价。本章将从基本界面元素最简单的用法开始入手，逐步深入到对其进行编程控制。

6.1 框架窗口

框架窗口可以分为应用程序主窗口和文档窗口两类。

6.1.1 主窗口和文档窗口

主窗口是应用程序直接放置在桌面（DeskTop）上的窗口，每个应用程序只能有一个主窗口，主窗口的标题栏往往显示应用程序的名称。

当用 MFC AppWizard 创建单文档（SDI）或多文档（MDI）应用程序时，主窗口类的源文件名分别是 MainFrm.h 和 MainFrm.cpp，其类名是 CMainFrame。单文档应用程序的主窗口类从 CFrameWnd 派生而来，多文档应用程序的主窗口类是从 CMDIFrameWnd 派生的。如果应用程序中还有工具栏（CToolBar）、状态栏（CStatusBar）等，那么 CMainFrame 类还含有分别表示工具栏和状态栏的成员变量 m_wndToolBar 和 m_wndStatusBar，并在 CMainFrame 的 OnCreate 函数中进行初始化。

对于单文档应用程序来说，文档窗口和主窗口是一致的，即主窗口就是文档窗口；而对于多文档应用程序，文档窗口是主窗口的子窗口，如图 6-1 所示。

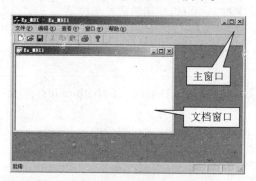

图 6-1 多文档应用程序的框架窗口

文档窗口一般都有相应的可见边框，它的客户区（除了窗口标题栏、边框外的白底区域）由相应的视图构成，因此视图可以说是文档窗口内的子窗口。文档窗口时刻跟踪当前处于活动状态的视图的变化，并将用户或系统产生的命令消息传递给当前活动视图。而主窗口负责管理各个用户交互对象（包括菜单、工具栏、状态栏以及加速键）并根据用户操作相应地创建或更新文档窗口及其视图。

在多文档应用程序中，MFC AppWizard 创建的文档窗口类的源文件是 ChildFrm.h 和 ChildFrm.cpp，其类名是 CChildFrame，它是从 CMDIChildWnd 派生的。

6.1.2 窗口样式的设置

在 Visual C++中，窗口样式决定了窗口的外观及功能，通过设置样式可以增加或减少窗口的功能，这些功能一般是由系统内部定义的，不需要编程实现。窗口样式既可以在 MFC AppWizard（exe）向导过程中设置，也可以通过在主窗口或文档窗口类的 PreCreateWindow 函数中修改 CREATESTRUCT 结构来实现，还可以调用 CWnd 类的成员函数 ModifyStyle 和 ModifyStyleEx 来更改。

1. 窗口样式

窗口样式通常有一般（以 WS_ 为前缀）和扩展（以 WS_EX_ 为前缀）两种形式。这两种形式的窗口样式可在 CWnd::Create 或 CWnd::CreateEx 中指定，其中 CWnd:: CreateEx 可同时支持以上两种样式，而 CWnd::Create 只能指定窗口的一般样式。需要说明的是，控件和对话框的窗口样式可直接通过其属性对话框设置。窗口的一般样式如表 6-1 所示。

表 6-1 窗口的一般样式

风 格	含 义
WS_BORDER	窗口含有边框
WS_CAPTION	窗口含有标题栏（表示还具有 WS_BORDER 样式），但它不能和 WS_DLGFRAME 组合
WS_CHILD	创建子窗口，它不能和 WS_POPUP 组合
WS_CLIPCHILDREN	在父窗口范围内裁剪子窗口，它通常在父窗口创建时指定
WS_CLIPSIBLINGS	裁剪相邻子窗口，即具有此样式的子窗口和其他子窗口重叠的部分被裁剪。它只能和 WS_CHILD 组合
WS_DISABLED	窗口最初时是禁用的
WS_DLGFRAME	窗口含有双边框，但没有标题
WS_GROUP	此样式被控件组中的第一个控件窗口指定。用户可在控件组的第一个和最后一个控件中用方向键来回选择
WS_HSCROLL	窗口含有水平滚动条
WS_MAXIMIZE	窗口最初时处于最大化
WS_MAXIMIZEBOX	在窗口的标题栏上含有"最大化"按钮
WS_MINIMIZE	窗口最初时处于最小化，它只能和 WS_OVERLAPPED 组合
WS_MINIMIZEBOX	在窗口的标题栏上含有"最小化"按钮
WS_OVERLAPPED	创建覆盖窗口，一个覆盖窗口通常有一个标题和边框
WS_OVERLAPPEDWINDOW	创建一个含有 WS_OVERLAPPED、WS_CAPTION、WS_SYSMENU、WS_THICKFRAME、WS_MINIMIZEBOX 和 WS_MAXIMIZEBOX 样式的覆盖窗口
WS_POPUP	创建一个弹出窗口，它不能和 WS_CHILD 组合，**只能用 CreateEx 函数指定**
WS_POPUPWINDOW	创建一个含有 WS_BORDER、WS_POPUP 和 WS_SYSMENU 样式的弹出窗口。只有 WS_CAPTION 和 WS_POPUPWINDOW 样式组合时，才能使系统菜单可见
WS_SYSMENU	窗口的标题栏上含有系统菜单框，它仅用于含有标题栏的窗口
WS_TABSTOP	用户可以用【Tab】键选择控件组中的下一个控件
WS_THICKFRAME	窗口含有边框，并可调整窗口的大小
WS_VISIBLE	窗口最初是可见的
WS_VSCROLL	窗口含有垂直滚动条

需要说明的是，除了上述样式外，框架窗口还有以下 3 种独特的样式，它们都可以在

PreCreateWindow 重载函数中指定。

1）FWS_ADDTOTITLE。该样式指定一个文档名添加到框架窗口标题中，例如，图 6-1 中的"Ex_MDI – Ex_MDI1"，Ex_MDI1 是文档名。单文档应用程序默认的文档名是"无标题"。

2）FWS_PREFIXTITLE。该样式使得框架窗口标题中的文档名显示在应用程序名之前。例如，若未指定该样式时的窗口标题为"Ex_MDI – Ex_MDI1"，指定该样式后就变成了"Ex_MDI1 – Ex_MDI"。

3）FWS_SNAPTOBARS。该样式用来调整窗口的大小，使它刚好包含框架窗口中的控制栏（如工具栏）。

图 6-2 "高级选项"对话框

2. 用 MFC AppWizard 设置

MFC AppWizard 在创建单文档或多文档应用程序过程的第四步中有一个 高级(A)... 按钮，允许用户指定有关 SDI 和 MDI 框架窗口的属性，图 6-2 为"高级选项"（Advanced Options）对话框的"窗口样式"（Window Styles）页面，其中的选项含义见表 6-2。在该对话框中，只能设定少数几种窗口样式。

表 6-2 "高级选项"对话框窗口样式的各项含义

选 项	含 义
使用可拆分窗体（Use split window）	选中时，将程序的文档窗口创建成"切分"（或称拆分）窗口
厚边框（Thick frame）	选中时，设置窗口样式 WS_THICKFRAME
最小化边框（Minimize box）	选中时，设置窗口样式 WS_MINIMIZEBOX，标题右侧含有"最小化"按钮
最大化边框（Maximize box）	选中时，设置窗口样式 WS_MAXIMIZEBOX，标题右侧含有"最大化"按钮
系统菜单（System menu）	选中时，设置窗口样式 WS_SYSMENU，标题左侧有系统菜单
最小化（Minimized）	选中时，设置窗口样式 WS_MINIMIZE
最大化（Maximized）	选中时，设置窗口样式 WS_MAXIMIZE

3. 修改 CREATESTRUCT 结构

窗口创建之前，系统自动调用 PreCreateWindow 虚函数。在用 MFC AppWizard 创建文档应用程序框架时，MFC 已为主窗口或文档窗口类自动重载了该虚函数。可以在此函数中通过修改 CREATESTRUCT 结构来设置窗口的绝大多数样式。例如，在单文档应用程序中，框架窗口默认的样式是 WS_OVERLAPPEDWINDOW 和 FWS_ADDTOTITLE 的组合，更改其样式可用下列代码。

```
BOOL CMainFrame::PreCreateWindow(CREATESTRUCT& cs)
{
    cs.style &= ~WS_MAXIMIZEBOX;          // 新窗口不带有"最大化"按钮
    // 将窗口的大小设为1/3屏幕并居中
    cs.cy = ::GetSystemMetrics(SM_CYSCREEN) / 3;
    cs.cx = ::GetSystemMetrics(SM_CXSCREEN) / 3;
    cs.y = ((cs.cy * 3) - cs.cy) / 2;
    cs.x = ((cs.cx * 3) - cs.cx) / 2;
    return CFrameWnd::PreCreateWindow(cs);
}
```

代码中，前面有"::"作用域符号的函数是全局函数，一般都是一些 API 函数。"cs.style &= ~WS_MAXIMIZEBOX;"中的"~"是按位取"反"运算符，它将 WS_MAXIMIZEBOX 的值按位取反后，再和 cs.style 值按位"与"，其结果是将 cs.style 值中的 WS_MAXIMIZEBOX 标志位清零。

再如，对于多文档应用程序，文档窗口的样式可用下列代码更改：

```
BOOL CChildFrame::PreCreateWindow(CREATESTRUCT& cs)
{
    cs.style &= ~WS_MAXIMIZEBOX;    // 创建不含有"最大化"按钮的子窗口
    return CMDIChildWnd::PreCreateWindow(cs);
}
```

4. 使用 ModifyStyle 和 ModifyStyleEx

CWnd 类中的成员函数 ModifyStyle 和 ModifyStyleEx 也可用来更改窗口的样式，其中 ModifyStyleEx 还可更改窗口的扩展样式。这两个函数具有相同的参数，其含义如下。

BOOL ModifyXXXX(**DWORD** *dwRemove*, **DWORD** *dwAdd*, UINT *nFlags* = **0**);

其中，参数 dwRemove 用来指定需要删除的样式，dwAdd 用来指定需要增加的样式，nFlags 表示 SetWindowPos 的标志，0（默认）表示更改样式时不会调用 SetWindowPos 函数。

由于框架窗口在创建时不能直接设定其扩展样式，因此只能通过调用 ModifyStyle 函数来进行。例如，用 MFC ClassWizard 为一个多文档应用程序 Ex_MDI 的子文档窗口类 CChildFrame 添加 OnCreateClient 消息处理，并添加下列代码：

```
BOOL CChildFrame::OnCreateClient(LPCREATESTRUCT lpcs, CCreateContext* pContext)
{
    ModifyStyle(0, WS_VSCROLL, 0);
    return CMDIChildWnd::OnCreateClient(lpcs, pContext);
}
```

这样，当窗口创建客户区时，调用虚函数 OnCreateClient。运行结果如图 6-3 所示。

6.1.3 窗口状态的改变

MFC AppWizard 为每个窗口设置了相应的大小和位置，但默认的窗口状态有时并不那么令人满意，这时就需要适当改变窗口状态。

图 6-3 为子文档窗口添加垂直滚动条

1. 使用 ShowWindow

当应用程序运行时，用户应用程序类的虚函数 InitInstance 还会进一步调用相应的函数来完成主窗口的构造和显示工作。例如，下面的代码（以单文档应用程序项目 Ex_SDI 为例）：

```
BOOL CEx_SDIApp::InitInstance()
{   //…
    m_pMainWnd->ShowWindow(SW_SHOW);        // 显示窗口
    m_pMainWnd->UpdateWindow();             // 更新窗口
    return TRUE;
}
```

代码中，m_pMainWnd 是主窗口指针变量，ShowWindow 是 CWnd 类的成员函数，用来按指定的参数显示窗口。该参数的值如表 6-3 所示。

表 6-3 ShowWindow 函数的参数值

参数值	含 义
SW_HIDE	隐藏此窗口并将激活状态移交给其他窗口
SW_MINIMIZE	将窗口最小化并激活系统中的顶层窗口
SW_RESTORE	激活并显示窗口。若窗口是最小或最大状态，则恢复到原来的大小和位置

（续）

参数值	含 义
SW_SHOW	用当前的大小和位置激活并显示窗口
SW_SHOWMAXIMIZED	激活窗口并使之最大化
SW_SHOWMINIMIZED	激活窗口并使之最小化
SW_SHOWMINNOACTIVE	窗口显示成一个图标并保留其激活状态（即原来是激活的，仍然是激活）
SW_SHOWNA	用当前状态显示窗口
SW_SHOWNOACTIVATE	用最近的大小和位置状态显示窗口并保留其激活状态
SW_SHOWNORMAL	激活并显示窗口

通过指定 ShowWindow 函数的参数值可以改变窗口显示状态。例如，下面的代码是将窗口的初始状态设置为"最小化"：

```
BOOL CEx_SDIApp::InitInstance()
{    //…
    m_pMainWnd->ShowWindow(SW_SHOWMINIMIZED);
    m_pMainWnd->UpdateWindow();
    return TRUE;
}
```

需要说明的是，由于用户应用程序类继承了基类 CWinApp 的特性，因此也可在用户应用程序类中使用公有型（public）成员变量 m_nCmdShow，通过对其进行赋值，同样能达到效果。例如上述代码可改写为：

```
BOOL CEx_SDIApp::InitInstance()
{    //…
    m_nCmdShow = SW_SHOWMINIMIZED;
    m_pMainWnd->ShowWindow(m_nCmdShow);
    m_pMainWnd->UpdateWindow();
    return TRUE;
}
```

2. 使用 SetWindowPos 或 MoveWindow

CWnd:: SetWindowPos 是一个非常有用的函数，它不仅可以改变窗口的大小、位置，而且可以改变所有窗口在堆栈排列的次序（Z 次序），这个次序是根据它们在屏幕上出现的先后来确定的。该函数的原型如下：

BOOL SetWindowPos(const CWnd* *pWndInsertAfter*, **int** *x*, **int** *y*, **int** *cx*, **int** *cy*, **UINT** *nFlags*);

其中，参数 pWndInsertAfter 用来指定窗口对象指针，它可以有下列预定义值：

wndBottom   将窗口放置在 Z 次序中的底层

wndTop   将窗口放置在 Z 次序中的顶层

wndTopMost   设置最顶窗口

wndNoTopMost 将窗口放置在所有最顶层的后面，若此窗口不是最顶窗口，则此标志无效

x 和 y 表示窗口新的左上角坐标，cx 和 cy 分别表示窗口新的宽度和高度，nFlags 表示窗口新的大小和位置方式，如表 6-4 所示。

函数 CWnd::MoveWindow 也可用来改变窗口的大小和位置，与 SetWindowPos 函数不同的是，用户必须在 MoveWindow 函数中指定窗口的大小。该函数的原型如下：

```
void MoveWindow( int x, int y, int nWidth, int nHeight, BOOL bRepaint = TRUE );
void MoveWindow( LPCRECT lpRect, BOOL bRepaint = TRUE );
```

其中，参数 x 和 y 表示窗口新的左上角坐标，nWidth 和 nHeight 分别表示窗口新的宽度和高度，bRepaint 用于指定窗口是否重绘，lpRect 表示窗口新的大小和位置。

表 6-4　常用 nFlags 值及其含义

nFlags 值	含　义
SWP_HIDEWINDOW	隐藏窗口
SWP_NOACTIVATE	不激活窗口。如该标志没有指定，则依赖 pWndInsertAfter 参数
SWP_NOMOVE	不改变当前的窗口位置（忽略 x 和 y 参数）
SWP_NOOWNERZORDER	不改变父窗口的 Z 次序
SWP_NOREDRAW	不重新绘制窗口
SWP_NOSIZE	不改变当前的窗口大小（忽略 cx 和 cy 参数）
SWP_NOZORDER	不改变当前窗口的 Z 次序（忽略 pWndInsertAfter 参数）
SWP_SHOWWINDOW	显示窗口

作为示例，这里将使用上述两个函数把主窗口移动到屏幕的（100，100）处（代码添加在 CEx_SDIApp::InitInstance 中的 return TRUE 语句之前）。

```
// 使用 SetWindowPos 函数的示例
m_pMainWnd->SetWindowPos(NULL,100,100,0,0,SWP_NOSIZE|SWP_NOZORDER);
// 使用 MoveWindow 函数的示例
CRect rcWindow;
m_pMainWnd->GetWindowRect(rcWindow);
m_pMainWnd->MoveWindow(100,100,rcWindow.Width(),rcWindow.Height(),TRUE);
```

当然，改变窗口的大小和位置的 CWnd 成员函数不止以上两个。例如 CenterWindow 函数使窗口居于父窗口中央，就像下面的代码：

```
CenterWindow(CWnd::GetDesktopWindow());        // 将窗口置于屏幕中央
AfxGetMainWnd()->CenterWindow();               // 将主窗口居中
```

6.2　图标和光标

图标、光标虽然都是位图，但它们有各自的特点。例如，同一个图标或光标对应不同的显示设备时，可以包含不同的图像，光标还有"热点"的特性。下面介绍如何用图形编辑器创建和编辑图标和光标，并着重讨论它们在程序中的控制方法。

6.2.1　图像编辑器

在 Visual C++ 6.0 中，图像编辑器可以创建和编辑任何位图格式的图像资源，除了后面要讨论的工具栏按钮外，它还用于位图、图标和光标。它的功能很多，如提供一套完整的绘图工具来绘制 256 色的图像，可以移动和复制位图以及含有若干编辑工具等。由于图像编辑器的使用和 Windows 中的"绘图"工具相似，因此它的具体绘制操作这里不再介绍。这里仅讨论一些常用操作：新建图标和光标、选用或定制显示设备和设置光标"热点"（所谓**热点**，是指光标的位置点）等。

1. 新建图标和光标

在 Visual C++ 6.0 中，创建一个应用程序后，按【Ctrl+R】组合键可以打开"插入资源"对话框，从中选择 Cursor（光标）或 Icon（图标）资源类型，单击 [新建(N)] 按钮后，系统为程序添加一个新的图标或光标资源，并在开发环境右侧出现图像编辑器。图 6-4 是添加一个新的图标资源后出现的图像编辑器。

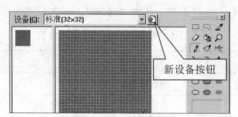

图 6-4　添加图标后的图像编辑器

在创建新图标或光标时，图像编辑器首先创建一个适合当前设备环境的图像，开始时它以屏幕色（透明方式）填充。新建光标的"热点"被初始化为左上角的点，坐标为（0，0）。默认情况下，图像编辑器支持的显示设备如表 6-5 所示。

表 6-5　创建图标或光标时可选用的显示设备

设 备	颜色数目	宽 度	高 度
单显模式（Monochrome）	2	32	32
小设备模式（Small）	16	16	16
标准模式（Standard）	16	32	32
大模式（Large）	256	48	48

由于同一个图标或光标在不同的显示环境中包含不同的图像，因此，在创建图标或光标前必须指定好目标显示设备。这样，在打开所创建的图形资源时，与当前设备最吻合的图像被打开。

2. 选用和定制显示设备

如图 6-5 所示，在图像编辑器工作窗口的控制条上，有一个"新建设备图像"（New Device Image）按钮 📲，单击此按钮后，系统弹出相应的新设备列表，可以从中选取需要的显示设备。

除了对话框中列表框显示的设备外，还可以单击 [自定义(C)...] 按钮，在弹出的对话框中定制新的显示设备，如图 6-6 所示，在这里可指定新设备图像的大小和颜色。

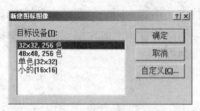

图 6-5　选择显示设备

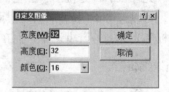

图 6-6　自定义设备图像

3. 设置光标热点

Windows 系统借助光标"热点"来确定光标的实际位置。在图像编辑器的控制条上或光标属性对话框中都可以看到当前光标"热点"的位置。图 6-7 是添加光标资源后出现的图像编辑器。

默认时，光标热点是图像左上角（0，0）的点。当然，这个热点位置可以重新指定：单击热点（Hot Spot）按钮 ⊞，在光标图像上单击要指定的位置即可。

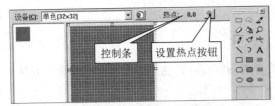

图6-7　添加光标后的图像编辑器

6.2.2　图标及其使用

在 Windows 中，一个应用程序允许有两种尺寸的图标：一种是普通图标，也称为**大图标**，它是大小为 32 像素 × 32 像素的位图。另一种是**小图标**，它是大小为 16 像素 × 16 像素的位图。在桌面上，应用程序总是用大图标作为自身的类型标识，一旦启动后，其窗口的左上角和任务栏的程序按钮上就显示出该应用程序的小图标。

1. 图标的调入和清除

在 MFC 中，在应用程序中添加一个图标资源后，可以使用 CWinApp::LoadIcon 函数将其调入并返回一个图标句柄。该函数原型如下：

```
HICON LoadIcon( LPCTSTR lpszResourceName ) const;
HICON LoadIcon( UINT nIDResource ) const;
```

其中，lpszResourceName 和 nIDResource 分别表示图标资源的字符串名和标识。函数返回一个图标句柄。

如果不想使用新的图标资源，也可使用系统中预定义的标准图标，这时需调用 CWinApp::LoadStandardIcon 函数，其原型如下：

```
HICON LoadStandardIcon( LPCTSTR lpszIconName ) const;
```

其中，lpszIconName 可以是下列值之一：

```
IDI_APPLICATION      默认的应用程序图标
IDI_HAND             手形图标（用于严重警告）
IDI_QUESTION         问号图标（用于提示消息）
IDI_EXCLAMATION      警告消息图标（惊叹号）
IDI_ASTERISK         消息图标
```

图标加载后，可使用全局函数 DestroyIcon 来删除图标，并释放为图标分配的内存，其原型如下：

```
BOOL DestroyIcon( HICON hIcon );
```

其中，hIcon 用来指定要删除的图标句柄。

2. 应用程序图标的改变

在用 MFC AppWizard 创建的应用程序中，图标资源 IDR_MAINFRAME 用来表示应用程序窗口的图标，通过图形编辑器可直接修改其内容。实际上，在程序中还可使用 GetClassLong 和 SetClassLong 函数重新指定应用程序窗口的图标，该函数的原型如下：

```
DWORD SetClassLong( HWND hWnd, int nIndex, LONG dwNewLong);
DWORD GetClassLong( HWND hWnd, int nIndex);
```

其中，hWnd 用来指定窗口类句柄，dwNewLong 用来指定新的 32 位值。nIndex 用来指定与 WNDCLASSEX 结构相关的索引，它可以是下列值之一：

```
GCL_HBRBACKGROUND          窗口类的背景画刷句柄
GCL_HCURSOR                窗口类的光标句柄
GCL_HICON                  窗口类的图标句柄
GCL_MENUNAME               窗口类的菜单资源名称
```

下面的示例将应用程序的图标按一定的序列显示，使其看起来具有动画效果。

【例 Ex_Icon】图标使用

1）用 MFC AppWizard(exe)创建一个默认的单文档应用程序 Ex_Icon。

2）添加 4 个图标资源，单击"新建设备图像"按钮，选择"小的（16×16）"设备类型，保留图标资源默认的 ID：IDI_ICON1~ IDI_ICON4，制作如图 6-8 所示的图标。

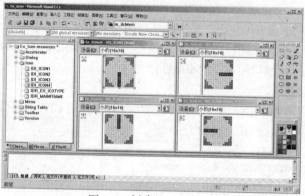

图 6-8   创建的 4 个图标

3）为 CMainFrame 类添加一个成员函数 ChangeIcon，用来切换应用程序的图标。该函数的代码如下：

```cpp
void CMainFrame::ChangeIcon(UINT nIconID)
{
    HICON hIconNew = AfxGetApp()->LoadIcon(nIconID);
    HICON hIconOld = (HICON)GetClassLong(m_hWnd, GCL_HICON);
    if (hIconNew != hIconOld){
        DestroyIcon(hIconOld);
        SetClassLong(m_hWnd, GCL_HICON, (long)hIconNew);
        RedrawWindow();                    // 重绘窗口
    }
}
```

4）在 CMainFrame::OnCreate 函数的最后添加计时器设置代码：

```cpp
int CMainFrame::OnCreate(LPCREATESTRUCT lpCreateStruct)
{
    if (CFrameWnd::OnCreate(lpCreateStruct) == -1)   return -1;
    //...
    SetTimer(1, 500, NULL);
    return 0;
}
```

5）用 MFC ClassWizard 为 CMainFrame 类添加 WM_TIMER 的消息映射函数，并添加下列代码：

```cpp
void CMainFrame::OnTimer(UINT nIDEvent)
{
    static int icons[] = { IDI_ICON1, IDI_ICON2, IDI_ICON3, IDI_ICON4};
    static int index = 0;
```

```
        ChangeIcon(icons[index]);
        index++;
        if (index>3) index = 0;
        CFrameWnd::OnTimer(nIDEvent);
}
```

6）用 MFC ClassWizard 为 CMainFrame 类添加 WM_DESTROY 的消息映射函数，并添加下列代码：

```
void CMainFrame::OnDestroy()
{
        CFrameWnd::OnDestroy();
        KillTimer(1);
}
```

7）编译并运行。可以看到任务栏上的按钮以及应用程序标题栏上的 4 个图标循环显示的动态效果，显示速度为每秒 2 帧。

6.2.3　光标及其使用

光标在 Windows 程序中起着非常重要的作用，它不仅能反映鼠标的运动位置，还可以表示程序执行的状态，引导用户的操作，使程序更加生动。例如，沙漏光标表示"正在执行，请等待"，IE 中的手形光标表示"可以跳转"，还有一些有趣的动画光标。光标又称为"鼠标指针"。

1. 使用系统光标

Windows 预定义了一些经常使用的标准光标，这些光标均可使用函数 CWinApp::LoadStandardCursor 加载到程序中，该函数的原型如下：

HCURSOR LoadStandardCursor(**LPCTSTR** *lpszCursorName*) **const**;

其中，lpszCursorName 用来指定一个标准光标名，它可以是下列常见的宏定义：

IDC_ARROW	标准箭头光标	**IDC_IBEAM**	标准文本输入光标
IDC_WAIT	漏斗型计时等待光标	**IDC_CROSS**	十字形光标
IDC_UPARROW	垂直箭头光标	**IDC_SIZEALL**	四向箭头光标
IDC_SIZENWSE	向下的双向箭头光标	**IDC_SIZENESW**	向上双向箭头光标
IDC_SIZEWE	左右双向箭头光标	**IDC_SIZENS**	上下双向箭头光标

例如，加载一个垂直箭头光标 IDC_UPARROW 的代码如下：

```
HCURSOR hCursor;
hCursor = AfxGetApp()->LoadStandardCursor(IDC_UPARROW);
```

2. 使用光标资源

用编辑器创建或从外部调入的光标资源，可通过函数 CWinApp::LoadCursor 进行加载，其原型如下：

HCURSOR LoadCursor(**LPCTSTR** *lpszResourceName*) **const**;
HCURSOR LoadCursor(**UINT** *nIDResource*) **const**;

其中，lpszResourceName 和 nIDResource 分别用来指定光标资源的名称或 ID。例如，当光标资源为 IDC_CURSOR1 时，可使用下列代码：

```
HCURSOR hCursor;
hCursor = AfxGetApp()->LoadCursor(IDC_CURSOR1);
```

需要说明的是，也可直接用全局函数 LoadCursorFromFile 加载一个外部光标文件。例如：

```
HCURSOR hCursor;
hCursor = LoadCursorFromFile("c:\\windows\\cursors\\globe.ani");
```

3. 更改程序中的光标

更改应用程序中的光标除了可以使用 GetClassLong 和 SetClassLong 函数外，最简单的方法是用 MFC ClassWizard 映射 WM_SETCURSOR 消息，该消息是当光标移动到一个窗口内并且还没有捕捉到鼠标时产生的。此消息的映射函数的原型如下：

afx_msg BOOL OnSetCursor(**CWnd*** *pWnd,* **UINT** *nHitTest,* **UINT** *message* **);**

其中，pWnd 表示拥有光标的窗口指针。nHitTest 表示光标所处的位置，例如，为 HTCLIENT 时表示光标在窗口的客户区中，为 HTCAPTION 时表示光标在窗口的标题栏处，为 HTMENU 时表示光标在窗口的菜单栏区域，等等。message 用来表示鼠标消息。

在 OnSetCursor 函数调用 SetCursor 设置相应的光标，OnSetCursor 函数返回 TRUE 时，就可改变当前的光标了。例如，可根据当前鼠标所在的位置来确定单文档应用程序光标的类型，当位于标题栏时为一个动画光标，位于客户区时为一个自定义光标。

【例 Ex_Cursor】改变应用程序光标

1）用 MFC AppWizard(exe)创建一个默认的单文档应用程序 Ex_Cursor。

2）按【Ctrl+R】组合键，打开"插入资源"对话框，选择 Cursor 类型，单击 新建(N) 按钮。在图像编辑器窗口的控制条上，单击"新建设备图像"按钮，从弹出的"新建设备图像"对话框中，单击 自定义(C)... 按钮。在弹出的"自定义图像"对话框中，保留默认的大小和颜色数，单击 确定 按钮，返回"新建设备图像"对话框，添加了"32 × 32, 16 色"设备类型，单击 确定 按钮。

3）在图像编辑器的"设备"组合框中，选择"单色[32 × 32]"，打开"图像"（Image）菜单，选择"删除设备图像"（Delete Device Image）命令，删除"单色[32 × 32]"设备类型。如果不这样做，加载后的光标不会采用"32×32, 16 色"设备类型。

4）保留默认 ID IDC_CURSOR1，用图像编辑器绘制光标图形，指定光标热点位置为（15, 15），结果如图 6-9 所示。

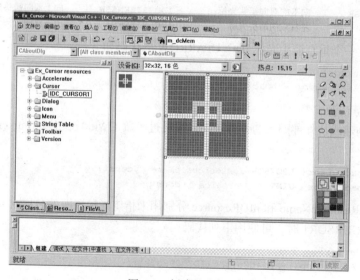

图 6-9 创建的光标

5）为 CMainFrame 类添加一个成员变量 m_hCursor，变量类型为光标句柄 HCURSOR。用 MFC ClassWizard 为 CMainFrame 类添加 WM_SETCURSOR 的消息映射函数，并添加下列代码：

```
BOOL CMainFrame::OnSetCursor(CWnd* pWnd, UINT nHitTest, UINT message)
{
    BOOL bRes = CFrameWnd::OnSetCursor(pWnd, nHitTest, message);
    if (nHitTest == HTCAPTION ) {
        m_hCursor = LoadCursorFromFile("c:\\windows\\cursors\\hand.ani");
        SetCursor(m_hCursor);
        bRes = TRUE;
    } else if (nHitTest == HTCLIENT ) {
        m_hCursor = AfxGetApp()->LoadCursor(IDC_CURSOR1);
        SetCursor(m_hCursor);
        bRes = TRUE;
    }
    return bRes;
}
```

6）编译运行并测试。当鼠标移动到标题栏时，光标变成了 hand.ani 的动画光标，而当移动到客户区时，光标变成了 IDC_CURSOR1 定义的形状。

需要说明的是，Visual C++ 6.0 中还提供了 BeginWaitCursor 和 EndWaitCursor 函数来分别启动和终止沙漏动画光标。

6.3 菜单

像图标一样，菜单也是一种资源模板（容器），其上可包含多级的菜单项。通过选择菜单项可产生相应的命令消息，从而通过消息映射实现要执行的相应任务。需要强调的是，在常见的菜单系统中，最上面一层水平排列的菜单称为**顶层菜单**，每一个顶层菜单项可以是一个简单的菜单命令，也可以是**下拉**（Popup）菜单。下拉菜单中的每一个菜单项也可以是菜单命令或下拉菜单，这样一级一级下去，可以构造出复杂的菜单系统。

6.3.1 用编辑器设计菜单

菜单以资源的形式存放在向导创建的单文档和多文档应用程序中。若创建的默认单文档应用程序为 Ex_SDI，当双击资源 "Menu" 项的 IDR_MAINFRAME 时，菜单编辑器窗口出现在主界面中，相应的菜单资源显示出来。这样，就可以使用菜单编辑器设计菜单了。

1. 编辑菜单

1）在顶层菜单的最后一项，Visual C++ 自动留出了一个空位置，用来输入新的顶层菜单项。在菜单的空位置上双击，出现菜单项的属性对话框，在标题框中输入 "测试(&T)"，结果如图6-10 所示。其中符号&用来将其后面的字符作为该菜单项的助记符，这样当按住【Alt】键不放，再按该助记符键时，对应的菜单项被选中。在菜单打开时，直接按相应的助记符键，对应的菜单项也会被选中。

需要说明的是，Visual C++ 将顶层菜单项的默认属性定义为 "弹出"（下拉）菜单，即该菜单项有下拉式子菜单。一个含有下拉式子菜单的菜单项不需要相应的 ID 标识符。同时，"弹出" 菜单项的属性对话框中，ID、分隔符（Separator）和提示（Prompt）项无效。"菜单项目属性" 对话框中 "常规"（General）选项卡下的其他各项含义见表6-6。

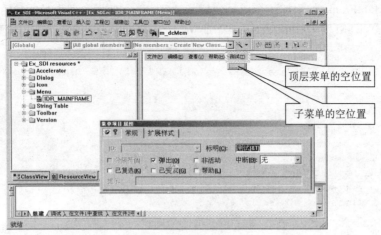

图 6-10 Ex_SDI 菜单资源

表 6-6 "菜单项目 属性"对话框的"常规"选项卡下其他各项含义

项　目	含　义
分隔符（Separator）	选中时，菜单项是一个分隔符或一条水平线
已复选（Checked）	选中时，菜单项文本前显示一个选中标记
已变灰（Grayed）	选中时，菜单项显示是灰色的，用户不能选用
非活动（Inactive）	选中时，菜单项没有被激活，用户不能选用
帮助（Help）	选中时，菜单项在程序运行时被放在顶层菜单的最右端
中断（Break，分块）	当为"列"（Column）时，顶层菜单上的菜单项被放置在另外一行，弹出式子菜单的菜单项被放置在另外一列；当为"条"（Bar）时，与"列"相同，只不过弹出式子菜单还在新列与原来的列之间增加一条竖直线。注意这些效果只能在程序运行后看到
提示（Prompt）	用来指明光标移至该菜单项时，在状态栏上显示的提示信息

2）单击"测试"菜单项下方的空位置，在"菜单项目 属性"对话框中，输入标题"切换菜单(&C)"，在 ID 框中输入该菜单项的资源标识符：ID_TEST_CHANGE，结果如图 6-11 所示。

3）关闭"菜单项目 属性"对话框。单击"测试"菜单项并按住鼠标左键不放，移动鼠标，将"测试"菜单项移到"查看"和"帮助"菜单项之间，然后释放鼠标，结果如图 6-12 所示。这样，就将新添加的"测试"菜单项拖放到"查看"和"帮助"菜单项之间了。需要说明的是，菜单项位置改变后，其属性并没有改变。

图 6-11 修改菜单项属性

图 6-12 拖放"测试"菜单项后的位置

2. 菜单命令的消息映射

菜单项、工具栏的按钮以及快捷键等用户交互对象都能产生 WM_COMMAND 命令消息。命令消息能够被文档类、应用类、窗口类以及视图类等多种对象接收、处理，且用户可以用 ClassWizard 映射命令消息。例如，上述"切换菜单"菜单项的命令映射过程如下：

1）选择"查看"→"建立类向导"命令或按【Ctrl+W】组合键，出现 MFC ClassWizard 对话框，并自动切换到 Message Maps 页面。

2）从 Class name 列表中选择 CMainFrame，在 Object IDs 列表中选择 ID_TEST_CHANGE，然后在 Messages 框中选择 COMMAND 消息。单击 Add Function... 按钮或双击 COMMAND 消息，出现 Add Member Function 对话框，输入成员函数的名称。系统默认的函数名为 OnTestChange，如图 6-13 所示。该函数是对菜单项 ID_TEST_CHANGE 的映射，也就是说，当应用程序运行后，用户选择"测试"→"切换菜单"菜单项时，该函数 OnTestChange 被调用，执行函数中的代码。

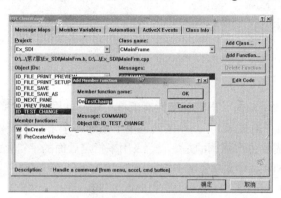

图 6-13 菜单命令消息的映射

3）单击 OK 按钮，在 MFC ClassWizard 的"Member functions"列表中列出新增的成员函数。选择此函数，单击 Edit Code 按钮（或直接在函数名上双击），在此成员函数中添加下列代码：

```
void CMainFrame::OnTestChange()
{
    MessageBox("现在就切换吗？");
}
```

4）编译运行并测试。在应用程序的顶层菜单上，单击"测试"菜单项，然后将鼠标移动到弹出的子菜单项"切换菜单"上，此时状态栏上显示该菜单项的提示信息，该信息就是在"菜单项目 属性"对话框的"提示"框中设置的内容（见图 6-11）。单击"切换菜单"，弹出一个消息对话框，显示内容"现在就切换吗？"。

6.3.2 更改应用程序菜单

用菜单编辑器可以添加和修改菜单项，也可为应用程序重新指定一个菜单，然后切换。如下面的示例过程。

【例 Ex_MenuSDI】更改并切换应用程序菜单

1）用 MFC AppWizard(exe)创建一个默认的单文档应用程序 Ex_MenuSDI。

2）切换到项目工作区窗口的 ResourceView 页面，展开资源节点，双击资源 Menu 节点下的 IDR_MAINFRAME 项，菜单编辑器窗口出现在主界面的右边，项目 Ex_MenuSDI 相应的菜单资源在菜单编辑器窗口中显示出来。

3）按【Ctrl+R】组合键，弹出"插入资源"对话框，在资源类型中选中 Menu，单击 新建(N) 按钮，系统为应用程序添加一个新的菜单资源，自动赋给它一个默认的标识符名称（第一次为 IDR_MENU1，以后依次为 IDR_MENU2、IDR_MENU3……），并自动打开这个新的菜单资源，如图 6-14 所示。

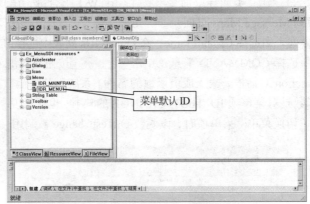

图 6-14　添加并设计菜单资源

4）在菜单的空位置上双击，出现其属性对话框。通过其属性对话框为菜单 ID_MENU1 添加一个顶层弹出菜单项"测试(&T)"，并在该菜单下添加一个子菜单项"返回(&R)"，ID 设为 ID_TEST_RETURN。需要再次强调的是，符号&用来指定后面的字符是一个助记符。

5）打开 Ex_MenuSDI 程序菜单资源 IDR_MAINFRAME，在"查看"菜单的最后添加一个子菜单项"显示测试菜单(&M)"，ID 设为 ID_VIEW_TEST。

6）切换到工作区的 ClassView 页面，展开类节点，右击 CMainFrame 类名，从弹出的快捷菜单中选择 Add Member Variable（添加成员变量），在打开的对话框中为 CMainFrame 类添加一个 CMenu 类型的成员变量 m_NewMenu（CMenu 类用来处理菜单的一个 MFC 类）。

7）按【Ctrl+W】组合键打开 MFC ClassWizard 对话框，切换到 Message Maps 选项卡，从 Class name 列表中选择 CMainFrame，分别为菜单项 ID_VIEW_TEST 和 ID_TEST_RETURN 添加 COMMAND 消息映射，使用默认的消息映射函数名，并添加下列代码：

```
void CMainFrame::OnViewTest()
{
    m_NewMenu.Detach();              // 使菜单对象和菜单句柄分离
    m_NewMenu.LoadMenu( IDR_MENU1 );
    SetMenu(NULL);                   // 清除应用程序菜单
    SetMenu( &m_NewMenu );           // 设置应用程序菜单
}
void CMainFrame::OnTestReturn()
{
    m_NewMenu.Detach();
    m_NewMenu.LoadMenu( IDR_MAINFRAME );
    SetMenu(NULL);
    SetMenu( &m_NewMenu );
}
```

代码中的 LoadMenu 和 Detach 都是 CMenu 类成员函数，LoadMenu 用来加载菜单资源，Detach 使菜单对象与菜单句柄分离。在调用 LoadMenu 后，菜单对象 m_NewMenu 拥有一个菜单句柄，再次调用 LoadMenu 时，由于菜单对象的句柄已经创建，因而会发生运行时错误，但是菜单对象与菜单句柄分离后，可以再次创建菜单。SetMenu 是 CWnd 类的一个成员函数，用来设置应用程序的菜单。

8）编译运行后，选择 Ex_MenuSDI 应用程序的"查看"→"显示测试菜单"菜单命令，菜单栏变成了新添加的 IDR_MENU1，选择"测试"→"返回"菜单命令，程序又变回到原来默认的菜单。

6.3.3　使用键盘快捷键

通过菜单系统，可以选择几乎所有可用的命令和选项，这保证了菜单命令系统的完整性，但菜单系统也有不足之处，如操作效率不高等，尤其对于那些反复使用的命令，很有必要进一步提高效率，于是加速键应运而生。

加速键往往被称为**键盘快捷键**，一个加速键就是一个按键或几个按键的组合，它用于激活特定的命令。加速键也是一种资源，其显示、编辑过程和菜单相似。例如，下面的过程为前面的菜单项 ID_TEST_CHANGE 定义一个键盘快捷键。

【Ex_Menu】为菜单项添加键盘快捷键

1）在项目工作区窗口的 ResourceView（资源视图）页面中，展开 Accelerator（加速键）中的资源项，双击 IDR_MAINFRAME，在右侧窗口中出现如图 6-15 所示的加速键资源列表。

2）新建一个加速键时，双击加速键列表最下端的空行，弹出如图 6-16 所示的"Accel 属性"（Accel Properties）对话框，其中可设置的属性如表 6-7 所示。

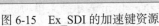
下端的空行

图 6-15　Ex_SDI 的加速键资源　　　　　图 6-16　加速键属性对话框

表 6-7　加速键常规（General）属性的各项含义

项　　目	含　　义
ID	指定资源 ID 的列表项，为了能和菜单联用，通常选择某菜单项的 ID
辅助键（Modifiers）	用来确定 Ctrl、Alt、Shift 键是否是加速键的组成部分
类型（Type）	用来确定该加速键的值是虚拟键（VirKey）还是 ASCII 字符键
键（Key）	是指启动加速键的键盘按键
下一个按下的键（Next Key Typed）	单击此按钮后，用户操作的任何按键都将成为此加速键的键值

3）在该对话框中，选择在 Ex_SDI 应用程序菜单资源中添加的"切换菜单"菜单项 ID_TEST_CHANGE 作为要联用的加速键的 ID 标识符，单击 [下一个按下的键(N)] 按钮，并按【Ctrl+1】组合键作为此加速键的键值。

需要说明的是，为了使其他用户能查看并使用该加速键，还需在相应的菜单项文本后面添加加速键内容。例如，可将 ID_TEST_CHANGE 菜单项的标题改成"切换菜单(&C)\tCtrl+1"，其中"\t"是将后面的"Ctrl+1"定位到一个水平制表位。

4）编译运行并测试。当程序运行后，按【Ctrl+1】组合键将执行相应的菜单命令。

6.3.4 菜单的编程控制

在交互式软件的设计中，菜单有时会随着用户操作的改变而改变，这时的菜单就需要在程序中进行控制。MFC 菜单类 CMenu 提供了在程序运行时处理菜单的有关操作，如创建菜单、装入菜单资源、删除菜单项、获取或设置菜单项的状态等。

1. 创建菜单

CMenu 类的 CreateMenu 和 CreatePopupMenu 分别用来创建一个菜单或子菜单框架，它们的原型如下：

```
BOOL CreateMenu( );              // 产生一个空菜单
BOOL CreatePopupMenu( );         // 产生一个空的弹出式子菜单
```

2. 装入菜单资源

将菜单资源装入应用程序中，需调用 CMenu 成员函数 LoadMenu，然后用 SetMenu 对应用程序菜单重新设置。

```
BOOL LoadMenu( LPCTSTR lpszResourceName );
BOOL LoadMenu( UINT nIDResource );
```

其中，lpszResourceName 为菜单资源名称，nIDResource 为菜单资源 ID。

3. 添加菜单项

菜单创建后，用户可以调用 AppendMenu 或 InsertMenu 函数来添加一些菜单项。每次添加时，AppendMenu 都是将菜单项添加在菜单的末尾，而 InsertMenu 在菜单的指定位置插入菜单项，并将后面的菜单项依次下移。

```
BOOL AppendMenu( UINT nFlags, UINT nIDNewItem = 0, LPCTSTR lpszNewItem = NULL );
BOOL AppendMenu( UINT nFlags, UINT nIDNewItem, const CBitmap* pBmp );
BOOL InsertMenu( UINT nPosition, UINT nFlags, UINT nIDNewItem = 0, LPCTSTR lpszNewItem
= NULL );
BOOL InsertMenu( UINT nPosition, UINT nFlags, UINT nIDNewItem, const CBitmap* pBmp );
```

其中，nIDNewItem 表示新菜单项的资源 ID，lpszNewItem 表示新菜单项的内容，pBmp 用于菜单项的位图指针，nPosition 表示新菜单项的位置。nFlags 表示新增菜单项的状态信息，它的值影响其他参数的含义，如表 6-8 所示。

表 6-8　nFlags 的值及对其他参数的影响

nFlags 值	含　　义	nPosition 值	nIDNewItem 值	lpszNewItem 值
MF_BYCOMMAND	菜单项以 ID 来标识	菜单项资源 ID		
MF_BYPOSITION	菜单项以位置来标识	菜单项的位置		
MF_POPUP	菜单项有弹出式子菜单		弹出式菜单句柄	
MF_SEPARATOR	分隔线		忽略	忽略
MF_OWNERDRAW	自画菜单项			自画所需的数据
MF_STRING	字符串标志			字符串指针
MF_CHECKED	设置菜单项的选中标记			
MF_UNCHECKED	取消菜单项的选中标记			
MF_DISABLED	禁用菜单项			
MF_ENABLED	允许使用菜单项			
MF_GRAYED	菜单项灰显			

需要注意的是：

1）当 nFlags 为 MF_BYPOSITION 时，nPosition 表示新菜单项要插入的具体位置，为 0 时表示第一个菜单项，为-1 时将菜单项添加到菜单的末尾。

2）nFlags 的标志中，可以用"|"（按位或）来组合，如 MF_CHECKED|MF_STRING 等。但有些组合是不允许的，如 MF_DISABLED、MF_ENABLED 和 MF_GRAYED，MF_STRING、MF_OWNERDRAW、MF_SEPARATOR 和位图，MF_CHECKED 和 MF_UNCHECKED，它们都不能组合在一起。

3）菜单项增加、删除后，不管菜单依附的窗口是否改变，都应调用 CWnd::DrawMenuBar 来更新菜单。

4. 删除菜单项

调用 DeleteMenu 函数可将指定的菜单项删除，其原型如下。

`BOOL DeleteMenu( UINT nPosition, UINT nFlags );`

其中，参数 nPosition 表示要删除菜单项的位置，它由 nFlags 说明。当 nFlags 为 MF_BYCOMMAND 时，nPosition 表示菜单项的 ID，当 nFlags 为 MF_BYPOSITION 时，nPosition 表示菜单项的位置（第一个菜单项的位置为 0）。

5. 获取菜单项

下面 4 个 CMenu 成员函数分别获得菜单项的数目、菜单项的 ID、菜单项的文本内容以及弹出式子菜单的句柄。

`UINT GetMenuItemCount( ) const;`

该函数用来获得菜单项数目，调用失败后返回-1。

`UINT GetMenuItemID( int nPos ) const;`

该函数用来获得由 nPos 指定菜单项位置（以 0 为基数）的菜单项的标识号，若 nPos 是 SEPARATOR，则返回-1。

`int GetMenuString( UINT nIDItem, CString& rString, UINT nFlags ) const;`

该函数用来获得由 nIDItem 指定菜单项位置（以 0 为基数）的菜单项的文本内容（字符串），并由 rString 参数返回，当 nFlags 为 MF_BYPOSITION 时，nPosition 表示菜单项的位置（第一个菜单项的位置为 0）。

`CMenu* GetSubMenu( int nPos ) const;`

该函数用来获得指定菜单的弹出式子菜单的句柄。该弹出式子菜单的位置由参数 nPos 指定，开始的位置为 0。若菜单不存在，则创建一个临时的菜单指针。

下面的示例利用 CMenu 成员函数向应用程序菜单添加并处理一个菜单项。

【续例 Ex_Menu】菜单项的编程控制

1）用 MFC AppWizard(exe)创建一个默认的单文档应用程序 Ex_Menu。

2）选择"查看"→"资源符号"（Resource Symbols...）命令，弹出如图 6-17 所示的"资源符号"对话框，在该对话框中可以对应用程序中的资源标识符进行管理。由于程序中要添加的菜单项需要一个标识值，因此最好用一个标识符来代替这个值，这是一个好的习惯。因此这里通过"资源符号"对话框来新建一个标识符。

3）单击 新建(N)... 按钮，弹出如图 6-18 所示的对话框。在"名称"（Name）文本框中输入一个新的标识符 ID_NEW_MENUITEM。在"值"（Value）框中，输入该 ID 的值，系统要求用户定义的 ID 值范围为 15（0X000F）~ 61440（0XF000）。保留默认的 ID 值 101，单击 [确定] 按钮。

4）关闭"资源符号"对话框，在 CMainFrame::OnCreate 函数中添加下列代码，该函数在框架窗口创建时自动调用。

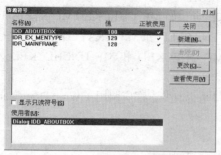

图 6-17 "资源符号"对话框

图 6-18 "新建符号"对话框

```cpp
int CMainFrame::OnCreate(LPCREATESTRUCT lpCreateStruct)
{  //…
    CMenu* pSysMenu = GetMenu();                    // 获得程序菜单指针
    CMenu* pSubMenu = pSysMenu->GetSubMenu(1);      // 获得第二个子菜单的指针
    CString StrMenuItem("新的菜单项");
    pSubMenu->AppendMenu(MF_SEPARATOR);             // 增加一条水平分隔线
    pSubMenu->AppendMenu(MF_STRING,ID_NEW_MENUITEM,StrMenuItem);
                                                    // 在子菜单中增加一个菜单项
    // 允许使用ON_UPDATE_COMMAND_UI或ON_COMMAND的菜单项
    m_bAutoMenuEnable = FALSE;                      // 关闭系统自动更新菜单状态
    pSysMenu->EnableMenuItem(ID_NEW_MENUITEM,MF_BYCOMMAND|MF_ENABLED); // 激活菜单项
    DrawMenuBar();                                  // 更新菜单
    return 0;
}
```

5）用 MFC ClassWizard 处理 OnCommand 消息并检测用户菜单的 nID 参数。

```cpp
BOOL CMainFrame::OnCommand(WPARAM wParam, LPARAM lParam)
{
    // wParam的低字节表示菜单、控件、加速键的命令ID
    if (LOWORD(wParam) == ID_NEW_MENUITEM)
        MessageBox("你选中了新的菜单项");
    return CFrameWnd::OnCommand(wParam, lParam);
}
```

6）编译运行并测试。选择 "编辑" → "新的菜单项" 命令后，弹出一个对话框，显示"你选中了新的菜单项"消息。

6.3.5 使用快捷菜单

快捷菜单是一种浮动的弹出式菜单。当用户按下鼠标右键时，就会相应地弹出一个浮动菜单，用来提供与当前选择内容相关的一些选项。

1. 快捷菜单实现函数

用资源编辑器和 MFC 库的 CMenu::TrackPopupMenu 函数可以很容易地创建快捷菜单，CMenu::TrackPopupMenu 函数原型如下：

BOOL TrackPopupMenu(UINT *nFlags*, **int** *x*, **int** *y*, **CWnd*** *pWnd*, **LPCRECT** *lpRect* **= NULL);**

该函数用来显示一个浮动的弹出式菜单，其位置由各参数决定。其中，nFlags 表示菜单在屏幕显示的位置以及鼠标按钮标志，如表 6-9 所示。x 和 y 分别表示菜单的水平坐标和菜单顶端

的垂直坐标。pWnd 表示弹出菜单的窗口，此窗口将收到菜单全部的 WM_COMMAND 消息。lpRect 是一个 RECT 结构或 CRect 对象指针，它表示一个矩形区域，单击这个区域时，弹出的菜单不消失。当 lpRect 为 NULL 时，在菜单外面单击，菜单立刻消失。

表 6-9 nFlags 的值及对其他参数的影响

nFlags 值	含 义
TPM_CENTERALIGN	屏幕位置标志，表示菜单的水平中心位置由 x 坐标确定
TPM_LEFTALIGN	屏幕位置标志，表示菜单的左边位置由 x 坐标确定
TPM_RIGHTALIGN	屏幕位置标志，表示菜单的右边位置由 x 坐标确定
TPM_LEFTBUTTON	鼠标按钮标志，表示单击鼠标左键时弹出菜单
TPM_RIGHTBUTTON	鼠标按钮标志，表示单击鼠标右键时弹出菜单

2. 示例

下面来看一个示例，由于单击鼠标右键时会向系统发送 WM_CONTEXTMENU 通知消息，因此通过该通知消息，在映射函数中添加快捷菜单的相关代码。

【例 Ex_ContextMenu】使用快捷菜单

1）创建一个默认的单文档应用程序 Ex_ContextMenu。

2）用 MFC ClassWizard 在 CEx_ContextMenuView 类添加 WM_CONTEXTMENU 消息映射，并在函数中添加下列代码：

```
void CEx_ContextMenuView::OnContextMenu(CWnd* pWnd, CPoint point)
{
    CMainFrame* pFrame=(CMainFrame*)AfxGetApp()->m_pMainWnd; // 获得主窗口指针
    CMenu* pSysMenu = pFrame->GetMenu();            // 获得程序窗口菜单指针
    int nCount = pSysMenu->GetMenuItemCount();   // 获得顶层菜单数
    int nSubMenuPos = -1;
    for (int i=0; i<nCount; i++){                  // 查找"文件"菜单
        CString str;
        pSysMenu->GetMenuString(i, str, MF_BYPOSITION);
        if (str.Left(4) == "文件"){
            nSubMenuPos = i;        break;
        }
    }
    if (nSubMenuPos<0) return;                 // 没有找到，返回
    pSysMenu->GetSubMenu( nSubMenuPos )
        ->TrackPopupMenu(TPM_LEFTALIGN|TPM_RIGHTBUTTON, point.x, point.y, this);
}
```

菜单、工具栏、状态栏是由主框架类 CMainFrame 控制的，虽然在视图类中可以添加快捷菜单消息映射，但要在视图类中访问应用程序主窗口的系统菜单，必须通过 AfxGetApp 获取主框架类对象指针后才能获取相应的菜单。AfxGetApp 是 CWinApp 类的一个成员函数，该函数可在应用程序项目的任何类中用来获取应用程序中的 CWinApp 类对象指针。

3）在 Ex_ContextMenuView.cpp 文件的前面添加 CMainFrame 类的文件包含：

```
#include "Ex_ContextMenuView.h"
#include "MainFrm.h"
```

4）运行并测试。在应用程序窗口的客户区中单击鼠标右键，弹出如图 6-19 所示的快捷菜单。

需要说明的是，当在应用程序窗口的工具栏、菜单栏和状态栏等非客户区右击时，快捷菜单不会弹出，这是因为视图类控制的窗口区域是客户区，客户区外由主窗口类控制。若上述 WM_CONTEXTMENU 消息映射及其映射代码添加在 CMainFrame 类中，则无论在什么区域右击，都会弹出快捷菜单。

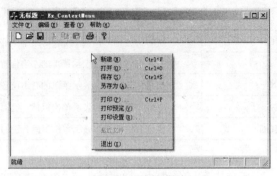

图 6-19　快捷菜单

6.4　工具栏

工具栏是一系列工具按钮的组合，借助它们可以提高工作效率。Visual C++ 6.0 系统保存了每个工具栏相应的位图，其中包括所有按钮的图像，而所有按钮的图像具有相同的尺寸（15 像素高，16 像素宽），它们在位图中的排列次序与在工具栏上的次序相同。

6.4.1　使用工具栏编辑器

选择"文件"→"打开工作空间（区）"命令，将前面的单文档应用程序 Ex_SDI 调入。在项目工作区窗口中选择 ResourceView 页面，双击"Toolbar"项中的 IDR_MAINFRAME，在主界面的右边出现工具栏编辑器，如图 6-20 所示。

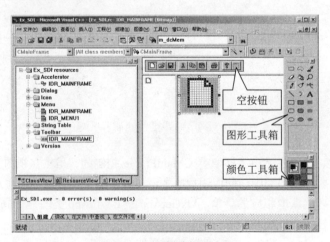

图 6-20　工具栏编辑器窗口

现在，可以用它对工具栏进行操作。默认情况下，工具栏在最初创建时，其右端有一个空的按钮，在进行编辑之前，可以将该按钮拖放到工具栏中的其他位置。当新建一个按钮后，工具栏右端又会自动出现一个新的空按钮（有时，新的空按钮会紧挨着刚创建的按钮出现）。保存此工具栏资源时，空按钮不会保存。下面介绍工具栏编辑器的一般操作。

1. 新建工具按钮

在新建的工具栏中，最右端总有一个空按钮，双击该按钮弹出其属性对话框，在 ID 框中输入其标识符名称，在其右端又出现一个新的空按钮。单击该按钮，在资源编辑器的工具按钮设计窗口内绘制一个工具按钮的位图，它同一般的图像编辑器操作相同（如 Windows 系统中的"画图"附件）。

2. 移动工具按钮

要在工具栏中移动一个按钮，用鼠标将它拖动至相应位置即可。若拖动它离开工具栏位置，则此按钮从工具栏中消失。若在移动一个按钮的同时按住【Ctrl】键，则在新位置复制一个按钮，新位置可以是同一个工具栏中的其他位置，也可以在不同的工具栏中。

3. 删除工具按钮

前面已提到过，将选取中的按钮拖离工具栏，该按钮就消失了。但在选中按钮后，按【Delete】键并不能删除该按钮，只是将按钮中的图形全部以背景色填充。

4. 在工具栏中插入空格

在工具栏中插入空格有以下几种情况。

1）如果按钮前没有任何空格，拖动该按钮向右移动并覆盖相邻按钮的一半以上时释放鼠标，则此按钮前出现空格。

2）如果按钮前有空格而按钮后没有空格，拖动该按钮向左移动并且按钮的左边界接触到前面按钮时释放鼠标，则此按钮后出现空格。

3）如果按钮前后均有空格，拖动该按钮向右移动并且接触到相邻按钮，则此按钮前的空格保留，按钮后的空格消失。相反，拖动该按钮向左移动并且接触到前一个相邻按钮，则此按钮前面的空格消失，后面的空格保留。

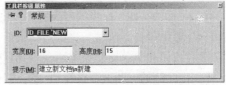

图 6-21　"工具栏按钮 属性"对话框

5. 工具按钮属性的设置

双击按钮图标弹出其属性对话框，如图 6-21 所示。属性对话框中的各项的说明见表 6-10。

表 6-10　"工具栏按钮 属性"对话框中各项的含义

项　　目	含　　义
ID	工具栏按钮的标识符，用户既可以输入自己的标识符名称，也可从 ID 下拉列表框中选取标识符名称
宽度（Width）	工具栏按钮的像素宽度
高度（Height）	工具栏按钮的像素高度
提示（Prompt）	工具栏按钮提示文本。若为"建立新文档\n 新建"，则表示将鼠标指向该按钮时，在状态栏中显示"建立新文档"，而在弹出的提示信息中出现"新建"字样，"\n"是它们的分隔转义符

6.4.2　工具按钮和菜单项相结合

由于按钮与菜单项一样，都可以通过 MFC ClassWizard 来直接映射，因此这里不再重复介绍。这里只讨论工具按钮和菜单项相结合的问题。

工具按钮和菜单项相结合（或称联动）就是指当选择工具按钮或菜单命令时，操作结果相同。最简单的实现方法是在工具按钮的属性对话框中将按钮的 ID 设置为相关联的菜单项 ID，例如下面的示例过程。

【例 Ex_TM】工具按钮和菜单项相结合

1）创建一个默认的单文档应用程序 Ex_TM。

2）在项目工作区窗口中选择 ResourceView 页面，展开节点，双击资源 "Menu" 项中的 IDR_MAINFRAME，利用菜单编辑器在 "编辑" 菜单的子菜单最后添加一个水平分隔符和一个 "测试(&T)" 菜单项（ID_EDIT_TEST）。双击资源 "Toolbar" 项中的 IDR_MAINFRAME，打开工具栏资源编辑器，为其添加并设计一个按钮，其位置和内容如图 6-22 所示。

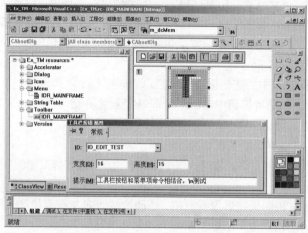

图 6-22　设计的工具栏按钮

3）双击刚设计的第一个工具按钮，弹出该工具按钮的属性对话框，将该工具按钮的 ID 设为 ID_EDIT_TEST，在提示框内键入 "工具栏按钮和菜单项命令相结合。\n 测试"。

4）编译运行并测试。当程序运行后，将鼠标移至刚设计的工具按钮处，在状态栏上显示 "工具栏按钮和菜单项命令相结合。" 信息，稍等片刻后，还会弹出提示小窗口，显示 "测试" 字样。但此时的 "测试" 按钮和 "测试" 菜单项都是灰显，暂时无法操作它，这是因为程序中还没有任何与 ID_EDIT_TEST 命令相映射的消息处理函数。

5）用 MFC ClassWizard 在 CMainFrame 下添加 ID_EDIT_TEST 的 COMMAND 消息映射，保留默认的消息处理函数名，添加下列代码：

```
void CMainFrame::OnEditTest()
{
    MessageBox("测试命令已执行！");
}
```

6）再次编译运行并测试。

6.4.3　多个工具栏的使用

在用 MFC AppWizard 创建的文档应用程序中往往只有一个工具栏，但在实际应用中，常常需要多个工具栏。这里以实例来讨论多个工具栏的创建、显示和隐藏等操作。

【例 Ex_MultiBar】多个工具栏的使用

1）创建一个默认的单文档应用程序 Ex_MultiBar。切换到项目工作区的 ResourceView 页面，展开 "Toolbar"（工具栏）资源，用鼠标按住 IDR_MAINFRAME 不松开，然后按住【Ctrl】键，移动鼠标将 IDR_MAINFRAME 拖到 Toolbar 资源名称上，这样就复制了工具栏默认资源 IDR_MAINFRAME，复制后的资源标识自动设为 IDR_MAINFRAME1。

2）右击工具栏资源 IDR_MAINFRAME1，从弹出的快捷菜单中选择 Properties 命令，打开
"工具栏属性"对话框，如图 6-23 所示，将 ID 设为
IDR_TOOLBAR1。双击 IDR_TOOLBAR1，打开工具
栏资源，删除几个与"编辑"相关的工具按钮（目的
是让 IDR_TOOLBAR1 工具栏与 IDR_MAINFRAME
有明显区别）。

3）切换到项目工作区中的 FileView 页面，展开

图 6-23 "工具栏属性"对话框

Head Files（头文件）所有节点，双击 MainFrm.h 文件，在 CMainFrame 类中添加一个成员变量
m_wndTestBar，变量类型为 CToolBar（CToolBar 类封装了工具栏的操作）。

```
protected: // control bar embedded members
CStatusBar  m_wndStatusBar;
CToolBar    m_wndToolBar;
CToolBar    m_wndTestBar;
```

4）在 CMainFrame::OnCreate 函数中添加下面的工具栏创建代码：

```
int CMainFrame::OnCreate(LPCREATESTRUCT lpCreateStruct)
{
    if (CFrameWnd::OnCreate(lpCreateStruct) == -1)   return -1;
    int nRes = m_wndTestBar.CreateEx(this, TBSTYLE_FLAT,
            WS_CHILD | WS_VISIBLE | CBRS_TOP | CBRS_GRIPPER |
            CBRS_TOOLTIPS | CBRS_FLYBY | CBRS_SIZE_DYNAMIC,
            CRect(0,0,0,0),   AFX_IDW_TOOLBAR + 10);
    if (!nRes || !m_wndTestBar.LoadToolBar(IDR_TOOLBAR1))
    {
        TRACE0("Failed to create toolbar\n");
        return -1;      // fail to create
    }
    ...
    m_wndToolBar.EnableDocking(CBRS_ALIGN_ANY);
    m_wndTestBar.EnableDocking(CBRS_ALIGN_ANY);
    EnableDocking(CBRS_ALIGN_ANY);
    DockControlBar(&m_wndToolBar);
    DockControlBar(&m_wndTestBar);
    ...
    return 0;
}
```

分析和说明：
- 代码中的 CreateEx 是 CToolBar 类的成员函数，用来创建一个工具栏对象。该函数的第 1
  个参数用来指定工具栏所在的父窗口指针，this 表示当前的 CMainFrame 类窗口指针。第
  2 个参数用来指定工具按钮的风格，当为 TBSTYLE_FLAT 时，表示工具按钮是"平面"
  的。第 3 个参数用来指定工具栏的风格。由于这里的工具栏是 CMainFrame 的子窗口，
  因此需要指定 WS_CHILD | WS_VISIBLE。CBRS_TOP 表示工具栏放置在父窗口的顶部，
  CBRS_GRIPPER 表示工具栏前面有一个"把手"，CBRS_TOOLTIPS 表示允许有工具提
  示，CBRS_FLYBY 表示在状态栏显示工具提示文本，CBRS_SIZE_DYNAMIC 表示工具
  栏在浮动时其大小是可以动态改变的。第 4 个参数用来指定工具栏四周的边框大小，一
  般都为 0。最后一个参数用来指定工具栏这个子窗口的标识 ID（与工具栏资源标识不同）。
- if 语句中的 LoadToolBar 函数用来装载工具栏资源。若 CreateEx 或 LoadToolBar 的返回

值为 0，即调用不成功，则显示诊断信息"Failed to create toolbar"。TRACE0 是一个用于程序调试的跟踪宏。OnCreate 函数返回-1 时，主窗口被清除。

- 应用程序中的工具栏一般具有停靠或浮动特性，m_wndTestBar.EnableDocking 使得 m_wndTestBar 对象可以停靠，CBRS_ALIGN_ANY 表示可以停靠在窗口的任一边。EnableDocking(CBRS_ALIGN_ANY)调用的是 CFrameWnd 类的成员函数，用来让工具栏或其他控制条在主窗口可以进行停靠操作。DockControlBar 也是 CFrameWnd 类的成员函数，用来使指定的工具栏或其他控制条停靠。

- AFX_IDW_TOOLBAR 是系统内部的**工具栏子窗口标识**，并用 AFX_IDW_TOOLBAR + 1 的值表示默认的**状态栏子窗口标识**。如果在创建新的工具栏时没有指定相应的子窗口标识，则会使用默认的 AFX_IDW_TOOLBAR。这样，当打开"查看"菜单，单击"工具栏"菜单项时，显示或隐藏的工具栏不是原来的工具栏，而是新添加的工具栏。因此，需要重新指定工具栏子窗口的标识，并使其值等于 AFX_IDW_TOOLBAR + 10。

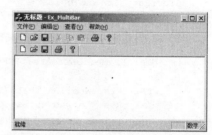

图 6-24 多个工具栏第一次运行的结果

5）编译运行，结果如图 6-24 所示。打开菜单资源，在"查看"菜单下添加一个"新的工具栏(&N)"菜单命令（ID_VIEW_NEWBAR）。用 MFC ClassWizard 在 CMainFrame 添加 ID_VIEW_NEWBAR 的 COMMAND 消息映射，保留默认的消息处理函数名，添加下列代码：

```
void CMainFrame::OnViewNewbar()
{
    int bShow = m_wndTestBar.IsWindowVisible();
    ShowControlBar( &m_wndTestBar, !bShow, FALSE);
}
```

事实上，多个工具栏的代码重点不仅在于工具栏的显示，更主要的是如何控制其显示。CFrameWnd::ShowControlBar 就是起到这样作用的函数，它有 3 个参数：第 1 个参数用来指定要操作的工具栏或状态栏指针；第 2 个参数为布尔型，当为 TRUE 时表示显示，否则表示隐藏；第 3 个参数用来表示是否延迟显示或隐藏，当为 FALSE 时表示立即显示或隐藏。

代码中的 IsWindowVisible 函数用来判断窗口（对象）是否可见。若为可见，则下句的 ShowControlBar 函数调用使其隐藏，反之显示。

6）编译运行并测试。

事实上，当 ID_VIEW_NEWBAR 工具栏显示时，还应使菜单项"新的工具栏(&N)"前面显示✔，此时需跟踪交互对象的更新消息方可实现，后面还会讨论这个问题。

6.5 状态栏

状态栏是一条水平长条，位于应用程序主窗口的底部。它可以分割成几个窗格，用来显示多组信息。

6.5.1 状态栏的定义

在用 MFC AppWizard（exe）创建的 SDI 或 MDI 应用程序框架中，有一个静态的 indicators 数组，它是在 MainFrm.cpp 文件中定义的，被 MFC 用作状态栏的定义。

这个数组中的元素是一些标识常量或者字符串资源的 ID。默认的 indicators 数组包含了 4 个元素，分别是 ID_SEPARATOR、ID_INDICATOR_CAPS、ID_INDICATOR_NUM 和 ID_INDIC-

ATOR_SCRL。其中 ID_SEPARATOR 用来标识信息行窗格，菜单项和工具按钮的许多信息都在这个信息行窗格中显示，其余 3 个元素用来标识指示器窗格，分别显示 CapsLock、NumLock 和 ScrollLock 这 3 个键的状态。indicators 数组元素与标准状态栏窗格的关系如图 6-25 所示。

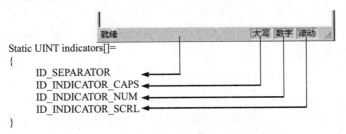

图 6-25 indicators 数组的定义

6.5.2 状态栏的常用操作

在 Visual C++ 6.0 中可以方便地对状态栏进行操作，如增减窗格、在状态栏中显示文本、改变状态栏的风格和大小等，并且 MFC 的 CStatusBar 类封装了状态栏的大部分操作。

1. 增加和减少窗格

状态栏中的窗格可以分为信息行窗格和指示器窗格两类。若在状态栏中增加一个信息行窗格，则只需在 indicators 数组中的适当位置增加一个 ID_SEPARATOR 标识；若在状态栏中增加一个用户指示器窗格，则在 indicators 数组中的适当位置增加一个在字符串表中定义过的资源 ID，其字符串的长度表示用户指示器窗格的大小。若状态栏减少一个窗格，其操作与增加类似，只需减少 indicators 数组元素。

2. 在状态栏上显示文本

调用 CStatusBar::SetPaneText 函数可以更新任何窗格（包括信息行 ID_SEPARATOR 窗格）中的文本。此函数原型描述如下：

```
BOOL SetPaneText( int nIndex, LPCTSTR lpszNewText, BOOL bUpdate = TRUE );
```

其中，lpszNewText 表示要显示的字符串。nIndex 表示设置的窗格索引（第一个窗格的索引为 0）。若 bUpdate 为 TRUE，则系统自动更新显示的结果。

下面来看一个示例，它将鼠标在客户区窗口的位置显示在状态栏上。需要说明的是，状态栏对象 m_wndStatusBar 是 CMainFrame 类定义的保护成员变量，而鼠标等客户消息不能被主框架类 CMainFrame 接收，因而鼠标移动的消息 WM_MOUSEMOVE 只能映射到 CEx_SDIMouseView 类，即客户区窗口类中。但是，这样一来，就需要更多的代码，不仅要在 CEx_SDIMouseView 中访问 CMainFrame 类对象指针，而且要将 m_wndStatusBar 成员属性由 protected 改为 public。

【例 Ex_SDIMouse】将鼠标在客户区窗口的位置显示在状态栏上

1）用 MFC AppWizard(exe) 创建一个默认的单文档应用程序 Ex_SDIMouse。

2）切换到项目工作区的 ClassView 页面，展开类节点以及 CMainFrame 类的所有项，双击构造函数 CMainFrame() 节点，在文档窗口中出现该函数的定义，它的前面就是状态栏数组的定义。

3）将状态栏 indicators 数组的定义改为下列代码：

```
static UINT indicators[] =
{
    ID_SEPARATOR,
    ID_SEPARATOR,
};
```

4）打开 MFC ClassWizard 对话框，为 CEx_SDIMouseView 类添加 WM_MOUSEMOVE 的消息映射并添加下列代码：

```
void CEx_SDIMouseView::OnMouseMove(UINT nFlags, CPoint point)
{
    CString str;
    CMainFrame* pFrame=(CMainFrame*)AfxGetApp()->m_pMainWnd;  // 获得主窗口指针
    CStatusBar* pStatus=&pFrame->m_wndStatusBar;            // 获得主窗口中的状态栏指针
    if (pStatus) {
        str.Format("X=%d, Y=%d",point.x, point.y);          // 格式化文本
        pStatus->SetPaneText(1,str);                        // 更新第二个窗格的文本
    }
    CView::OnMouseMove(nFlags, point);
}
```

5）切换到项目工作区的 FileView 页面，展开 Head Files（头文件）所有节点，双击 MainFrm.h 文件，找到并将保护变量 m_wndStatusBar 变成公共变量，即

```
public:
    CStatusBar      m_wndStatusBar;
protected:          // control bar embedded members
    CToolBar        m_wndToolBar;
```

6）类似地，打开 Ex_SDIMouseView.cpp 文件，在其开始处添加下列语句：

```
#include "Ex_SDIMouseView.h"
#include "MainFrm.h"
```

7）编译并运行，结果如图 6-26 所示。

6.5.3 改变状态栏的风格

在 MFC 的 CStatusBar 类中，有以下两个成员函数可以改变状态栏风格。

```
void SetPaneInfo( int nIndex, UINT nID, UINT nStyle, int cxWidth );
void SetPaneStyle( int nIndex, UINT nStyle );
```

其中，参数 nIndex 表示要设置的状态栏窗格的索引，nID 用来为状态栏窗格指定新的 ID，cxWidth 表示窗格的像素宽度，nStyle 表示窗格的风格，用来指定窗格的外观，如 SBPS_POPOUT 表示窗格是凸起来的，具体见表 6-11。

表 6-11 状态栏窗格的风格

风格类型	含　义
SBPS_NOBORDERS	窗格周围没有 3D 边框
SBPS_POPOUT	反显边界以使文字"凸出来"
SBPS_DISABLED	禁用窗格，不显示文本
SBPS_STRETCH	拉伸窗格，并填充窗格不用的空白空间。但状态栏只能有一个窗格具有这种风格
SBPS_NORMAL	普通风格，它没有"拉伸"、"3D 边框"或"凸出来"等特性

例如，在前面的【例 Ex_SDIMouse】中，将 OnMouseMove 函数修改为下列代码，结果如图 6-27 所示。

```
void CEx_SDIMouseView::OnMouseMove(UINT nFlags, CPoint point)
{
    CString str;
    CMainFrame* pFrame=(CMainFrame*)AfxGetApp()->m_pMainWnd;  // 获得主窗口指针
    CStatusBar* pStatus=&pFrame->m_wndStatusBar;              // 获得主窗口中的状态栏指针
    if (pStatus) {
        pStatus->SetPaneStyle(1, SBPS_POPOUT);
        str.Format("X=%d, Y=%d",point.x, point.y);           // 格式化文本
        pStatus->SetPaneText(1,str);                         // 更新第二个窗格的文本
    }
    CView::OnMouseMove(nFlags, point);
}
```

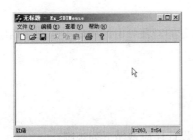 

图 6-26 鼠标的位置显示在状态栏上   图 6-27 设置状态栏的风格

6.6 交互对象的动态更新

用户交互对象是指可由用户的操作而产生命令消息的对象，如菜单项、工具栏中的工具按钮和加速键等。每个用户交互对象都有一个唯一的 ID 标识符，在发送消息时，该 ID 标识符被包含在 WM_COMMAND 消息中。

菜单项和工具栏按钮都有不止一个状态。例如，菜单项可以有灰显、选中和未选中 3 种状态。工具栏按钮可以有禁止和选中状态等。那么，当状态改变时，由什么来更新这些项的状态呢？从逻辑上来说，如果某菜单项产生的命令是由主窗口来处理，那么可以有理由说是由主窗口来更新该菜单项。但事实上，一个命令可以有多个用户交互对象（如某菜单项和相应的工具栏按钮），且它们有相似的处理函数。因此更新项目状态的对象可能不止一个。为了使这些用户交互对象能动态更新，MFC 专门为它们提供了"更新命令宏"ON_UPDATE_COMMAND_UI，并可通过 MFC ClassWizard 来映射。例如，打开前面的应用程序【例 Ex_MultiBar】，用 MFC ClassWizard 在 CMainFrame 类中添加菜单 ID_VIEW_NEWBAR 的 UPDATE_COMMAND_UI 消息映射，保留其默认的映射函数名，并添加下列代码：

```
void CMainFrame::OnUpdateViewNewbar(CCmdUI* pCmdUI)
{
    int bShow = m_wndTestBar.IsWindowVisible();
    pCmdUI ->SetCheck( bShow );
}
```

在代码中，OnUpdateViewNewbar 是 ID_VIEW_NEWBAR 的更新命令消息的消息映射函数。该函数只有一个参数，它是指向 CCmdUI 对象的指针。CCmdUI 类仅用于 ON_UPDATE_COMMAND_UI 消息映射函数，它的成员函数将对菜单项、工具按钮等用户交互对象起作用，具体如表 6-12 所示。

表 6-12 CCmdUI 类的成员函数对用户交互对象的作用

用户交互对象	Enable	SetCheck	SetRadio	SetText
菜单项	允许或禁用	选中（✔）或未选中	选中用点（●）	设置菜单文本
工具栏按钮	允许或禁用	选定、未选定或不确定	同 SetCheck	无效
状态栏窗格(PANE)	使文本可见或不可见	边框外凸或正常	同 SetCheck	设置窗格文本
CDialogBar 中的按钮	允许或禁用	选中或未选中	同 SetCheck	设置按钮文本
CDialogBar 中的控件	允许或禁用	无效	无效	设置窗口文本

编译运行后，打开"查看"菜单，可以看到"新的工具栏(&N)"菜单项前面有一个"✔"，再次选择"新的工具栏(&N)"菜单项，则新创建的工具栏不见，"新的工具栏(&N)"菜单项前面没有任何标记。若将代码中的 SetCheck 改为 SetRadio，则"✔"变成了"●"，这就是交互对象的更新效果。

当然，框架、数据、文档和视图这几者是密不可分的，并可由此构成不同的文档应用程序类型，这将在下一章讨论。

6.7 常见问题解答

（1）菜单有哪些常见的规则？

解答：为了使应用程序更容易操作，菜单系统的设计还应遵循下列规则。

- 若单击某菜单项后，弹出一个对话框，那么在该菜单项文本后有"…"。
- 若某菜单项有子菜单，那么在该菜单项文本后有"▶"。
- 若某菜单项需快捷键的支持，如【Ctrl+N】，则一般将其列在相应菜单项文本之后。

（2）【例 Ex_SDIMouse】是直接使用已有的 ID_SEPARATOR 来增加状态栏的窗口，那么能否使用自定义的 ID 来增加窗格呢？

解答：完全可以。其一般步骤如下（若创建的是单文档应用程序 Ex_SDI）。

① 切换到项目工作区的 ResourceView 页面，展开 String Table 节点，双击子项▦字串表，打开字串资源列表。

② 双击字串资源列表最后的一个空白项或选择"插入"→"新建字串"菜单项，弹出如图 6-28 所示的"String 属性"对话框。

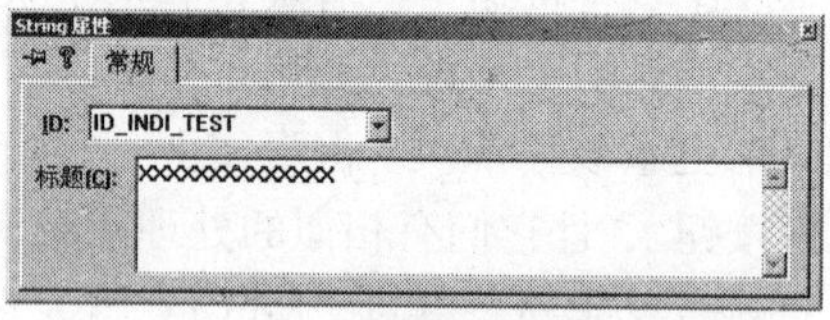

③ 输入要指定的 ID 和"标题"内容。其中"标题"内容的字符数决定该 ID 指定窗格的长度。

图 6-28 添加并设定字串资源项

④ 在 MainFrm.cpp 文件中找到并修改 indicators 数组：

```
static UINT indicators[] =
{
    ID_SEPARATOR,
    ID_INDI_TEST
};
```

由自定义的 ID_INDI_TEST 指定的窗格就添加好了。

（3）能否同时处理多个连续的命令消息？

解答：完全可以。多个连续的命令消息也就是某段范围消息，对于命令范围消息的映射，MFC 提供了相应的映射宏 ON_COMMAND_RANGE，它有 3 个参数：前两个参数表示起始和终止的 ID（ID 必须是连续的，否则只对第一个 ID 有效），第 3 个参数用于指定消息映射的函数名。需要说明的是，范围消息的映射操作只能手动进行。

习题

1. 什么是主窗口和文档窗口？

2. 若将主窗口的大小设置为屏幕 1/4 的大小，并移动到屏幕的右上角，应如何实现？若将多文档窗口的大小设置为主窗口客户区 1/4 的大小，并移动到主窗口客户区的右上角，应如何实现？

3. 如何改变应用程序的图标和光标？

4. 什么是助记符？它是如何在菜单中定义的？

5. 菜单项的消息有哪些？

6. 若对同一个菜单用 ClassWizard 分别在视图类和主窗口类 CMainFrame 都处理其 COMMAND 消息，并在它们的函数中添加相同的代码，则用户选择该菜单后，会有什么样的结果？为什么？

7. 什么是键盘快捷键？它是如何定义的？

8. 什么是快捷菜单？用程序实现一般需要哪些步骤？

9. 如何使一个工具按钮和某菜单项命令相结合？

10. 状态栏的作用是什么？状态栏的窗格分为哪几类？如何添加和减少相应的窗格？

11. 如何在状态栏的窗格显示文本？

12. 什么是命令更新消息？它的作用是什么？

单元综合测试

一、选择题

1. 若使应用程序窗口一直显示在最前面，即设置成最顶（TopMost）窗口，则使用（　　）函数来进行。

  A) CenterWindow   B) MoveWindow

  C) SetWindowPos   D) ShowWindow

2. 通过映射（　　）消息并调用 SetCursor 可设定相应区域的鼠标指针。

  A) WM_PAINT   B) UPDATE_COMMAND_UI

  C) WM_COMMAND   D) WM_SETCURSOR

3. 在资源描述中，Accelerator 定义的是（　　）。

  A) 菜单   B) 弹出式菜单   C) 组合键   D) 加速键资源

4. 在 Windows 消息机制中，菜单项的消息类型是（　　）。

  A) WM_PAINT   B) WM_COMMAND

  C) WM_CREATE   D) WM_CLOSE

5. 修改菜单状态时，菜单项的消息类型应该是（　　）。

  A) UPDATE_COMMAND_UI   B) WM_COMMAND

  C) WM_CREATE   D) WM_CLOSE

6. 在菜单资源编辑界面中，要为菜单添加子菜单，需要设置的属性是（　　）。

A) Separator（分隔符）　　　　　　　　B) Grayed（已灰显）

C) Popup（弹出）　　　　　　　　　　 D) Break（中断）

7. 关于快捷键的设置，下列说法正确的是（　　）。

A) 只要在菜单的标题文本中添加了"&P"标识符，就可以在程序运行中使用【Ctrl+P】组合键来调用菜单

B) 两个快捷键不能同时对应一个消息函数

C) 如果一个快捷键同时对应两个消息 ID，则只有前一个起作用，能够正常运行

D) 如果一个快捷键同时对应两个消息 ID，程序将不能正常运行

8. 在 MFC 编程中，下列关于资源的定义，说法错误的是（　　）。

A) 在资源编辑器中直接添加资源，默认 ID 取值由系统指定

B) 使用资源时，可以直接指定资源的 ID

C) 在程序中，每个资源的 ID 可以取任意数

D) 在资源编辑器中，资源不必按照标准的资源命名方式命名

9. 在文档应用程序中的框架类，默认的工具栏和状态栏类对象的访问类型是（　　）。

A) public　　　　B) private　　　　　C) protected　　　　D) 不确定

10. 欲使菜单项与加速键和工具按钮联动，若有下列方法：

① 指定的加速键、工具按钮与菜单项三者的 ID 相同

② 各自 ID 可以不相同，但消息映射的函数名必须相同

③ 各自 ID 可以不相同，消息映射的函数名也不相同，但函数体的代码相同

则正确的是（　　）。

A) ①②　　　　B) ②③　　　　　C) ①③　　　　D) ①②③

二、填空题

1. 在 MFC 多文档应用程序中，文档窗口类是___①___，它也有___②___函数的重载，从而可用来修改 CREATESTRUCT 结构参数来更改窗口样式。

2. MFC 中，主窗口的显示状态可以在虚函数 InitInstance 重载中通过主窗口指针变量___①___调用函数___②___来指定。

3. 在单文档应用程序中，菜单项命令消息可以映射在___①___类中，若在视图类和文档类中分别映射同一菜单项的命令消息，则先执行___②___类中的映射函数。

4. 若文档应用程序的工具栏 m_wndToolOne 已创建，则应先调用___①___函数使其有浮动停靠性能，然后调用___②___函数来指定其可以有浮动停靠操作。

5. 有一组工具按钮，若使它们具有单选功能，则应跟踪映射其___①___消息，并在映射函数中调用___②___来指定。

第7章 数据、文档和视图

在 MFC 文档应用程序框架中，文档代表一个数据单元，用户可使用"文件"菜单中的"打开"和"保存"命令进行文档数据操作。视图不仅是用户与文档之间的交互接口，而且是数据可视化的体现。同样，文档模板又使框架窗口、文档和视图紧密相连，它们围绕数据、资源和消息构成了 MFC 文档视图结构体系的核心。

7.1 文档模板

用 MFC AppWizard（exe）创建的单文档（SDI）或多文档（MDI）应用程序均包含应用程序类、文档类、视图类和框架窗口类，这些类是通过文档模板有机地联系在一起。

7.1.1 文档模板类

文档应用程序框架是在程序运行时就开始构造的，在单文档应用程序（设项目名为 Ex_SDI）的应用程序类 InitInstance 函数中，可以看到这样的代码：

```
BOOL CEx_SDIApp::InitInstance()
{    …
    CSingleDocTemplate* pDocTemplate;
    pDocTemplate = new CSingleDocTemplate(
        IDR_MAINFRAME,                          // 资源 ID
        RUNTIME_CLASS(CEx_SDIDoc),              // 文档类
        RUNTIME_CLASS(CMainFrame),              // 主框架窗口类
        RUNTIME_CLASS(CEx_SDIView));            // 视图类
    AddDocTemplate(pDocTemplate);
    …
    return TRUE;
}
```

代码中，pDocTemplate 是类 CSingleDocTemplate 的指针对象。CSingleDocTemplate 是一个**单文档模板类**，它的构造函数中有 4 个参数，分别表示菜单和加速键等的资源 ID 以及 3 个由宏 RUNTIME_CLASS 指定的运行时类对象。AddDocTemplate 是类 CWinApp 的一个成员函数，调用该函数后，就添加并建立了应用程序类、文档类、视图类以及主框架类之间的相互联系。

类似地，多文档模板类 CMultiDocTemplate 的构造函数也有相同的定义。例如，下面的代码（设项目名为 Ex_MDI）。

```
BOOL CEx_MDIApp::InitInstance()
{    …
        CMultiDocTemplate* pDocTemplate;
        pDocTemplate = new CMultiDocTemplate(
            IDR_EX_MDITYPE,                     // 资源 ID
            RUNTIME_CLASS(CEx_MDIDoc),          // 文档类
            RUNTIME_CLASS(CChildFrame),         // MDI 文档窗口类
            RUNTIME_CLASS(CEx_MDIView));        // 视图类
        AddDocTemplate(pDocTemplate);
        // 创建主框架窗口
        CMainFrame* pMainFrame = new CMainFrame;
        if (!pMainFrame->LoadFrame(IDR_MAINFRAME))
            return FALSE;
        m_pMainWnd = pMainFrame;
```

```
        ...
        return TRUE;
    }
```

由于多文档模板用来建立资源、文档类、视图类和子框架窗口（文档窗口）类之间的关联，因而多文档的主框架窗口需要额外的代码来创建。代码中，LoadFrame 是 CFrameWnd 类成员函数，用来加载与主框架窗口相关的菜单、加速键、图标等资源。

7.1.2 文档模板字符串资源

在 MFC AppWizard 创建的应用程序资源中，许多资源标识符都是 IDR_MAINFRAME，这就意味着这些具有同名标识的资源将被框架自动加载到应用程序中。其中，String Table（字符串）资源列表中也有一个 IDR_MAINFRAME 项，它用来标识文档类型、标题等内容，称为"文档模板字符串资源"。其内容如下（若创建的单文档应用程序为 Ex_SDI）。

```
Ex_SDI\n\nEx_SDI\n\n\nExSDI.Document\nEx_SDI Document
```

可以看出，IDR_MAINFRAME 所标识的字符串被"\n"分成了 7 段子串，每段都有特定的用途，其含义如表 7-1 所示。

表 7-1 文档模板字符串的含义

IDR_MAINFRAME 的子串	串号	用　　　途
Ex_SDI\n	0	应用程序窗口标题
\n	1	文档根名。对多文档应用程序来说，若在文档窗口标题上显示"Sheet1"，则其中的 Sheet 就是文档根名。若该子串为空，则文档名为默认的"无标题"
Ex_SDI\n	2	新建文档的类型名。若有多个文档类型，则这个名称将出现在"新建"对话框中
\n	3	通用对话框的文件过滤器正文
\n	4	通用对话框的文件扩展名
ExSDI.Document\n	5	在注册表中登记的文档类型标识
Ex_SDI Document	6	在注册表中登记的文档类型名称

但对于 MDI 来说，上述的字串分别由 IDR_MAINFRAME 和 IDR_EX_MDITYPE（若项目名为 Ex_MDI）组成。其中，IDR_MAINFRAME 表示窗口标题，IDR_EX_MDITYPE 表示后 6 项内容。它们的内容如下。

```
IDR_MAINFRAME:      Ex_MDI
IDR_EX_MDITYPE:
    \nEx_MDI\nEx_MDI\n\n\nExMDI.Document\nEx_MDI
Document
```

实际上，文档模板字串资源内容既可直接通过上述字串资源编辑器修改，也可以在文档应用程序创建向导的第四步中，单击 高级(A)... 按钮，通过"高级选项（Advanced Options）"对话框中的"文档字符模板（Document Template Strings）"页面指定，如图 7-1 所示（以单文档应用程序 Ex_SDI 为例）。图 7-1 中的数字与表 7-1 中对应的串号一致。

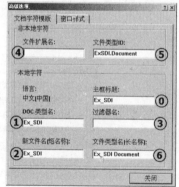

图 7-1　"高级选项"对话框

7.2　文档序列化

数据往往需要存盘做永久备份。将文档类中数据成员变量的值保存在磁盘文件中，或者将存储的文档文件中的数据读取到相应的成员变量中。这个过程称为**序列化**（serialize）。

7.2.1　文档序列化过程

MFC 文档序列化过程为：创建空文档、打开文档、保存文档和关闭文档，下面介绍它们的具体运行过程。

1. 创建空文档

应用程序类的 InitInstance 函数在调用 AddDocTemplate 函数之后，会通过 CWinApp::ProcessShellCommand 间接调用 CWinApp 的另一个非常有用的成员函数 OnFileNew，并依次完成下列工作。

1）构造文档对象，但并不从磁盘中读数据。

2）构造主框架类 CMainFrame 的对象，并创建该主框架窗口，但不显示。

3）构造视图对象，并创建视图窗口，也不显示。

4）通过内部机制，使文档、主框架和视图"对象"之间"真正"建立联系。注意与AddDocTemplate 函数的区别，AddDocTemplate 函数建立的是"类"之间的联系。

5）调用文档对象的 CDocument::OnNewDocument 虚函数，并调用 CDocument:: DeleteContents 虚函数来清除文档对象的内容。

6）调用视图对象的 CView::OnInitialUpdate 虚函数对视图进行初始化操作。

7）调用框架对象的 CFrameWnd::ActiveFrame 虚函数，以便显示出带有菜单、工具栏、状态栏以及视图窗口的主框架窗口。

在单文档应用程序中，文档、主框架以及视图对象仅被创建一次，并且这些对象在整个运行过程中都有效。CWinApp::OnFileNew 函数被 InitInstance 函数调用。用户选择"文件（File）"菜单中的"新建（New）"时，CWinApp::OnFileNew 也会被调用。与 InitInstance 不同的是，这种情况下不再创建文档、主框架以及视图对象，但上述过程的最后 3 个步骤仍然会被执行。

2. 打开文档

当 MFC AppWizard 创建应用程序时，它会自动将"文件（File）"菜单中的"打开（Open）"命令（ID 为 ID_FILE_OPEN）映射到 CWinApp 的 OnFileOpen 成员函数。这一结果可以从应用类的消息入口处得到验证。

```
BEGIN_MESSAGE_MAP(CEx_SDIApp, CWinApp)
    ...
    ON_COMMAND(ID_FILE_NEW, CWinApp::OnFileNew)
    ON_COMMAND(ID_FILE_OPEN, CWinApp::OnFileOpen)
    // Standard print setup command
    ON_COMMAND(ID_FILE_PRINT_SETUP, CWinApp::OnFilePrintSetup)
END_MESSAGE_MAP()
```

OnFileOpen 函数还会进一步完成下列工作。

1）弹出通用文件"打开"对话框，供用户选择一个文档。

2）文档指定后，调用文档对象的 CDocument:: OnOpenDocument 虚函数。该函数将打开文档，并调用 DeleteContents 清除文档对象的内容，然后创建一个 CArchive 对象用于读取数据，接着又自动调用 Serialize 函数。

3）调用视图对象的 CView::OnInitialUpdate 虚函数。

除了使用"文件（File）"→"打开（Open）"菜单项外，用户也可以选择最近使用过的文件列表来打开相应的文档。在应用程序的运行过程中，系统会记录下 4 个默认最近使用过的文件，并将文件名保存在 Windows 的注册表中。每次启动应用程序时，应用程序都会将最近使用过的文件名称显示在"文件（File）"菜单中。

3. 保存文档

当 MFC AppWizard 创建应用程序时，它会自动将"文件（File）"菜单中的"保存（Save）"命令与文档类 CDocument 的 OnFileSave 函数在内部关联起来，但用户在程序框架中看不到相应的代码。OnFileSave 函数还会进一步完成下列工作。

1）弹出通用文件"保存"对话框，让用户提供一个文件名。

2）调用文档对象的 CDocument::OnSaveDocument 虚函数，接着又自动调用 Serialize 函数，将 CArchive 对象的内容保存在文档中。

需要说明的是：

- 只有在保存文档之前还没有存过盘（亦即没有文件名）或读取的文档是"只读"时，OnFileSave 函数才会弹出通用"保存"对话框。否则，只执行上述第 2 步。
- "文件（File）"菜单中还有一个"另存为（Save As）"命令，它与文档类 CDocument 的 OnFileSaveAs 函数相关联。不管文档有没有保存过，OnFileSaveAs 都会执行上述两个步骤。

上述文档存盘的必要操作都是由系统自动完成的。

4. 关闭文档

当用户试图关闭文档（或退出应用程序）时，应用程序会根据用户对文档的修改与否来进一步完成下列任务。

1）若文档内容已被修改，则弹出一个消息对话框，询问用户是否需要将文档保存。若用户选择"是"，则应用程序执行 OnFileSave 过程。

2）调用 CDocument::OnCloseDocument 虚函数，关闭所有与该文档相关联的文档窗口及相应的视图，调用文档类 CDocument 的 DeleteContents 清除文档数据。

需要说明的是，MFC 应用程序通过 CDocument 的 protected 类型成员变量 m_bModified 的逻辑值来判断用户是否对文档进行修改，如果 m_bModified 为 TRUE，则表示文档被修改。用户可以通过 CDocument 的 SetModifiedFlag 成员函数来设置或通过 IsModified 成员函数来访问 m_bModified 的逻辑值。当文档创建、从磁盘中读出以及文档存盘时，文档的这个标记就被置为 FALSE；而当文档数据被修改时，用户必须使用 SetModifiedFlag 函数将该标记置为 TRUE。这样，当关闭文档时，会弹出消息对话框，询问是否保存已修改的文档。

由于多文档应用程序序列化过程基本上和单文档相似，因此这里不再重复介绍。

7.2.2　CArchive 类和序列化操作

从上述的单文档序列化过程可以看出：打开和保存文档时，系统都会自动调用 Serialize 函数。事实上，MFC AppWizard 在创建文档应用程序框架时，已在文档类中重载了 Serialize 函数，通过在该函数中添加代码可实现数据序列化。例如，在 Ex_SDI 单文档应用程序的文档类中有如下默认代码。

```
void CEx_SDIDoc::Serialize(CArchive& ar)
{
    if (ar.IsStoring())                    // 当文档数据需要存盘时
```

```
    {
        // TODO: add storing code here
    } else                                   // 当文档数据需要读取时
    {
        // TODO: add loading code here
    }
}
```

在代码中，Serialize 函数的参数 ar 是一个 CArchive 类引用变量。通过判断 ar.IsStoring 的结果是 TRUE（"真"）还是 FALSE（"假"）就可决定向文档写或读数据。

CArchive（归档）类提供对文件数据进行缓存，它同时保存一个内部标记，用来标识文档是存入（写盘）还是载入（读盘）。每次只能有一个活动的存档与 ar 相连。通过 CArchive 类可以简化文件操作，它提供 "<<" 和 ">>" 运算符，用于向文件写入简单的数据类型以及从文件中读取它们。表 7-2 列出了 CArchive 所支持的常用数据类型。

表 7-2　ar 中可以使用<<和>>运算符的数据类型

类　　型	描　　述	类　　型	描　　述
BYTE	8 位无符号整型	WORD	16 位无符号整型
LONG	32 位带符号整型	DWORD	32 位无符号整型
float	单精度浮点	double	双精度浮点
int	带符号整型	short	带符号短整型
char	字符型	unsigned	无符号整型

除了 "<<" 和 ">>" 运算符外，CArchive 类还提供成员函数 ReadString 和 WriteString 用来从一个文件对象中读写一行文本，它们的原型如下。

```
Bool ReadString(CString& rString);
LPTSTR ReadString( LPTSTR lpsz, UINT nMax );
void WriteString( LPCTSTR lpsz);
```

其中，lpsz 用来指定读或写的文本内容，nMax 用来指定可以读出的最大字符数。需要说明的是，当向一个文件写一行字符串时，字符 '\0' 和 '\n' 都不会写到文件中，在使用时要特别注意。

下面通过一个简单的示例来说明 Serialize 函数和 CArchive 类的文档序列化操作方法。

【例 Ex_SDIArchive】一个简单的文档序列化示例

1）用 MFC AppWizard(exe)创建一个默认的单文档应用程序 Ex_SDIArchive。打开 String Table 资源，将文档模板字串资源 IDR_MAINFRAME 内容修改为：

```
文档序列化操作\n\n\n自定义文件(*.my)\n.my\nExSDIArchive.Document\nEx_SDI Document
```

2）为 CEx_SDIArchiveDoc 类添加下列成员变量。

```
public:
    char    m_chArchive[100];        // 读写数据时使用
    CString m_strArchive;            // 读写数据时使用
    BOOL    m_bIsMyDoc;              // 用于判断文档
```

3）在 CEx_SDIArchiveDoc 类构造函数中添加下列代码。

```
CEx_SDIArchiveDoc::CEx_SDIArchiveDoc()
{
    m_bIsMyDoc = FALSE;
}
```

4）在 CEx_SDIArchiveDoc::OnNewDocument 函数中添加下列代码。

```
BOOL CEx_SDIArchiveDoc::OnNewDocument()
{
    if (!CDocument::OnNewDocument())
        return FALSE;
    strcpy(m_chArchive, "&这是一个用于测试文档的内容！");
    m_strArchive = "这是一行文本！";
    m_bIsMyDoc = TRUE;
    return TRUE;
}
```

5）在 CEx_SDIArchiveDoc::Serialize 函数中添加下列代码。

```
void CEx_SDIArchiveDoc::Serialize(CArchive& ar)
{
    if (ar.IsStoring())    {
        if (m_bIsMyDoc) {                  // 是自己的文档
            for (int i=0; i<sizeof(m_chArchive); i++)
                ar<<m_chArchive[i];
            ar.WriteString( m_strArchive );
        } else
            AfxMessageBox("数据无法保存！");
    }else    {
        ar>>m_chArchive[0];               // 读取文档首字符
        if (m_chArchive[0] == '&') {   // 是自己的文档
            for (int i=1; i<sizeof(m_chArchive); i++)
                ar>>m_chArchive[i];
            ar.ReadString( m_strArchive );
            CString str;
            str.Format("%s%s",m_chArchive,m_strArchive);
            AfxMessageBox(str);
            m_bIsMyDoc = TRUE;
        }else    {                          // 不是自己的文档
            m_bIsMyDoc = FALSE;
            AfxMessageBox("打开的文档无效！");
        }
    }
}
```

6）编译运行并测试。程序运行后，选择"文件"→"另存为"命令，指定一个文档名 1.my，然后选择"文件"→"新建"命令，再打开该文档，弹出对话框，显示该文档的内容，如图 7-2 所示。

图 7-2   显示文档内容

需要说明的是，Serialize 函数对操作的文档均有效，为了避免对其他文档误操作，这里在文档中加入"&"字符来作为自定义文档的标识，以与其他文档相区别。

7.2.3   使用简单数组集合类

上述文档的读写是通过变量来存取文档数据的，实际上还可使用 MFC 提供的集合类来进行操作。这样不仅有利于优化数据结构，简化数据的序列化，而且保证数据类型的安全性。

集合类常常用于装载一组对象、组织文档中的数据等，也常用作数据的容器。从集合类的表现形式上看，MFC 提供的集合类可分为 3 类：链表集合类（List）、数组集合类（Array）和映射集合类（Map）。

限于篇幅，这里仅讨论简单数组集合类，它包括 CObArray（对象数组集合类）、CByteArray（BYTE 数组集合类）、CDWordArray（DWORD 数组集合类）、CPtrArray（指针数组集合类）、CStringArray（字符串数组集合类）、CUIntArray（UINT 数组集合类）和 CWordArray（WORD 数组集合类）。

简单数组集合类是一个大小动态可变的数组，数组中的元素可用下标运算符 "[ ]" 来访问（从 0 开始）、设置或获取元素数据。若要设置超过数组当前个数元素的值，则可以指定是否使数组自动扩展。当数组不需扩展时，访问数组集合类的速度与访问标准 C++ 中数组的速度同样快。以下的基本操作对所有简单数组集合类都适用。

1. 简单数组集合类的构造及元素的添加

对简单数组集合类构造的方法都是一样的，均是使用各自的构造函数，它们的原型如下。

```
CByteArray          CByteArray( );
CDWordArray         CDWordArray( );
CObArray            CObArray( );
CPtrArray           CPtrArray( );
CStringArray        CStringArray( );
CUIntArray          CUIntArray( );
CWordArray          CWordArray( );
```

简单数组集合类的两种构造方法如下。

```
CObArray array;                          // 使用默认的内存块大小
CObArray* pArray = new CObArray;         // 使用堆内存中的默认的内存块大小
```

为了有效使用内存，在使用简单数组集合类之前，最好调用成员函数 SetSize 设置此数组的大小，与其对应的函数是 GetSize，用来返回数组的大小。它们的原型如下。

```
void SetSize( int nNewSize, int nGrowBy = -1 );
int GetSize( ) const;
```

其中，参数 nNewSize 用来指定新元素的数目（必须大小或等于 0）。nGrowBy 表示当数组需要扩展时，允许添加的最小元素数目，默认时为自动扩展。

向简单数组集合类添加一个元素，可使用成员函数 Add 和 Append，它们的原型如下。

```
int Add( CObject* newElement );
int Append( const CObArray& src );
```

其中，Add 函数是向数组的末尾添加一个新元素，且数组自动增 1。如果调用的函数 SetSize 的参数 nGrowBy 的值大于 1，那么扩展内存将被分配。此函数返回被添加的元素序号，元素序号就是数组下标。参数 newElement 表示要添加的相应类型的数据元素。Append 函数是向数组的末尾添加由 src 指定的另一个数组的内容。函数返回加入的第一个元素的序号。

2. 访问简单数组集合类的元素

在 MFC 中，访问一个简单数组集合类元素既可以使用 GetAt 函数，也可使用 "[]" 操作符。例如：

```
// CObArray::operator []示例
CObArray array;
CAge* pa;                                // CAge 是一个用户类
array.Add( new CAge( 21 ) );             // 添加一个元素
array.Add( new CAge( 40 ) );             // 再添加一个元素
pa = (CAge*)array[0];                    // 获取元素 0
array[0] = new CAge( 30 );               // 替换元素 0;
// CObArray::GetAt 示例
CObArray array;
```

```
array.Add( new CAge( 21 ) );              // 元素 0
array.Add( new CAge( 40 ) );              // 元素 1
```

3．删除简单数组集合类的元素

删除简单数组集合类中的元素的一般步骤。

1）使用函数 GetSize 和整数下标值访问简单数组集合类中的元素。

2）若对象元素是在堆内存中创建的，则使用 delete 操作符删除每一个对象元素。

3）调用函数 RemoveAll 删除简单数组集合类中的所有元素。

CObArray 的删除示例如下。

```
CObArray array;
CAge* pa1;
CAge* pa2;
array.Add( pa1 = new CAge( 21 ) );
array.Add( pa2 = new CAge( 40 ) );
ASSERT( array.GetSize() == 2 );
for (int i=0;i<array.GetSize();i++)
    delete array.GetAt(i);
array.RemoveAll();
```

需要说明的是：函数 RemoveAll 用于删除数组中的所有元素，函数 RemoveAt(int nIndex, int nCount = 1) 表示要删除数组中序号从 nIndex 元素开始，数目为 nCount 的元素。

下面的示例，用来读取打开文档的内容并显示在文档窗口（视图）中。

【例 Ex_Array】读取文档数据并显示

1）用 MFC AppWizard(exe)创建一个默认的单文档应用程序 Ex_Array。为 CEx_ArrayDoc 类添加 CStringArray 类型的成员变量 m_strContents，用来读取文档内容。

2）在 CEx_ArrayDoc::Serialize 函数中添加读取文档内容的代码。

```
void CEx_ArrayDoc::Serialize(CArchive& ar)
{
    if (ar.IsStoring())
    {
    }
    else {
        CString str;
        m_strContents.RemoveAll();
        while (ar.ReadString(str))
        {
            m_strContents.Add(str);
        }
    }
}
```

3）在 CEx_ArrayView::OnDraw 中添加下列代码。

```
void CEx_ArrayView::OnDraw(CDC* pDC)
{
    CEx_ArrayDoc* pDoc = GetDocument();
    ASSERT_VALID(pDoc);
    int y = 0;
    CString str;
    for (int i=0; i<pDoc->m_strContents.GetSize(); i++)
    {
```

```
            str = pDoc->m_strContents.GetAt(i);
            pDC->TextOut( 0, y, str);
            y += 16;
        }
    }
```

代码中的宏 ASSERT_VALID 用来调用 AssertValid 函数，AssertValid 的目的是启用"断言"机制来检验对象的正确性和合法性。通过 GetDocument 函数可以在视图类中访问文档类的成员，TextOut 是 CDC 类的一个成员函数，用于在视图指定位置绘制文本内容。

4）编译运行并测试，打开任意一个文本文件，结果如图 7-3 所示。

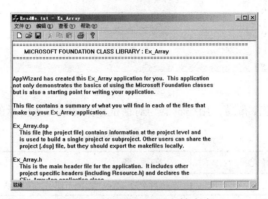

图 7-3　在视图上显示文档内容

需要说明的是，该示例的功能还需要添加，如改变显示的字体、控制行距等，最主要的是不能在视图中通过滚动条来查看文档的全部内容，以后还会讨论这些功能的实现方法。

7.2.4　类对象序列化

用文件存取数据最大的难度是保证读取数据的正确性。对于具有定长字节的基本数据类型来说，这是完全没有问题的，因为若保存 1 字节的字符，读取的也是 1 字节的字符，不会出现多读的错误。但若是一个字符串，情况就不同了，因为字符串是非定长的，存入字符串的有效字符若为 10 个，读取时不指定这个数值，则读取的字符数很可能超过了，这就造成后面读取数据的紊乱。正因为如此，MFC 文档序列化 CArchive 提供了 ReadString 和 WriteString 来读写一行字符串，有了行的限制，自然就能保证字符串读取的正确性。

但若有一个记录结构，包括学生的姓名（字符串）、学号（字符串）以及三门课程成绩，则如何保证文件读写的正确性呢？为了能利用 MFC 文档序列化机制，最直接的方法将记录声明成一个类，并使该类具有可序列化特性。一个可序列化的类的对象可以在 Serialize 函数使用 CArchive 对象通过"<<"和">>"来正确地向文件进行写入和读取操作。

下面来看一个综合应用，如图 7-4 所示。它首先通过对话框输入一个学生记录，记录包括学生的姓名、学号和三门成绩，用类 CStudent 来描述，并使其可序列化，然后将记录内容保存到一个对象数组集合类对象中，最后通过文档序列化将记录保存到一个文件中。当添加记录或打开一个记录文件时，还会将数据显示在文档窗口（即视图）中。

【例 Ex_Student】类对象序列化

1. 添加用于输入学生记录的对话框

1）用 MFC AppWizard(exe)创建一个默认的单文档应用程序 Ex_Student。

2）向应用程序中添加一个对话框资源，打开属性对话框，将其字体设置为"宋体，9"，标题改为"添加学生记录",取默认的 ID: IDD_DIALOG1,将 OK 和 Cancel 按钮的标题分别改为"确定"和"取消"。

图 7-4 Ex_Student 运行结果

3）参看图 7-4 的控件布局,用编辑器为对话框添加如表 7-3 所示的控件。

表 7-3 添加的控件

控 件	ID	标 题	属 性
静态文本	默认	姓名:	默认
静态文本	默认	学号:	默认
静态文本	默认	成绩1:	默认
静态文本	默认	成绩2:	默认
静态文本	默认	成绩3:	默认
编辑框	IDC_EDIT1	——	默认
编辑框	IDC_EDIT2	——	默认
编辑框	IDC_EDIT3	——	默认
编辑框	IDC_EDIT4	——	默认
编辑框	IDC_EDIT5	——	默认
静态图片	默认	——	Frame, Etched, 其余默认

4）双击对话框模板或按【Ctrl+W】组合键,为对话框资源 IDD_DIALOG1 创建一个对话框类 CInputDlg。

5）打开 ClassWizard 的 Member Variables 标签,在 Class name 中选择 CInputDlg,选中所需控件的 ID 标识符,双击或单击 Add Variables 按钮,依次为表 7-4 中的控件增加成员变量。

表 7-4 控件变量

控件 ID	变量类型	变 量 名	范围和大小
IDC_EDIT1	CString	m_strName	20
IDC_EDIT2	CString	m_strID	20
IDC_EDIT3	float	m_fScore1	0~100
IDC_EDIT4	float	m_fScore2	0~100
IDC_EDIT5	float	m_fScore3	0~100

2. 添加一个 CStudent 类并使该类可序列化

一个可序列化的类必须是 CObject 的一个派生类，且在类声明中，需要包含 DECLARE_SERIAL 宏调用，而在类的实现文件中包含 IMPLEMENT_SERIAL 宏调用，这个宏有 3 个参数：前 2 个参数分别表示类名和基类名，第 3 个参数表示应用程序的版本号。最后还需要重载 Serialize 函数，使该类的数据成员进行相关序列化操作。

由于使用 ClassWizard 无法添加一个 CObject 派生类，因此必须手动进行。为了简化类文件，这里创建的 CStudent 类的声明和实现代码直接添加在 Ex_StudentDoc.h 和 Ex_StudentDoc.cpp 文件中，具体如下。

```cpp
// 在Ex_StudentDoc.h文件中的class CEx_StudentDoc前添加
class CStudent : public CObject
{
    CString strName;                  // 姓名
    CString strID;                    // 学号
    float fScore1, fScore2, fScore3;  // 三门成绩
    float fAverage;                   // 平均成绩
    DECLARE_SERIAL(CStudent)
public:
    CStudent() {};
    CStudent(CString name, CString id, float f1, float f2, float f3);
    void Serialize(CArchive &ar);
    void Display(int y, CDC *pDC);    // 在坐标 (0,y)处显示数据
};
// 在Ex_StudentDoc.cpp文件中添加的CStudent实现代码
CStudent::CStudent(CString name, CString id, float f1, float f2, float f3)
{
    strName = name;
    strID = id;
    fScore1 = f1;    fScore2 = f2;    fScore3 = f3;
    fAverage = (float)((f1 + f2 + f3)/3.0);
}
void CStudent::Display(int y, CDC *pDC)
{
    CString str;
    str.Format("%s  %s  %f  %f  %f  %f", strName, strID,
        fScore1, fScore2, fScore3, fAverage);
    pDC->TextOut(0, y, str);
}
IMPLEMENT_SERIAL(CStudent, CObject, 1)
void CStudent::Serialize(CArchive &ar)
{
    if (ar.IsStoring())
        ar<<strName<<strID<<fScore1<<fScore2<<fScore3<<fAverage;
    else
        ar>>strName>>strID>>fScore1>>fScore2>>fScore3>>fAverage;
}
```

3. 添加并处理菜单项

1）在菜单资源的主菜单中增加顶层菜单项"学生记录(&S)"，在该顶层菜单项中增加子菜单"添加(&A)"(ID_STUREC_ADD)。

2）用 MFC ClassWizard 为 CEx_StudentDoc 类添加 ID_STUREC_ADD 的 COMMAND 消息映射，并在映射函数中添加下列代码。

```
void CEx_StudentDoc::OnSturecAdd()
{
    CInputDlg dlg;
    if (IDOK == dlg.DoModal()) {
        // 添加记录
        CStudent *pStudent = new CStudent(dlg.m_strName,
                dlg.m_strID, dlg.m_fScore1, dlg.m_fScore2, dlg.m_fScore3);
        m_stuObArray.Add(pStudent);
        SetModifiedFlag();              // 设置文档更改标志
        UpdateAllViews(NULL);           // 更新视图
    }
}
```

3）在 Ex_StudentDoc.cpp 文件的开始处，添加包含 CAddDlg 的头文件。

```
#include "Ex_StudentDoc.h"
#include "InputDlg.h"
```

4. 完善代码

1）在 Ex_StudentDoc.h 文件中，为 CEx_StudentDoc 类添加下列成员变量和成员函数。

```
public:
    CObArray m_stuObArray;
    int GetAllRecNum(void);
    CStudent * GetStudentAt(int nIndex);
```

2）在 Ex_StudentDoc.cpp 文件中，添加函数的实现代码。

```
CStudent * CEx_StudentDoc::GetStudentAt(int nIndex)
{
    if ((nIndex < 0) || nIndex > m_stuObArray.GetUpperBound())
        return 0;                       // 越界处理
    return (CStudent *)m_stuObArray.GetAt(nIndex);
}
int CEx_StudentDoc::GetAllRecNum()
{
    return m_stuObArray.GetSize();
}
```

3）在 CEx_StudentDoc 析构函数中添加下列代码。

```
CEx_StudentDoc::~CEx_StudentDoc()
{
    int nIndex = GetAllRecNum();
    while (nIndex--)
        delete m_stuObArray.GetAt(nIndex);
    m_stuObArray.RemoveAll();
}
```

4）在 Serialize 函数中添加下列代码。

```
void CEx_StudentDoc::Serialize(CArchive& ar)
{
    if (ar.IsStoring()){
        m_stuObArray.Serialize(ar);
    } else   {
        m_stuObArray.Serialize(ar);
    }
}
```

需要说明的是，m_stuObArray 是一个对象数组集合类 CObArray 的对象，当读取数据调用 Serialize 成员函数时，它实际上是调用集合类对象中元素的 Serialize 成员函数，并将对象添加到 m_stuObArray 中。那么它又是怎么知道元素是调用 CStudent 类的 Serialize 成员函数呢？这是因为添加学生成绩记录后，一旦保存到文件中，就会将 CStudent 类名同时存在到文件中，读取时，自动使用 CStudent 类。这是 CObArray 序列化的一个内部机制。

5）在 CEx_StudentView::OnDraw 函数中添加下列代码。

```
void CEx_StudentView::OnDraw(CDC* pDC)
{
    CEx_StudentDoc* pDoc = GetDocument();
    ASSERT_VALID(pDoc);
    int y = 0;
    for (int nIndex = 0; nIndex < pDoc->GetAllRecNum(); nIndex++) {
        pDoc->GetStudentAt(nIndex)->Display(y, pDC);
        y += 16;
    }
}
```

6）打开文档的字串资源 IDR_MAINFRAME，将其内容修改为：

```
Ex_Student\nStudentRec\nEx_Stu\n记录文件(*.rec)\n.rec\nExStudent.Document\nEx_Stu
Document
```

7）编译运行并测试，结果见图 7-4。

7.2.5 文件对话框和 CFile 类

前面文档序列化机制是 MFC 文档应用程序框架的数据流的一条主线，但有时还需要额外地处理文件（文档），这就需要使用文件对话框以及 CFile 类，当然 CArchive 类与 CFile 类之间是密切关联的。

1. 文件对话框

MFC 的 CFileDialog 类提供了通用文件对话框类的全部操作。在程序中使用时，可运行如下面的代码：

```
CString filter;
filter = "文本文件(*.txt)|*.txt|C++文件(*.h,*.cpp)|*.h;*.cpp||";
CFileDialog dlg (TRUE, NULL, NULL, OFN_HIDEREADONLY, filter);
if (dlg.DoModal () == IDOK){
    CString str;
    str = dlg.GetPathName();
    AfxMessageBox(str);
}
```

在代码中，CString 是 MFC 中的一个类，用来操作字符串。代码运行后，弹出如图 7-5 所示的文件"打开"对话框。选定一个文件后，单击 [打开(0)] 按钮，弹出一个消息对话框，显示该文件的全路径名称。

图 7-5 "打开"对话框

通用文件对话框是"打开"还是"保存"，取决于在 CFileDialog 的构造函数中指定的参数。CFileDialog 的构造函数的原型如下。

```
CFileDialog( BOOL bOpenFileDialog, LPCTSTR lpszDefExt = NULL,
    LPCTSTR lpszFileName = NULL,
    DWORD dwFlags = OFN_HIDEREADONLY | OFN_OVERWRITEPROMPT,
    LPCTSTR lpszFilter = NULL, CWnd* pParentWnd = NULL );
```

参数中，当 *bOpenFileDialog* 为 TRUE 时，表示文件打开对话框，为 FALSE 时，表示文件保存对话框。*lpszDefExt* 用来指定文件扩展名。若用户在文件名编辑框中没有键入扩展名，则系统在文件名后自动添加 *lpszDefExt* 指定的扩展名。*lpszFileName* 用来在文件名编辑框中指定开始出现的文件名，若为 NULL，则不出现。*dwFlags* 用来指定对话框的界面标志，当为 OFN_HIDEREADONLY 时，表示隐藏对话框中的"只读"复选框，当为 OFN_OVERWRITEPROMPT 时，表示文件保存时，若指定的文件重名，则出现提示对话框。*pParentWnd* 用来指定对话框的父窗口指针。*lpszFilter* 参数用来确定出现在文件列表框中的文件类型。它由一对或多对字符串组成，每对字符串中第 1 个字串表示过滤器名称，第 2 个字串表示文件扩展名，若指定多个扩展名，则用";"分隔，字符串最后用两个"|"结尾。注意：字符串应写在一行，若一行写不下，需用"\"连接。

函数原型中，LPCTSTR 类型用来表示一个常值字符指针，这里可以将其理解成是一个常值字符串类型。

DoModal 返回 IDOK 后，可使用 CFileDialog 成员函数获取相关文件信息。其中 GetPathName 函数返回文件在对话框确定的全路径名；GetFileName 函数返回在对话框确定的文件名（如确定的文件是 "C:\FILES\TEXT.DAT"，则返回 "TEXT.DAT"）；GetFileExt 函数返回在对话框确定的文件扩展名（如确定的文件是 "DATA.TXT"，则返回 "TXT"）。 一旦获取文件，就可使用 CFile 类对文件进行操作。

2. 使用 CFile 类

在 MFC 中，CFile 类是一个文件 I/O 的基类。它直接支持非缓冲、二进制的磁盘文件的输入输出，也可以使用其派生类处理文本文件（CStdioFile）和内存文件（CMemFile）。使用 CFile 类可以打开或关闭一个磁盘文件、向一个文件读或写数据等。下面分别说明。

（1）文件的打开和关闭

在 MFC 中，使用 CFile 打开一个文件的步骤如下。

① 构造一个不带任何参数的 CFile 对象。

② 调用成员函数 Open 并指定文件路径以及文件标志。

CFile 类的 Open 函数原型如下。

```
BOOL Open( LPCTSTR lpszFileName, UINT nOpenFlags, CFileException* pError = NULL );
```

其中，lpszFileName 用来指定一个要打开的文件路径，该路径可以是相对的、绝对的或是一个网络文件名（UNC）。nOpenFlags 用来指定文件打开的标志，常用的值见表 7-5。pError 用来表示操作失败产生的 CFileException 指针，CFileException 是一个与文件操作有关的异常处理类。函数 Open 操作成功时返回 TRUE，否则为 FALSE。

表 7-5　CFile 类的文件常用访问方式

方　式	含　义
CFile::modeCreate	表示创建一个新文件，若该文件已存在，则将文件原有内容清除
CFile::modeNoTruncate	与 CFile::modeCreate 组合。若文件已存在，则不会清除文件原有内容
CFile::modeRead	打开文件只读
CFile::modeReadWrite	打开文件读与写
CFile::modeWrite	打开文件只写
CFile::modeNoInherit	防止子线程继承该文件

例如，下面的代码将显示如何用读写方式创建一个新文件。

```
char* pszFileName = "c:\\test\\myfile.dat";
CFile myFile;
CFileException fileException;
if ( !myFile.Open( pszFileName, CFile::modeCreate | CFile::modeReadWrite ),
                 &fileException )
{
    TRACE( "Can't open file %s, error = %u\n", pszFileName, fileException.m_cause );
}
```

代码中，若文件创建打开有任何问题，Open 函数将在它的最后一个参数中返回 CFileException（文件异常类）对象，TRACE（追踪）宏将显示出文件名和表示失败原因的代码。使用 AfxThrowFileException 函数将获得更详细的有关错误的报告。

与文件"打开"相反的操作是"关闭"，可以使用 Close 函数来关闭一个文件对象，若该对象是在堆内存中创建的，还需调用 delete 来删除它（不是删除物理文件）。

（2）文件的读写和定位

CFile 类支持文件的读、写和定位操作。它们相关函数的原型如下。

UINT Read(void* *lpBuf,* **UINT** *nCount* **);**

此函数将文件中指定大小的数据读入指定的缓冲区，并返回向缓冲区传输的字节数。需要说明的是，这个返回值可能小于 nCount，这是因为可能到达了文件的结尾。

void Write(const void* *lpBuf,* **UINT** *nCount* **);**

此函数将缓冲区的数据写到文件中。参数 lpBuf 用来指定要写到文件中的数据缓冲区的指针，nCount 表示从数据缓冲区传送的字节数。对于文本文件，每行的换行符也计算在内。

LONG Seek(LONG *lOff,* **UINT** *nFrom* **);**

此函数用来定位文件指针的位置，若要定位的位置是合法的，此函数将返回从文件开始的偏移量。否则，返回值是不定的且激活一个 CFileException 对象。参数 lOff 用来指定文件指针移动的字节数，nFrom 表示指针移动方式，它可以是 CFile::begin（从文件的开始位置）、CFile::current（从文件的当前位置）或 CFile::end（从文件的最后位置，但 lOff 必须为负值才能在文件中定位，否则将超出文件）等。

需要说明的是，文件刚打开时，默认的文件指针位置为 0，即文件的开始位置。另外，函数 SeekToBegin 和 SeekToEnd 分别将文件指针移动到文件开始和结尾位置，对于后者还将返回文件的大小。由于上述文件操作与 C++的 fstream 类相似，故这里不再详细讨论。

（3）获取文件的有关信息

CFile 还支持获取文件状态，包括文件是否存在、创建与修改的日期和时间、逻辑大小和路径等。

BOOL GetStatus(CFileStatus& *rStatus* **) const;**
static BOOL PASCAL GetStatus(LPCTSTR *lpszFileName,* **CFileStatus&** *rStatus* **);**

若指定文件的状态信息成功获得，该函数返回 TRUE，否则返回 FALSE。其中，参数 lpszFileName 用来指定一个文件路径，这个路径可以是相对路径或是绝对路径，但不能是网络文件名。rStatus 用来存放文件状态信息，它是一个 CFileStatus 结构类型，该结构具有下列成员。

```
CTime m_ctime              文件创建日期和时间
CTime m_mtime              文件最后一次修改日期和时间
CTime m_atime              文件最后一次访问日期和时间
LONG m_size                文件的逻辑大小字节数，就像 DOS 命令中 DIR 所显示的大小
```

```
BYTE m_attribute                    文件属性
char m_szFullName[_MAX_PATH]        文件名
```

需要说明的是，static 形式的 GetStatus 函数将获得指定文件名的文件状态，并将文件名复制至 m_szFullName 中。该函数仅获取文件状态，并没有真正打开文件，这对于测试一个文件的存在性是非常有用的。例如：

```
CFile theFile;
char* szFileName = "c:\\test\\myfile.dat";
BOOL bOpenOK;
CFileStatus status;
if( CFile::GetStatus( szFileName, status ) )     {
    // 该文件已存在，直接打开
    bOpenOK = theFile.Open( szFileName, CFile::modeWrite );
} else {
    // 该文件不存在，需要使用 modeWrite 方式创建它
    bOpenOK = theFile.Open( szFileName, CFile::modeCreate | CFile::modeWrite );
}
```

3. CFile 和 CArchive 类之间的关联

事实上，文档应用程序框架就是将一个外部磁盘文件和一个 CArchive 对象相关联。当然，这种关联还可直接通过 CFile 来进行。例如：

```
CFile theFile;
theFile.Open(..., CFile::modeWrite);
CArchive archive(&theFile, CArchive::store);
```

其中，CArchive 构造函数的原型如下。

```
CArchive( CFile* pFile, UINT nMode, int nBufSize = 4096, void* lpBuf = NULL );
```

参数 pFile 用来指定与之关联的文件指针。nBufSize 表示内部文件的缓冲区大小，默认值为 4 096 字节。lpBuf 表示自定义的缓冲区指针，若为 NULL，则表示缓冲区建立在堆内存中，当对象清除时，缓冲区内存也被释放；若指定用户缓冲区，则对象消除时，缓冲区内存不会被释放。nMode 用来指定文档是用于存入还是读取，它可以是 CArchive::load（读取数据）、CArchive::store（存入数据）或 CArchive::bNoFlushOnDelete（当析构函数被调用时，避免文档自动调用 Flush。若设置该标志，则必须在析构函数被调用之前调用 Close，否则文件数据将被破坏）。

也可将一个 CArchive 对象与 CFile 类指针相关联，如下面的代码（ar 是 CArchive 对象）。

```
const CFile* fp = ar.GetFile();
```

7.3　视图及应用框架

视图，不仅可以响应各种类型的输入，如键盘输入、鼠标输入、拖放输入和菜单、工具条、滚动条产生的命令输入等，而且与文档或控件一起构成了**视图应用框架**，如列表视图、树视图等。

7.3.1　一般视图框架

MFC 中的 CView 类及其他派生类封装了视图的各种应用功能，它们为用户实现最新的 Windows 应用程序特性提供极大的便利。这些视图类如表 7-6 所示，它们都可作为文档应用程序中视图类的基类，其设置方法是在 MFC AppWizard（exe）创建单文档或多文档应用程序向导的第 6 步中选择用户视图类的基类。

下面先介绍 CEditView、CRichEditView、CFormView、CHtmlView 和 CScrollView 类。

1. CEditView 和 CRichEditView

CEditView 是一种像编辑框控件 CEdit 一样的视图框架，它也提供窗口编辑控制功能，可以用来执行简单文本操作，如打印、查找、替换和剪贴板的剪切、复制、粘贴等。由于 CEditView 类自动封装上述常用操作，因此只要在文档模板中使用 CEditView 类，应用程序的"编辑"菜单和"文件"菜单里的菜单项都可自动激活。

CRichEditView 类要比 CEditView 类功能强大得多，由于它使用了复合文本编辑控件，因而它支持混合字体格式和更大数据量的文本。CRichEditView 类被设计成与 CRichEditDoc 和 CRichEditCntrItem 类一起使用，用以实现一个完整的 ActiveX 包容器应用程序。

表 7-6　CView 的派生类及其功能描述

类　名	功能描述
CScrollView	提供自动滚动或缩放功能
CFormView	提供可滚动的视图应用框架，它由对话框模板创建，并具有和对话框一样的设计方法
CRecordView	提供表单视图直接与 ODBC 记录集对象关联；和所有的表单视图一样，CRecordView 也是基于对话框模板设计的
CDaoRecordView	提供表单视图直接与 DAO 记录集对象关联；其他同 CRecordView
CCtrlView	是 CEditView、CListView、CTreeView 和 CRichEditView 的基类，它们提供的文档视图结构也适用于 Windows 中的新控件
CEditView	提供包含编辑控件的视图应用框架；支持文本的编辑、查找、替换和滚动功能
CRichEditView	提供包含复合编辑控件的视图应用框架；它除了 CEditView 功能外，还支持字体、颜色、图表及 OLE 对象的嵌入等
CListView	提供包含列表控件的视图应用框架，它类似于 Windows 资源管理器的右侧窗口
CTreeView	提供包含树状控件的视图应用框架，它类似于 Windows 资源管理器的左侧窗口

下面的 CEditView 视图应用框架实例，使其能像记事本那样自动进行文档的显示、修改、打开和保存等操作。

【例 Ex_Edit】创建 CEditView 视图应用程序

1）用 MFC AppWizard(exe)创建一个默认的单文档应用程序 Ex_Edit。在向导最后一步（第 6 步），将 CEx_EditView 的基类选为 CEditView，如图 7-6 所示。

2）单击 完成 按钮，编译运行，打开一个文档，结果如图 7-7 所示。

图 7-6　更改 CEx_EditView 的基类

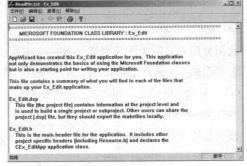

图 7-7　Ex_Edit 运行结果

需要说明的是，尽管 CEditView 类具有编辑框控件的功能，但它不具有所见即所得编辑功能，而且只能将文本以单一字体显示，不支持特殊格式的字符。

2. CFormView

CFormView 是一个非常有用的视图应用框架，它具有许多无模式对话框的特点。像 CDialog 派生类一样，CFormView 的派生类也和相应的对话框资源相联系，它也支持对话框数据交换和数据校验（DDX 和 DDV）。CFormView 还是所有表单视图类（如 CRecordView、CDaoRecordView、CHtmlView 等）的基类。

3. CHtmlView

CHtmlView 框架是将 WebBrowser 控件（IE 浏览器）嵌入文档视图结构中形成的视图框架。WebBrowser 控件可以浏览网址，也可以作为本地文件和网络文件系统的窗口，它支持超级链接、统一资源定位器（URL）并维护历史列表等。

4. CScrollView

CScrollView 框架不仅能直接支持视图的滚动操作，而且能管理视口的大小和映射模式，响应滚动条消息、键盘消息以及鼠标滚轮消息。

7.3.2　图像列表

为了能使后面要讨论的列表视图和树视图等控件的项目提供不同的图标，往往需要建立相关联的图像列表。图像列表是相同大小图像的一个集合，每个图像在集合中均有唯一索引序号（从 0 开始）。图像列表通常由大图标或位图构成，其中包含透明位图模式。在 MFC 中，图像列表使用 CImageList 类来创建、显示和管理图像。

1. 图像列表的创建

图像列表是一个组件，它不能像控件那样在对话框资源中通过编辑器来创建。因此，创建一个图像列表首先要声明一个 CImageList 对象，然后调用 Create 函数。由于 Create 函数的重载很多，故这里给出最常用的一个原型。

```
BOOL Create( int cx, int cy, UINT nFlags, int nInitial, int nGrow );
```

其中，cx 和 cy 用来指定图像的像素大小；nFlags 表示要创建的图像类型，一般取其 ILC_COLOR 和 ILC_MASK（指定屏蔽图像）的组合，默认 ILC_COLOR 为 ILC_COLOR4（16 色），当然也可以是 ILC_COLOR8（256 色）、ILC_COLOR16（16 位色）等；nInitial 用来指定图像列表中最初的图像数目；nGrow 表示当图像列表的大小改变时，可以增加图像的数目。

2. 图像列表的基本操作

常见图像列表的基本操作有：增加、删除和绘制等，其相关成员函数如下。

```
int Add( CBitmap* pbmImage, CBitmap* pbmMask );
int Add( CBitmap* pbmImage, COLORREF crMask );
int Add( HICON hIcon );
```

此函数用来向一个图像列表添加一个图标或多个位图。成功时，返回第一个新图像的索引号，否则返回-1。参数 pbmImage 表示包含图像的位图指针，pbmMask 表示包含屏蔽的位图指针，crMask 表示屏蔽色，hIcon 表示图标句柄。

```
BOOL Remove( int nImage );
```

该函数用来从图像列表中删除一个由 nImage 指定的图像，成功时，返回非 0，否则返回 0。

```
HICON ExtractIcon( int nImage );
```

该函数用来将 nImage 指定的图像扩展为图标。

```
COLORREF SetBkColor( COLORREF cr );
```

该函数用来设置图像列表的背景色，它可以是 CLR_NONE。成功时返回先前的背景色，否则为 CLR_NONE。

7.3.3 列表视图框架

CListView 是将列表控件（CListCtrl）嵌入文档视图结构中形成的视图框架。由于它又是从 CCtrlView 中派生的，因此它既可以调用 CCtrlView 的基类 CView 类的成员函数，又可以使用 CListCtrl 功能。当使用 CListCtrl 功能时，必须先调用 CListView 的成员函数 GetListCtrl 来获取 CListView 封装的内嵌可引用的 CListCtrl 对象。例如：

```
CListCtrl& listCtrl = GetListCtrl();        // listCtrl 必须定义成引用
```

由于 CListView 框架是以列表控件 CListCtrl 为内建对象，因而它的类型和样式也就是列表控件的类型和样式。

1. 列表控件的类型

列表控件是一种极为有用的控件之一，它可以用"图标"（或称"大图标"）、"小图标"、"列表"视图和"报表"视图等 4 种方式来显示一组信息，如图 7-8 所示。

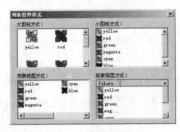

图 7-8 列表控件样式

所谓**图标**方式，是指列表所有项的上方均以大图标（32 像素×32 像素）形式出现，用户可将其拖动到列表视图窗口的任意位置。**小图标**方式是指列表所有项的左方均以小图标（16 像素×16 像素）形式出现，用户可将其拖动到列表视图窗口的任意位置。**列表**方式与图标方式不同，列表项被安排在某一列中，用户不能拖动它们。**报表**方式是指列表项出现在各自的行上，相关的信息出现在右边，最左边的列可以是标签或图标，接下来的列是程序指定的列表项内容。其中，报表视图方式中最引人注目的是它有**标题头**（或称**列表头**）。

2. 列表控件的样式及其修改

列表控件的样式有两类，一类是一般样式，如表 7-7 所示。另一类是 Visual C++在原有的基础上添加的扩展样式，如 LVS_EX_FULLROWSELECT，表示整行选择，但它仅用于"报表视图"显示方式中。类似的常用扩展样式还有：

```
LVS_EX_BORDERSELECT        用边框选择方式代替高亮显示列表项
LVS_EX_GRIDLINES           列表项各行显示线条（仅用于报表视图）
```

表 7-7 列表控件常用一般样式

样　　式	含　　义
LVS_ALIGNLEFT	在"大图标"或"小图标"显示方式中，所有列表项左对齐
LVS_ALIGNTOP	在"大图标"或"小图标"显示方式中，所有列表项被安排在控件的顶部
LVS_AUTOARRANGE	在"大图标"或"小图标"显示方式中，图标自动排列
LVS_ICON	"大图标"显示方式
LVS_LIST	"列表"视图显示方式
LVS_REPORT	"报表"视图显示方式
LVS_SHOWSELALWAYS	一直显示被选择的部分
LVS_SINGLESEL	只允许单项选择，默认为多项选择
LVS_SMALLICON	"小图标"显示方式

修改列表控件的一般样式，可先调用 GetWindowLong 获取当前样式，然后调用 SetWindowLong 重新设置新的样式。对于列表控件的扩展样式，可直接调用 CListCtrl 类成员函数 SetExtendedStyle 加以设置。

3. 列表项的基本操作

列表控件类 CListCtrl 提供了许多用于列表项操作的成员函数，如列表项与列的添加和删除等，下面分别介绍。

1）函数 SetImageList 用来为列表控件设置一个关联的图像列表，其原型如下。

```
CImageList* SetImageList( CImageList* pImageList, int nImageList );
```

其中，nImageList 用来指定图像列表的类型，它可以是 LVSIL_NORMAL（图标）、LVSIL_SMALL（小图标）和 LVSIL_STATE（表示状态的图像列表）。

2）函数 InsertItem 用来向列表控件中插入一个列表项。该函数成功时，返回新列表项的索引，否则返回-1。函数原型如下。

```
int InsertItem( int nItem, LPCTSTR lpszItem );
int InsertItem( int nItem, LPCTSTR lpszItem, int nImage );
```

其中，nItem 用来指定要插入的列表项的索引号，lpszItem 表示列表项的文本标签，nImage 表示列表项图标在图像列表中的索引。

3）函数 DeleteItem 和 DeleteAllItems 分别用来删除指定的列表项和全部列表项，函数原型如下。

```
BOOL DeleteItem( int nItem );
BOOL DeleteAllItems( );
```

4）函数 Arrange 用来按指定方式重新排列列表项，其原型如下。

```
BOOL Arrange( UINT nCode );
```

其中，nCode 用来指定排列方式，它可以是下列值之一。

```
LVA_ALIGNLEFT              左对齐
LVA_ALIGNTOP               上对齐
LVA_DEFAULT                默认方式
LVA_SNAPTOGRID             使所有的图标安排在最接近的网格位置
```

5）函数 InsertColumn 用来向列表控件插入新的一列，函数成功调用后，返回新列的索引，否则返回-1。其原型如下。

```
int InsertColumn( int nCol, LPCTSTR lpszColumnHeading, int nFormat = LVCFMT_LEFT,
                  int nWidth = -1, int nSubItem = -1 );
```

其中，nCol 用来指定新列的索引，lpszColumnHeading 用来指定列的标题文本，nFormat 用来指定列排列的方式，它可以是 LVCFMT_LEFT（左对齐）、LVCFMT_RIGHT（右对齐）和 LVCFMT_CENTER（居中对齐）；nWidth 用来指定列的像素宽度，为-1 时，表示没有设置宽度；nSubItem 表示与列相关的子项索引，为-1 时，表示没有子项。

6）函数 DeleteColumn 用来从列表控件中删除一个指定的列，其原型如下。

```
BOOL DeleteColumn( int nCol );
```

除了上述操作外，还有一些函数用来设置或获取列表控件的相关属性。例如 SetColumnWidth 用来设置指定列的像素宽度，GetItemCount 用来返回列表控件中的列表项个数等。它们的原型如下。

```
BOOL SetColumnWidth( int nCol, int cx );
```

```
int GetItemCount( );
```

其中，nCol 用来指定要设置的列的索引，cx 用来指定列的像素宽度，它可以是 LVSCW_AUTOSIZE，表示自动调整宽度。

4. 列表控件的消息

在列表视图中，可以用 MFC ClassWizard 映射的控件消息有公共控件消息（如 NM_DBLCLK）、标题头控件消息和列表控件消息。常用的列表控件消息如下。

```
LVN_COLUMNCLICK           某列被按击
LVN_ITEMACTIVATE          用户激活某列表项
LVN_ITEMCHANGED           当前列表项已被改变
LVN_ITEMCHANGING          当前列表项即将改变
```

5. 示例：用列表显示当前的文件

这个示例用来将当前文件夹中的文件用"图标"、"小图标"、"列表"和"报表" 4 种方式在列表视图中显示出来。双击某个列表项时，还将该项的文本标签内容用消息对话框的形式显示出来。

实现这个示例有两个关键问题，一个是如何获取当前文件夹中的所有文件，另一个是如何获取各个文件的图标，以便添加到与列表控件相关联的图像列表中。第 1 个问题可以通过 MFC 类 CFileFind 来解决，对于第 2 问题，则需要使用 API 函数 SHGetFileInfo。

需要说明的是，为了使添加到图像列表中的图标不重复，本例还使用了一个字符串数组集合类对象来保存图标的类型，每次添加图标时，都先验证该图标是否已经添加过。

【例 Ex_List】列表显示当前的文件

1）用 MFC AppWizard(exe)创建一个默认的**单文档**应用程序 Ex_List，但在创建的第 6 步将视图的基类选择为 CListView。

2）打开 Ex_ListView.h 文件，直接为 CEx_ListView 类添加下列成员变量和成员函数。

```
class CEx_ListView : public CListView
{
public:
    CImageList     m_ImageList;
    CImageList     m_ImageListSmall;
    CStringArray m_strArray;
    void SetCtrlStyle(HWND hWnd, DWORD dwNewStyle)
    {
        DWORD     dwOldStyle;
        dwOldStyle = GetWindowLong(hWnd, GWL_STYLE);      // 获取当前样式
        if ((dwOldStyle&LVS_TYPEMASK) != dwNewStyle){
            dwOldStyle &= ~LVS_TYPEMASK;
            dwNewStyle |= dwOldStyle;
            SetWindowLong(hWnd, GWL_STYLE, dwNewStyle); // 设置新样式
        }
    }
    ...
```

其中，成员函数 SetCtrlStyle 用来设置列表控件的一般样式。

3）在工作区窗口的 ResourceView 页面中，将 Accelerator 节点下的 IDR_MAINFRAME 资源打开，为其添加一个键盘加速键【Ctrl+G】，其 ID 为 ID_VIEW_CHANGE。

4）用 ClassWizard 为 CEx_ListView 类添加 ID_VIEW_CHANGE 的 COMMAND 消息映射函数，并添加下列代码。

```
void CEx_ListView::OnViewChange()
{
    static int nStyleIndex = 1;
    DWORD style[4] = {LVS_REPORT, LVS_ICON, LVS_SMALLICON, LVS_LIST };
    CListCtrl& m_ListCtrl = GetListCtrl();
    SetCtrlStyle(m_ListCtrl.GetSafeHwnd(), style[nStyleIndex]);
    nStyleIndex++;
    if (nStyleIndex>3) nStyleIndex = 0;
}
```

这样，当程序运行后按【Ctrl+G】组合键可以切换列表控件的显示方式。

5）用 ClassWizard 为 CEx_ListView 类添加=NM_DBLCLK（双击列表项）消息映射函数，并添加下列代码。

```
void CEx_ListView::OnDblclk(NMHDR* pNMHDR, LRESULT* pResult)
{
    LPNMITEMACTIVATE lpItem = (LPNMITEMACTIVATE)pNMHDR;
    int nIndex = lpItem->iItem;
    if (nIndex >= 0) {
        CListCtrl& m_ListCtrl = GetListCtrl();
        CString str = m_ListCtrl.GetItemText(nIndex, 0);
        MessageBox(str);
    }
    *pResult = 0;
}
```

当双击某个列表项时，弹出一个消息对话框，显示该列表项的文本内容。

6）在 CEx_ListView::OnInitialUpdate 中添加下列代码。

```
void CEx_ListView::OnInitialUpdate()
{
    CListView::OnInitialUpdate();
    m_ImageList.Create(32,32,ILC_COLOR8|ILC_MASK,1,1);
    m_ImageListSmall.Create(16,16,ILC_COLOR8|ILC_MASK,1,1);
    CListCtrl& m_ListCtrl = GetListCtrl();
    m_ListCtrl.SetImageList(&m_ImageList,LVSIL_NORMAL);
    m_ListCtrl.SetImageList(&m_ImageListSmall,LVSIL_SMALL);
    LV_COLUMN listCol;
    char* arCols[4]={"文件名", "大小", "类型", "修改日期"};
    listCol.mask = LVCF_FMT|LVCF_WIDTH|LVCF_TEXT|LVCF_SUBITEM;
    // 添加列表头
    for (int nCol=0; nCol<4; nCol++)   {
        listCol.iSubItem = nCol;
        listCol.pszText  = arCols[nCol];
        if (nCol == 1)    listCol.fmt = LVCFMT_RIGHT;
        else              listCol.fmt = LVCFMT_LEFT;
        m_ListCtrl.InsertColumn(nCol,&listCol);
    }
    // 查找当前目录下的文件
    CFileFind finder;
    BOOL bWorking = finder.FindFile("*.*");
    int nItem = 0, nIndex, nImage;
    CTime m_time;
    CString str, strTypeName;
    while (bWorking) {
        bWorking = finder.FindNextFile();
        if (finder.IsArchived()){
```

```
                str = finder.GetFilePath();
                SHFILEINFO fi;
                // 获取文件关联的图标和文件类型名
                SHGetFileInfo(str,0,&fi,sizeof(SHFILEINFO),
                        SHGFI_ICON|SHGFI_LARGEICON|SHGFI_TYPENAME);
                strTypeName = fi.szTypeName;
                nImage = -1;
                for (int i=0; i<m_strArray.GetSize(); i++) {
                    if (m_strArray[i] == strTypeName) {
                        nImage = i;          break;
                    }
                }
                if (nImage<0)      {                            // 添加图标
                    nImage = m_ImageList.Add(fi.hIcon);
                    SHGetFileInfo(str,0,&fi,sizeof(SHFILEINFO),
                            SHGFI_ICON|SHGFI_SMALLICON );
                    m_ImageListSmall.Add(fi.hIcon);
                    m_strArray.Add(strTypeName);
                }
                // 添加列表项
                nIndex = m_ListCtrl.InsertItem(nItem,finder.GetFileName(),nImage);
                DWORD dwSize = finder.GetLength();
                if (dwSize> 1024)       str.Format("%dK", dwSize/1024);
                else                    str.Format("%d", dwSize);
                m_ListCtrl.SetItemText(nIndex, 1, str);
                m_ListCtrl.SetItemText(nIndex, 2, strTypeName);
                finder.GetLastWriteTime(m_time) ;
                m_ListCtrl.SetItemText(nIndex, 3, m_time.Format("%Y-%m-%d"));
                nItem++;
            }
        }
        SetCtrlStyle(m_ListCtrl.GetSafeHwnd(), LVS_REPORT);   // 设置为报表方式
        // 设置扩展样式，使得列表项一行全项选择且显示出网格线
        m_ListCtrl.SetExtendedStyle(LVS_EX_FULLROWSELECT|LVS_EX_GRIDLINES);
        m_ListCtrl.SetColumnWidth(0, LVSCW_AUTOSIZE);             // 设置列宽
        m_ListCtrl.SetColumnWidth(1, 100);
        m_ListCtrl.SetColumnWidth(2, LVSCW_AUTOSIZE);
        m_ListCtrl.SetColumnWidth(3, 200);
}
```

7）编译并运行，结果如图7-9所示。

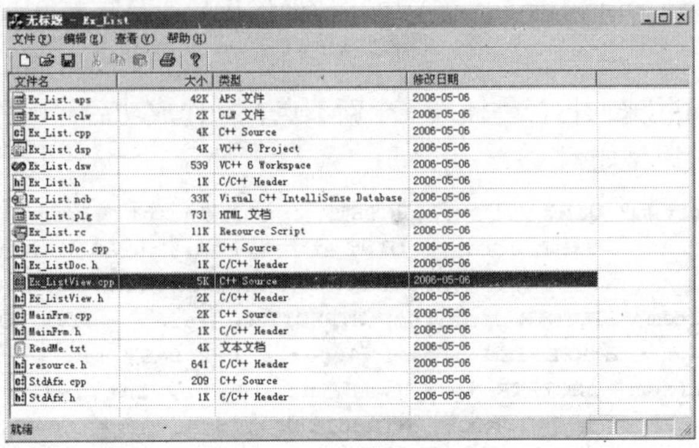

图7-9　Ex_List 运行结果

7.3.4　树视图框架

同 CListView 类似，CTreeView 封装了树控件 CTreeCtrl 类的功能。使用时先要用下面代码来获取 CTreeView 中内嵌的树控件。

```
CTreeCtrl& treeCtrl = GetTreeCtrl();          // treeCtrl 必须定义成引用
```

1．树控件及其样式

与列表控件不同的是，在树控件的初始状态下，只显示少量的顶层信息，这样有利于用户决定树的哪一部分需要展开，而且可看到节点之间的层次关系。每一个节点都可由一个文本和一个可选的位图图像组成，单击节点可展开或收缩该节点下的子节点。

树控件由父节点和子节点组成。位于某一节点之下的节点称为**子节点**，位于子节点之上的节点称为该节点的**父节点**。位于树的顶层或根部的节点称为**根节点**。

由于 CTreeView 框架是以树控件 CTreeCtrl 为内建对象，因而它的样式也就是控件的样式。常见的树控件样式如表 7-8 所示，其修改方法与列表控件的一般样式修改方法相同。

表 7-8　树控件的一般样式

样　　式	含　　义
TVS_HASLINES	子节点与它们的父节点之间用线连接
TVS_LINESATROOT	用线连接子节点和根节点
TVS_HASBUTTONS	在每一个父节点的左边添加一个 "＋" 和 "－" 按钮
TVS_EDITLABELS	允许用户编辑节点的标签文本内容
TVS_SHOWSELALWAYS	当控件失去焦点时，被选择的节点仍然保持被选择
TVS_NOTOOLTIPS	控件禁用工具提示
TVS_SINGLEEXPAND	当使用该样式时，节点可展开收缩
TVS_CHECKBOXES	在每一节点的最左边有一个复选框
TVS_FULLROWSELECT	多行选择，不能用于 TVS_HASLINES 样式
TVS_INFOTIP	控件得到工具提示时，发送 TVN_GETINFOTIP 通知消息
TVS_NOSCROLL	不使用水平或垂直滚动条
TVS_TRACKSELECT	使用热点跟踪

2．树控件的常用操作

MFC 树控件类 CTreeCtrl 提供了许多关于树控件操作的成员函数，如节点的添加和删除等。下面分别说明。

1）函数 InsertItem 用来向树控件插入一个新节点，操作成功后，函数返回新节点的句柄，否则返回 NULL。函数原型如下。

```
HTREEITEM InsertItem( UINT nMask, LPCTSTR lpszItem,int nImage, int nSelectedImage,
                UINT nState, UINT nStateMask, LPARAM lParam,
                HTREEITEM hParent, HTREEITEM hInsertAfter );
HTREEITEM InsertItem( LPCTSTR lpszItem, HTREEITEM hParent = TVI_ROOT,
                HTREEITEM hInsertAfter = TVI_LAST );
HTREEITEM InsertItem( LPCTSTR lpszItem, int nImage, int nSelectedImage,
        HTREEITEM hParent = TVI_ROOT, HTREEITEM hInsertAfter = TVI_LAST );
```

其中，nMask 用来指定要设置的属性，lpszItem 用来指定节点的文本标签内容，nImage 用来指定该节点图标在图像列表中的索引，nSelectedImage 表示该节点被选定时，其图标图像列表中的索引，nState 表示该节点的当前状态，它可以是 TVIS_BOLD（加粗）、TVIS_EXPANDED（展开）和 TVIS_SELECTED（选中）等，nStateMask 用来指定哪些状态参数有效或必须设置，lParam 表示与该节点关联的一个 32 位值，hParent 用来指定要插入节点的父节点的句柄，hInsertAfter 用来指定新节点添加的位置，它可以是：

```
TVI_FIRST              插到开始位置
TVI_LAST               插到最后
TVI_SORT               插入后按字母重新排序
```

2）函数 DeleteItem 和 DeleteAllItems 分别用来删除指定节点和全部节点，其原型如下。

```
BOOL DeleteAllItems( );
BOOL DeleteItem( HTREEITEM hItem );
```

其中，hItem 用来指定要删除节点的句柄。如果 hItem 的值是 TVI_ROOT，则所有节点都被从此控件中删除。

3）函数 Expand 用来展开或收缩指定父节点的所有子节点，其原型如下。

```
BOOL Expand( HTREEETEM hItem, UINT nCode );
```

其中，hItem 指定要被展开或收缩的节点的句柄，nCode 用来指定动作标志，它可以是：

```
TVE_COLLAPSE           收缩所有子节点
TVE_COLLAPSERESET      收缩并删除所有子节点
TVE_EXPAND             展开所有子节点
TVE_TOGGLE             如果当前是展开的则收缩，反之则展开
```

4）函数 GetNextItem 用来获取下一个节点的句柄，其原型如下。

```
HTREEITEM GetNextItem( HTREEITEM hItem, UINT nCode );
```

其中，hItem 指定参考节点的句柄，nCode 用来指定与 hItem 的关系标志，常见的标志如下。

```
TVGN_CARET             返回当前选择节点的句柄
TVGN_CHILD             返回第一个子节点句柄，hItem 必须为 NULL
TVGN_NEXT              返回下一个兄弟节点(同一个树枝上的节点)的句柄
TVGN_PARENT            返回指定节点的父节点句柄
TVGN_PREVIOUS          返回上一个兄弟节点的句柄
TVGN_ROOT              返回 hItem 父节点的第一个子节点句柄
```

5）函数 HitTest 用来测试鼠标当前操作的位置位于哪一个节点中，并返回该节点的句柄。其原型如下。

```
HTREEITEM HitTest( CPoint pt, UINT* pFlags );
```

其中 pFlags 包含当前鼠标所在的位置标志，如下列常用定义。

```
TVHT_ONITEM            在节点上
TVHT_ONITEMBUTTON      在节点前面的按钮上
TVHT_ONITEMICON        在节点文本前面的图标上
TVHT_ONITEMLABEL       在节点文本上
```

除了上述操作外，还有其他一些常见操作，如表 7-9 所示。

表 7-9 CTreeCtrl 类其他常见操作

成员函数	说　　明
UINT GetCount( );	获取树中节点的数目，若没有，则返回-1
BOOL ItemHasChildren(HTREEITEM hItem);	判断一个节点是否有子节点

（续）

成员函数	说　　明
HTREEITEM GetChildItem(HTREEITEM hItem);	获取由 hItem 指定的节点的子节点句柄
HTREEITEM GetParentItem(HTREEITEM hItem);	获取由 hItem 指定的节点的父节点句柄
HTREEITEM GetSelectedItem( );	获取当前被选择的节点
HTREEITEM GetRootItem( );	获取根节点的句柄
CString GetItemText(HTREEITEM hItem) const;	返回由 hItem 指定的节点的文本
BOOL SetItemText(HTREEITEM hItem, LPCTSTR lpszItem);	设置由 hItem 指定的节点的文本
DWORD GetItemData(HTREEITEM hItem) const;	返回与指定节点关联的 32 位值
BOOL SetItemData(HTREEITEM hItem, DWORD dwData);	设置与指定节点关联的 32 位值
COLORREF SetBkColor(COLORREF clr);	设置控件的背景颜色
COLORREF SetTextColor (COLORREF clr);	设置控件的文本颜色
BOOL SelectItem(HTREEITEM hItem);	选中指定节点
BOOL SortChildren(HTREEITEM hItem);	用来排序指定节点的所有子节点

3. 树视图控件的消息

同列表控件相类似，树控件也可以用 MFC ClassWizard 映射公共控件消息和树控件消息。其中，常用的树控件消息如下。

```
TVN_ITEMEXPANDED        含有子节点的父节点已展开或收缩
TVN_ITEMEXPANDING       含有子节点的父节点将要展开或收缩
TVN_SELCHANGED          当前选择节点改变
TVN_SELCHANGING         当前选择节点将要改变
```

4. 示例：遍历本地文件夹

这个示例用来遍历本地磁盘的所有文件夹。需要说明的是，为了能获取本地机器中有效的驱动器，可使用 GetLogicalDrives（获取逻辑驱动器）和 GetDriveType（获取驱动器）函数。但本例中使用 SHGetFileInfo 进行。

【例 Ex_Tree】遍历本地磁盘的所有文件夹

1）用 MFC AppWizard 创建一个默认的**单文档**应用程序 Ex_Tree，但在创建的第 6 步将视图的基类选择为 CTreeView。

2）为 CEx_TreeView 类添加下列成员变量。

```
class CEx_TreeView : public CTreeView
{
public:
    CImageList    m_ImageList;
    CString       m_strPath;        // 文件夹路径
```

3）为 CEx_TreeView 类添加成员函数 InsertFoldItem，其代码如下。

```
void CEx_TreeView::InsertFoldItem(HTREEITEM hItem, CString strPath)
{
    CTreeCtrl& treeCtrl = GetTreeCtrl();
    if (treeCtrl.ItemHasChildren(hItem)) return;
    CFileFind finder;
    BOOL bWorking = finder.FindFile(strPath);
    while (bWorking){
        bWorking = finder.FindNextFile();
```

```
            if (finder.IsDirectory() && !finder.IsHidden() && !finder.IsDots())
                treeCtrl.InsertItem(finder.GetFileTitle(), 0, 1, hItem, TVI_SORT);
    }
}
```

4）为 CEx_TreeView 类添加成员函数 GetFoldItemPath，其代码如下。

```
CString CEx_TreeView::GetFoldItemPath(HTREEITEM hItem)
{
    CString strPath, str;
    strPath.Empty();
    CTreeCtrl& treeCtrl = GetTreeCtrl();
    HTREEITEM folderItem = hItem;
    while (folderItem) {
        int data = (int)treeCtrl.GetItemData( folderItem );
        if (data == 0)
            str = treeCtrl.GetItemText( folderItem );
        else
            str.Format( "%c:\\", data );
        strPath = str + "\\" + strPath;
        folderItem = treeCtrl.GetParentItem( folderItem );
    }
    strPath = strPath + "*.*";
    return strPath;
}
```

5）用 ClassWizard 为 CEx_TreeView 类添加 TVN_SELCHANGED（当前选择节点改变后）消息处理，并添加下列代码。

```
void CEx_TreeView::OnSelchanged(NMHDR* pNMHDR, LRESULT* pResult)
{
    NM_TREEVIEW* pNMTreeView = (NM_TREEVIEW*)pNMHDR;
    HTREEITEM hSelItem = pNMTreeView->itemNew.hItem; // 获取当前选择的节点
    CTreeCtrl& treeCtrl = GetTreeCtrl();
    CString strPath = GetFoldItemPath( hSelItem );
    if (!strPath.IsEmpty()){
        InsertFoldItem(hSelItem, strPath);
        treeCtrl.Expand(hSelItem,TVE_EXPAND);
    }
    *pResult = 0;
}
```

6）在 CEx_TreeView::PreCreateWindow 函数中添加设置树控件样式代码。

```
BOOL CEx_TreeView::PreCreateWindow(CREATESTRUCT& cs)
{
    cs.style |= TVS_HASLINES|TVS_LINESATROOT|TVS_HASBUTTONS;
    return CTreeView::PreCreateWindow(cs);
}
```

7）在 CEx_TreeView::OnInitialUpdate 函数中添加下列代码。

```
void CEx_TreeView::OnInitialUpdate()
{
    CTreeView::OnInitialUpdate();
    CTreeCtrl& treeCtrl = GetTreeCtrl();
    m_ImageList.Create(16, 16, ILC_COLOR8|ILC_MASK, 2, 1);
    m_ImageList.SetBkColor( RGB( 255,255,255 ));        // 消除图标黑色背景
    treeCtrl.SetImageList(&m_ImageList,TVSIL_NORMAL);
    // 获取Windows文件夹路径，以便获取其文件夹图标
```

```
        CString strPath;
        GetWindowsDirectory((LPTSTR)(LPCTSTR)strPath, MAX_PATH+1);
        // 获取文件夹及其打开时的图标，并添加到图像列表中
        SHFILEINFO fi;
        SHGetFileInfo( strPath, 0, &fi, sizeof(SHFILEINFO),
                    SHGFI_ICON | SHGFI_SMALLICON );
        m_ImageList.Add( fi.hIcon );
        SHGetFileInfo( strPath, 0, &fi, sizeof(SHFILEINFO),
                    SHGFI_ICON | SHGFI_SMALLICON | SHGFI_OPENICON );
        m_ImageList.Add( fi.hIcon );
        // 获取已有的驱动器图标和名称
        CString str;
        for( int i = 0; i < 32; i++ ){
            str.Format( "%c:\\", 'A'+i );
            SHGetFileInfo( str, 0, &fi, sizeof(SHFILEINFO),
                        SHGFI_ICON | SHGFI_SMALLICON | SHGFI_DISPLAYNAME);
            if (fi.hIcon) {
                int nImage = m_ImageList.Add( fi.hIcon );
                HTREEITEM hItem = treeCtrl.InsertItem( fi.szDisplayName, nImage, nImage );
                treeCtrl.SetItemData( hItem, (DWORD)('A'+i));
            }
        }
    }
}
```

8）编译并运行，结果如图 7-10 所示。

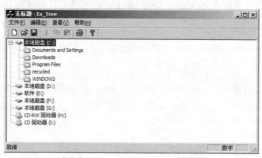

图 7-10　Ex_Tree 运行结果

7.4　文档视图结构

文档和视图是编程人员最关心的，因为应用程序的大部分代码都会被添加在这两个类中。文档和视图紧密相连，是用户与文档之间交互的接口，用户通过文档视图结构可实现数据的传输、编辑、读取和保存等。但文档、视图以及与应用程序框架的相关部分之间还包含了一系列非常巧妙的相互作用，切分窗口和一档多视是文档和视图相互作用的典型实例。

7.4.1　文档与视图的相互作用

在正常情况下，MFC 应用程序用一种编程模式使程序中的数据与其显示形式和用户交互分离开来，这种模式就是"文档视图结构"，文档视图结构能方便地实现文档和视图的相互作用。在用 MFC AppWizard 创建文档应用程序的第 1 步中选中 "文档/视图体系结构支持"复选框后，可以使用下列 5 个文档和视图相互作用的重要成员函数。

1. CView::GetDocument 函数

在用户视图类中，只有一个与之相联系的文档对象，它是通过成员函数 GetDocument 来获

得的。这样一来，当用户在视图中输入新的数据时，视图必须通知文档对象对其内部数据进行相应的更新。GetDocument 函数返回指向文档的指针，利用它可以访问文档类公有型成员函数及成员变量。

MFC AppWizard(exe)产生 CView 的用户派生类时，同时创建一个安全类型的 GetDocument 函数，它返回指向用户派生文档类的指针。该函数是一个内联（inline）函数，类似于下面的代码形式。

```
CMyDoc* CMyView::GetDocument() // non-debug version is inline
{
    ASSERT(m_pDocument->IsKindOf(RUNTIME_CLASS(CMyDoc)));
    // 断言 m_pDocument 指针可以指向的 CMyDoc 类是一个 RUNTIME_CLASS 类型
    return (CMyDoc*)m_pDocument;
}
```

当编译器在视图类代码中遇到对 GetDocument 函数的调用时，它执行的实际上是派生类视图类中的 GetDocument 函数代码。

2. CDocument::UpdateAllViews 函数

如果文档中的数据改变了，那么所有的视图都必须通知到，以便它们能够对所显示的数据进行相应的更新。UpdateAllViews 函数就起到这样的作用，它的原型如下。

```
void UpdateAllViews( CView* pSender, LPARAM lHint = 0L, CObject* pHint = NULL );
```

其中，参数 pSender 表示视图指针，若在派生文档类的成员函数中调用该函数，则此参数应为 NULL，若该函数被派生视图中的成员函数调用，则此参数应为 this。lHint 表示更新视图时发送的相关信息，pHint 表示存储信息的对象指针。

当 UpdateAllViews 函数被调用时，如果参数 pSender 指向某个特定的视图对象，那么除了该指定的视图之外，文档所有其他视图的 OnUpdate 函数都会被调用。

3. CView::OnUpdate 函数

这是一个虚函数。当应用程序调用 CDocument::UpdateAllViews 函数时，应用程序框架就会相应地调用各视图的 OnUpdate 函数，其原型如下。

```
virtual void OnUpdate( CView* pSender, LPARAM lHint, CObject* pHint );
```

其中，参数 pSender 表示文档被更改的所关联的视图类指针，为 NULL 时，表示所有的视图都被更新。

默认值的 OnUpdate 函数（即 lHint = 0, pHint = NULL）使得整个视图无效。如果用户想要视图的某部分无效，就要定义相关的提示（hint）参数给出准确的无效区域。其中 lHint 可用来表示任何内容，pHint 可用来传递从 CObject 派生的类指针。在具体实现时，还可用 CWnd::InvalidateRect 来代替上述方法。

实际上，hint 机制主要用来传递更新视图时所需的一些相关数据或其他信息。例如，将文档的 CPoint 数据传给所有的视图类，则有下列语句。

```
GetDocument()->UpdateAllViews(NULL, 1, (CObject *)&m_ptDraw);
```

4. CView::OnInitialUpdate 函数

当应用程序被启动时，或当用户从"文件"菜单中选择"新建"或"打开"命令时，该虚函数都会被自动调用。

OnInitialUpdate 除了调用默认值的无提示参数（即 lHint = 0, pHint = NULL）的 OnUpdate 函数之外，没有其他任何操作。但用户可以重载此函数对文档所需信息进行初始化操作。例如，如果用户应用程序中的文档大小是固定的，就可以在此重载函数中根据文档大小设置视图滚动范围；如果应用程序中的文档大小是动态的，就可在文档每次改变时，调用 OnUpdate 来更新视图的滚动范围。

5. CDocument::OnNewDocument 函数

在文档应用程序中，当用户从"文件"菜单中选择"新建"命令时，应用程序框架首先构造一个文档对象，然后调用函数 OnNewDocument。这里是设置文档数据成员初始值的好地方，当然文档数据成员初始化处理还有其他的方法。

7.4.2　切分窗口

切分窗口是一种"特殊"的文档窗口，它可以有许多窗格（pane），在窗格中又可包含若干视图。切分可分为**静态切分**和**动态切分**两种类型。

"静态切分"窗口第一次被创建时，窗格就已经被切分好了，窗格的次序和数目不能再改变，程序运行后，可移动切分条来调整窗格的大小。而对于"动态切分"窗口来说，程序运行后，既可通过选择菜单项来对窗口进行切分，也可通过拖动滚动条中的切分块对窗口进行切分。通常，"静态切分"的每个窗格通常是不同的视图类对象，且允许的最大窗格数目为 16×16。而"动态切分"的窗格仅允许同一个视图类对象，且允许的最大窗格数目是 2×2。由于"动态切分"常通过组件的方式来添加，故这里仅讨论静态切分的程序方法。

在 MFC 中，CSplitterWnd 类封装了窗口切分过程中所需的功能函数。其中，成员函数 CreateStatic 用来创建"静态切分"窗口，其原型如下。

```
BOOL CreateStatic( CWnd* pParentWnd, int nRows, int nCols,
              DWORD dwStyle=WS_CHILD|WS_VISIBLE, UINT nID=AFX_IDW_PANE_FIRST);
```

其中，参数 pParentWnd 表示切分窗口的父框架窗口。nRows 表示窗口静态切分的行数（不能超过 16）。nCols 表示窗口静态切分的列数（不能超过 16）。

使用 CreateStatic 创建静态窗口后，还应调用 CSplitterWnd::CreateView 来为静态窗格指定一个视图类对象，从而创建一个视图窗口，各窗格的视图类可以相同，也可以不同。其原型如下。

```
BOOL CreateView( int row, int col, CRuntimeClass* pViewClass,
                 SIZE sizeInit, CCreateContext* pContext );
```

其中，row 和 col 用来指定具体的静态窗格，pViewClass 用来指定与静态窗格相关联的视图类，sizeInit 表示视图窗口初始大小，pContext 用来指定一个"创建上下文"指针。"创建上下文"结构 CCreateContext 包含当前文档视图框架结构。

需要说明的是，切分功能只应用于文档窗口。单文档应用程序切分是在 CMainFrame 类中创建的，而对于多文档应用程序来说，添加切分功能时应在子框架窗口类 CChildFrame 中进行。下面的示例是将单文档应用程序中的文档窗口静态分成 3×2 个窗格。

【例 Ex_SplitSDI】静态切分

1）创建一个默认的单文档应用程序 Ex_SplitSDI。

2）打开框架窗口类 MainFrm.h 头文件，为 CMainFrame 类添加一个保护型的切分窗口的数据成员，如下面的定义。

```
protected: // control bar embedded members
    CStatusBar    m_wndStatusBar;
    CToolBar      m_wndToolBar;
    CSplitterWnd m_wndSplitter;
```

3）用 MFC ClassWizard 添加并创建一个新的视图类 CDemoView（基类为 CView）用于与静态切分的窗格相关联。

4）用 MFC ClassWizard 为 CMainFrame 类添加 OnCreateClient（当主框架窗口客户区创建时，自动调用该函数）函数重载，并添加下列代码。

```
BOOL CMainFrame::OnCreateClient(LPCREATESTRUCT lpcs, CCreateContext* pContext)
{
    CRect rc;
    GetClientRect(rc);                              // 获取客户区大小
    CSize paneSize(rc.Width()/2-16,rc.Height()/3-16); // 计算每个窗格的平均尺寸
    m_wndSplitter.CreateStatic(this,3,2);           // 创建3×2个静态窗格
    m_wndSplitter.CreateView(0,0,RUNTIME_CLASS(CDemoView),
                    paneSize,pContext);             // 为相应的窗格指定视图类
    m_wndSplitter.CreateView(0,1,RUNTIME_CLASS(CDemoView),
                    paneSize,pContext);
    m_wndSplitter.CreateView(1,0,RUNTIME_CLASS(CDemoView),
                    paneSize,pContext);
    m_wndSplitter.CreateView(1,1,RUNTIME_CLASS(CDemoView),
                    paneSize,pContext);
    m_wndSplitter.CreateView(2,0,RUNTIME_CLASS(CDemoView),
                    paneSize,pContext);
    m_wndSplitter.CreateView(2,1,RUNTIME_CLASS(CDemoView),
                    paneSize,pContext);
    return TRUE;
}
```

5）在 MainFrm.cpp 源文件的开始处，添加视图类 CDemoView 的包含文件。

```
#include "MainFrm.h"
#include "DemoView.h"
```

6）编译并运行，结果如图 7-11 所示。

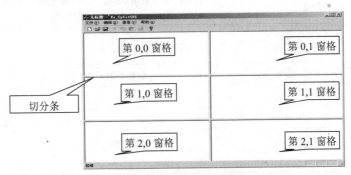

图 7-11　单文档的静态切分

7.4.3　一档多视

多数情况下，一个文档对应于一个视图，但有时一个文档可能对应于多个视图，这种情况称为"一档多视"。

下面的示例是用切分窗口在一个多文档应用程序 Ex_Rect 中为同一个文档数据提供 2 种显示和编辑方式，如图 7-12 所示。在左边的窗格（表单视图）中，用户可以调整小方块在右边窗格的坐标位置。在右边

图 7-12　Ex_Rect 运行结果

窗格（一般视图）中任意单击，相应的小方块会移动到当前鼠标位置处，且左边窗格的编辑框内容也随之改变。

【例 Ex_Rect】一档多视

1. 设计并完善切分窗口左边的表单视图

1）用 MFC AppWizard(exe)创建一个默认的多文档应用程序 Ex_Rect。但在第 6 步中将视图的基类选择为 CFormView。

2）打开表单模板资源 IDD_EX_RECT_FORM，参看图 7-12，调整表单模板大小，并依次添加如表 7-10 所示的控件。

3）打开 MFC ClassWizard 的 Member Variables 标签，在 Class name 中选择 CEx_RectView，双击所需的控件 ID，依次为如表 7-11 所示的控件添加成员变量。

4）在 CEx_RectDoc 类中添加一个公有型的 CPoint 数据成员 m_ptRect，用来记录小方块的位置。在 CEx_RectDoc 类的构造函数处添加下列代码。

```
CEx_RectDoc::CEx_RectDoc()
{
    m_ptRect.x = m_ptRect.y = 0;    // 或m_ptRect = CPoint(0,0)
}
```

表 7-10 在表单中添加的控件

添加的控件	ID	标　题	其他属性
编辑框	IDC_EDIT1	—	默认
旋转按钮	IDC_SPIN1		自动伙伴（Auto buddy）、自动结伴整数（Set buddy integer）、靠右对齐（Alignment Right），其他默认
编辑框	IDC_EDIT2	—	默认
旋转按钮	IDC_SPIN2		自动伙伴（Auto buddy）、自动结伴整数（Set buddy integer）、靠右对齐（Alignment Right），其他默认

表 7-11 添加的控件变量

控件 ID	变量类别	变量类型	变量名
IDC_EDIT1	Value	int	m_CoorX
IDC_EDIT2	Value	int	m_CoorY
IDC_SPIN1	Control	CSpinButtonCtrl	m_SpinX
IDC_SPIN2	Control	CSpinButtonCtrl	m_SpinY

5）用 MFC ClassWizard 为编辑框 IDC_EDIT1 和 IDC_EDIT2 添加 EN_CHANGE 的消息映射，使它们的映射函数名都设为 OnChangeEdit，并添加下列代码。

```
void CEx_RectView::OnChangeEdit()
{
    UpdateData(TRUE);
    CEx_RectDoc* pDoc = (CEx_RectDoc*)GetDocument();
    pDoc->m_ptRect.x = m_CoorX;
    pDoc->m_ptRect.y = m_CoorY;
    CPoint pt(m_CoorX, m_CoorY);
    pDoc->UpdateAllViews(NULL, 2, (CObject *)&pt);
}
```

6）用 MFC ClassWizard 为 CEx_RectView 添加 OnUpdate 的消息函数，并添加下列代码。

```
void CEx_RectView::OnUpdate(CView* pSender, LPARAM lHint, CObject* pHint)
{
    if (lHint == 1)   {
        CPoint* pPoint = (CPoint *)pHint;
        m_CoorX = pPoint->x;
        m_CoorY = pPoint->y;
        UpdateData(FALSE);               // 在控件中显示
        CEx_RectDoc* pDoc = (CEx_RectDoc*)GetDocument();
        pDoc->m_ptRect = *pPoint;        // 保存在文档类中的m_ptRect
    }
}
```

7）在 CEx_RectView::OnInitialUpdate 中添加一些初始化代码。

```
void CEx_RectView::OnInitialUpdate()
{
    CFormView::OnInitialUpdate();
    ResizeParentToFit();
    CEx_RectDoc* pDoc = (CEx_RectDoc*)GetDocument();
    m_CoorX = pDoc->m_ptRect.x;
    m_CoorY = pDoc->m_ptRect.y;
    m_SpinX.SetRange(0, 1024);
    m_SpinY.SetRange(0, 768);
    UpdateData(FALSE);
}
```

2. 运行错误处理

这时编译并运行程序，程序出现一个运行错误。造成这个错误的原因是旋转按钮控件在设置范围时，会自动对其伙伴窗口（编辑框控件）进行更新，而此时编辑框控件还没有完全创建好，处理的方法如下面的操作。

1）为 CEx_RectView 添加一个 BOOL 型的成员变量 m_bEditOK。

2）在 CEx_RectView 构造函数中将 m_bEditOK 的初值设为 FALSE。

3）在 CEx_RectView::OnInitialUpdate 函数的最后将 m_bEditOK 置为 TRUE，如下面的代码。

```
void CEx_RectView::OnInitialUpdate()
{   ...
    UpdateData(FALSE);
    m_bEditOK = TRUE;
}
```

4）在 CEx_RectView::OnChangeEdit 函数的最前面添加下列语句。

```
void CEx_RectView::OnChangeEdit()
{
    if (!m_bEditOK) return;
    ...
}
```

3. 添加视图类并创建切分窗口

1）用 MFC ClassWizard 添加一个新的 CView 的派生类 CDrawView。

2）用 MFC ClassWizard 为 CChildFrame 类添加 OnCreateClient 函数的重载，并添加下列代码。

```
BOOL CChildFrame::OnCreateClient(LPCREATESTRUCT lpcs, CCreateContext* pContext)
```

```
{
        CRect rect;
        GetWindowRect( &rect );
        BOOL bRes = m_wndSplitter.CreateStatic(this, 1, 2);            // 创建2个水平静态窗格
        m_wndSplitter.CreateView(0,0,
                    RUNTIME_CLASS(CEx_RectView), CSize(0,0), pContext);
        m_wndSplitter.CreateView(0,1,
                    RUNTIME_CLASS(CDrawView), CSize(0,0), pContext);
        m_wndSplitter.SetColumnInfo(0, rect.Width()/2, 10);            // 设置列宽
        m_wndSplitter.SetColumnInfo(1, rect.Width()/2, 10);
        m_wndSplitter.RecalcLayout();                                  // 重新布局
        return bRes; //CMDIChildWnd::OnCreateClient(lpcs, pContext);
}
```

3）在 ChildFrm.cpp 的前面添加下列语句。

```
#include "ChildFrm.h"
#include "Ex_RectView.h"
#include "DrawView.h"
```

4）打开 ChildFrm.h 文件，为 CChildFrame 类添加下列成员变量。

```
public:
        CSplitterWnd m_wndSplitter;
```

此时编译，程序会有一些错误。这些错误的出现是基于这样的一些事实：在用标准 C/C++
设计程序时，有一个原则即两个代码文件不能相互包含，而且多次包含还会造成重复定义的错
误。为了解决这个难题，Visual C++使用#pragma once 来通知编译器在生成时只包含（打开）一
次，也就是说，在第一次#include 之后，编译器重新生成时，不会再对这些包含文件进行包含
（打开）和读取。因此看到在用向导创建的所有类的头文件中都有#pragma once 这样的语句。然
而正是由于这个语句造成了在第二次#include 后编译器无法正确识别所引用的类，从而发生错
误。解决的办法是在相互包含时，加入类的声明来通知编译器这个类是一个实际的调用，如下
一步操作。

5）打开 Ex_RectView.h 文件，在 class CEx_RectView : public CFormView 语句前面添加下
列代码。

```
class CEx_RectDoc;
class CEx_RectView : public CFormView
{    ...
}
```

4. 完善 CDrawView 类代码并测试

1）为 CDrawView 类添加一个公有型的 CPoint 数据成员 m_ptDraw，用来记录绘制小方块
的位置。在 CDrawView::OnDraw 函数中添加下列代码。

```
void CDrawView::OnDraw(CDC* pDC)
{
        CDocument* pDoc = GetDocument();
        CRect rc(m_ptDraw.x-5, m_ptDraw.y-5, m_ptDraw.x+5, m_ptDraw.y+5);
        pDC->Rectangle(rc);
}
```

2）用 MFC ClassWizard 为 CDrawView 类添加 OnInitialUpdate 的重载，并添加下列代码。

```
void CDrawView::OnInitialUpdate()
{
        CView::OnInitialUpdate();
```

```
CEx_RectDoc* pDoc = (CEx_RectDoc*)m_pDocument;
m_ptDraw = pDoc->m_ptRect;
}
```

3）在 DrawView.cpp 文件的前面添加 CEx_RectDoc 类的头文件包含。

```
#include "Ex_Rect.h"
#include "DrawView.h"
#include "Ex_RectDoc.h"
```

4）用 MFC ClassWizard 为 CDrawView 类添加 OnUpdate 的重载，并添加下列代码。

```
void CDrawView::OnUpdate(CView* pSender, LPARAM lHint, CObject* pHint)
{
    if (lHint == 2)  {
        CPoint* pPoint = (CPoint *)pHint;
        m_ptDraw = *pPoint;
        Invalidate();
    }
}
```

5）用 MFC ClassWizard 为 CDrawView 类添加 WM_LBUTTONDOWN 的消息映射，并添加下列代码。

```
void CDrawView::OnLButtonDown(UINT nFlags, CPoint point)
{
    m_ptDraw = point;
    GetDocument()->UpdateAllViews(NULL, 1, (CObject*)&m_ptDraw);
    Invalidate();                          // 强迫调用CDrawView::OnDraw
    CView::OnLButtonDown(nFlags, point);
}
```

6）编译运行并测试，结果见图 7-12。

从上面的程序代码中，可以看出下列一些有关"文档视图"的框架核心技术。

1）几个视图之间的数据传输是通过 CDocument::UpdateAllViews 和 CView::OnUpdate 的相互作用来实现的，而且为了避免传输的相互干涉，采用提示号（lHint）来区分。例如，在 CDrawView 中，单击的坐标数据经文档类调用 UpdateAllViews 函数传递，提示号为 1，在 CEx_RectView 类接收数据时，通过提示号来判断，如下面的代码片断。

```
void CDrawView::OnLButtonDown(UINT nFlags, CPoint point)
{
    …
    GetDocument()->UpdateAllViews(NULL, 1, (CObject*)&m_ptDraw);  // 传送数据
    …
}
void CEx_RectView::OnUpdate(CView* pSender, LPARAM lHint, CObject* pHint)
{
    if (lHint == 1)                        // 接收时，通过提示号来判断
    {        …
    }
}
```

再例如，当 CEx_RectView 类中的编辑框控件数据改变后，经文档类调用 UpdateAllViews 函数传递，提示号为 2，在 CDrawView 类接收数据时，通过 OnUpdate 函数判断提示号来决定接收数据。

2）为了能及时更新并保存文档数据，相应的数据成员应在用户文档类中定义。这样，由于所有的视图类都可与文档类进行交互，因而可以共享这些数据。

3）在为文档创建另一个视图时，该视图的 CView::OnInitialUpdate 将被调用，因此该函数是放置初始化的最好地方。

文档和视图结构是 MFC 文档应用程序的核心机制，通过文档类的 UpdateAllViews 和视图类的 OnUpdate 之间的传递，使文档数据和用户交互操作达到双向更新的目的。切分窗口、一档多视等带有多个文档或多个视图的文档应用程序更是利用这个核心机制简化了代码。然而，贯穿文档视图结构的仍然是数据流，若数据流的容器不是文档而是数据库，那么应如何编程呢？若数据用"图形"来呈现，应如何实现？下一章就来讨论这些问题。

7.5 常见问题解答

（1）文档视图结构体系中，各用户类对象是如何相互访问的？

解答：各种对象指针的互调方法，如表 7-12 所示。不过，在同一个应用程序的任何对象中，可通过全局函数 AfxGetApp 来获得指向应用程序对象的指针。

表 7-12   各种对象指针的互调方法

所在的类	获取的对象指针	调用的函数	说　　明
文档类	视图	GetFirstViewPosition 和 GetNextView	获取第一个和下一个视图的位置
文档类	文档模板	GetDocTemplate	获取文档模板对象指针
视图类	文档	GetDocument	获取文档对象指针
视图类	框架窗口	GetParentFrame	获取框架窗口对象指针
框架窗口类	视图	GetActiveView	获取当前活动的视图对象指针
框架窗口类	文档	GetActiveDocument	获得当前活动的文档对象指针
MDI 主框架类	MDI 子窗口	MDIGetActive	获得当前活动的 MDI 子窗口对象指针

（2）如何实现动态切分窗口？

解答：动态切分功能的创建过程要比静态切分简单得多，它不需要重新为窗格指定其他视图类，因为动态切分窗口的所有窗格共享同一个视图。在文档窗口中添加动态切分功能有两种方法，一是在 MFC AppWizard 创建文档应用程序的"第 4 步"对话框中单击 高级(A)... 按钮，通过选中"高级选项"（Advanced Options）对话框"窗口样式"（Window Styles）页面中的"应用切分窗体"（Use Split Window）来创建；二是通过添加切分窗口组件来创建，如下面的过程。

① 用 MFC AppWizard（exe）创建一个默认的单文档应用程序 Ex_DySplit。选择"工程"→"添加工程"→"Components and Controls"命令，在弹出的对话框中双击"Visual C++ Components"，出现 Visual C++支持的组件，选中 Splitter Bar，结果如图 7-13 所示。

② 单击 Insert 按钮，出现一个消息对话框，询问是否要插入 Splitter Bar 组件，单击 确定 按钮，弹出如图 7-14 所示的对话框。从中可选择切分类型：Horizontal（水平切分）、Vertical（垂直切分）和 Both（水平垂直切分）。

③ 选中 Both 选项，单击 OK 按钮，返回图 7-13 所示的对话框。单击 关闭(C) 按钮，动态切分就被添加到单文档应用程序的主框架窗口类 CMainFrame 中。

图 7-13   Visual C++支持的组件

④ 编译运行，结果如图 7-15 所示。

需要说明的是，上述方法还可向应用程序添加许多类似组件，如 Splash screen（程序启动画面）、Tip of the day（今日一贴）和 Windows Multimedia library（Windows 多媒体库）等。

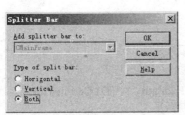

图 7-14　Splitter Bar 组件选项对话框

图 7-15　Ex_DySplit 运行结果

习题

1. 文档字串资源有哪些含义？如何编辑字串资源？

2. 若想更改文档字串资源，使应用程序的"打开"或"保存"对话框中的文件类型显示为"C 源文件(*.c,*.cpp)"，则应如何实现？

3. 什么是文档的序列化？其过程是怎样的？

4. 集合类有哪些？若有学生类 CStudent 数据，则选择什么样的集合类来操作它们？

5. 视图类 CView 的派生类有哪些？其基本使用方法是什么？

6. 列表视图有哪些显示方式？如何切换？

7. 如何在列表视图、树视图中添加一个新项（或节点）？

8. 如何获取列表视图中选定列表项的信息？

9. 如何获取树视图中选定节点的信息？

10. 什么是静态切分和动态切分？它们有何异同？如何在文档窗口中添加切分功能？

11. 什么是"一档多视"？文档中的数据改变后如何通知视图？与同一个文档相联系的多个视图又是怎样获得数据的？

12. 在【例 Ex_Rect】中，若还有小方块大小的数据需要传递，则代码应如何更改？

单元综合测试

一、选择题

1. 在 MFC 消息机制中，一个单文档视图应用程序的消息处理优先级顺序是（　　）。

　A) 视图、文档、主框架、应用程序　　　　B) 文档、视图、主框架、应用程序

　C) 应用程序、视图、文档、主框架　　　　D) 主框架、视图、文档、应用程序

2. 下列关于 MFC 文档类的说法，正确的是（　　）。

　A) 文档类代表用户使用的文件

　B) 一个文档类只能对应一个视图类

　C) 文档类和 CFile 类都是对文件进行具体操作

　D) 一个文档类可以对应多个视图类

3. 文档负责将数据存储到磁盘中，存取过程称为（　　）。

　A) 文件访问　　　　B) 格式化　　　　C) 文件读写　　　　D) 串行化（序列化）

4. 一个 CArchive 类对象必须与一个（   ）对象相关联。

   A) CObject 类　　　　B) CFileDialog 类　C) CFile 类　　　　D) CDocument 类

5. 不能将 CFile 对象 Newfile 打开的文件指针定位在文件头的方法是（   ）。

   A) Newfile.Open("MyFile.txt", CFile::modeCreate)

   B) NewFile.Seek(0L, CFile::end)

   C) Newfile.SeekToBegin()

   D) Newfile.Seek(0L, CFile::begin)

6. 用于获取指定文件的文件名的 CFile 类方法是（   ）。

   A) GetFileName　　　B) GetStatus　　　C) GetFilePath　　　D) GetFileTitle

7. 图像列表可以装入的图像类型是（   ）。

   A) 光标和图标　　　B) 光标和位图　　　C) 图标和位图　　　D) 光标、图标和位图

8. 列表视图控件能显示出列表头的类型是（   ）。

   A) 小图标　　　　　B) 大图标　　　　　C) 报表视图　　　　D) 列表视图

9. 下列关于树视图控件的节点图标的说法，正确的是（   ）。

   A) 树视图控件的节点图标可以从外部图标文件直接调入

   B) 树视图控件的节点图标可以指定不同大小

   C) 树视图控件的节点图标只能从关联的图像列表中指定

   D) 树视图控件的节点图标可以有不同的背景颜色

10. MFC 文档应用程序中，切分窗口应创建在（   ）中。

   A) 文档窗口　　　　B) 框架窗口　　　　C) 视图　　　　D) 以上都是

二、填空题

1. MFC 文档应用程序框架中，应用程序类、文档类、视图类以及主框架类之间的相互联系是靠_____①_____来建立的：单文档应用程序框架是_____②_____，多文档应用程序框架是_____③_____。

2. 从【例 Ex_Student】可以看出，使一个类对象可序列化，除该类必须从 CObject 派生外，还应进行这样几个步骤：首先在类定义中添加序列化声明宏指令_____①_____，其次在类的实现中添加序列化实现宏指令_____②_____，最后重载序列化函数_____③_____，并添加数据成员的序列化代码。

3. 无论是动态切分，还是静态切分，切分后的窗格总是与一个_____类相对应。

4. 在文档视图结构中，若文档的数据更新反映到视图上，则应调用文档类的成员函数_____①_____来通知视图更新，视图类中应映射函数_____②_____并添加相应的更新代码。若视图更新反映到文档的数据上，则应调用视图类的成员函数_____③_____获取文档类对象指针，通过指针对文档类的数据进行刷新。

第8章　图形、文本和数据库

在 MFC 应用程序框架中，数据的容器可以是文档，也可以是数据库。数据的呈现可以是文本，也可以是图形。本章就来讨论 MFC 在图形、文本和数据库这些方面的应用。

8.1　设备环境和数据

"绘制"基于图形设备环境。Visual C++的 CDC（Device Context，设备环境）类是 MFC 中最重要的类之一，它封装了绘图所需要的所有函数，是用户编写图形和文字处理程序必不可少的。当然，绘制图形和文字时还必须指定相应的设备环境。设备环境是由 Windows 保存的一个数据结构，该结构包含应用程序向设备输出时所需的信息。

8.1.1　CDC 类概述

设备环境类 CDC 提供了绘制和打印的全部函数。为了能让用户使用一些特殊的设备环境，CDC 还派生了 CPaintDC、CClientDC、CWindowDC 和 CMetaFileDC 类。

CPaintDC 比较特殊，它的构造函数和析构函数都是针对 OnPaint 进行的，但用户一旦获得相关的 CDC 指针，就可以将它当成任何设备环境（包括屏幕、打印机）指针来使用。CPaintDC 类的构造函数会自动调用 BeginPaint，而它的析构函数则会自动调用 EndPaint。

CClientDC 只能在窗口的客户区（不包括边框、标题栏、菜单栏以及状态栏）中进行绘图，点(0,0)通常指的是客户区的左上角。而 CWindowDC 允许在窗口的任意位置中进行绘图，点(0,0)指整个窗口的左上角。CWindowDC 和 CClientDC 构造函数分别调用 GetWindowDC 和 GetDC，但它们的析构函数都是调用 ReleaseDC 函数。

CMetaFileDC 封装了在一个 Windows 图元文件中绘图的方法。图元文件是一系列与设备无关的图片的集合，由于它对图像的保存比像素更精确，因而往往在要求较高的场合下使用，如 AutoCAD 的图像保存等。目前的 Windows 已使用增强格式（enhanced-format）的 32 位图元文件来进行操作。

8.1.2　坐标映射

在讨论坐标映射之前，先来看看下列语句：

```
pDC->Rectangle(CRect(0,0,200,200));
```

它是在某设备环境中绘制出一个高为 200 像素，宽也为 200 像素的方块。由于默认的映射模式是 MM_TEXT，其逻辑坐标（在映射模式下的坐标）和设备坐标（显示设备或打印设备坐标系下的坐标）相等。因此这个方块在 1024×768 像素的显示器上看起来要比在 640×480 像素的显示器上显得小一些，而且若将它打印在 600dpi 精度的激光打印机上，这个方块就会显得更小了。

为了能保证打印的结果不受设备的影响，Windows 定义了一些映射模式，这些映射模式决定了设备坐标和逻辑坐标之间的关系，如表 8-1 所示。

表 8-1　映射模式

映射模式	含　　义
MM_TEXT	每个逻辑单位等于一个设备像素，x 向右为正，y 向下为正
MM_HIENGLISH	每个逻辑单位为 0.001 英寸，x 向右为正，y 向上为正

（续）

映射模式	含 义
MM_LOENGLISH	每个逻辑单位为 0.01 英寸，x 向右为正，y 向上为正
MM_HIMETRIC	每个逻辑单位为 0.01 毫米，x 向右为正，y 向上为正
MM_LOMETRIC	每个逻辑单位为 0.1 毫米，x 向右为正，y 向上为正
MM_TWIPS	每个逻辑单位为一个点的 1/20（一个点是 1/72 英寸），x 向右为正，y 向上为正
MM_ANISOTROPIC	x，y 可变比例
MM_ISOTROPIC	x，y 等比例

这样，就可以通过调用 CDC::SetMapMode(int nMapMode) 来设置相应的映射模式。例如，若将映射模式设置为 MM_LOMETRIC，那么不管在什么设备中调用上述语句，都将显示出 20×20 毫米的方块。需要说明的是：

1）在 MM_ISOTROPIC 映射模式下，纵横比总是 1 : 1，换句话说，无论比例因子如何变化，圆看上去总是圆的；但在 MM_ANISOTROPIC 映射模式下，x 和 y 的比例因子可以独立地变化，即圆可以被拉扁而成椭圆形状。

2）在映射模式 MM_ANISOTROPIC 和 MM_ISOTROPIC 中，常常可以调用 CDC 类的成员函数 SetWindowExt（设置窗口大小）和 SetViewportExt（设置视口大小）来设置所需要的比例因子。

这里的"窗口"和"视口"的概念往往不易理解。所谓"窗口"，可以理解成是一种逻辑坐标下的窗口，而"视口"是实际看到的那个窗口，也就是设备坐标下的窗口。根据"窗口"和"视口"的大小就可以确定 x 和 y 的比例因子。

8.1.3 CPoint、CSize 和 CRect

在图形绘制操作中，常常需要使用 MFC 中的 CPoint、CSize 和 CRect 等简单数据类。由于 CPoint（点）、CSize（大小）和 CRect（矩形）是对 Windows 的 POINT、SIZE 和 RECT 结构的封装，因此它们可以直接使用各自结构的数据成员，如下所示：

```
typedef struct tagPOINT {
    LONG     x;                  // 点的 x 坐标
    LONG     y;                  // 点的 y 坐标
} POINT;
typedef struct tagSIZE {
    int      cx;                 // 水平大小
    int      cy;                 // 垂直大小
} SIZE;
typedef struct tagRECT {
    LONG     left;               // 矩形左上角点的 x 坐标
    LONG     top;                // 矩形左上角点的 y 坐标
    LONG     right;              // 矩形右下角点的 x 坐标
    LONG     bottom;             // 矩形右下角点的 y 坐标
} RECT;
```

1. CPoint、CSize 和 CRect 类的构造函数

CPoint 类带参数的常用构造函数原型如下：

```
CPoint( int initX, int initY );
CPoint( POINT initPt );
```

其中，initX 和 initY 分别用来指定 CPoint 的成员 x 和 y 的值。initPt 用来指定一个 POINT 结构或 CPoint 对象来初始化 CPoint 的成员。

CSize 类带参数的常用构造函数原型如下：

```
CSize( int initCX, int initCY );
CSize( SIZE initSize );
```

其中，initCX 和 initCY 用来分别设置 CSize 的 cx 和 cy 成员。initSize 用来指定一个 SIZE 结构或 CSize 对象来初始化 CSize 的成员。

CRect 类带参数的常用构造函数原型如下：

```
CRect( int l, int t, int r, int b );
CRect( const RECT& srcRect );
CRect( LPCRECT lpSrcRect );
CRect( POINT point, SIZE size );
CRect( POINT topLeft, POINT bottomRight );
```

其中，l、t、r、b 分别用来指定 CRect 的 left、top、right 和 bottom 成员的值。srcRect 和 lpSrcRect 分别用一个 RECT 结构或指针来初始化 CRect 的成员。point 用来指定矩形的左上角位置。size 用来指定矩形的长度和宽度。topLeft 和 bottomRight 分别用来指定 CRect 的左上角和右下角的位置。

2. CRect 类的常用操作

由于一个 CRect 类对象包含用于定义矩形的左上角和右下角点的成员变量，因此在传递 LPRECT、LPCRECT 或 RECT 结构作为参数的任何地方，都可以使用 CRect 对象来代替。

需要说明的是，当构造一个 CRect 时，要使它符合规范。也就是说，使其 left 小于 right，top 小于 bottom。例如，左上角为（20, 20），而右下角为（10, 10），那么定义的这个矩形就不符合规范。一个不符合规范的矩形，CRect 的许多成员函数都不会有正确的结果。基于此种原因，常常使用 CRect::NormalizeRect 函数使一个不符合规范的矩形合乎规范。

CRect 类的操作函数有很多，这里只介绍矩形的扩大、缩小以及两个矩形的"并"和"交"操作，更多的常用操作如表 8-2 所示。

表 8-2 CRect 类常用的成员函数

成员函数	功能说明
int Width( ) const;	返回矩形的宽度
int Height( ) const;	返回矩形的高度
CSize Size( ) const;	返回矩形的大小，CSize 中的 cx 和 cy 成员分别表示矩形的宽度和高度
CPoint& TopLeft( );	返回矩形左上角的点坐标
CPoint& BottomRight( );	返回矩形右下角的点坐标
CPoint CenterPoint( ) const;	返回 CRect 的中点坐标
BOOL IsRectEmpty() const;	如果一个矩形的宽度或高度是 0 或负值，则称这个矩形为空，返回 TRUE
BOOL IsRectNull() const;	如果一个矩形的上、左、下和右边的值都等于 0，则返回 TRUE
BOOL PtInRect(POINT point) const;	如果点 point 位于矩形中(包括点在矩形的边上)，则返回 TRUE
void SetRect(int x1, int y1, int x2, int y2);	将矩形的各边设为指定的值，左上角点为(x1, y1)，右下角点为(x2, y2)
void SetRectEmpty();	将矩形的所有坐标设置为 0
void NormalizeRect( );	使矩形符合规范

void OffsetRect(int x, int y);
void OffsetRect(POINT point);
void OffsetRect(SIZE size);
	移动矩形，水平和垂直移动量分别由 x、y 或 point、size 的两个成员来指定

成员函数 InflateRect 和 DeflateRect 用来扩大和缩小一个矩形。由于它们的操作是相互的，也就是说，若指定 InflateRect 函数的参数为负值，那么操作的结果是缩小矩形，因此下面只给

出 InflateRect 函数的原型：

```
void InflateRect( int x, int y );
void InflateRect( SIZE size );
void InflateRect( LPCRECT lpRect );
void InflateRect( int l, int t, int r, int b );
```

其中，x 用来指定扩大 CRect 左、右边的数值。y 用来指定扩大 CRect 上、下边的数值。size 中的 cx 成员指定扩大左、右边的数值，cy 指定扩大上、下边的数值。lpRect 的各个成员用来指定扩大每一边的数值。l、t、r 和 b 分别用来指定扩大 CRect 左、上、右和下边的数值。

需要注意的是，由于 InflateRect 是通过将 CRect 的边向远离其中心的方向移动来扩大的，因此对于前两个重载函数来说，CRect 的总宽度被增加了两倍的 x 或 cx，总高度被增加了两倍的 y 或 cy。

成员函数 IntersectRect 和 UnionRect 分别用来将两个矩形进行相交和合并，当结果为空时返回 FALSE，否则返回 TRUE。它们的原型如下：

```
BOOL IntersectRect( LPCRECT lpRect1, LPCRECT lpRect2 );
BOOL UnionRect( LPCRECT lpRect1, LPCRECT lpRect2 );
```

其中，lpRect1 和 lpRect2 用来指定操作的两个矩形。例如：

```
CRect rectOne(125,   0,    150, 200);
CRect rectTwo( 0,  75,    350, 95);
CRect rectInter;
rectInter.IntersectRect(rectOne, rectTwo);      // 结果为(125, 75, 150, 95)
ASSERT(rectInter == CRect(125, 75, 150, 95));
rectInter.UnionRect (rectOne, rectTwo);         // 结果为(0, 0, 350, 200)
ASSERT(rectInter == CRect(0, 0, 350, 200));
```

8.1.4　颜色和颜色对话框

一个彩色像素的显示需要颜色空间的支持，常用的颜色空间有 RGB 和 YUV 两种。RGB 颜色空间选用红（R）、绿（G）、蓝（B）三种基色分量，通过对这三种基色不同比例的混合，可以得到不同的彩色效果。而 YUV 颜色空间是将一个彩色像素表示成一个亮度分量（Y）和两个色度分量（U、V）。

在 MFC 中，CDC 使用的是 RGB 颜色空间，并使用 COLORREF 数据类型来表示一个 32 位的 RGB 颜色，它也可以用下列的十六进制表示：

```
0x00bbggrr
```

此形式的 rr、gg、bb 分别表示红、绿、蓝三个颜色分量的十六进制值，最大为 0xff。在具体操作 RGB 颜色时，还可使用下列的宏操作：

```
GetBValue        获得 32 位 RGB 颜色值中的蓝色分量
GetGValue        获得 32 位 RGB 颜色值中的绿色分量
GetRValue        获得 32 位 RGB 颜色值中的红色分量
RGB              将指定的 R、G、B 分量值转换成一个 32 位的 RGB 颜色值
```

MFC 的 CColorDialog 类为应用程序提供了颜色选择通用对话框，如图 8-1 所示。它具有下列的构造函数：

```
CColorDialog( COLORREF clrInit = 0, DWORD dwFlags = 0, CWnd* pParentWnd = NULL );
```

其中，clrInit 用来指定选择的默认颜色值，若此值没指定，则为 RGB(0,0,0)（黑色）。pParentWnd 用来指定对话框的父窗口指针。dwFlags 用来表示定制对话框外观和功能的系列标志参数。它可以是下列值之一或"|"组合：

CC_ANYCOLOR	在基本颜色单元中列出所有可得到的颜色
CC_FULLOPEN	显示所有的颜色对话框界面。若此标志没有被设定，则用户单击"规定自定义颜色"按钮才能显示出定制颜色的界面
CC_PREVENTFULLOPEN	禁用"规定自定义颜色"按钮
CC_SHOWHELP	在对话框中显示"帮助"按钮
CC_SOLIDCOLOR	在基本颜色单元中只列出所得到的纯色

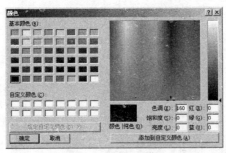

图 8-1　颜色对话框

当单击对话框"确定"按钮退出（即 DoModal 返回 IDOK）时，可调用下列成员获得相应的颜色。

```
COLORREF GetColor( ) const;                    // 返回用户选择的颜色
void SetCurrentColor( COLORREF clr );          // 强制使用 clr 作为当前选择的颜色
static COLORREF * GetSavedCustomColors( );     // 返回用户自己定义的颜色
```

8.2　图形和文本

在 MFC 中，任何从 CWnd 派生而来的对话框、控件和视图等都可作为绘图设备环境，从而可使用 CDC 类提供的画点、线、多边形、位图以及文本输出等方法进行绘制操作。一般地，这些绘图操作代码还应添加到 OnPaint 或 OnDraw 虚函数中，因为当窗口或视图无效（如被其他窗口覆盖）时，就会调用这个虚函数中的代码来自动更新。

8.2.1　画笔、画刷和位图

Windows GDI 本身为设备环境提供了各种各样的绘图工具，如用于画线的"画笔"、填充区域的"画刷"以及用于绘制文本的"字体"。MFC 封装了这些 GDI 工具，并提供相应的类来作为应用程序的图形设备接口，这些类有一个共同的抽象基类 CGdiObject，具体见表 8-3。

表 8-3　MFC 的 GDI 类

类　名	说　明
CBitmap	"位图"是一种位矩阵，每一个显示像素都对应于其中的一个或多个位。用户可以利用位图来表示图像，也可以利用它来创建画刷
CBrush	"画刷"定义了一种位图形式的像素，利用它可对区域内部填充颜色或样式
CFont	"字体"是一种具有某种样式和尺寸的所有字符的完整集合，它常常被当作资源存于磁盘中，其中有一些还依赖于某种设备
CPalette	"调色板"是一种颜色映射接口，它允许应用程序在不干扰其他应用程序的前提下，可以充分利用输出设备的颜色描绘能力
CPen	"画笔"是一种用来画线及绘制有形边框的工具，用户可以指定它的颜色及宽度，并且可以指定它画实线、点线或虚线等
CRgn	"区域"是由多边形、椭圆或二者组合形成的一种范围，可以利用它来进行填充、裁剪以及鼠标点中测试等

1. 使用 GDI 对象

在选择 MFC 封装的 GDI 对象进行绘图时，往往遵循下列步骤：

1）在堆栈中定义一个 GDI 对象（如 CPen、CBrush 对象），然后用相应的函数（如 CreatePen、CreateSolidBrush）创建此 GDI 对象。但要注意：有些 GDI 派生类的构造函数允许用户提供足够的信息，从而一步即可完成对象的创建任务，这些类如 CPen、CBrush。

2）将构造的 GDI 对象选入当前设备环境中，但不要忘记将原来的 GDI 对象保存起来。

3）绘图结束后，恢复当前设备环境中原来的 GDI 对象。

4）由于 GDI 对象是在堆栈中创建，当程序结束后，会自动删除程序创建的 GDI 对象。

具体操作如下面的代码过程：

```
void CMyView::OnDraw( CDC* pDC )
{
    CPen penBlack;                                    // 定义一个画笔变量
    penBlack.CreatePen( PS_SOLID, 2, RGB(0,0,0));    // 创建画笔
    // 将此画笔选入当前设备环境并保存原来的画笔
    CPen* pOldPen = pDC->SelectObject( &penBlack );
    // 用此画笔绘图
    pDC->MoveTo(...);
    pDC->LineTo(...);
    // ... 其他绘图函数
    pDC->SelectObject( pOldPen );                     // 恢复设备环境中原来的画笔
}
```

除了自定义的 GDI 对象外，MFC 还包含了一些预定义的库存 GDI 对象。由于它们是系统的一部分，因此用户不用删除它们。CDC 的成员函数 SelectStockObject 可以把一个库存对象选入当前设备环境中，并返回原先被选中的对象指针，同时使原先被选中的对象从设备环境中分离出来。库存 GDI 对象类型可以是下列值之一：

BLACK_BRUSH	黑色画刷
DKGRAY_BRUSH	深灰色画刷
GRAY_BRUSH	灰色画刷
HOLLOW_BRUSH	中空画刷
LTGRAY_BRUSH	浅灰色画刷
NULL_BRUSH	空画刷
WHITE_BRUSH	白色画刷
BLACK_PEN	黑色画笔
NULL_PEN	空画笔
WHITE_PEN	白色画笔
DEVICE_DEFAULT_FONT	设备默认字体
SYSTEM_FONT	系统字体

2. 画笔

画笔是用来绘制各种直线和曲线的一种图形工具，它可分为修饰画笔和几何画笔两种类型。在这两种类型中，几何画笔的定义最复杂，它不但有修饰画笔的属性，而且还跟画刷的样式、阴影线类型有关，通常用于对绘图有较高要求的场合。而修饰画笔只有简单的几种属性，通常用于简单的直线和曲线等场合。

一个修饰画笔通常具有宽度、风格和颜色 3 种属性。画笔的宽度用来确定所画的线条宽度，它是用设备单位表示的。默认的画笔宽度是一个像素单位。画笔的颜色确定了所画的线条颜色。画笔的风格确定了所绘图形的线型，它通常有实线、虚线、点线、点划线、双点划线、不可见线和内框线 7 种风格。这些风格在 Windows 中都是以 PS_ 为前缀的预定义的标识，如表 8-4 所示。

表 8-4　修饰画笔的风格

风　　格	含　　义	图　　例
PS_SOLID	实线	————————————
PS_DASH	虚线	- - - - - - - - - - - - - - -
PS_DOT	点线	· · · · · · · · · · · · · · · · ·
PS_DASHDOT	点划线	-·-·-·-·-·-·-·-·-·-
PS_DASHDOTDOT	双点划线	-··-··-··-··-··-
PS_NULL	不可见线	
PS_INSIDEFRAME	内框线	————————————

创建一个修饰画笔，可以使用 CPen 类的 CreatePen 函数，其原型如下：

```
BOOL CreatePen( int nPenStyle, int nWidth, COLORREF crColor );
```

其中，参数 nPenStyle、nWidth、crColor 分别用来指定画笔的风格、宽度和颜色。

此外，还有一个 CreatePenIndirect 函数也是用来创建画笔对象的，它的作用与 CreatePen 函数是完全一样的，只是画笔的三个属性不是直接出现在函数参数中，而是通过一个 LOGPEN 结构间接地给出。

```
BOOL CreatePenIndirect( LPLOGPEN lpLogPen );
```

此函数用由 LOGPEN 结构指针指定的相关参数创建画笔，LOGPEN 结构如下：

```
typedef struct tagLOGPEN { /* lgpn */
    UINT        lopnStyle;        // 画笔风格
    POINT       lopnWidth;        // POINT 结构的 y 不起作用,而用 x 表示画笔宽度
    COLORREF    lopnColor;        // 画笔颜色
} LOGPEN;
```

值得注意的是：

1）当修饰画笔的宽度大于 1 个像素时，画笔的风格只能取 PS_NULL、PS_SOLID 或 PS_INSIDEFRAME，定义为其他风格不会起作用。

2）画笔的创建工作也可在画笔的构造函数中进行，它具有下列原型：

```
CPen( int nPenStyle, int nWidth, COLORREF crColor );
```

3. 画刷

画刷用于指定填充的特性，许多窗口、控件以及其他区域都需要用画刷进行填充绘制，它比画笔的内容更加丰富。

画刷的属性通常包括填充色、填充图案和填充样式三种。画刷的填充色和画笔颜色一样，都是使用 COLORREF 颜色类型，画刷的填充图案通常是用户定义的 8×8 位图，而填充样式往往是内部定义的一些特性，它们都是以 HS_ 为前缀的标识，如图 8-2 所示。

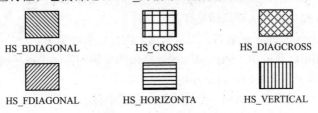

图 8-2　画刷的填充样式

CBrush 类根据画刷属性提供了相应的创建函数，例如创建填充色画刷和填充样式画刷的函

数为 CreateSolidBrush 和 CreateHatchBrush，它们的原型如下：

```
BOOL CreateSolidBrush( COLORREF crColor );                    // 创建填充色画刷
BOOL CreateHatchBrush( int nIndex, COLORREF crColor );        // 创建填充样式画刷
```

其中，nIndex 用来指定画刷的内部填充样式，而 crColor 表示画刷的填充色。

与画笔相类似，也有一个 LOGBRUSH 逻辑结构用于画刷属性的定义，并通过 CBrush 的成员函数 CreateBrushIndirect 来创建，其原型如下：

```
BOOL CreateBrushIndirect( const LOGBRUSH* lpLogBrush );
```

其中，LOGBRUSH 逻辑结构如下定义：

```
typedef struct tagLOGBRUSH { // lb
    UINT      lbStyle;                // 样式
    COLORREF  lbColor;                // 填充色
    LONG      lbHatch;                // 填充样式
} LOGBRUSH;
```

另外，还需注意：

1）画刷的创建工作也可在其构造函数中进行，它具有下列原型：

```
CBrush( COLORREF crColor );
CBrush( int nIndex, COLORREF crColor );
CBrush( CBitmap* pBitmap );
```

2）画刷也可用位图来指定其填充图案，但该位图应该是 8×8 像素，若位图太大，则只使用其左上角的 8×8 像素。

3）画刷仅对绘图函数 Chord、Ellipse、FillRect、FrameRect、InvertRect、Pie、Polygon、PolyPolygon、Rectangle、RoundRect 有效。

4. GDI 位图

GDI 位图，是一种与设备相关的位图，又称为 DDB 位图（device-dependent bitmap）。在 MFC 中，CBitmap 类封装了 GDI 位图操作所需的大部分函数。其中，LoadBitmap 是位图的初始化函数，其函数原型如下：

```
BOOL LoadBitmap( LPCTSTR lpszResourceName );
BOOL LoadBitmap( UINT nIDResource );
```

该函数从应用程序中调入一个位图资源（由 nIDResource 或 lpszResourceName 指定）。

若用户直接创建一个位图对象，可使用 CBitmap 类中的 CreateBitmap、CreateBitmapIndirect 以及 CreateCompatibleBitmap 函数。

由于位图不能直接显示在实际设备中，因此对于 GDI 位图的显示必须遵循下列步骤：

1）调用 CBitmap 类的 CreateBitmap 等函数创建一个位图对象，或是构造一个位图对象并调用 LoadBitmap 函数装载位图资源。

2）调用 CDC::CreateCompatibleDC 函数创建一个内存设备环境，以便位图在内存中保存下来，并与指定设备（窗口设备）环境相兼容。

3）调用 CDC::SelectObject 函数将位图对象选入内存设备环境中。

4）调用 CDC::BitBlt 或 CDC::StretchBlt 函数将位图复制到实际设备环境中。

5）使用之后，恢复原来的内存设备环境。

例如，下面的示例过程就是调用一个位图并在视图中显示。

【例 Ex_BMP】在视图中显示位图

1）用 MFC AppWizard(exe)创建一个默认的单文档应用程序 Ex_BMP。

2）按快捷键【Ctrl+R】，弹出"插入资源"对话框，选择 Bitmap 资源类型。单击 引入(M)... 按钮，出现"引入资源"对话框，将文件类型选择为"所有文件(*.*)"，从外部文件中选定一个位图文件，然后单击 引入 按钮，该位图就被调入应用程序中。保留默认的位图资源标识 IDB_BITMAP1。

3）在 CEx_BMPView::OnDraw 函数中添加下列代码：

```
void CEx_BMPView::OnDraw(CDC* pDC)
{
    CEx_BMPDoc* pDoc = GetDocument();
    ASSERT_VALID(pDoc);
    CBitmap m_bmp;
    m_bmp.LoadBitmap(IDB_BITMAP1);                    // 调入位图资源
    BITMAP bm;                                        // 定义一个BITMAP结构变量
    m_bmp.GetObject(sizeof(BITMAP),&bm);              // 获取位图对象中的位图信息
    CDC dcMem;                                        // 定义并创建一个内存设备环境
    dcMem.CreateCompatibleDC(pDC);
    CBitmap *pOldbmp = dcMem.SelectObject(&m_bmp);    // 将位图选入内存设备环境中
    pDC->BitBlt(0,0,bm.bmWidth,bm.bmHeight,&dcMem,0,0,SRCCOPY);
                                                      // 将位图复制到实际的设备环境中
    dcMem.SelectObject(pOldbmp);                      // 恢复原来的内存设备环境
}
```

4）编译运行，结果如图 8-3 所示。

通过上述代码过程可以看出，位图的最终显示是通过调用 CDC::BitBlt 函数来完成的，当然也可使用 CDC::StretchBlt 函数。这两个函数的区别在于：StretchBlt 函数可以对位图进行缩小或放大，而 BitBlt 则不能，但 BitBlt 的显示更新速度较快。它们的原型如下：

图 8-3　Ex_BMP 运行结果

```
BOOL BitBlt( int x, int y, int nWidth, int nHeight,
CDC* pSrcDC, int xSrc, int ySrc, DWORD dwRop );
BOOL StretchBlt( int x, int y, int nWidth, int nHeight, CDC* pSrcDC, int xSrc,
                 int ySrc, int nSrcWidth, int nSrcHeight, DWORD dwRop );
```

其中，参数 x、y 表示位图目标矩形左上角的 x、y 逻辑坐标值，nWidth、nHeight 表示位图目标矩形的逻辑宽度和高度，pSrcDC 表示源设备 CDC 指针，xSrc、ySrc 表示位图源矩形的左上角的 x、y 逻辑坐标值，dwRop 表示显示位图的光栅操作方式。光栅操作方式有很多种，但经常使用的是 SRCCOPY，用来直接将位图复制到目标环境中。StretchBlt 还比 BitBlt 函数多两个参数：nSrcWidth 和 nSrcHeight，它们是用来表示源矩形的逻辑宽度和高度。

8.2.2　图形绘制

Visual C++的 MFC 为用户的图形绘制提供了许多函数，这其中包括画点、线、矩形、多边形、圆弧、椭圆、扇形以及 Bézier 曲线等。

1. 画点

画点是最基本的绘图操作之一，它是通过调用 CDC::SetPixel 或 CDC::SetPixelV 函数来实现的。这两个函数都是用来在指定的坐标上设置指定的颜色，只不过 SetPixelV 函数不需要返回实际像素点的 RGB 值；正是因为这一点，函数 SetPixelV 要比 SetPixel 快得多。

```
COLORREF SetPixel( int x, int y, COLORREF crColor );
COLORREF SetPixel( POINT point, COLORREF crColor );
BOOL SetPixelV(int x, int y, COLORREF crColor);
```

```
BOOL SetPixelV( POINT point, COLORREF crColor );
```

与上述函数相对应的 GetPixel 函数用来获取指定点的颜色。

```
COLORREF GetPixel( int x, int y ) const;
COLORREF GetPixel( POINT point ) const;
```

2. 画线

画线也是特别常用的绘图操作之一。CDC 的 LineTo 和 MoveTo 就是用来实现画线功能的两个函数，通过这两个函数的配合使用，可完成任何直线和折线的绘制操作。

LineTo 函数正是经当前位置所在点为直线起点，另指定直线终点，画出一段直线的。其原型如下：

```
BOOL LineTo( int x, int y );
BOOL LineTo( POINT point );
```

如果当前要画的直线并不与上一条直线的终点相接，那么应调用 MoveTo 函数来调整当前位置。此函数不但可以用来更新当前位置，而且可用来返回更新前的当前位置。其原型如下：

```
CPoint MoveTo( int x, int y );
CPoint MoveTo( POINT point );
```

3. 折线

除了 LineTo 函数可用来画线之外，CDC 中还提供了一系列用于画各种折线的函数。它们主要是 Polyline、PolyPolyline 和 PolylineTo。在这 3 个函数中，Polyline 和 PolyPolyline 既不使用当前位置，也不更新当前位置；而 PolylineTo 总是把当前位置作为起始点，并且在折线画完之后，还把折线终点所在位置设为新的当前位置。

```
BOOL Polyline( LPPOINT lpPoints, int nCount );
BOOL PolylineTo( const POINT* lpPoints, int nCount );
```

这两个函数用来画一系列连续的折线。参数 lpPoints 是 POINT 或 CPoint 的顶点数组；nCount 表示数组中顶点的个数，它至少为 2。

```
BOOL PolyPolyline( const POINT* lpPoints, const DWORD* lpPolyPoints, int nCount );
```

此函数可用来绘制多条折线。其中 lpPoints 同前定义，lpPolyPoints 表示各条折线所需的顶点数，nCount 表示折线的数目。

4. 矩形和圆角矩形

CDC 中的 Rectangle 和 RoundRect 函数分别用于矩形和圆角矩形的绘制，它们的原型如下：

```
BOOL Rectangle( int x1, int y1, int x2, int y2 );
BOOL Rectangle( LPCRECT lpRect );
BOOL RoundRect( int x1, int y1, int x2, int y2, int x3, int y3 );
BOOL RoundRect( LPCRECT lpRect, POINT point );
```

参数 lpRect 的成员 left、top、right、bottom 分别表示 x1、y1、x2、y2，point 的成员 x、y 分别表示 x3、y3；而 x1，y1 表示矩形的左上角坐标；x2，y2 表示矩形的右上角坐标；x3，y3 表示绘制圆角的椭圆大小。

5. 多边形

前面已经介绍过折线的画法，而多边形可以说就是由首尾相接的封闭折线所围成的图形。画多边形的函数 Polygon 原型如下：

```
BOOL Polygon( LPPOINT lpPoints, int nCount );
```

可以看出，Polygon 函数的参数形式与 Polyline 函数是相同的，但也稍有一点小差异。例如画一个三角形，若使用 Polyline 函数，顶点数组中就得给出 4 个顶点（尽管起始点和终点重复出现），而用 Polygon 函数则只需给出 3 个顶点。

与 PolyPolyline 可画多条折线一样，使用 PolyPolygon 函数，一次可画出多个多边形，这两个函数的参数形式和含义也一样。

```
BOOL PolyPolygon( LPPOINT lpPoints, LPINT lpPolyCounts, int nCount );
```

6. 圆弧和椭圆弧

通过调用 CDC 的 Arc 函数可以画一条（椭）圆弧线或者整个（椭）圆。这个（椭）圆的大小是由其外接矩形（本身并不可见）所决定的；若外接矩形是正方形，则绘制的是圆（弧）。Arc 函数的原型如下：

```
BOOL Arc( int x1, int y1, int x2, int y2, int x3, int y3, int x4, int y4 );
BOOL Arc( LPCRECT lpRect, POINT ptStart, POINT ptEnd );
```

这里，x1、y1、x2、y2 或 lpRect 用来指定外接矩形的位置和大小，椭圆中心与点(x3,y3)或 ptStart 所构成的射线与椭圆的交点是椭圆弧的起点，椭圆中心与点(x4,y4)或 ptEnd 所构成的射线与椭圆的交点是椭圆弧的终点。椭圆上起点到终点的部分就是要绘出的椭圆弧。

需要说明，要唯一地确定一条椭圆弧，除了上述参数外还有一个重要参数，那就是弧线绘制的方向。默认时，这个方向为逆时针，但可以通过调用 SetArcDirection 函数将绘制方向改设为顺时针方向。

```
int SetArcDirection( int nArcDirection );
```

该函数成功调用时返回以前的绘制方向，nArcDirection 可以是 AD_CLOCKWISE（顺时针）或 AD_COUNTERCLOCKWISE（逆时针）。此方向对函数 Arc、Pie、ArcTo、Rectangle、Chord、RoundRect、Ellipse 有效。

另外，ArcTo 也是一个画圆弧的 CDC 成员函数，它与 Arc 函数的唯一区别是：ArcTo 函数将圆弧的终点作为新的当前位置，而 Arc 不会。

7. 圆和椭圆

Arc、ArcTo 是用于弧线的绘制，若是绘制一个整圆或椭圆（区域），则调用 CDC 的成员函数 Ellipse。其原型如下：

```
BOOL Ellipse( int x1, int y1, int x2, int y2 );
BOOL Ellipse( LPCRECT lpRect );
```

参数 x1、y1、x2、y2 或 lpRect 表示椭圆外接矩形的大小的位置。

除此之外，CDC 类还提供函数 Chord、Pie 和 PolyBezier 用来绘制弦形、扇形和 Bézier 曲线等。

8. 在视图中绘图示例

商务中常常要求用图形显示一些销售数字、金融信息、股票价格波动和其他各种形式的数据量。这种显示要求的理由很简单：首先，一个图形显示较一列数字更容易让人明白；其次，图形较数字本身更容易进行对趋势、不规则性和波动的比较；第三，图形显示比字符或数字显示更有感染力。下面的示例过程就是绘制商务中经常用到的线图，其结果如图 8-4 所示。

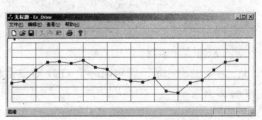

图 8-4　Ex_Draw 运行结果

【例 Ex_Draw】 绘制线图

1）用 MFC AppWizard(exe)创建一个默认的单文档应用程序 Ex_Draw。

2）在 CEx_DrawView::OnDraw 函数中添加下列代码：

```
void CEx_DrawView::OnDraw(CDC* pDC)
{
    CEx_DrawDoc* pDoc = GetDocument();
    ASSERT_VALID(pDoc);
    int data[20] = {19,21,32,40,41,39,42,35,33,23,21,20,24,11,9,19,22,32,40,42};
    CRect    rc;
    GetClientRect(rc);                          // 获得客户区的大小
    rc.DeflateRect(10,10);                       // 将矩形大小沿x和y方向各减小50
    int gridXnums = 10, gridYnums = 8;
    int dx = rc.Width()/gridXnums;
    int dy = rc.Height()/gridYnums;
    CRect gridRect(rc.left,rc.top, rc.left+dx*gridXnums,rc.top+dy*gridYnums);
    // 调整矩形大小
    CPen  gridPen(0,0,RGB(0,100,200));
    CPen* oldPen = pDC->SelectObject(&gridPen);
    for (int i=0; i<=gridXnums; i++)            // 绘制垂直线
        pDC->MoveTo(gridRect.left+i*dx,gridRect.bottom);
        pDC->LineTo(gridRect.left+i*dx,gridRect.top);
    }
    for (int j=0; j<=gridYnums; j++)    {      // 绘制水平线
        pDC->MoveTo(gridRect.left,gridRect.top+j*dy);
        pDC->LineTo(gridRect.right,gridRect.top+j*dy);
    }
    pDC->SelectObject(oldPen);                   // 恢复原来画笔
    gridPen.Detach(); // 将画笔对象与其构造的内容分离，以便能再次构造画笔
    gridPen.CreatePen(0,0,RGB(0,0,200));         // 重新创建画笔
    pDC->SelectObject(&gridPen);
    CBrush gridBrush(RGB(255,0,0));              // 创建画刷
    CBrush* oldBrush = pDC->SelectObject(&gridBrush);
    POINT    ptRect[4] = {{-3,-3},{-3,3},{3,3},{3,-3}}, ptDraw[4];
    int      deta;
    POINT    pt[256];
    int nCount = 20;
    deta = gridRect.Width()/nCount;
    for (i=0; i<nCount; i++) {
        pt[i].x = gridRect.left+i*deta;
        pt[i].y = gridRect.bottom-(int)(data[i]/60.0*gridRect.Height());
        for (j=0; j<4; j++) {
            ptDraw[j].x = ptRect[j].x+pt[i].x;
            ptDraw[j].y = ptRect[j].y+pt[i].y;
        }
        pDC->Polygon(ptDraw,4);                  // 绘制小方块
    }
    pDC->Polyline(pt,nCount);                    // 绘制折线
    // 恢复原来绘图属性
    pDC->SelectObject(oldPen);
    pDC->SelectObject(oldBrush);
}
```

3）编译并运行。

需要说明的是，若对同一个 GDI 对象重新构造，则必须调用 Detach 函数把该对象从 GDI 中分离出来。

8.2.3　字体与文字

字体是文字显示和打印的外观形式，它包括了文字的字样、风格和尺寸等多方面的属性。适当地选用不同的字体，可以大大地丰富文字的外在表现力。

1. 字体的属性和创建

为了方便用户创建字体，系统定义一种"逻辑字体"，它由 LOGFONT 结构来描述，这里仅列出最常用的结构成员。

```
typedef struct tagLOGFONT
{
    LONG     lfHeight;                  // 字体的逻辑高度
    LONG     lfWidth;                   // 字符的平均逻辑宽度
    LONG     lfEscapement;              // 倾角
    LONG     lfOrientation;             // 书写方向
    LONG     lfWeight;                  // 字体的粗细程度
    BYTE     lfItalic;                  // 斜体标志
    BYTE     lfUnderline;               // 下划线标志
    BYTE     lfStrikeOut;              // 删除线标志
    BYTE     lfCharSet;                 // 字符集，汉字必须为 GB2312_CHARSET
    TCHAR    lfFaceName[LF_FACESIZE];   // 字样名称
    // ...
} LOGFONT;
```

在结构成员中，lfHeight 表示字符的逻辑高度。这里的高度是字符的纯高度，当此值大于 0 时，系统将此值映射为实际字体单元格的高度；当等于 0 时，系统将使用默认的值；当小于 0 时，系统将此值映射为实际的字符高度。

lfEscapement 表示字体的倾斜矢量与设备的 x 轴之间的夹角（以 1/10 度为计量单位），该倾斜矢量与文本的书写方向是平行的。lfOrientation 表示字符基准线与设备的 x 轴之间的夹角（以 1/10 度为计量单位）。lfWeight 表示字体的粗细程度，取值范围是从 0 到 1000（字符笔划从细到粗）。例如，400 为常规情况，700 为粗体。

当然，通过字体对话框也可以创建一个字体，如下面的代码所示：

```
LOGFONT lf;
CFont   cf;
memset(&lf, 0, sizeof(LOGFONT));        // 将 lf 中的所有成员置 0
CFontDialog dlg(&lf);
if (dlg.DoModal()==IDOK){
    dlg.GetCurrentFont(&lf);
    pDC->SetTextColor(dlg.GetColor());
    cf.CreateFontIndirect(&lf);
    ...
}
```

2. 常用文本输出函数

文本的最终输出不仅依赖于文本的字体，而且还跟文本的颜色、对齐方式等有很大关系。CDC 类提供了 4 个输出文本的成员函数：TextOut、ExtTextOut、TabbedTextOut 和 DrawText。

对于这 4 个函数，应根据具体情况来选用。例如，如果想要绘制的文本是一个多列的列表形式，那么采用 TabbedTextOut 函数，启用制表位，可以使绘制出来的文本效果更佳；如果要在一个矩形区域内绘制多行文本，那么采用 DrawText 函数，会更富于效率；如果文本和图形结合紧密，字符间隔不等，并要求有背景颜色或矩形裁剪特性，那么 ExtTextOut 函数将是最好的选择。如果没有什么特殊要求，那么使用 TextOut 函数就显得简练了。下面介绍 TextOut、TabbedTextOut 和 DrawText 函数。

```
virtual BOOL TextOut( int x, int y, LPCTSTR lpszString, int nCount );
BOOL TextOut( int x, int y, const CString& str );
```

TextOut 函数是用当前字体在指定位置 (x,y) 处显示一个文本。参数中 lpszString 和 str 指定要绘制的文本， nCount 表示文本的字节长度。函数调用成功，返回 TRUE，否则返回 FALSE。

```
virtual CSize TabbedTextOut( int x, int y, LPCTSTR lpszString, int nCount,
                             int nTabPositions, LPINT lpnTabStopPositions,
                             int nTabOrigin );
CSize TabbedTextOut( int x, int y, const CString& str,
                             int nTabPositions, LPINT lpnTabStopPositions,
                             int nTabOrigin );
```

TabbedTextOut 也是用当前字体在指定位置处显示一个文本，但它还根据指定的制表位（Tab）设置相应字符位置，函数成功调用时返回输出文本的大小。参数中，nTabPositions 表示 lpnTabStopPositions 数组的大小，lpnTabStopPositions 表示多个递增的制表位（逻辑坐标）的数组，nTabOrigin 表示制表位 x 方向的起始点（逻辑坐标）。如果 nTabPositions 为 0，且 lpnTabStopPositions 为 NULL，则使用默认的制表位，即一个 Tab 相当于 8 个字符。

```
virtual int DrawText( LPCTSTR lpszString, int nCount, LPRECT lpRect, UINT nFormat );
int DrawText( const CString& str, LPRECT lpRect, UINT nFormat );
```

DrawText 函数是当前字体在指定矩形中对文本进行格式化绘制。参数中，lpRect 用来指定文本绘制时的参考矩形，它本身并不显示；nFormat 表示文本的格式，它可以是下列常用值之一或"|"组合：

DT_BOTTOM	下对齐文本，该值还必须与 DT_SINGLELINE 组合
DT_CENTER	水平居中
DT_END_ELLIPSIS	使用省略号取代文本末尾的字符
DT_PATH_ELLIPSIS	使用省略号取代文本中间的字符
DT_EXPANDTABS	使用制表位，默认的制表长度为 8 个字符
DT_LEFT	左对齐
DT_MODIFYSTRING	将文本调整为能显示的字串
DT_NOCLIP	不裁剪
DT_NOPREFIX	不支持"&"字符转义
DT_RIGHT	右对齐
DT_SINGLELINE	指定文本的基准线为参考点，单行文本
DT_TABSTOP	设置停止位。nFormat 的高位字节是每个制表位的数目
DT_TOP	上对齐
DT_VCENTER	垂直居中
DT_WORDBREAK	自动换行

注意，DT_TABSTOP 与上述 DT_NOCLIP 及 DT_NOPREFIX 不能组合。

需要说明的是，默认时，上述文本输出函数既不使用也不更新"当前位置"。若要使用和更新"当前位置"，则必须调用 SetTextAlign，并将参数 nFlags 设置为 TA_UPDATECP。使用时，最好在文本输出前用 MoveTo 将当前位置移动至指定位置后，再调用文本输出函数；这样，文本输出函数参数中 x,y 或指定的矩形的左边才会被忽略。

3. 文本格式化属性

文本的格式化属性通常包括文本颜色、对齐方式、字符间隔以及文本调整等。在绘图设备环境中，默认的文本颜色是黑色，而文本背景色为白色，且默认的背景模式是不透明方式（OPAQUE，透明的为 TRANSPARENT）。在 CDC 类中，SetTextColor、SetBkColor 和 SetBkMode 函数就是分别用来设置文本颜色、文本背景色和背景模式，而与之相对应的 GetTextColor、GetBkcolor 和 GetBkMode 函数则是分别获取这三项属性的。对于文本对齐方式的设置和获取则是由 CDC 函数 SetTextAlign 和 GetTextAlign 来决定的。

4. 计算字符的几何尺寸

在打印和显示一段文本时，有必要了解字符的高度计算及字符的测量方式，这样才能更好地控制文本输出效果。在 CDC 类中，GetTextMetrics(LPTEXTMETRIC lpMetrics) 是用来获得指定映射模式下相关设备环境的字符几何尺寸及其他属性的，其 TEXTMETRIC 结构描述如下（这里仅列出最常用的结构成员）：

```
typedef struct tagTEXTMETRIC
{                                        // tm
    int  tmHeight;                       // 字符的高度 (ascent + descent)
    int  tmAscent;                       // 高于基准线部分的值
    int  tmDescent;                      // 低于基准线部分的值
    int  tmInternalLeading;              // 字符内标高
    int  tmExternalLeading;              // 字符外标高
    int  tmAveCharWidth;                 // 字体中字符平均宽度
    int  tmMaxCharWidth;                 // 字符的最大宽度
    // ...
} TEXTMETRIC;
```

通常，字符的总高度是用 tmHeight 和 tmExternalLeading 的总和来表示的。但对于字符宽度的测量除了上述参数 tmAveCharWidth 和 tmMaxCharWidth 外，还有 CDC 中的相关成员函数 GetCharWidth、GetOutputCharWidth、GetCharABCWidths。

5. 示例：文档内容显示及其字体改变

这里用示例的形式来说明如何在视图类中通过文本绘图的方法来显示文档的文本内容以及改变显示的字体。

【例 Ex_Text】显示文档内容并改变显示的字体

1）用 MFC AppWizard(exe)创建一个单文档应用程序 Ex_Text，在创建向导的第 6 步将视图的基类选择为 CScrollView。由于视图客户区往往显示不了文档的全部内容，因此需要视图支持滚动操作。

2）为 CEx_TextDoc 类添加 CStringArray 类型的成员变量 m_strContents，用来保存读取的文档内容。

3）在 CEx_TextDoc::Serialize 函数中添加读取文档内容的代码：

```
void CEx_TextDoc::Serialize(CArchive& ar)
{
    if (ar.IsStoring()){...}
    else {
        CString str;
        m_strContents.RemoveAll();
        while (ar.ReadString(str)) m_strContents.Add(str);
    }
}
```

4）为 CEx_TextView 类添加 LOGFONT 类型的成员变量 m_lfText，用来保存当前所使用的逻辑字体。并在 CEx_TextView 类构造函数中添加 m_lfText 的初始化代码：

```
CEx_TextView::CEx_TextView()
{
    memset(&m_lfText, 0, sizeof(LOGFONT));
    m_lfText.lfHeight = -12;
    m_lfText.lfCharSet = GB2312_CHARSET;
    strcpy(m_lfText.lfFaceName, "宋体");
}
```

5）用 MFC ClassWizard 为 CEx_TextView 类添加 WM_LBUTTONDBLCLK(双击鼠标左键)的消息映射函数，并增加下列代码：

```
void CEx_TextView::OnLButtonDblClk(UINT nFlags, CPoint point)
{
    CFontDialog dlg(&m_lfText);
    if (dlg.DoModal() == IDOK) {
```

```
        dlg.GetCurrentFont(&m_lfText);
        Invalidate();
    }
    CScrollView::OnLButtonDblClk(nFlags, point);
}
```

6）这样，当双击鼠标左键后，就会弹出"字体"对话框，从中可改变字体的属性，单击"确定"按钮后，执行 CEx_TextView::OnDraw 中的代码。

7）在 CEx_TextView::OnDraw 中添加下列代码：

```
void CEx_TextView::OnDraw(CDC* pDC)
{
    CEx_TextDoc* pDoc = GetDocument();
    ASSERT_VALID(pDoc);
    // 创建字体
    CFont cf;
    cf.CreateFontIndirect(&m_lfText);
    CFont* oldFont = pDC->SelectObject(&cf);
    // 计算每行的高度
    TEXTMETRIC tm;
    pDC->GetTextMetrics(&tm);
    int lineHeight = tm.tmHeight + tm.tmExternalLeading;
    int y = 0;
    int tab = tm.tmAveCharWidth * 4;                     // 为一个TAB设置4个字符
    // 输出并计算行的最大长度
    int lineMaxWidth = 0;
    CString str;
    CSize lineSize(0,0);
    for (int i=0; i<pDoc->m_strContents.GetSize(); i++) {
        str = pDoc->m_strContents.GetAt(i);
        pDC->TabbedTextOut(0, y, str, 1, &tab, 0);
        str = str + "A";   // 多计算一个字符宽度
        lineSize = pDC->GetTabbedTextExtent(str, 1, &tab);
        if ( lineMaxWidth < lineSize.cx )   lineMaxWidth = lineSize.cx;
        y += lineHeight;
    }
    pDC->SelectObject(oldFont);
    // 多算一行，以便滚动窗口能显示全部文档内容
    int nLines = pDoc->m_strContents.GetSize() + 1;
    CSize sizeTotal;
    sizeTotal.cx = lineMaxWidth;
    sizeTotal.cy = lineHeight * nLines;
    SetScrollSizes(MM_TEXT, sizeTotal);                  // 设置滚动逻辑窗口的大小
}
```

8）编译运行并测试，打开任意一个文本文件，结果如图 8-5 所示。

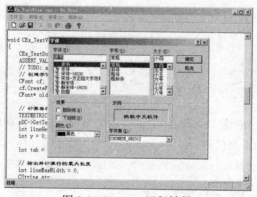

图 8-5   Ex_Text 运行结果

8.3 MFC ODBC 一般操作

ODBC（Open Database Connectivity，开放数据库连接）提供了应用程序接口（API），使得任何一个数据库都可以通过 ODBC 驱动器与指定的 DBMS（数据库管理系统）相连。应用程序可通过调用 ODBC 驱动管理器中相应的驱动程序达到管理数据库的目的。在 Visual C++中，MFC 的 ODBC 数据库类 CDatabase（数据库类）、CRecordSet（记录集类）和 CRecordView（记录视图类）为管理数据库提供了切实可行的解决方案。下面通过实例说明 MFC ODBC 一般操作。

【例 Ex_ODBC】采用 ODBC 操作学生管理数据库（student），数据库中包含学生基本信息表（student）、课程信息表（course）、学生课程成绩表（score）和字典表（dict）等。

8.3.1 使用 MFC ODBC 向导

通过 MFC AppWizard 使用 ODBC 数据库的一般过程是：①用 Access 或其他数据库工具构造一个数据库；②在 Windows 中为构造的数据库定义一个 ODBC 数据源；③在创建数据库处理的文档应用程序向导中选择数据源；④设计界面，并使控件与数据表字段关联。

1. 构造数据库

数据库表与表之间的关系构成了一个数据库。作为示例，这里用 Microsoft Access 创建一个数据库 student.mdb，其中暂包含一个数据表 score，用来描述学生课程成绩，如表 8-5 所示。在表中包括上、下两部分，上部分是数据表的记录内容，下部分是数据表的结构内容。

表 8-5　学生课程成绩表（score）及其表结构

学号（studentno）	课程号（course）	成绩（score）	学分（credit）
21010101	2112105	80	3
21010102	2112348	85	2.5
21010501	2121344	70	3
21010502	2121331	78	3

序　号	字段名称	数据类型	字段大小	小数位	字段含义
1	studentno	文本	20		学号
2	course	文本	20		课程号
3	score	数字	单精度	1	成绩
4	credit	数字	单精度	1	学分

2. 创建 ODBC 数据源

Windows 中的 ODBC 组件出现在系统"控制面板"的"管理工具"的"数据源（ODBC）"中，如图 8-6 所示。双击"数据源（ODBC）"，进入 ODBC 数据源管理器。在这里，用户可以设置 ODBC 数据源的一些信息。其中，"用户 DSN"页面可定义用户在本地计算机使用的数据源名（DSN），如图 8-7 所示。

图 8-6　Windows XP 的管理工具

【续例 Ex_ODBC】创建用户 DSN

1）单击 添加(D)... 按钮，弹出有一驱动程序列表的"创建新数据源"对话框，在该对话框中选择要添加用户数据源的驱动程序，这里选择"Microsoft Access Driver"，如图 8-8 所示。

图 8-7 ODBC 数据源管理器

图 8-8 "创建新数据源"对话框

2）单击 完成 按钮，进入指定驱动程序的安装对话框，单击 选择(S)... 按钮将前面创建的数据库调入，然后在"数据源名"输入"Database Example For VC++"，结果如图 8-9 所示。

3）单击 确定 按钮，刚才创建的用户数据源被添加在"ODBC 数据源管理器"的"用户数据源"列表中。

3. 在 MFC AppWizard 中选择数据源

用 MFC AppWizard 可以容易地创建一个支持数据库的文档应用程序。

【续例 Ex_ODBC】选择数据源

1）用 MFC AppWizard 创建一个单文档应用程序 Ex_ODBC。在向导的第 2 步对话框中加入数据库的支持，如图 8-10 所示。在该对话框中用户可以选择数据库支持程序，其中各选项的含义如表 8-6 所示。

2）选中"查看数据库使用文件支持"项，单击 数据源... 按钮，弹出"Database Options"对话框，从中选择 ODBC 的数据源"Database Example For VC++"，如图 8-11 所示。

3）保留其他默认选项，单击 OK 按钮，弹出如图 8-12 所示的"Select Database Tables"对话框，从中选择要使用的 score 表。单击 OK 按钮，又回到了向导的第 2 步对话框。单击 完成 按钮。开发环境自动打开表单视图 CEx_ODBCView 的对话框资源模板 IDD_EX_ODBC_FORM 以及相应的对话框编辑器。

4）编译并运行，结果如图 8-13 所示。

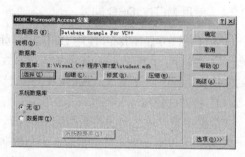

图 8-9 ODBC Access 安装对话框

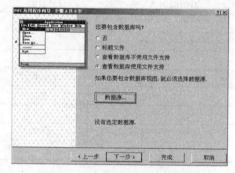

图 8-10 向导的第 2 步对话框

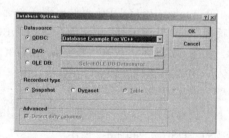

图 8-11 "Database Options"对话框

表 8-6 MFC 支持数据库的不同选项

选 项	创建的视图类	创建的文档类
否（None）	从 CView 派生	支持文档的常用操作，并在"文件"菜单中有"新建"、"打开"、"保存"、"另存为"等命令
标题文件（Header files only）	从 CView 派生	除了在 StdAfx.h 文件中添加了"#include <afxdb.h>"语句外，其余与"None"选项相同
查看数据库不使用文件支持（Database view without file support）	从 CRecordView 派生	不支持文档的常用操作，也就是说，创建的文档类不能进行序列化，且在"文件"菜单中没有"新建"等文档操作命令。但用户可在用户视图中使用 CRecordset 类处理数据库
查看数据库使用文件支持（Database view with file support）	从 CRecordView 派生	全面支持文档操作和数据库操作

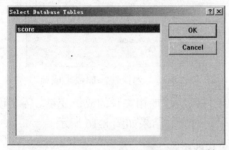

图 8-12 "Select Database Tables"对话框

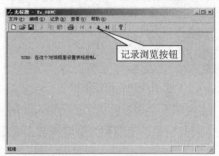

图 8-13 Ex_ODBC 运行结果

需要说明的是，MFC AppWizard 创建的 Ex_ODBC 应用程序与一般默认的单文档应用程序相比较，在类框架方面有如下几点不同：

1）添加了一个 CEx_ODBCSet 类，它与上述过程中所选择的数据表 score 进行数据绑定，也就是说，CEx_ODBCSet 对象的操作实质上是对数据表进行操作。

2）将 CEx_ODBCView 类的基类设置成 CRecordView。由于 CRecordView 的基类是 CFormView，因此它需要与之相关联的表单资源。

3）在 CEx_ODBCView 类中添加了一个全局的 CEx_ODBCSet 对象指针变量 m_pSet，目的是在表单视图和记录集之间建立联系，使得记录集中的查询结果能够很容易地在表单视图上显示出来。

4. 设计浏览记录界面

在上面的 Ex_ODBC 中，MFC 为应用程序自动创建了用于浏览数据表记录的工具按钮和相应的"记录"菜单项。若选择这些浏览记录命令，系统会自动调用相应的函数来移动数据表的当前位置。若在表单视图 CEx_ODBCView 中添加控件并与表的字段相关联，就可以根据表的当前记录位置显示相应的数据。其步骤如下。

【续例 Ex_ODBC】设置控件与表字段关联

1）按照图 8-14 所示的布局，为表单对话框资源模板添加表 8-7 所示的控件。

表 8-7 表单对话框控件及属性

添加的控件	ID 号	标 题	其他属性
编辑框(学号)	IDC_STUNO	—	默认
编辑框(课程号)	IDC_COURSENO	—	默认
编辑框(成绩)	IDC_SCORE	—	默认
编辑框(学分)	IDC_CREDIT	—	默认

2）按快捷键【Ctrl+W】，弹出 MFC ClassWizard 对话框，切换到 Member Variables 页面，在 Class name 框中选择 CEx_ODBCView，为上述控件添加相关联的数据成员。与以往添加控件变量不同的是，这里添加的控件变量都是由系统自动定义的，并与数据库表字段相关联的。例如，双击 IDC_STUNO，在弹出的"Add Member Variable"对话框中的成员变量下拉列表中选择要添加的成员变量名 m_pSet->m_studentno，选择后，控件变量的类型将自动设置，如图 8-15 所示。

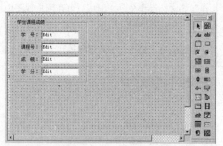

图 8-14　控件的设计

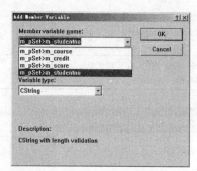

图 8-15　为控件添加数据成员

3）按照上一步骤的方法，为表 8-8 所示的其他控件依次添加相关联的成员变量。需要说明的是，控件变量的范围和大小应与数据表中的字段一一对应。结果如图 8-16 所示。

表 8-8　CEx_ODBCView 中的控件变量

控件 ID 号	变量名	范围和大小
IDC_STUNO	m_pSet->m_studentno	20
IDC_COURSENO	m_pSet->m_course	20
IDC_SCORE	m_pSet->m_score	0~100
IDC_CREDIT	m_pSet->m_credit	1~10

4）编译运行并测试，结果如图 8-17 所示。

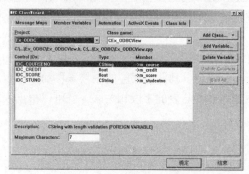

图 8-16　添加的控件变量图

图 8-17　Ex_ODBC 最后运行结果

事实上，CEx_ODBCSet 类中通过 DoFieldExchange 函数使得数据源的表字段与类中的字段成员之间进行绑定，如下面的代码：

```
void CEx_ODBCSet::DoFieldExchange(CFieldExchange* pFX)
{
    //{{AFX_FIELD_MAP(CEx_ODBCSet)
    pFX->SetFieldType(CFieldExchange::outputColumn);
```

```
    RFX_Text(pFX, _T("[studentno]"), m_studentno);
    RFX_Text(pFX, _T("[course]"), m_course);
    RFX_Single(pFX, _T("[score]"), m_score);
    RFX_Single(pFX, _T("[credit]"), m_credit);
    //}}AFX_FIELD_MAP
}
```

8.3.2 数据表绑定更新

上述 MFC ODBC 应用程序框架中，数据表 score 和 CEx_ODBCSet 类进行数据绑定。但当数据表的字段更新后，例如，若将 score 数据表再添加一个"备注"字段名（文本类型，长度为 50 个字符），则需要 Ex_ODBC 重新为数据表 score 和 CEx_ODBCSet 类进行数据绑定，其步骤如下。

【续例 Ex_ODBC】数据表绑定更新

1）按快捷键【Ctrl+W】，打开 MFC ClassWizard 对话框，切换到"Member Variables"页面。

2）在"Class name"的下拉列表中选择"CEx_ODBCSet"，此时 MFC ClassWizard 对话框的 Update Columns 和 Bind All 按钮被激活，如图 8-18 所示。需要说明的是，Update Columns 按钮用来重新指定与 CRecordSet 类相关的表，而 Bind All 按钮用来指定表的字段的绑定，即为字段重新指定默认的关联变量。

3）单击 Update Columns 按钮，又弹出前面的"Database Options"对话框，选择 ODBC 数据源"Database Example For VC++"。单击 OK 按钮，弹出"Select Database Tables"对话框，从中选择要使用的表。单击 OK 按钮，又回到 MFC ClassWizard 界面，如图 8-19 所示。

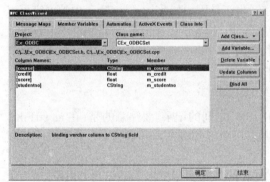

图 8-18 "MFC ClassWizard"对话框

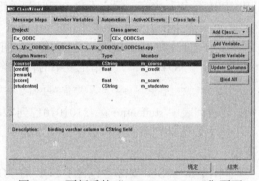

图 8-19 更新后的"Member Variables"页面

4）单击 Bind All 按钮，MFC Wizard 将自动为字段添加相关联的变量。需要说明的是，在按 Bind All 按钮绑定前最好将已有的字段关联变量删除（选中关联字段，按 Delete Variable 按钮），以保证数据表字段名更改或删除后与变量绑定的正确性。

8.3.3 MFC ODBC 类及记录集

MFC AppWizard 创建的数据库处理的基本程序框架只提供了程序和数据库记录之间的关系映射，却没有操作的完整界面。如果想增加操作功能，还必须加入一些代码。这时就需要使用 MFC 提供的 ODBC 类：CDatabase（数据库类）、CRecordSet（记录集类）和 CRecordView（可视记录集类）。

其中，CDatabase 类用来提供对数据源的连接，通过它可以对数据源进行操作；CRecordView 类用来控制并显示数据库记录，该视图是直接连到一个 CRecordSet 对象的表单视图。但在实际应用过程中，CRecordSet 类是用户最关心的，因为它提供了对表记录进行操作的许多功能，如查询记录、添加记录、删除记录、修改记录等，并能直接为数据源中的表映射一个 CRecordSet

类对象，方便用户的操作。

需要说明的是，CRecordSet 类对象提供了从数据源中提取出表的记录集，并提供了两种操作方式：动态行集（Dynasets）和快照集（Snapshots）。

动态行集能与其他应用程序或用户所做的更改保持同步，而快照集则是数据的一个静态视图。这两种方式在记录集被打开时都提供一组记录，所不同的是：当在一个动态行集里滚动一行记录时，由其他记录集对该记录所做的更改会相应地显示出来，而快照集则不会。

8.3.4　记录的过滤条件、排序法和查询

ODBC 是一种使用 SQL（结构化查询语言）的程序设计接口，先来看一看 SQL 中一个常用的 SELECT 查询语句格式：

```
SELECT  * FROM 数据表 [WHERE 子句] [ORDER BY 子句]
```

它将"数据表"中的所有字段内容按照"WHERE 子句"指定的**查询条件**以及"ORDER BY 子句"指定的**排序方法**得到一个结果记录集。

在 MFC 中，记录集类 CRecordset 有两个公共数据成员 m_strFilter 和 m_strSort，它们用来设置记录的查询条件（过滤）和排序方法。在调用 Open 成员函数之前，若指定了这两个数据成员的值，那么 Open 将按这两个数据成员指定的查询条件和排序方法得到并打开结果记录集。

可见，CRecordset 类中的 Open 就是一种 SELECT 查询，m_strFilter 实际上包含了 SQL 的"WHERE 子句"内容，但它不含 WHERE 关键字。也正是因为如此，m_strFilter 中的内容可以包含 "<"（小于）、">"（大于）、"<="（小于或等于）、">="（大于或等于）、"="（等于）、"<>"（不等于）和"LIKE"等 SQL 运算符；同时，对于多个条件还可使用"AND"（与）、"OR"（或）以及"NOT"（非）来指定复杂的查询条件。例如，

```
m_pSet->m_strFilter = "studentno>='21010101' AND studentno<='21010105'";
```

则设定查询表中 studentno 在"21010101"到"21010105"之间的记录。要注意的是：在 m_strFilter 字符串中若条件判断的字段数据是文本类型，则需用单引号将其内容括起来，对于数字则不需要。

同样，m_strSort 实际上包含了 SQL 的"ORDER BY 子句"内容，但它不含 ORDER BY 关键字。一般来说，ORDER BY 子句具有下列格式：

```
ORDER BY col [ASC | DESC], [co2 [ASC | DESC]],...
```

其中，ASC 表示升序（从低到高），DESC 表示降序（从高到低），col1、col2 等可指定一个或多个字段（多个字段要用逗号隔开）。当指定多个 col 时，则先按 col1 排序，当有相同 col1 的记录时，则相同的记录按 col2 排序，以此类推。若不指定 ASC 和 DESC，则按默认的升序（ASC）处理。

下面看一个示例，它在前面的 Ex_ODBC 的表单中添加一个编辑框和一个"查询"按钮，单击"查询"按钮，将按编辑框中的学号内容对数据表进行查询，并将查找到的记录显示在前面添加的控件中，其结果如图 8-20 所示。

【续例 Ex_ODBC】添加查询功能

1）打开 Ex_ODBC 应用程序的表单资源，按图 8-21 所示的布局添加控件，其中添加的编辑框 ID 号设为 IDC_EDIT_QUERY，"查询"按钮的 ID 号设为 IDC_BUTTON_QUERY。

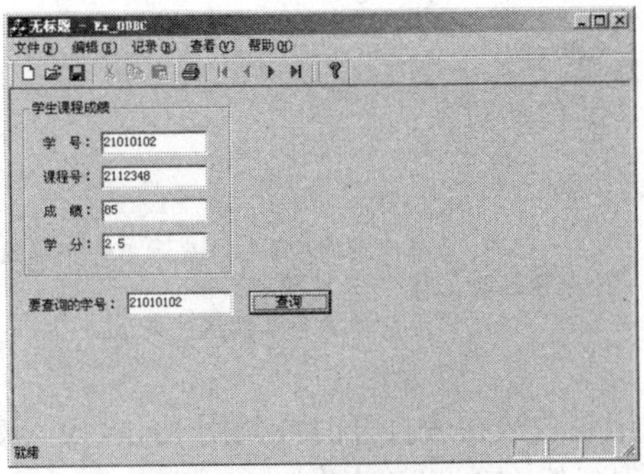

图 8-20　查询记录 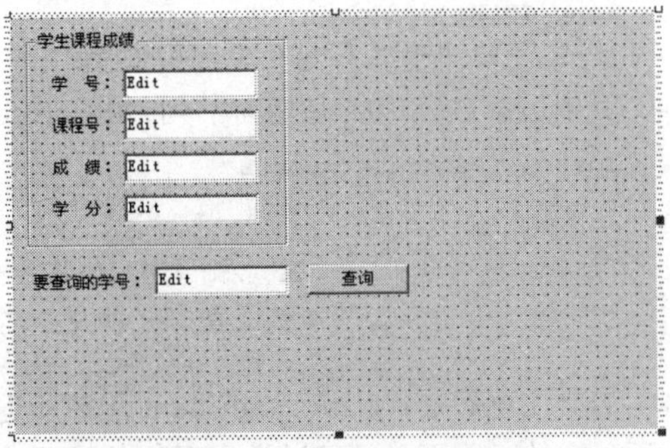　　　　　　　　　　　图 8-21　要添加的控件

2）打开 MFC ClassWizard 对话框，为控件 IDC_EDIT_QUERY 添加关联变量 m_strQuery。并在 CEx_ODBCView 类中添加按钮控件 IDC_BUTTON_QUERY 的 BN_CLICKED 消息映射，并在映射函数中添加下列代码：

```
void CEx_ODBCView::OnButtonQuery()
{
    UpdateData();
    m_strQuery.TrimLeft();
    if (m_strQuery.IsEmpty()) {
        MessageBox("要查询的学号不能为空！");  return;
    }
    if (m_pSet->IsOpen()) m_pSet->Close();        // 如果记录集打开，则先关闭
    m_pSet->m_strFilter.Format("studentno='%s'",m_strQuery);
    // studentno是score表的字段名，用来指定查询条件
    m_pSet->m_strSort = "course";
    // course是score表的字段名，用来按course字段从小到大排序
    m_pSet->Open();                               // 打开记录集
    if (!m_pSet->IsEOF())                         // 如果打开记录集有记录
        UpdateData(FALSE);                        // 自动更新表单中控件显示的内容
    else
        MessageBox("没有查到你要找的学号记录！");
}
```

3）编译运行并测试，结果如图 8-20 所示。

需要说明的是：

1）如果查询的结果有多条记录，可以用 CRecordSet 类的 MoveNext（下移一个记录）、MovePrev（上移一个记录）、MoveFirst（定位到第一个记录）和 MoveLast（定位到最后一个记录）等成员函数来移动当前记录位置进行操作。

2）当打开记录集后，可使用 CRecordset::Requery 再次刷新记录集，刷新前还可重新指定 m_strFilter 和 m_strSort 内容。

3）调用无参数成员函数 Close 可以关闭记录集。在调用 Close 函数后，程序可再次调用 Open 建立新的记录集。当 CRecordset 析构函数执行时会自动调用 Close 函数，所以当删除 CRecordset 对象后记录集也随之关闭。

8.3.5　显示记录信息

在 Ex_ODBC 的记录浏览过程中，使用者并不知道表中的记录总数及当前的记录位置，这就造成了交互的不完善，因此必须将这些信息显示出来。为此，需要使用 CRecordset 类的成员函数 GetRecordCount 和 GetStatus，它们分别用来获得表中的记录总数和当前记录的索引，其原型如下：

```
long GetRecordCount( ) const;
void GetStatus( CRecordsetStatus& rStatus ) const;
```

其中，参数 rStatus 是指向下列 CRecordsetStatus 结构的对象：

```
struct CRecordsetStatus
{
    long        m_lCurrentRecord;              // 当前记录的索引，0 表示第一个记录，
    // 1 表示第二个记录，依此类推。但-1 表示在第一个记录之前，-2 表示不确定
    BOOL        m_bRecordCountFinal;           // 记录总数是否是最终结果
};
```

需要注意的是，GetRecordCount 函数所返回的记录总数在表打开时或调用 Requery 函数后是不确定的，因而必须经过类似下列的代码才能获得最终有效的记录总数：

```
while (!m_pSet->IsEOF())  {
    m_pSet->MoveNext();
    m_pSet->GetRecordCount();
}
```

下面的示例过程将实现显示记录信息的功能。

【续例 Ex_ODBC】添加显示记录信息的功能

1）打开应用程序 Ex_ODBC。在 MainFrm.cpp 文件中，向原来的 indicators 数组添加一个元素，用来在状态栏上增加一个窗格，修改的结果如下：

```
static UINT indicators[] =
{   ID_SEPARATOR,                          // 第一个信息行窗格
    ID_SEPARATOR,                          // 第二个信息行窗格
    ID_INDICATOR_CAPS,
    ID_INDICATOR_NUM,
    ID_INDICATOR_SCRL,
};
```

2）用 MFC ClassWizard 为 CEx_ODBCView 类添加 OnCommand 消息处理函数，并添加下列代码：

```
BOOL CEx_ODBCView::OnCommand(WPARAM wParam, LPARAM lParam)
{
    CString str;
    CMainFrame* pFrame = (CMainFrame*)AfxGetApp()->m_pMainWnd;
    CStatusBar* pStatus = &pFrame->m_wndStatusBar;
    if (pStatus){
        CRecordsetStatus rStatus;
        m_pSet->GetStatus(rStatus);            // 获得当前记录信息
        str.Format("当前记录:%d/总记录:%d",1+rStatus.m_lCurrentRecord,
        m_pSet->GetRecordCount());
        pStatus->SetPaneText(1,str);           // 更新第二个窗格的文本
    }
    return CRecordView::OnCommand(wParam, lParam);
}
```

该函数先获得状态栏对象的指针，然后调用 SetPaneText 函数更新第二个窗格的文本。

3）在 CEx_ODBCView 的 OnInitialUpdate 函数处添加下列代码：

```
void CEx_ODBCView::OnInitialUpdate()
{
    m_pSet = &GetDocument()->m_ex_ODBCSet;
    CRecordView::OnInitialUpdate();            // 视图更新并初始化
    GetParentFrame()->RecalcLayout();          // 视图所在的父窗口重新调整外观
```

```
    ResizeParentToFit();                    // 根据视图的尺寸重新调整父窗口的大小
    while (!m_pSet->IsEOF()){
        m_pSet->MoveNext();
        m_pSet->GetRecordCount();
    }
    m_pSet->MoveFirst();
}
```

4）在 Ex_ODBCView.cpp 文件的开始处增加下列语句：

```
#include "MainFrm.h"
```

5）将 MainFrm.h 文件中的保护型变量 m_wndStatusBar 变成公共（public）变量。

6）编译运行并测试，结果如图 8-22 所示。

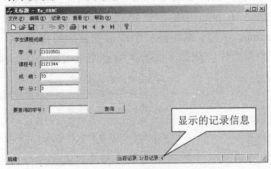

图 8-22　显示记录信息

8.3.6　编辑记录

1. 记录编辑函数

CRecordset 类为记录编辑提供了相应的成员函数，现分述如下。

1）增加记录。增加记录是使用 CRecordSet::AddNew 函数，但要求数据库必须是以"可增加"的方式打开的。下面的代码是在表的末尾增加新记录：

```
m_pSet->AddNew();                          // 在表的末尾增加新记录
m_pSet->SetFieldNull(&(m_pSet->m_studentno), FALSE);
// 设定 m_studentno 值不为空 (NULL)
m_pSet-> m_studentno = "21010503";
...                                        // 输入新的字段值
m_pSet->Update();                          // 将新记录存入数据库
m_pSet->Requery();                         // 刷新记录集, 这在快照集方式下是必须的
```

2）删除记录。可以直接使用 CRecordSet::Delete 函数来删除记录。需要说明的是，要使删除操作有效，还需要移动记录函数。例如下面的代码：

```
CRecordsetStatus status;
m_pSet->GetStatus(status);                 // 获取当前记录集状态
m_pSet->Delete();                          // 删除当前记录
if (status.m_lCurrentRecord==0)            // 若当前记录索引号为 0 (0 表示第一条记录) 则
    m_pSet->MoveNext();                    // 下移一个记录
else
    m_pSet->MoveFirst();                   // 移动到第一个记录处
```

3）修改记录。函数 CRecordSet::Edit 可以用来修改记录，例如：

```
m_pSet->Edit();                            // 修改当前记录
m_pSet->m_name = "刘向东";                 // 修改当前记录字段值
...
```

```
m_pSet->Update();                    // 将修改结果存入数据库
m_pSet->Requery();
```

4）撤销操作。如果用户在进行增加或者修改记录后，希望放弃当前操作，则在调用 CRecordSet::Update 函数之前调用 CRecordSet::Move（AFX_MOVE_REFRESH）来撤销操作，便可恢复在增加或修改操作之前的当前记录。

2. 记录编辑功能实现

在使用上述 CRecordSet 类成员函数进行记录编辑时应注意控件与字段数据成员的相互影响。这是因为在 MFC 创建的数据库处理的应用程序框架中，表的字段总是与系统定义的默认数据成员相关联，例如表 score 字段 studentno 与 CEx_ODBCSet 指针对象 m_pSet 的 m_studentno 相关联。而且，在表单视图 CEx_ODBCView 添加用于记录内容显示的一些控件中，在定义其控件变量时，使用的也是 m_pSet 中的成员变量。例如，编辑框 IDC_STUNO 定义的控件变量是 m_pSet 的 m_studentno。虽然，共用同一个成员变量能简化编程，但有时也给编程带来不便，因为稍不留神就会产生误操作。例如下面的代码是用来增加一条记录：

```
m_pSet->AddNew();                    // 在表的末尾增加新记录
UpdateData(TRUE);                    // 将控件中的数据传给字段数据成员
m_pSet->Update();                    // 将新记录存入数据库
m_pSet->MoveLast();                  // 将当前记录位置定位到最后一个记录
UpdateData(FALSE);                   // 将字段数据成员的数据传给控件，即在控件中显示
```

由于增加和显示记录在同一个界面中出现，容易造成误操作。因此，在修改和添加记录数据之前，往往设计一个对话框用以获得所需要的数据，然后用该数据进行当前记录的编辑。这样就能避免它们的相互影响，且保证代码的相对独立性。

作为示例，下面的过程是在 Ex_ODBC 的表单视图中增加 3 个按钮："添加"、"修改"和"删除"，如图 8-23 所示。单击"添加"或"修改"按钮都将弹出一个如图 8-24 所示的对话框，在对话框中对数据进行编辑后，单击 确定 按钮使操作有效。

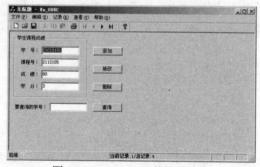

图 8-23　Ex_ODBC 的记录编辑

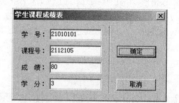

图 8-24　"学生课程成绩表"对话框

【续例 Ex_ODBC】添加记录编辑功能

1）将 Ex_ODBC 的项目工作区窗口切换到 ResourceView 页面，打开用于表单视图 CEx_ODBCView 的对话框资源 IDD_EX_ODBC_FORM。参看图 8-23，向表单中添加三个按钮："添加"（IDC_REC_ADD）、"修改"（IDC_REC_EDIT)和"删除"（IDC_REC_DEL）。

2）添加一个对话框资源，打开属性对话框将其字体设置为"宋体 9 号"，标题定为"学生课程成绩表"，ID 号设为 IDD_SCORE_TABLE。先将对话框资源模板拉大。

3）参看图 8-24，将表单中的控件复制到对话框中。复制时先选中 IDD_EX_ODBC_FORM 表单资源模板"学生课程成绩表"组框中的所有控件，然后按【Ctrl+C】，打开对话框

IDD_SCORE_TABLE 资源，按【Ctrl+V】，最后调整其位置即可。

4）再将 "OK" 和 "Cancel" 按钮的标题分别改为 "确定" 和 "取消"，调整对话框资源模板大小。图 8-24 中具有 3D 效果的竖直线是用静态图片控件（属性为 Frame，Etched）构造的。

5）双击对话框模板或按【Ctrl+W】快捷键，为对话框资源 IDD_SCORE_TABLE 创建一个对话框类 CScoreDlg。打开 MFC ClassWizard 的 Member Variables 标签，在 Class name 中选择 CScoreDlg，选中所需的控件 ID 号，双击鼠标或单击 Add Variables 按钮。依次为控件添加如表 8-9 所示的控件变量。

表 8-9 CScoreDlg 中的控件变量

控件 ID 号	变量类别	变量类型	变量名	范围和大小
IDC_STUNO	Value	CString	m_strStudentNO	20
IDC_COURSENO	Value	CString	m_strCourseNO	20
IDC_SCORE	Value	float	m_fScore	0~100.0
IDC_CREDIT	Value	float	m_fCredit	0~10.0

6）用 MFC ClassWizard 为 CScoreDlg 添加 IDOK 按钮的 BN_CLICKED 的消息映射，并添加下列代码：

```
void CScoreDlg::OnOK()
{
    UpdateData();
    m_strStudentNO.TrimLeft();
    m_strCourseNO.TrimLeft();
    if (m_strStudentNO.IsEmpty())
        MessageBox("学号不能为空！");
    else
        if (m_strCourseNO.IsEmpty())
            MessageBox("课程号不能为空！");
        else
            CDialog::OnOK();
}
```

7）用 MFC ClassWizard 为 CEx_ODBCView 类中的 3 个按钮：IDC_REC_ADD、IDC_REC_EDIT 和 IDC_REC_DEL 添加 BN_CLICKED 的消息映射，并添加下列代码：

```
void CEx_ODBCView::OnRecAdd()
{
    CScoreDlg dlg;
    if (dlg.DoModal()==IDOK){
        m_pSet->AddNew();
        m_pSet->m_course      = dlg.m_strCourseNO;
        m_pSet->m_studentno   = dlg.m_strStudentNO;
        m_pSet->m_score       = dlg.m_fScore;
        m_pSet->m_credit      = dlg.m_fCredit;
        m_pSet->Update();
        m_pSet->Requery();
    }
}
void CEx_ODBCView::OnRecEdit()
{
    CScoreDlg dlg;
    dlg.m_strCourseNO    = m_pSet->m_course;
    dlg.m_strStudentNO   = m_pSet->m_studentno;
```

```
        dlg.m_fScore            = m_pSet->m_score;
        dlg.m_fCredit           = m_pSet->m_credit;
        if (dlg.DoModal()==IDOK)    {
            m_pSet->Edit();
            m_pSet->m_course        = dlg.m_strCourseNO;
            m_pSet->m_studentno     = dlg.m_strStudentNO;
            m_pSet->m_score         = dlg.m_fScore;
            m_pSet->m_credit        = dlg.m_fCredit;
            m_pSet->Update();
            UpdateData(FALSE);
        }
    }
}
void CEx_ODBCView::OnRecDel()
{
    CRecordsetStatus status;
    m_pSet->GetStatus(status);
    m_pSet->Delete();
    if (status.m_lCurrentRecord==0)
        m_pSet->MoveNext();
    else
        m_pSet->MoveFirst();
    UpdateData(FALSE);
}
```

8）在 Ex_ODBCView.cpp 文件的开始处添加下列语句：

```
#include "ScoreDlg.h"
```

9）编译运行并测试。

8.4 MFC ODBC应用编程

基于 MFC ODBC 的数据库应用是极为广泛的，不仅可用于前面的数据库表单视图框架，而且可单独用于文档应用程序以及对话框应用程序中。下面从字段操作与记录列表、直接使用 MFC ODBC 类、使用 RemoteData 和 DBGrid 控件、多表处理等几个方面来讨论。

8.4.1 字段操作与记录列表

在前面的示例中，虽然可以通过 CRecordSet 对象中的字段关联变量直接访问当前记录的相关字段值，但若要处理多个字段就显得极为不便了。CRecordSet 类中的成员变量 m_nFields（用于保存数据表的字段个数）和成员函数 GetODBCFieldInfo 及 GetFieldValue 可简化多字段的访问操作。其中，GetODBCFieldInfo 函数用来获取数据表中的字段信息，其函数原型如下：

void GetODBCFieldInfo(**short** *nIndex*, **CODBCFieldInfo&** *fieldinfo*);

其中，nIndex 用于指定字段索引号，0 表示第一个字段，1 表示第二个字段，以此类推。fieldinfo 是 CODBCFieldInfo 结构参数，用来表示字段信息。CODBCFieldInfo 结构体如下：

```
struct CODBCFieldInfo
{
    CString   m_strName;              // 字段名
    SWORD     m_nSQLType;             // 字段的 SQL 数据类型
    UDWORD    m_nPrecision;           // 字段的文本大小或数据大小
    SWORD     m_nScale;               // 字段的小数点位数
    SWORD     m_nNullability;         // 字段接受空值(NULL)能力
};
```

结构体中，SWORD 和 UDWORD 分别表示 short int 和 unsigned long int 数据类型。

GetFieldValue 函数用来获取数据表当前记录中指定字段的值，其最常用的函数原型如下：

void GetFieldValue(**short** *nIndex*, **CString&** *strValue*);

其中，nIndex 用于指定字段索引号，strValue 用来返回段的内容。

下面来看一个示例，该示例是用列表视图控件来显示前面数据表 score 内容。

【续例 Ex_ODBC】添加记录显示的列表视图控件

1）将 Ex_ODBC 的项目工作区窗口切换到 ResourceView 页面，打开用于表单视图 CEx_ODBCView 的对话框资源 IDD_EX_ODBC_FORM。参看后面的图 8-25，在表单的最下面添加一个列表视图控件，ID 为默认的 IDC_LIST1，将其"样式"属性中的"视图"(View)设置成"报告"（Report）。

2）打开 MFC ClassWizard 对话框，切换到 Member Variables 标签页，在 Class name 中选择 CEx_ODBCView，为列表视图控件 IDC_LIST1 添加控件变量 m_ListCtrl，其类型为 CListCtrl。

3）为 CEx_ODBCView 类添加 DoDispAllRecs 成员函数，并添加下列代码：

```
void CEx_ODBCView::DoDispAllRecs()
{
    CEx_ODBCSet cSet;
    cSet.Open();                                // 打开记录集
    CODBCFieldInfo field;
    // 创建列表头
    for (UINT i = 0; i < cSet.m_nFields; i++)    {
        cSet.GetODBCFieldInfo( i, field );
        m_ListCtrl.InsertColumn(i,field.m_strName,LVCFMT_LEFT,100);
    }
    // 添加列表项
    int nItem = 0;
    CString str;
    while (!cSet.IsEOF()){
        for (UINT i=0; i<cSet.m_nFields; i++)   {
            cSet.GetFieldValue(i, str);
            if ( i == 0 )
                m_ListCtrl.InsertItem( nItem, str );
            else
                m_ListCtrl.SetItemText( nItem, i, str );
        }
        nItem++;
        cSet.MoveNext();
    }
    cSet.Close();                               // 关闭记录集
}
```

4）定位到 CEx_ODBCView::OnInitialUpdate 函数中，修改并添加下列代码：

```
void CEx_ODBCView::OnInitialUpdate()
{
    ...
    while (!m_pSet->IsEOF()){
        m_pSet->MoveNext();
        m_pSet->GetRecordCount();
    }
    m_pSet->MoveFirst();
    DoDispAllRecs();
}
```

5）编译运行，结果如图 8-25 所示。

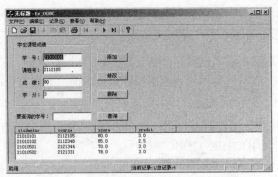

图 8-25 用列表视图控件显示所有记录

8.4.2 直接使用 MFC ODBC 类

事实上，MFC ODBC 类几乎可用于 MFC 任何应用程序中，包括对话框应用程序等。使用时，一般可包括以下两个步骤：

1）在 stdafx.h 中添加 ODBC 数据库支持的头文件包含指令#include <afxdb.h>。

2）在记录操作所在的类中使用 MFC ClassWizard 添加 CRecordSet 的派生类，它会引导指定所绑定的数据表。

下面来看一个示例，它是在对话框中实现数据表的显示和操作。在进行这个示例之前，先要用 Microsoft Access 为数据库 Student.mdb 添加一个数据表 dict，它是一个数据字典表，用于专业、课程类型等字段所包含的值，如表 8-10 所示。

表 8-10　字典表（dict）及其表结构

标识(nID)	类型（dicttype）	值(dictval)
	专业	机械工程及其自动化
	专业	电气工程及其自动化
自动编号	课程	专修
	课程	选修
	课程	方向
	课程	通修

序　号	字段名称	数据类型	字段大小	小数位	字段含义
1	nID	自动编号	—	—	
2	dicttype	文本	20	—	类型
3	dictval	文本	50	—	值

表 8-10 中上部分是数据表的记录内容，下部分是数据表的结构内容。需要说明的是，数据表中的字段名最好不要用中文，且一般不能为 SQL 的关键字 no、class、open 等，以避免运行结果出现难以排除的错误。

【例 Ex_ODBCDLG】在对话框中进行数据表的显示和操作

1）用 MFC AppWizard 创建一个默认的基于对话框应用程序 Ex_ODBCDLG，系统会自动打开对话框编辑器并显示对话框资源模板。打开属性对话框，将对话框标题改为"数据库示例"。单击对话框编辑器工具栏上的切换网格按钮，显示对话框网格。删除"TODO: 在这里设置对话控制。"静态文本控件和 确定 按钮，将 取消 按钮的标题改为"退出"。向对话框添加如

表 8-11 所示的控件及控件变量。

表 8-11 添加的控件及控件变量

添加的控件	ID 号	变量类型	变量名	范围和大小
列表框（字典表）	IDC_LIST1	CListBox	m_ListBox	—
编辑框（类型）	IDC_EDIT_TYPE	CString	m_DataType	20
编辑框（值）	IDC_EDIT_VALUE	CString	m_DataValue	50
按钮（添加）	IDC_BUTTON_ADD	—	—	—
按钮（修改）	IDC_BUTTON_EDIT	—	—	—
按钮（删除）	IDC_BUTTON_DEL	—	—	—

2）将项目工作区窗口切换到 FileView 页面，展开 Header Files 所有项，双击 stdafx.h，打开该文件。在 stdafx.h 中添加 ODBC 数据库支持的头文件包含#include <afxdb.h>，如下面的代码：

```
#include <afxcmn.h>
#endif // _AFX_NO_AFXCMN_SUPPORT
#include <afxdb.h>
```

3）按快捷键【Ctrl+W】，打开 MFC ClassWizard 对话框。单击 Add Class... 按钮，从弹出的下拉菜单中选择 "New"。在弹出的 "New Class" 对话框中指定基类为 CRecordSet，创建的派生类为 CDictSet，如图 8-26 所示。单击 OK 按钮，弹出 "Database Options" 对话框（参看图 8-11）。从中选择 ODBC 的数据源 "Database Example For VC++"，单击 OK 按钮，弹出 "Select Database Tables" 对话框（参看图 8-12），从中选择要使用的表 course。单击 OK 按钮回到 MFC ClassWizard 界面，单击 确定 按钮后，系统自动为用户生成 CCourseSet 类所需要的代码。

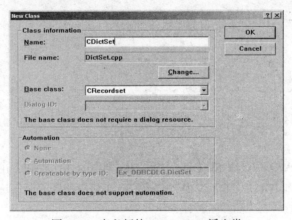

图 8-26 定义新的 CRecordSet 派生类

4）为 CEx_ODBCDLGDlg 类添加 DispDictAllRecs 成员函数，并添加下列代码：

```
void CEx_ODBCDLGDlg::DispDictAllRecs()
{
    m_ListBox.ResetContent();
    CDictSet dSet;
    dSet.Open();
    CString str;
    while (!dSet.IsEOF()){
        str.Format( "%4d %-10s%s",dSet.m_nID, dSet.m_dicttype, dSet.m_dictval );
        m_ListBox.AddString( str );
```

```
                dSet.MoveNext();
        }
        dSet.Close();
}
```

5）定位到 CEx_ODBCDLGDlg::OnInitDialog 函数处，添加下列代码：

```
BOOL CEx_ODBCDLGDlg::OnInitDialog()
{
    CDialog::OnInitDialog();
    ...
    // TODO: Add extra initialization here
    DispDictAllRecs();
    return TRUE;  // return TRUE  unless you set the focus to a control
}
```

6）在 Ex_ODBCDLGDlg.cpp 文件的前面添加 CDictSet 类的头文件包含，编译运行：

```
#include "Ex_ODBCDLG.h"
#include "Ex_ODBCDLGDlg.h"
#include "DictSet.h"
```

7）用 MFC ClassWizard 为列表框 IDC_LIST1 添加 LBN_SELCHANGE（当前选择项发生改变发生的消息）的消息映射，并增加下列代码：

```
void CEx_ODBCDLGDlg::OnSelchangeList1()
{
    int nIndex = m_ListBox.GetCurSel();
    if ( nIndex != LB_ERR ){
        CString strText;
        m_ListBox.GetText( nIndex, strText );
        CDictSet dSet;
        dSet.m_strFilter.Format( "nID = %s", strText.Left(4) );
        dSet.Open();
        if (!dSet.IsEOF())    {
            m_DataType  = dSet.m_dicttype;
            m_DataValue = dSet.m_dictval;
            UpdateData( FALSE );
        }
        dSet.Close();
    }
}
```

8）用 MFC ClassWizard 为 CEx_ODBCDLGDlg 类中的 3 个按钮：IDC_BUTTON_ADD、IDC_BUTTON_EDIT 和 IDC_BUTTON_DEL 添加 BN_CLICKED 的消息映射，并添加下列代码：

```
void CEx_ODBCDLGDlg::OnButtonAdd()
{
    // 添加前需验证有效性
    UpdateData();
    m_DataType.TrimLeft();
    m_DataValue.TrimLeft();
    if (( m_DataType.IsEmpty() ) || ( m_DataValue.IsEmpty() ))    {
        MessageBox( "类型和值不能为空！" );
    }else{ // 还要判断是否有相同的字典内容
        CDictSet dSet;
        dSet.m_strFilter.Format( "dicttype = '%s' AND dictval = '%s'",
                    m_DataType, m_DataValue );
        dSet.Open();        // 先要打开记录集
        if ( !dSet.IsEOF() ) {
```

```
                MessageBox( "有相同的数据对存在! " );
                dSet.Close();
                return;
            }
        if ( dSet.CanAppend() )    {
                dSet.AddNew();
                dSet.m_dicttype        = m_DataType;
                dSet.m_dictval             = m_DataValue;
                dSet.Update();
                MessageBox( "记录添加成功! " );
            }
        dSet.Close();
        DispDictAllRecs();
    }
}
void CEx_ODBCDLGDlg::OnButtonDel()
{
    int nIndex = m_ListBox.GetCurSel();
    if ( nIndex != LB_ERR ){
        CString strText;
        m_ListBox.GetText( nIndex, strText );
        CDictSet dSet;
        dSet.m_strFilter.Format( "nID = %s", strText.Left(4) );
        dSet.Open();
        if (!dSet.IsEOF())    {
            dSet.Delete();
            dSet.MoveLast();
            dSet.Close();
            MessageBox( "记录删除成功! " );
            DispDictAllRecs();
            m_DataType.Empty();
            m_DataValue.Empty();
            UpdateData( FALSE );
        } else {
            dSet.Close();
            MessageBox( "没有找到要删除的记录! " );
        }
    }
    else
        MessageBox( "当前列表没有选中的要删除的记录! " );

}
void CEx_ODBCDLGDlg::OnButtonEdit()
{
    UpdateData();
    m_DataType.TrimLeft();
    m_DataValue.TrimLeft();
    if (( m_DataType.IsEmpty() ) || ( m_DataValue.IsEmpty() ))      {
        MessageBox( "类型和值不能为空! " );            return;
    }
    int nIndex = m_ListBox.GetCurSel();
    if ( nIndex != LB_ERR ){
        CString strText;
        m_ListBox.GetText( nIndex, strText );
        CDictSet dSet;
        dSet.m_strFilter.Format( "nID = %s", strText.Left(4) );
        dSet.Open();
```

```
        if (!dSet.IsEOF())     {
            dSet.Edit();
            dSet.m_dicttype          = m_DataType;
            dSet.m_dictval               = m_DataValue;
            dSet.Update();
            dSet.Close();
            MessageBox( "记录修改成功！" );
            DispDictAllRecs();
            m_ListBox.SetCurSel( nIndex );
        } else {
            dSet.Close();
            MessageBox( "没有找到要修改的记录！" );
        }
    }
    else
        MessageBox( "当前列表没有选中的要修改的记录！" );
}
```

9）编译运行，结果如图 8-27 所示。需要说
明的是，当为数据源中的某个数据表映射一个
CRecordSet 类时，该类对象一定先要调用
CRecordSet::Open 成员函数，才能访问该数据表
的记录集，访问后还须调用 CRecordSet::Close 成
员函数关闭记录集。

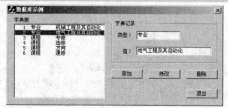

图 8-27　Ex_ODBCDLG 运行结果

8.4.3　使用 RemoteData 和 DBGrid 控件

在前面的数据库处理中，一次只能显示一行记录，且修改或添加等操作不能"可视化"地
进行。为了弥补 MFC 的这种不足，Visual C++ 6.0 允许用户使用第三方的 ActiveX 控件来处理
数据库，这其中包括 MSFlexGrid、RemoteData、DBGrid 等。

MSFlexGrid 控件提供界面友好的网格，通过编程使表的记录内容能全部地显示出来，但却
没有表处理的常用功能，如添加记录、修改记录和删除记录等。而 DBGrid 控件就有这方面的
功能，它不仅能显示全部表的记录内容，而且能很好地支持常见的记录操作。

要注意的是：DBGrid 控件还必须用 RemoteData 控件来提供数据源，但它最大的好处是不
需要任何程序代码就能实现表的处理。下面以示例的形式来讨论 RemoteData 和 DBGrid 控件的
使用。在进行这个示例之前，先用 Microsoft Access 为数据库 Student.mdb 添加一个数据表
course，如表 8-12 所示。

表 8-12　课程信息表（course）及其表结构

课程号 （courseno）	所属专业 （special）	课程名 （coursename）	类型 （coursetype）	开课学期 （openterm）	课时数 （hours）	学分 （credit）
2112105	机械工程及其自动化	C 语言程序设计	专修	3	48	3
2112348	机械工程及其自动化	AutoCAD	选修	6	51	2.5
2121331	电气工程及其自动化	计算机图形学	方向	5	72	3
2121344	电气工程及其自动化	Visual C++程序设计	通修	4	60	3
序　号	字段名称	数据类型	字段大小	小数位	字段含义	
1	courseno	文本	7	—	课程号	
2	special	文本	50	—	所属专业	

（续）

序　　号	字段名称	数据类型	字段大小	小数位	字段含义
3	coursename	文本	50	—	课程名
4	coursetype	文本	10	—	课程类型
5	openterm	数字	字节	—	开课学期
6	hours	数字	字节	—	课时数
7	credit	数字	单精度	1	学分

【例 Ex_ActiveX】使用 RemoteData 和 DBGrid 控件

（1）添加 RemoteData 控件

1）用 MFC AppWizard 创建一个默认的基于对话框应用程序 Ex_ActiveX。

2）在打开的对话框资源模板中，删除"取消"按钮和默认的静态文本控件。调整对话框大小，将对话框的标题文本改为"使用 RemoteData 和 DBGrid 控件"，将"确定"按钮的标题文本改为"退出"。

3）在对话框资源模板中右击鼠标，从弹出的快捷菜单中选择"Insert Active Control"命令，出现如图 8-28 所示"插入 ActiveX 控件"对话框。

4）在对话框的控件列表中选择 RemoteData 控件，单击 [确定] 按钮，RemoteData 控件就添加到表单资源中，调整其大小和位置。需要说明的是，上述添加控件的方法适用于不需要程序控制的所有 ActiveX 控件。

图 8-28　"插入 ActiveX 控件"对话框

5）右击该控件，从弹出的菜单中选择"属性"或"Properties RemoteDataCtl Object"命令，打开该控件的属性对话框（参看图 8-29）。在"Control"（控件）页面（有时是"General"页面）中，从"DataSource"的下拉列表中选择所需要的数据源名 "Database Example For VC++"。在"SQL"编辑框中键入 SQL 操作语句"SELECT * FROM course ORDER BY courseno"，用来查询课程绩表 course 的所有记录，并按课程号排序。设置的结果如图 8-29 所示。

6）将 RemoteData 控件属性对话框切换到"全部"（All）页面，单击 CursorDriver 选项，在右侧的组合框中将其属性选择为"1-ODBC cursor"。结果如图 8-30 所示。需要说明的是，由于该控件在这里是用于 ODBC 的连接，因此必须使用 ODBC 的游标驱动程序（CursorDriver）才能成功连接。

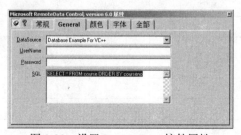

图 8-29　设置 RemoteData 控件属性

图 8-30　设置 CursorDriver 属性

（2）添加并设置 DBGrid 控件进行绑定

1）在对话框资源模板中再次右击鼠标，从弹出的快捷菜单中选择"Insert ActiveX Control"

命令，在弹出的"插入 ActiveX 控件"对话框中找到要添加的"DBGrid Control"，单击 确定 按钮。

2）调整添加的 DBGrid 控件的大小和位置，打开该控件的属性对话框，将其数据源（DataRource）设置为 RemoteData 控件 IDC_REMOTEDATACTL1，如图 8-31 所示。

3）在对话框编辑器的控件布局栏上，单击测试工具按钮 ，或编译运行，结果如图 8-32 所示。

需要说明的是，在大多数情况下，常把 RemoteData 控件的"显示"（Visible）属性设为不选中，以使 DBGrid 控件操作的界面看起来更好一点。

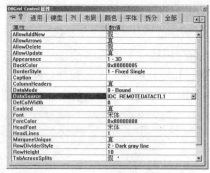
图 8-31　设置 DBGrid 控件的数据源

图 8-32　DBGrid 控件测试结果

8.4.4　多表处理

数据库中表与表之间往往存在一定的关系，例如要显示一个学生的课程成绩信息，信息包括学号、姓名、课程号、课程所属专业、课程名称、课程类别、开课学期、课时数、学分、成绩，则要涉及前面的学生课程成绩表、课程表以及学生基本信息表。其中的学生基本信息表如表 8-13 所示。表中上部分是数据表的记录内容，下部分是数据表的结构内容。

表 8-13　学生基本信息表（student）及其表结构

姓名 （studentname）	学号 （sudentno）	性别 （xb）	出生年月 （birthday）	专业 （special）
李明	21010101	true	1985-1-1	电气工程及其自动化
王玲	21010102	false	1985-1-1	电气工程及其自动化
张芳	21010501	false	1985-1-1	机械工程及其自动化
陈涛	21010502	true	1985-1-1	机械工程及其自动化

序　号	字段名称	数据类型	字段大小	小数位	字段含义
1	studentname	文本	20		姓名
2	studentno	文本	10		学号
3	xb	是/否			性别
4	birthday	日期/时间			出生年月
5	special	文本	50		专业

下面的示例是在一个对话框中用两个控件来进行学生课程成绩信息的相关操作，如图 8-33 所示，左边是树视图，用来显示学生成绩、专业和班级号三个层次信息，单击班级号，所有该班级的学生课程成绩信息将在右边的列表视图中显示出来。

在进行这个示例之前，先用 Microsoft Access 为数据库 Student.mdb 添加一个如表 8-13 所示的数据表 student。

【例 Ex_Student】多表处理

（1）创建并设计支持数据库的对话框应用程序

1）用 MFC AppWizard 创建一个默认的基于对话框应用程序 Ex_Student。

2）在打开的对话框资源模板中，删除"取消"按钮和默认的静态文本控件。调整对话框

图 8-33　Ex_Student 运行结果

大小，将对话框的标题文本改为"多表处理"，将"确定"按钮的标题文本改为"退出"。

3）参看图 8-33 的控件布局，向对话框中添加一个树控件，在其属性对话框中，选中"有按钮"、"有线条"、"根部的线"和"总是显示选定内容"属性。

4）向对话框中添加一个列表控件，在其属性对话框中，将"视图"(View)设置成"报告"（Report）。

5）用 MFC ClassWizard 在 CEx_StudentDlg 类中，添加树控件的控件变量为 m_treeCtrl，添加列表控件的控件变量为 m_listCtrl。

6）在 stdafx.h 文件中添加 ODBC 数据库支持的头文件包含#include <afxdb.h>。

7）用 MFC ClassWizard 为数据表 student、course 和 score 分别创建 CRecordSet 派生类 CStudentSet、CCourseSet 和 CScoreSet。

（2）完善左边树控件的代码

1）为 CEx_StudentDlg 类添加一个成员函数 FindTreeItem，用来查找指定节点下是否有指定节点文本的子节点，该函数的代码如下：

```
HTREEITEM CEx_StudentDlg::FindTreeItem(HTREEITEM hParent, CString str)
{
    HTREEITEM hNext;
    CString strItem;
    hNext = m_treeCtrl.GetChildItem( hParent);
    while (hNext != NULL) {
        strItem = m_treeCtrl.GetItemText( hNext );
        if ( strItem == str )
            return hNext;
        else
            hNext = m_treeCtrl.GetNextItem( hNext, TVGN_NEXT );
    }
    return NULL;
}
```

2）为 CEx_StudentDlg 类添加一个 CImageList 成员变量 m_ImageList。

3）在 CEx_StudentDlg::OnInitDialog 中添加下列代码：

```
BOOL CEx_StudentDlg::OnInitDialog()
{    ...
    SetIcon(m_hIcon, FALSE);                          // 设置小图标
    m_ImageList.Create(16, 16, ILC_COLOR8 | ILC_MASK, 2, 1);
    m_ImageList.SetBkColor( RGB( 255,255,255 ));      // 消除图标黑色背景
    m_treeCtrl.SetImageList( &m_ImageList, TVSIL_NORMAL );
    SHFILEINFO fi;                                    // 定义一个文件信息结构变量
    SHGetFileInfo("C:\\Windows", 0, &fi, sizeof(SHFILEINFO),
```

```
                    SHGFI_ICON | SHGFI_SMALLICON);        // 获取文件夹图标
    m_ImageList.Add( fi.hIcon );
    SHGetFileInfo("C:\\Windows", 0, &fi, sizeof(SHFILEINFO),
                    SHGFI_ICON | SHGFI_SMALLICON | SHGFI_OPENICON); // 获取打开文件夹图标
    m_ImageList.Add( fi.hIcon );
    HTREEITEM hRoot, hSpec, hClass;
    hRoot = m_treeCtrl.InsertItem("学生成绩",0,1);
    CStudentSet sSet;
    sSet.m_strSort = "special";                     // 按专业排序
    sSet.Open();
    while (!sSet.IsEOF()){
        // 查找是否有重复的专业节点
        hSpec = FindTreeItem( hRoot, sSet.m_special);
        if (hSpec == NULL)                          // 若没有重复的专业节点
            hSpec = m_treeCtrl.InsertItem( sSet.m_special, 0, 1, hRoot);
        // 查找是否有重复的班级
        hClass = FindTreeItem( hSpec, sSet.m_studentno.Left(6));节点
        if (hClass == NULL)                         // 若没有重复的班级节点
            hClass = m_treeCtrl.InsertItem(sSet.m_studentno.Left(6), 0, 1, hSpec);
        sSet.MoveNext();
    }
    sSet.Close();
    return TRUE;  // return TRUE  unless you set the focus to a control
}
```

4）在 Ex_StudentDlg.cpp 文件的前面添加记录集类的包含文件，如下面的代码：

```
#include "Ex_StudentDlg.h"

#include "StudentSet.h"
#include "ScoreSet.h"
#include "CourseSet.h"
```

5）编译运行，结果如图 8-34 所示。

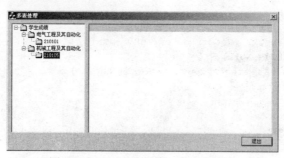

图 8-34   Ex_Student 第一次运行结果

（3）完善右边列表控件的代码

1）在 CEx_StudentDlg::OnInitDialog 函数中添加下列代码，用来创建列表标题头：

```
BOOL CEx_StudentDlg::OnInitDialog()
{   ...
    sSet.Close();
    // 设置列表头
    CString strHeader[]={"学号","姓名", "课程号","课程所属专业",
            "课程名称","课程类别","开课学期","课时数","学分","成绩"};
    int nLong[] = {80, 80, 80, 180, 180, 80, 80, 80, 80, 80};
    for (int nCol=0; nCol<sizeof(strHeader)/sizeof(CString); nCol++)
        m_listCtrl.InsertColumn(nCol,strHeader[nCol],LVCFMT_LEFT,nLong[nCol]);
```

```
        return TRUE;  // return TRUE  unless you set the focus to a control
}
```

2）为 CEx_StudentDlg 类添加一个成员函数 DispScoreAndCourseInfo，用来根据指定的条件在列表控件中用报表形式显示学生成绩的所有信息，该函数的代码如下：

```
void CEx_StudentDlg::DispScoreAndCourseInfo(CString strFilter)
{
    m_listCtrl.DeleteAllItems();          // 删除所有的列表项
    CScoreSet sSet;
    sSet.m_strFilter = strFilter;         // 设置过滤条件
    sSet.Open();                          // 打开score表
    int nItem = 0;
    CString str;
    while (!sSet.IsEOF()) {
        m_listCtrl.InsertItem( nItem, sSet.m_studentno);       // 插入学号
        // 根据score表中的studentno(学号)获取student表中的"姓名"
        CStudentSet uSet;
        uSet.m_strFilter.Format("studentno='%s'", sSet.m_studentno);
        uSet.Open();
        if (!uSet.IsEOF()) m_listCtrl.SetItemText( nItem, 1, uSet.m_studentname);
        uSet.Close();
        m_listCtrl.SetItemText( nItem, 2, sSet.m_course);
        // 根据score表中的course(课程号)获取course表中的课程信息
        CCourseSet cSet;
        cSet.m_strFilter.Format("courseno='%s'", sSet.m_course);
        cSet.Open();
        UINT i = 7;
        if (!cSet.IsEOF())    {
            for (i=1; i<cSet.m_nFields; i++) {
                cSet.GetFieldValue(i, str);                    // 获取指定字段值
                m_listCtrl.SetItemText( nItem, i+2, str);
            }
        }
        cSet.Close();
        str.Format("%0.1f", sSet.m_score);
        m_listCtrl.SetItemText( nItem, i+2, str);
        sSet.MoveNext();
        nItem++;
    }
    if (sSet.IsOpen())    sSet.Close();
}
```

3）编译并运行，结果如图 8-35 所示。

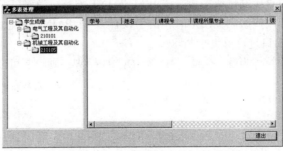

图 8-35　Ex_Student 第二次运行结果

（4）完善两控件的关联代码

从图 8-35 可以看出，学生成绩还没有显示出来，下面将实现单击左边的班级号，在右边视

图中显示该班级的所有学生成绩信息。

1）用 MFC ClassWizard 为 CEx_StudentDlg 类添加 TVN_SELCHANGED 消息处理,并添加下列代码:

```
void CEx_StudentDlg::OnSelchangedTree1(NMHDR* pNMHDR, LRESULT* pResult)
{
    NM_TREEVIEW* pNMTreeView = (NM_TREEVIEW*)pNMHDR;
    HTREEITEM hSelItem = pNMTreeView->itemNew.hItem; // 获取当前选择的节点
    // 如果当前的节点没有子节点,那说明该节点是班级号节点
    if (m_treeCtrl.GetChildItem(hSelItem) == NULL)  {
        CString strSelItem, str;
        strSelItem = m_treeCtrl.GetItemText( hSelItem );
        str.Format("studentno LIKE '%s%%'", strSelItem.Left(6));
        DispScoreAndCourseInfo(str);
    }
    *pResult = 0;
}
```

代码中,调用 DispScoreAndCourseInfo 函数是用来根据数据表(记录集)打开的过滤条件在列表控件显示记录。str 是类似这样的内容 "studentno LIKE 210101%",它使得所有学号前面是 210101 的记录被打开。%是 SQL 使用的通配符,由于%也是 Visual C++格式前导符,因为在代码中需要两个%。

2）编译运行并测试。

总之,Visual C++中的 MFC 编程方式不仅可以应用于一般类型的应用程序,而且还可以应用于图形、数据库、网络以及多媒体等。限于篇幅,本书仅介绍最基本的也是最常用的 MFC 应用程序开发方法和技巧。

8.5　常见问题解答

（1）如何在对话框中绘图?

解答:像所有的窗口一样,如果对话框中的任何部分变为无效(即需要更新)时,对话框的 OnPaint 函数都会自动调用。用户也可以通过调用 Invalidate 函数来通知系统此时的窗口状态已变为无效,强制系统调用 WM_PAINT 消息函数 OnPaint 重新绘制。

通过在 OnPaint 函数中添加绘图代码可以实现绘制图形的目的。但在应用时,为了防止 Windows 用系统默认的 GDI 参数对对话框再次进行绘制,因此需要调用 UpdateWindow（更新窗口）函数来达到这一效果。UpdateWindow 是 CWnd 的一个无参数的成员函数,其目的是绕过系统的消息列队,而直接发送或停止发送 WM_PAINT 消息。当窗口没有需要更新的区域时,就停止发送。这样,当用户绘制完图形时,由于没有 WM_PAINT 消息的发送,系统也就不会用默认的 GDI 参数对窗口进行重复绘制。

若设对话框添加的控件为静态文本,ID 为 IDC_DRAW,则绘制可以是类似的代码:

```
CWnd* pWnd = GetDlgItem(IDC_DRAW);                      // 获得 IDC_DRAW 控件窗口指针
pWnd->UpdateWindow();
CDC* pDC = pWnd->GetDC();                               // 获得窗口当前的设备环境指针
CBrush drawBrush;                                      // 定义画刷变量
drawBrush.CreateHatchBrush( m_nHatch, RGB(0,0,0));     // 创建一个画刷
CBrush* pOldBrush = pDC->SelectObject(&drawBrush);
CRect rcClient;
pWnd->GetClientRect(rcClient);
pDC->Rectangle(rcClient);
pDC->SelectObject(pOldBrush);
```

（2）除 ODBC 外，Visual C++ 还有哪些数据库连接方式？

解答： Visual C++ 6.0 为用户提供了 ODBC、DAO 及 OLE DB 三种数据库连接方式。

ODBC（Open Database Connectivity，开放数据库连接）提供了应用程序接口（API），使得任何一个数据库都可以通过 ODBC 驱动器与指定的 DBMS 相连。用户的程序可通过调用 ODBC 驱动管理器中相应的驱动程序达到管理数据库的目的。作为 Microsoft Windows Open Services Architecture（WOSA，Windows 开放式服务体系结构）的主要组成部分，ODBC 一直沿用至今。

DAO（Data Access Objects，数据访问对象）类似于用 Microsoft Access 或 Microsoft Visual Basic 编写的数据库应用程序，它使用 Jet 数据库引擎形成一系列的数据访问对象：数据库对象、表和查询对象、记录集对象等。它可以打开一个 Access 数据库文件（MDB 文件），也可直接打开一个 ODBC 数据源以及使用 Jet 引擎打开一个 ISAM（被索引的顺序访问方法）类型的数据源（dBASE、FoxPro、Paradox、Excel 或文本文件）。

OLE DB（OLE DataBase，OLE 数据库）试图提供一种统一的数据访问接口，并能处理除了标准关系型数据库中的数据之外，还能处理包括邮件数据、Web 上的文本或图形、目录服务（Directory Services）以及主机系统中的 IMS 和 VSAM 数据。OLE DB 提供一个数据库编程 COM（组件对象模型）接口，使得数据的使用者（应用程序）可以使用同样的方法访问各种数据，而不用考虑数据的具体存储地点、格式或类型。这个 COM 接口与 ODBC 相比，其健壮性和灵活性要高得多。但是，由于 OLE DB 的程序比较复杂，因而对于一般用户来说使用 ODBC 和 DAO 方式已能满足一般数据库处理的需要。

习题

1. 什么是设备环境（DC）？MFC 提供的设备环境类有哪些？有何不同？

2. 为什么需要坐标映射模式？坐标映射模式有哪些？它们有什么不同？

3. 什么是 GDI？MFC 提供哪些 GDI 类？如何使用它们？

4. 什么是字体？如何构造或定义字体？

5. CDC 中文本绘制的函数有哪些？它们有何不同？

6. 文本的格式化属性有哪些？如何设置？

7. 若在一个应用项目的文档窗口中，显示出红色、黑体、120 点的"您好！"文本，应如何实现？

8. 什么是位图？如何将项目中的位图资源在应用程序中显示出来？

9. 什么是动态行集和快照集？它们的根本区别是什么？

10. 在用 CRecordSet 成员函数进行记录的编辑、添加和删除等操作时，如何使操作有效？

11. 若对一个数据表进行排序和检索，利用 CRecordSet 的成员变量 m_strFilter 和 m_strSort 如何操作？

12. 如何处理多个表？试叙述其过程及其技巧。

单元综合测试

一、选择题

1. 下列四个类均从 CDC 基类派生而来，其中（　　）适用于图元文件的操作。

A) CPaintDC　　　　B) CClientDC　　　　C) CWindowDC　　　　D) CMetaFileDC

2. 定义了一个矩形区域及其左上角和右下角的坐标的数据类是（　　　　）。

A) CPoint　　　　　　B) CSize　　　　　　C) CRect　　　　　　D) CRectangle

3. 在创建了颜色对话框后，调用设定的颜色需要使用函数（　　　　）。

A) GetColor　　　　B) OnColorOK　　　　C) SetCurrentColor　　　D) SetColor

4. 输出文本之前要获取字体的信息，如字符高度等，以确定输出格式和下一行字符的位置，获取当前使用字体信息的函数是（　　　　）。

A) GetFontMetrics　　B) GetFontMetric　　C) GetTextMetrics　　　D) GetTextMetric

5. 下列语句设置字体颜色为绿色，并设置背景色为蓝色，其中正确的为（　　　　）。

A) pDC->SetBkMode(TRANSPARENT);　　　　B) pDC->SetTextColor(RGB(0,0,255));
　 pDC->SetTextColor(RGB(0,255,0));　　　　　 pDC->SetBkColor(RGB(0, 255,0));
　 pDC->SetBkColor(RGB(0,0,255));　　　　　　 pDC->SetBkMode(OPAQUE);

C) pDC->SetTextColor(RGB(0,255,0));　　　　D) pDC->SetTextColor(RGB(0,0,255));
　 pDC->SetBkColor(RGB(0,0,255));　　　　　　 pDC->SetBkColor(RGB(0,255,0));
　　　　　　　　　　　　　　　　　　　　　　 pDC->SetBkMode(TRANSPARENT);

6. 在 MFC 的 ODBC 中，针对某个数据库，负责连接数据源的类是（　　　　）。

A) CDatabase　　　　B) CRecordset　　　　C) CRecordView　　　D) CFieldExchange

7. 在 MFC 的 ODBC 中，针对数据源中的记录集，负责记录操作的类是（　　　　）。

A) CDatabase　　　　B) CRecordset　　　　C) CRecordView　　　D) CFieldExchange

8. 在 MFC 的 ODBC 中，负责界面的类是（　　　　）。

A) CDatabase　　　　B) CRecordset　　　　C) CRecordView　　　D) CFieldExchange

9. 记录集类 CRecordset 有一个成员函数 DoFieldExchange，它的作用是（　　　　）。

A) 记录集和视图之间进行数据交换　　　　B) 记录集和数据源之间进行数据交换

C) 记录集和对话框之间进行数据交换　　　　D) 数据源和视图之间进行数据交换

10. 现声明一个记录集对象为 cSet。若要对查询结果按姓名的拼音顺序从小到大排列，则正确的设置方法是（　　　　）。

A) cSet.m_strFilter= "ORDER BY Name"　　　　B) cSet.m_strSort = "ORDER BY Name"

C) cSet.m_strSort = "Name"　　　　　　　　　D) cSet.m_strFilter= "Name"

二、填空题

1. 在 MFC 中封装的 CDC 类提供了丰富的图形绘制的成员函数，其中：绘制一条直线段，并将绘图初始位置设置为线段终点的成员函数名为_____①_____；绘制一个矩形的成员函数名为_____②_____；在一个指定位置，输出一个字符串的成员函数名为_____③_____。

2. _____①_____是一个 32 位整型数值，它代表了一种颜色。可使用 RGB 宏来初始化，若指定颜色为红色，则为_____②_____。

3. 可以利用 CRecordset 类的_____①_____函数添加一条新记录，利用_____②_____函数将记录指针移动到第一条记录上，利用_____③_____函数实现数据库记录的保存。

4. 记录集可以分为_____①_____和_____②_____两种。

第二部分　实　　验

实验 1　认识 Visual C++ 6.0 开发环境

实验内容

（1）熟悉 Visual C++ 6.0 的开发环境。

（2）操作工具栏和项目工作区窗口。

（3）利用应用程序向导创建一个控制台应用项目 Ex_Hello。

（4）输入并执行一个新的 C++程序 Ex_Simple。

（5）修正语法错误。

实验准备和说明

（1）熟悉 Windows XP 操作系统的环境和基本操作。

（2）熟悉实验报告的书写格式，这里给出下列建议。

实验报告采用 A4 大小，封面一般包含实验目次、实验题目、班级、姓名、日期和机构名称。报告内容一般包括实验目的和要求、实验步骤、实验思考和总结。需要指出的是，实验步骤不是书本内容的重复，而是结合实验内容进行探索的过程。教师也可根据具体情况提出新的实验报告格式和要求。

实验步骤

1. 创建工作文件夹

创建 Visual C++ 6.0 的工作文件夹 "D:\Visual C++程序\LiMing"（LiMing 是学生自己的名字），以后所有创建的应用程序项目都在此文件夹下，这样既便于管理，又容易查找。在文件夹 "LiMing"下再创建一个子文件夹 "1"，下一次实验就在 "LiMing" 文件夹下创建子文件夹 "2"，再下一次就是 "3"，以此类推。

2. 创建一个控制台应用项目

（1）启动 Visual C++ 6.0。

（2）选择 "文件" → "新建" 命令，显示 "新建" 对话框，如图 T1-1 所示。在 "工程" 标签页面的列表框中选中 Win32 Console Application（Win32 控制台应用程序）选项。在 "工程" 编辑框中键入控制台应用程序项目名称 Ex_Hello，并将项目文件夹定位到 "D:\Visual C++程序\LiMing\1"。

（3）单击 确定 按钮，显示 Win32 应用程序向导对话框。第 1 步是询问项目类型，如图 T1-2 所示。

（4）选中 "一个 "Hello, World!" 程序"。单击 完成 按钮，系统显示向导创建的信息，单击 确定 按钮将自动创建此应用程序。

需要说明的是：所谓 "控制台应用程序"，是指那些需要与传统 DOS 操作系统保持程序的某种兼容，同时又不需为用户提供完善界面的程序。简单地讲，就是指在 Windows 环境下运行的 DOS 程序。

图 T1-1 新建一个工程

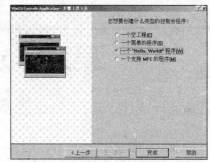

图 T1-2 控制台应用程序的第 1 步

3. 认识开发环境界面

项目创建后，Visual C++ 6.0 开发环境如图 T1-3 所示。它由标题栏、菜单栏、工具栏、项目工作区窗口、文档窗口、输出窗口以及状态栏等组成。

图 T1-3   Visual C++ 6.0 中文版开发环境（有项目）

标题栏一般有"最小化" ，"最大化" 或"还原" 以及"关闭" 按钮，单击 按钮将退出开发环境。标题栏上一般还会显示当前文档窗口中文档的文件名。

菜单栏包含了开发环境几乎所有的命令，它为用户提供了文档操作、程序编译和调试、窗口操作等一系列功能。菜单中的一些常用命令还被排列在相应的工具栏上，以便用户更好地操作。

项目工作区窗口包含用户项目的一些信息，包括类（ClassView 页面）、项目文件（FileView 页面）等。在项目工作区窗口中的任何标题或图标处单击鼠标键，都会弹出相应的快捷菜单，包含当前状态下的一些常用操作。

文档窗口一般位于开发环境的右边，各种程序代码的源文件、资源文件、文档文件等都可以通过文档窗口显示出来。

输出窗口一般出现在开发环境窗口的底部，包括 "组建"（Build）、"调试"（Debug）、"在文件中查找"（Find in Files）等相关信息输出的多个标签（页面）。其中，"组建"页面显示程序在编译和连接时的进度及错误信息。

状态栏一般位于开发环境的最底部，用来显示当前操作状态、注释、文本光标所在的行列号等信息。

4. 认识工具栏

菜单栏下面是工具栏。工具栏上的按钮通常和一些菜单命令相对应，提供了执行常用命令的快捷方式。Visual C++ 6.0 开发环境默认显示的工具栏有："标准"（Standard）工具栏、"向导"（WizardBar）工具栏和"编译微型条"（Build MiniBar）工具栏。

（1）**标准工具栏**。如图 T1-4 所示，标准工具栏中的工具按钮命令大多数是常用的文档编辑命令，如新建、保存、撤销、恢复、查找等。

图 T1-4　标准工具栏

（2）**向导工具栏**。向导工具栏是将 Visual C++ 6.0 使用频率最高的，MFC ClassWizard 对话框的功能体现为 3 个相互关联的组合框和一个 Actions 控制按钮，如图 T1-5 所示。

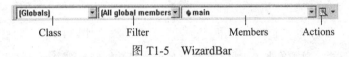

图 T1-5　WizardBar

3 个组合框分别表示类信息（Class）、选择相应类的过滤器（Filter）和相应类的成员函数（Members）或资源标识可映射的消息等。单击 Actions 控制按钮，可将文本指针移动到指定类成员函数在相应源文件的定义和声明的位置，单击 Actions 向下按钮▼会弹出一个快捷菜单，如图 T1-6 所示，从中可以选择要执行的命令。

（3）**编译微型条工具栏**。编译微型条工具栏提供了常用的编译、连接操作命令，如图 T1-7 所示。表 T1-1 列出了各个按钮的含义。

图 T1-6　Actions 菜单　　　　图 T1-7　编译微型条工具栏

表 T1-1　编译微型条工具栏按钮的功能

按　　钮	功　　能
Compile	编译 C 或 C++源代码文件
Build	生成应用程序的 EXE 文件
Stop build	停止编连
Execute	执行应用程序
Go	单步执行
Add/Remove breakpoints	插入或消除断点

需要说明的是，上述工具栏上的按钮有时处于未激活状态。例如，标准工具栏的"Copy"按钮在没有选定对象前是灰色的，这时用户无法使用它。

5. 工具栏的显示和隐藏

显示或隐藏工具栏可以使用"定制"对话框或快捷菜单两种方式。

（1）选择"工具"菜单→"定制"命令。

（2）弹出"定制"对话框，如图 T1-8 所示；单击"工具栏"标签，显示所有的工具栏名称，显示在开发环境上的工具栏名称前面带有选中标记 ✔ 。

如果觉得上述操作不够便捷，那么可以在开发环境的工具栏处右击，弹出一个包含工具栏名称的快捷菜单，如图 T1-9 所示。

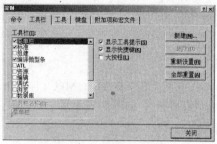

图 T1-8　"定制"对话框　　　　　　　　图 T1-9　工具栏的快捷菜单

若要显示某工具栏，只需单击该工具栏名称，使前面复选框带有选中标记即可。同样的操作再执行一次，工具栏名称前面复选框的选中标记将消失，该工具栏会从开发环境中消失。

6. 工具栏的浮动与停泊

Visual C++ 6.0 的工具栏具有"浮动"与"停泊"功能。Visual C++ 6.0 启动后，系统默认将常用工具栏"停泊"在主窗口的顶部。若将鼠标指针移至工具栏的"把手"处或其他非按钮区域，然后按住鼠标左键，可以将工具栏拖动到主窗口的四周或中央。如果拖动到窗口的中央处松开鼠标左键，则工具栏成为"浮动"的工具窗口，窗口的标题就是该工具栏的名称。拖动工具栏窗口的边框或角可以改变其形状。例如，"标准"工具栏浮动的状态如图 T1-10 所示，其大小已被改变。

图 T1-10　浮动的标准工具栏

当然，浮动和停泊两种状态可以切换。在"浮动"的工具窗口标题栏处双击或将其拖放到主窗口的四周，都能使其停泊在相应的位置。在"停泊"工具栏的非按钮区域双击，可切换到"浮动"的工具窗口。

7. 项目工作区窗口

Visual C++ 在应用程序管理上最为方便，它不仅可以管理 Windows 应用程序的多种类型文件，而且可以管理 C++ 应用程序的文件。项目工作区窗口就是用来管理文件的，它可以显示、修改、添加、删除文件，并能管理多个项目。

C++ 应用程序的项目工作区窗口包含两个页面：ClassView（类视图）和 FileView（文件视图），参见图 T1-3。

ClassView 页面用于显示项目中的所有类信息。若打开的项目名为 Ex_Hello，单击项目区窗口底部的 ClassView 标签，显示"Ex_Hello classes"的树状节点，在它的前面是一个图标和一个套在方框中的符号"+"，单击符号"+"或双击图标，显示 Ex_Hello 中的所有类名。图 T1-3 中的 Globals 表示"全局"。

FileView 页面用来分类显示项目中的所有文件（C++ 源文件、头文件等）。每类文件在 FileView 页面中都有自己的节点。例如，所有 C++ 源文件都在 Source File（源文件）节点中。用户不仅可以在节点项中移动文件，而且可以创建新的节点，以将一些特殊类型的文件放在该节点中。

切换到 FileView 页面，可以看到 AppWizard 自动生成了 Ex_Hello.cpp、Stdafx.cpp、Stdafx.h 和 ReadMe.txt 4 个文件，如图 T1-11 所示。

图 T1-11　Ex_Hello 项目工作区内容　　　　　　图 T1-12　修改代码

其中，Stdafx.cpp 是一个只有一条语句（#include "stdafx.h"）的空文件，Stdafx.h 是每个应用程序必有的预编译头文件，程序用到的 Visual C++头文件包含语句均添加到这个文件中；ReadMe.txt 是 Visual C++ 6.0 为每个项目配置的说明文件，它包括对 AppWizard 产生文件类型的说明以及操作的一些技巧；Ex_Hello.cpp 是 AppWizard 产生的"真正"具有实际意义的程序源代码文件，几乎所有的代码都添加在这个文件中。

在 Ex_Hello.cpp 文件中，main 函数是程序的入口点，它是程序的主函数，每一个 C/C++控制台应用程序都必须包含一个，且只能包含一个主函数。printf 是一个 C 库函数，用来进行格式输出。"printf("Hello World!\n");" 用于将 "Hello World!" 显示在屏幕上，' \n '是一个转义字符，表示换行。

8. 修改代码、编译运行

（1）单击项目工作区窗口的 ClassView 标签，显示 Ex_Hello 类信息。

（2）单击各节点前面的"+"号，将所有节点展开。

（3）双击 main 函数名，在文档窗口中显示 main 函数体所在的源文件 Ex_Hello.cpp，且文本光标已移至此函数名的前面。

（4）将 main 函数体中的 "printf("Hello World!\n");" 改为 C++的输出语句 "cout<<" I Like Visual C++ !\n";"，然后添加 C++包含语句，结果如图 T1-12 所示。

（5）单击编译工具栏 上的"生成"按钮、按 F7 快捷键或选择"编译"→"编译 Ex_Hello.exe"命令，系统开始对 Ex_Hello 进行编译、连接，同时在输出窗口中显示编译的内容，当出现

```
Ex_Hello.exe - 0 error(s), 0 warning(s)
```

此时表示 Ex_Hello.exe 可执行文件已经正确无误地生成了。

（6）单击编译工具栏 上的"运行"按钮、按【Ctrl+F5】组合键或选择"编译"→"执行 Ex_Hello.exe"命令，都可以运行刚刚生成的 Ex_Hello.exe。结果如下所示，弹出的运行结果窗口就是控制台窗口。

需要说明的是：

- 默认的控制台窗口显示的字体和背景与上述结果是不同的。单击窗口标题栏最左边的 ，从弹出的菜单中选择"属性"，弹出如图 T1-13 所示的属性对话框，从"字体"和"颜色"等页面中可设置控制台窗口显示的界面类型。
- 上述（5）、（6）两步也可合二为一，即直接运行第（6）步。控制台窗口中的 "Press any key to continue" 是

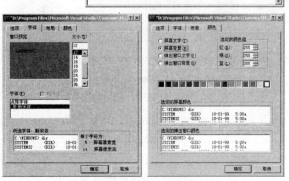

图 T1-13　控制台窗口的属性

Visual C++自动加上去的，表示 Ex_Hello 运行后，按任意键返回 Visual C++ 6.0 开发环境。

9. 输入新的 C++程序

（1）选择"文件"→"关闭工作区"命令，关闭原来的项目。

（2）单击标准工具栏上的 🗐 按钮，在打开的新文档窗口中输入下列 C++代码。

```
#include <iostream.h>
int main()
{
    double r, area;
    r = 10.0;                        // 设置圆的半径
    aea = 3.14159 * r * r;
    cout<<"圆的面积为: "<<area<<"\n;
    return 0;
}
```

这段代码是有错误的，下面会通过开发环境来修正它。注意：在输入字符和汉字时，要切换到相应的输入方式，除了字符串和注释可以使用汉字外，其余一律用英文字符输入。

（3）选择"文件"→"保存"命令、按【Ctrl+S】组合键或单击标准工具栏上的 Save 按钮 🖫，弹出"保存为"文件对话框。将文件定位到"D:\Visual C++程序\LiMing\1"，文件名为"Ex_Simple.cpp"（注意扩展名.cpp 不能省略），结果如图 T1-14 所示。

图 T1-14　保存代码

（4）单击 保存(S) 按钮，文档窗口中部分代码的颜色发生了变化，这是 Visual C++ 6.0 的文本编辑器所具有的语法颜色功能，绿色表示注释，蓝色表示关键字（参看图 T1-15）。

（5）单击编译工具栏 ⚙🔨⚠️！🔨⚙ 上的"生成"按钮🔨或直接按【F7】快捷键，出现一个对话框，询问是否为该应用程序创建一个活动的工作文件夹，单击 是(Y) 按钮。系统开始对 Ex_Simple 进行编译、连接，同时在输出窗口中显示编连的内容。由于这段代码有错误，所以会在输出窗口的"编译（编连）"页面中出现"Ex_Simple.exe - 1 error(s), 0 warning(s)"字样，如图 T1-15 所示。

10. 修正语法错误

（1）移动"组建"页面的滚动条，使窗口中显示第一条错误信息"xxx(8)：error C2065: 'aea' : undeclared identifier"，其含义是："aea"是一个未定义的标识，错误发生在第 8 行。双击该错误提示信息，光标自动定位在发生该错误的代码行上，如图 T1-16 所示。

图 T1-15　Ex_Simple.cpp 编译后的开发环境

图 T1-16　显示第 1 个语法错误

（2）将"aea"改成"area"，重新编译和连接。编译后，Build 页面给出的第一条错误信息如下。

```
xxx (9) : error C2001: newline in constant
```

指明第 9 行处"常量(constant)"中的"换行(newline)"符出错。

（3）将"\n 改为"\n"，再次单击编译工具栏上的"运行"按钮 ！或按【Ctrl+F5】组合键运行程序，结果显示在控制台窗口中，如下所示。

11. 退出 Visual C++ 6.0

退出 Visual C++ 6.0 有两种方式：一种是单击主窗口右上角的"关闭"按钮 ⊠，另一种是选择"文件"→"退出"命令。

12. 写出实验报告

结合思考与练习题，写出实验报告。

思考与练习

（1）除工具栏可以浮动和停泊外，看看还有哪些窗口可以这样操作。

（2）经过创建项目文件的实验，试总结创建一个 C++应用程序有哪些方法。你认为哪种方法最适当？

实验 2 基本数据类型、表达式和基本语句

实验内容

（1）测试基本数据类型 char、int 和 short 之间的相互转换。

（2）测试有自增自减运算符的表达式的结果和运行次序。

（3）程序 Ex_Prime：输出 1~100 的素数（用 for 语句编写）。

（4）程序 Ex_CircleAndBall：设圆半径 $r = 2.5$，圆柱 $h = 4$，求圆的周长、圆面积、圆球体积、圆柱体积。用 cin 输入要计算的项目，然后输出计算结果，输入输出时要有文字提示。

实验准备和说明

（1）学习完第 1 章的全部内容之后进行本次实验。

（2）编写本次上机所需要的程序。

实验步骤

1. 创建工作文件夹

在"D:\Visual C++程序\LiMing"文件夹中创建一个新的子文件夹"2"。

2. 创建应用程序项目 Ex_Simple

（1）启动 Visual C++ 6.0。

（2）选择"文件"→"新建"命令，显示 "新建"对话框，切换到"工程"标签，在列表框中选中 Win32 Console Application 项。

（3）在"工程"编辑框中键入控制台应用程序项目名称 Ex_Simple，并将项目文件夹定位到"D:\Visual C++程序\LiMing\2"。

（4）单击 确定 按钮，显示 Win32 应用程序向导对话框。选中"一个"Hello, World!"程序"。单击 完成 按钮，系统显示向导创建的信息，单击 确定 按钮，自动创建此应用程序。

3. 修改并添加类型转换的测试代码

（1）展开工作区窗口的 ClassView 页面的所有节点，双击 main 节点，在文档窗口中显示 main 函数的源代码。

（2）将 main 函数修改成下列的代码。

```cpp
#include <iostream>
using namespace std;
int main()
{
```

```
    char c1,c2,c3;
    c1 = 97;   c2 = 98;  c3 = 99;
    cout<<c1<<", "<<c2<<", "<<c3<<endl;
    return 0;
}
```

（3）编译运行，看看出现的结果与理解的是否一样。

那么，怎样将输出的结果变成数值而不是字符呢？有 2 种办法：一种是将 c1、c2 和 c3 的变量类型由 char 改为 int 或 short；另一种是变量类型保持不变，在输出语句中加入类型的强制转换。例如：

```
    cout<<(short)c1<<", "<<(short)c2<<", "<<(short)c3<<endl;
```

想一想：除了上述两种方法外，使用数据类型的"自动转换"也可使上述结果显示为数值，那么应如何修改上述代码？

4. 修改并添加复杂表达式的测试代码

（1）将 main 函数修改成下列的代码。

```
#include <iostream>
using namespace std;
int main()
{
    int i = 8, j = 10, m = 0, n = 0;
    m += i++;
    n -= --j;
    cout<<"i="<<i<<", j="<<j<<", m="<<m<<", n="<<n<<endl;        // A
    i = 8;    j = 10;
    cout<<i++<<","<<i++<<","<<j--<<","<<j--<<endl;               // B
    i = 2;    j = 3;
    cout<<i++ * i++ * i++<<","<<j++ * --j * --j<<endl;           // C
    return 0;
}
```

（2）编译运行后，写出其结果，并加以分析。

（3）若将 C 行修改为下列代码，则结果又将如何？请分析之。

```
i = j = 3;
cout<<++i * ++i * --i * --i * ++i<<","<<++j * --j * --j * ++j * ++j<<endl;
```

（4）编译运行后，写出其结果，并加以分析。

5. 输入并运行程序 Ex_Prime.cpp

（1）选择"文件"→"关闭工作区"命令，关闭原来的项目。

（2）单击标准工具栏上的 按钮，在新打开的文档窗口中输入下列程序代码。

```
#include <iostream>
using namespace std;
int main()
{
    for (int n=1; n<=100; n++) {
        int flag = 1;
        for (int i=2; i<=n/2; i++){
            if (n%i==0)  {
                flag = 0;            break;
            }
        }
        if (flag)     cout<<n<<",";
    }
    cout<<endl;
    return 0;
}
```

（3）选择"文件"→"保存"命令、按【Ctrl+S】组合键或单击标准工具栏上的 Save 按钮，弹出"保存为"文件对话框。将文件定位到"D:\Visual C++程序\LiMing\2"，文件名为 Ex_Prime.cpp

（注意扩展名.cpp不能省略）。

（4）编译运行，并分析其运行结果。

6. 输入并运行程序 Ex_CircleAndBall.cpp

（1）选择"文件"→"关闭工作区"命令，关闭原来的项目。

（2）单击标准工具栏上的🗋按钮，在新打开的文档窗口中输入下列程序代码。

```cpp
#include <iostream>
using namespace std;
#include <cstdlib>

int main()
{
    const double PI = 3.14159265;
    double r = 2.5, h = 4.0, dResult;
    int nID;
    for (;;) {
        cout<<"1--计算圆周长"<<endl;
        cout<<"2--计算圆面积"<<endl;
        cout<<"3--计算圆球体积"<<endl;
        cout<<"4--计算圆柱体积"<<endl;
        cout<<"5--退出"<<endl;
        cout<<"请选择命令号<1..5>:";
        cin>>nID;
        if (nID == 5) break;
        else {
            switch(nID)   {
                case 1:  dResult = PI*r*2.0;
                         cout<<"圆周长为:"<<dResult<<endl;
                         break;
                case 2:  dResult = PI*r*r;
                         cout<<"圆面积为:"<<dResult<<endl;
                         break;
                case 3:  dResult = PI*r*r*r*4.0/3.0;
                         cout<<"圆球体积为:"<<dResult<<endl;
                         break;
                case 4:  dResult = PI*r*r*h;
                         cout<<"圆柱体积为:"<<dResult<<endl;
                         break;
                default: cout<<"选择的命令号不对! "<<endl;
                         break;
            }
            cout<<"按Enter键继续......";
            cin.get();    cin.get();
            system("cls");            // 执行DOS下的清屏命令
        }
    }
    return 0;
}
```

（3）将上述代码保存在 Ex_CircleAndBall.cpp 中，然后编译运行，并分析其运行结果。

7. 退出 Visual C++ 6.0

8. 写出实验报告

结合思考与练习题，写出实验报告。

思考与练习

（1）前缀或后缀的自增和自减运算符有什么不同？在 Visual C++中，多个自增和自减运算符与算术运算符混合运算时，有什么规律？

（2）将 Ex_Prime.cpp 程序改用 while 和 do...while 循环语句重新编写。

（3）用 sizeof 运算符编写一个测试程序，用来测试本机中各基本数据类型所占的字节数，并将其填入下表中，然后分析其结果。

基本数据类型	所占字节数	基本数据类型	所占字节数
char		float	
short		double	
int		long double	
long		"\nCh\t\v\0ina"	

实验 3　函数和预处理

实验内容

（1）程序 Ex_AreaFunc：已知三角形的三边 a、b、c，则三角形的面积为：

$$area = \sqrt{s(s-a)(s-b)(s-c)}$$

其中 $s=(a+b+c)/2$。需要说明的是，三角形三边的边长由 cin 输入，需要判断这三边是否构成一个三角形，若是，则计算其面积并输出，否则输出"错误：不能构成三角形!"。编写一个完整的程序，其中需要两个函数，一个函数用来判断，另一个函数用来计算三角形的面积。

（2）在上述内容的基础上，改用带参数的宏编写程序 Ex_AreaMacro 来求三角形的面积。

（3）程序 Ex_NumToStr：用递归法将一个整数 n 转换成字符串，例如，输入 1234，应输出字符串"1234"。n 的位数不确定，可以是任意位数的整数。

实验准备和说明

编写本次上机所需要的程序。

实验步骤

1. 创建工作文件夹

在"D:\Visual C++程序\LiMing"文件夹中创建一个新的子文件夹"3"。

2. 输入并运行程序 Ex_AreaFunc.cpp

（1）启动 Visual C++ 6.0。

（2）单击标准工具栏上的 圁 按钮，在新打开的文档窗口中输入下列程序代码。

```cpp
#include <iostream>
using namespace std;
#include <cmath>
bool Validate(double a, double b, double c);
void CalAndOutputArea(double a, double b, double c);
int main()
{
    double a, b, c;
    cout<<"请输入三角形的三边长度: ";
    cin>>a>>b>>c;
    if (Validate(a, b, c))
        CalAndOutputArea(a, b, c);
    else
        cout<<"错误：不能构成三角形!"<<endl;
    return 0;
}
bool Validate(double a, double b, double c)
{
    if ((a>0)&&(b>0)&&(c>0))
```

```
    {
        if ((a+b)<=c) return 0;
        if ((a+c)<=b) return 0;
        if ((b+c)<=a) return 0;
        return 1;                   // true
    } else
        return 0;                   // flase
}
void CalAndOutputArea(double a, double b, double c)
{
    double s = (a + b + c)/2.0;
    double area = sqrt(s*(s-a)*(s-b)*(s-c));
    cout<<"三角形("<<a<<", "<<b<<", "<<c<<")的面积是: "<<area<<endl;
}
```

代码中，sqrt 是求平方根的 C/C++ 标准库函数，使用时要在程序中包含头文件 math.h。

（3）选择"文件"→"保存"命令、按【Ctrl+S】组合键或单击标准工具栏的 Save 按钮，弹出"保存为"文件对话框。将文件定位到"D:\Visual C++程序\LiMing\3"，文件名为 Ex_AreaFunc.cpp。

（4）编译运行，输入三角形的三边长度进行测试。

试一试：上述函数 Validate 和 CalAndOutputArea 只能处理三角形的判断和面积计算，若还能处理圆和矩形，则应如何对这些函数进行重载？

3. 输入并运行程序 Ex_AreaMacro.cpp

（1）选择"文件"→"关闭工作区"命令，关闭原来的项目。

（2）单击标准工具栏上的 Open 按钮，将文件 Ex_AreaFunc.cpp 打开。

（3）选择"文件"→"另存为"命令，将其另存为 Ex_AreaMacro.cpp。

（4）删除 CalAndOutputArea 函数的声明和定义，在 main 函数前添加宏定义，使其能计算三角形的面积。修改后的代码如下。

```
#include <iostream>
using namespace std;
#include <cmath>
#define  AREA(s, a, b, c)  sqrt((s)*((s)-a)*((s)-b)*((s)-c))
bool Validate(double a, double b, double c);
int main()
{
    double a, b, c;
    cout<<"请输入三角形的三边长度: ";
    cin>>a>>b>>c;
    if (Validate(a, b, c))
        cout<<"三角形("<<a<<", "<<b<<", "<<c<<")的面积是: "
            <<AREA((a+b+c)/2, a , b, c)<<endl;
    else
        cout<<"错误: 不能构成三角形!"<<endl;
    return 0;
}
bool Validate(double a, double b, double c)
{
    if ((a>0)&&(b>0)&&(c>0)) {
        if ((a+b)<=c) return 0;
        if ((a+c)<=b) return 0;
        if ((b+c)<=a) return 0;
        return 1;                   // true
    } else
        return 0;                   // flase
}
```

（5）编译运行，试比较和 Ex_AreaFunc.cpp 运行结果是否相同。

4. 输入并运行程序 Ex_NumToStr.cpp

（1）选择"文件"→"关闭工作区"命令，关闭原来的项目。

（2）单击标准工具栏上的 按钮，在新打开的文档窗口中输入下列程序代码。

```cpp
#include <iostream>
using namespace std;
void convert(int n)
{
    int i;
    if ((i=n/10)!=0)  convert(i);
    cout<<(char)(n%10+'0');
}
int main()
{
    int nNum;
    cout<<"请输出一个整数: ";
    cin>>nNum;
    cout<<"输出的是:";
    if (nNum<0)  {                      // 负数的处理
        cout<<'-';
        nNum = -nNum;
    }
    convert(nNum);
    cout<<endl;
    return 0;
}
```

（3）选择"文件"→"保存"命令按【Ctrl+S】组合键或单击标准工具栏的 Save 按钮 ，弹出
"保存为"文件对话框，将其保存为 Ex_NumToStr.cpp。

（4）编译运行，当输入一个整数 1234 时，分析函数 convert 的递归过程。

想一想：若输入一个整数 1234，输出字符串"4321"，则递归函数 convert 的代码应如何修改？

5. 退出 Visual C++ 6.0

6. 写出实验报告

结合思考与练习题，写出实验报告。

思考与练习

（1）比较带参宏和一般函数的区别。

（2）有返回值和无返回值的递归函数的运行过程有没有区别？如果有，则有哪些区别？

实验 4　构造类型、指针和引用

实验内容

（1）程序 Ex_Sort：采用插入排序的方法，输入 10 个整数按升序排序后输出。要求编写一个通
用的插入排序函数 InsertSort，它带有 3 个参数，第一个参数是含有 n 个元素的数组，这 n 个元素已
按升序排序；第二个参数给出当前数组中的元素个数；第三个参数是要插入的整数。该函数的功能
是将一个整数插入数组中，然后进行排序。另外还需要一个用于输出数组元素的函数 Print，要求每
一行输出 5 个元素。

（2）程序 Ex_Student：有 5 个学生，每个学生的数据结构包括学号、姓名、年龄、C++成绩、数
学成绩和英语成绩、总平均分，从键盘输入 5 个学生的学号、姓名、三门课的成绩，计算三门课的
总平均分，最后将 5 个学生的数据输出。要求各个功能用函数来实现。例如（设学生数据结构体类
型名为 STUDENT）：

```cpp
STUDENT InputData();                        // 输入学生数据，返回此结构体类型数据
void CalAverage(STUDENT *data, int nNum);   // 计算总平均分
```

```
void PrintData(STUDENT *data, int nNum);                // 将学生数据输出
```

实验准备和说明

编写本次上机需要的程序。

实验步骤

1. 创建工作文件夹

在"D:\Visual C++程序\LiMing"文件夹中创建一个新的子文件夹"4"。

2. 输入并运行程序 Ex_Sort.cpp

（1）启动 Visual C++ 6.0。

（2）单击标准工具栏上的圙按钮，在新打开的文档窗口中输入下列程序代码。

```cpp
#include <iostream>
using namespace std;
void InsertSort(int data[], int &n, int a)           // 形参n为引用，以便能返回修改后的n值
{
    int i;
    for (i=0; i<n; i++){
        if (a<=data[i]) break;
    }
    if (i == n) data[n] = a;
    else {
        for (int j=n; j>i; j--)
            data[j] = data[j-1];
        data[i] = a;
    }
    n++; // 插入后，数组元素个数增加1
}
void Print(int data[], int n)
{
    for (int i=0; i<n; i++)    {
        cout<<data[i]<<"\t";
        if ((i+1)%5 == 0) cout<<endl;
    }
    cout<<endl;
}
int main()
{
    int data[10], nNum = 0, m;
    for (int i=0; i<10; i++){
        cout<<"输入第"<<i+1<<"个整数: ";
        cin>>m;
        InsertSort(data, nNum, m);
    }
    Print(data, nNum);
    return 0;
}
```

在代码中，插入排序函数 InsertSort 最需要考虑的是当一个整数 a 插入数组 data（设数组元素个数为 n）中时，满足下列几个条件。

- 要按升序确定该元素 a 要插入的位置。
- 当插入的位置 i 为最后的 n 时，直接令 data[n] = a，此时数组元素个数为 n+1。
- 当插入的位置 i 不是最后的 n 时，该位置的后面元素要依次后移一个位置，然后令 data[i] = a，数组元素个数为 n+1。

（3）单击标准工具栏的 Save 按钮圖，弹出"保存为"文件对话框。将文件定位到"D:\Visual C++程序\LiMing\4"，文件名为 Ex_Sort.cpp。

（4）编译运行后，输入下列数据进行测试，看看结果是否正确，并分析函数 InsertSort。

```
25   78   90   12   10   100  33   44   22   55
```

讨论：排序算法除了上述外，还有哪些？讨论并分析它们的优缺点，并用程序来实现。

3. 输入并运行程序 Ex_Student.cpp

（1）选择"文件"→"关闭工作区"命令，关闭原来的项目。

（2）单击标准工具栏上的圖按钮，在新打开的文档窗口中输入下列程序代码。

```cpp
#include <iostream>
using namespace std;
struct STUDENT                                      // 定义结构体类型
{
    char      name[8];                              // 姓名
    char      id[10];                               // 学号
    int           score[3];                         // 三门课的成绩
    double    ave;                                  // 平均分
};
STUDENT InputData()                                 // 输入
{
    STUDENT stu;
    cout<<"姓名: ";
    cin>>stu.name;
    cout<<"学号: ";
    cin>>stu.id;
    int aveResult=0;
    cout<<"三门成绩: ";
    cin>>stu.score[0]>>stu.score[1]>>stu.score[2];
    return  stu;
}
void CalAverage(STUDENT  *data, int nNum)
{
    for (int i=0; i<nNum; i++)
        data[i].ave = ( data[i].score[0] + data[i].score[1] + data[i].score[0])/3.0;
}
void PrintData(STUDENT  *data, int nNum)
{
    cout<<"\n学号\t姓名\t成绩1\t成绩2\t成绩3\t平均分\n";
    for (int i=0; i<nNum; i++) {
        cout<<data[i].id<<"\t"<<data[i].name;
        for (int j=0; j<3; j++)     cout<<"\t"<<data[i].score[j];
        cout<<"\t"<<data[i].ave<<endl;
    }
}
int main()
{
    const int stuNum=5;
    STUDENT stu[stuNum];
    for (int i=0; i<stuNum; i++) {
        cout<<"输入第"<<i+1<<"个学生信息\n";
        stu[i] = InputData();                       // 输入学生数据
    }
    CalAverage(stu, stuNum);                         // 计算平均分
    PrintData(stu, stuNum);                          // 输出学生数据
    return 0;
}
```

（3）单击标准工具栏的 Save 按钮圖，弹出"保存为"文件对话框，将文件保存为 Ex_Student.cpp。

（4）编译运行并测试。

4. 退出 Visual C++ 6.0

5. 写出实验报告

结合思考与练习题，写出实验报告。

思考与练习

（1）在 Ex_Student 程序中，若学生的人数不定，则程序应如何修改？

（2）在 Ex_Student 程序中，若有一个函数 SortPrintData 用来将学生数据按平均分的高低进行排序并输出，则该函数应如何实现？

实验 5　类和对象、继承和派生

实验内容

程序 Ex_Class：定义一个人员类 CPerson，包括数据成员：姓名、编号、性别和用于输入输出的成员函数。在此基础上派生出学生类 CStudent（增加成绩）和教师类 CTeacher（增加教龄），并实现对学生和教师信息的输入输出。编写一个完整的测试程序，并将 Ex_Class 的所有类定义保存在 Ex_Class.h，将类的成员函数实现代码保存在 Ex_Class.cpp 中。

实验准备和说明

编写本次上机所需的程序。

实验步骤

1. 创建工作文件夹

在 "D:\Visual C++程序\LiMing" 文件夹中创建一个新的子文件夹 "5"。

2. 输入程序 Ex_Class.h

（1）启动 Visual C++ 6.0。

（2）单击标准工具栏上的 按钮，在新打开的文档窗口中输入下列程序代码。

```
#include <iostream>
using namespace std;
#include <cstring>
class CPerson
{
public:
    CPerson()
    {
        strcpy(pName, "");
        strcpy(pID, "");
    }
    CPerson(char *name, char *id, bool isman = 1)
    {
        Input(name, id, isman);
    }
    void Input(char *name, char *id, bool isman)
    {
        setName(name);
        setID(id);
        setSex(isman);
    }
    void Output()
    {
        cout<<"姓名: "<<pName<<endl;
        cout<<"编号: "<<pID<<endl;
        char *str = bMan?"男":"女";
        cout<<"性别: "<<str<<endl;
```

```
    }
public:
    // 姓名属性操作
    char* getName() const
    {
        return (char *)pName;
    }
    void setName(char *name)
    {
        int n = strlen(name);
        strncpy(pName, name, n);
        pName[n] = '\0';
    }
    // 编号属性操作
    char* getID() const
    {
        return (char *)pID;
    }
    void setID(char *id)
    {
        int n = strlen(id);
        strncpy(pID, id, n);
        pID[n] = '\0';
    }
    // 性别属性操作
    bool getSex(){    return bMan;}
    void setSex(bool isman)
    {
        bMan = isman;
    }
private:
    char pName[20];                      // 姓名
    char pID[20];                        // 编号
    bool bMan;                           // 性别：0表示女，1表示男
};
class CStudent: public CPerson
{
public:
    CStudent(char *name, char *id, bool isman = 1);
    ~CStudent(){ }
    void InputScore(double score1, double score2, double score3);
    void Print();
    CPerson student;
private:
    double dbScore[3];                   // 三门成绩
};
class CTeacher: public CPerson
{
public:
    CTeacher(char *name, char *id, bool isman = 1, int years = 10);
    ~CTeacher(){ }
    void Print();
private:
    int nTeachYears;                     // 教龄
};
```

（3）单击标准工具栏的 Save 按钮🖫，弹出"保存为"文件对话框。将文件定位到"D:\Visual C++ 程序\LiMing\5"，文件名为 Ex_Class.h。

3. 输入程序 Ex_Class.cpp

（1）单击标准工具栏上的🖿按钮，在新打开的文档窗口中输入下列程序代码。

```
#include <iostream>
using namespace std;
#include "Ex_Class.h"
// 类CStudent实现代码
CStudent::CStudent(char *name, char *id, bool isman)
    :student(name, id, isman)
{
    dbScore[0] = 0;
    dbScore[1] = 0;
    dbScore[2] = 0;
}
void CStudent::InputScore(double score1, double score2, double score3)
{
    dbScore[0] = score1;
    dbScore[1] = score2;
    dbScore[2] = score3;
}
void CStudent::Print()
{
    student.Output();
    for (int i=0; i<3; i++)
        cout<<"成绩"<<i+1<<": "<<dbScore[i]<<endl;
}
// 类CTeacher实现代码
CTeacher::CTeacher(char *name, char *id, bool isman, int years)
{
    nTeachYears = years;
    Input(name, id, isman);
}
void CTeacher::Print()
{
    Output();
    cout<<"教龄: "<<nTeachYears<<endl;
}
// 主函数
int main()
{
    CStudent stu("LiMing", "21010211");
    cout<<stu.getName()<<endl;
    cout<<stu.student.getName()<<endl;
    stu.Print();
    stu.student.setName("LingLing");
    stu.student.setSex(0);
    stu.InputScore(80, 90, 85);
    stu.Print();
    CTeacher tea("Ding","911085");
    tea.Print();
    tea.setID("9110234");
    tea.Print();
    return 0;
}
```

（2）单击标准工具栏的 Save 按钮 ，弹出"保存为"文件对话框，将文件保存为 Ex_Class.cpp。

（3）编译运行。

想一想：此时查看项目工作区窗口的 ClassView 页面，只看到一个 main 函数，对于上述定义的类却没有看到，想一想是什么原因。

（4）选择"工程"→"添加工程"→"文件"命令，在弹出的"插入文件到工程"对话框中，选定前面的文件 Ex_Class.h，单击 确定 按钮，此时的开发环境如图 T5-1 所示。

4. 退出 Visual C++ 6.0
5. 写出实验报告
结合思考与练习题，写出实验报告。

思考与练习

（1）主函数 main 中的第一条语句是：

```
CStudent stu("LiMing", "21010211");
```

分析它的构造过程。

（2）下面两条语句都是调用基类的 getName 函数，它们的结果相同吗？为什么？

图 T5-1   Ex_Class 的开发环境界面

```
cout<<stu.getName()<<endl;
cout<<stu.student.getName()<<endl;
```

（3）CStudent 和 CTeacher 类有什么不同？为什么要把 CStudent 中的数据成员 student 定义为 public，若改为 private 会有什么不同？

（4）若将基类 CPerson 中的私有数据成员 pName 和 pID 变成：

```
char *pName;
char *pID;
```

则整个程序应如何修改？

实验 6 多态和虚函数、运算符重载

实验内容

（1）程序 Ex_Shape：定义一个抽象类 CShape，包含纯虚函数 Area（用来计算面积）和 SetData（用来重设形状大小）。然后派生出三角形 CTriangle 类、矩形 CRect 类、圆 CCircle 类，分别求其面积。最后定义一个 CArea 类，计算这几个形状的面积之和，各形状的数据通过 CArea 类构造函数或成员函数来设置。编写一个完整的程序。

（2）程序 Ex_Complex：定义一个复数类 CComplex，通过重载运算符"*"和"/"，直接实现两个复数之间的乘除运算。运算符"*"用成员函数实现重载，运算符"/"用友元函数实现重载。编写一个完整的程序（包括测试运算符的程序部分）。

> 提示：两复数相乘的计算公式为 $(a+bi)*(c+di)=(ac-bd)+(ad+bc)i$，而两复数相除的计算公式为 $(a+bi)/(c+di)=(ac+bd)/(c*c+d*d)+(bc-ad)/(c*c+d*d)i$。

实验准备和说明

编写本次上机需要的程序。

实验步骤

1. 创建工作文件夹
在"D:\Visual C++程序\LiMing"文件夹中创建一个新的子文件夹"6"。

2. 输入并运行程序 Ex_Shape.cpp
（1）启动 Visual C++ 6.0。

（2）单击标准工具栏上的 <img> 按钮，在新打开的文档窗口中输入下列程序代码。

```cpp
#include <iostream>
using namespace std;
class CShape
{public:
    virtual float Area() = 0;                    // 将Area定义成纯虚函数
    virtual void SetData(float f1, float f2) = 0;// 将SetData定义成纯虚函数
};
class CTriangle: public CShape
{
public:
    CTriangle(float h = 0, float w = 0)
    {
        H = h;   W = w;
    }
    float Area()                                 // 在派生类定义纯虚函数的具体实现代码
    {
        return (float)(H * W * 0.5);
    }
    void SetData(float f1, float f2)
    {
        H = f1;  W = f2;
    }
private:
    float H, W;
};
class CRect: public CShape
{
public:
    CRect(float h = 0, float w = 0)
    {
        H = h;   W = w;
    }
    float Area()                                 // 在派生类定义纯虚函数的具体实现代码
    {
        return (float)(H * W);
    }
    void SetData(float f1, float f2)
    {
        H = f1;  W = f2;
    }
private:
    float H, W;
};
class CCircle: public CShape
{
public:
    CCircle(float r = 0)
    {
        R = r;
    }
    float Area()                                 // 在派生类定义纯虚函数的具体实现代码
    {
        return (float)(3.14159265 * R * R);
    }
    void SetData(float r, float)                 // 保持与纯虚函数一致
    {
        R = r;
    }
private:
    float R;
};
class CArea
{
```

```
public:
    CArea(float triWidth, float triHeight, float rcWidth, float rcHeight, float r)
    {
        ppShape = new CShape*[3];
        ppShape[0] = new CTriangle(triWidth, triHeight);
        ppShape[1] = new CRect(rcWidth, rcHeight);
        ppShape[2] = new CCircle(r);
    }
    ~CArea()
    {
        for (int i=0; i<3; i++)
            delete ppShape[i];
        delete []ppShape;
    }
    void SetShapeData(int n, float f1, float f2 = 0)
    // n为0表示操作的是三角形，1表示矩形，2表示圆形
    {
        if ((n>2)||(n<0)) return;
        ppShape[n]->SetData(f1, f2);
    }
    void CalAndPrint(void)                          // 计算并输出
    {
        float fSum = 0.0;
        char* str[3] = {"三角", "矩", "圆"};
        for (int i=0; i<3; i++)    {
            float area = ppShape[i]->Area();        // 通过基类指针，求不同形状的面积
            cout<<str[i]<<"形面积是: "<<area<<endl;
            fSum += area;
        }
        cout<<"总面积是: "<<fSum<<endl;
    }
private:
    CShape **ppShape;                               // 指向基类的指针数组
};
int main()
{
    CArea a(10, 20, 6, 8, 6.5);
    a.CalAndPrint();
    a.SetShapeData(0, 20, 30);                      // 重设三角形大小
    a.CalAndPrint();
    a.SetShapeData(2, 11);                          // 重设圆的半径大小
    a.CalAndPrint();
    a.SetShapeData(1, 2, 5);                        // 重设矩形的大小
    a.CalAndPrint();
    return 0;
}
```

（3）单击标准工具栏的 Save 按钮🖪，弹出"保存为"文件对话框。将文件定位到"D:\Visual C++程序\LiMing\6"，文件名为 Ex_Shape.cpp。

（4）编译运行，分析结果。

试一试：在上述程序的基础上，若还有一个正方形类 CSquare，则这样的类应如何实现？整个程序应如何修改？

3. 输入并运行程序 Ex_Complex.cpp

（1）选择"文件"→"关闭工作区"命令，关闭原来的项目。

（2）单击标准工具栏上的🖹按钮，在新打开的文档窗口中输入下列程序代码。

```
#include <iostream.h>
// using namespace std;
class CComplex
{
public:
    CComplex(double r = 0, double i = 0)
    {
```

```
            realPart = r;
            imagePart = i;
        }
        void print()
        {
            cout<<"该复数实部 = "<<realPart<<", 虚部 = "<<imagePart<<endl;
        }
        CComplex operator * (CComplex &b);                    // 成员函数重载运算符
        friend CComplex operator / (CComplex &a, CComplex &b);  // 友元函数重载运算符
private:
        double realPart;                                      // 复数的实部
        double imagePart;                                     // 复数的虚部
};
CComplex CComplex::operator * (CComplex &b)
{
        CComplex temp;
        temp.realPart = realPart*b.realPart - imagePart*b.imagePart;
        temp.imagePart = realPart*b.imagePart + imagePart*b.realPart;
        return temp;
}
CComplex operator / (CComplex &a, CComplex &b)
{
        CComplex temp;
        double d = b.realPart*b.realPart + b.imagePart*b.imagePart;
        temp.realPart = (a.realPart*b.realPart + a.imagePart*b.imagePart)/d;
        temp.imagePart = ( a.imagePart*b.realPart - a.realPart*b.imagePart)/d;
        return temp;
}
int main()
{
        CComplex c1(12,20), c2(50,70), c;
        c = c1*c2;
        c.print();
        c = c1/c2;
        c.print();
        return 0;
}
```

（3）单击标准工具栏的 Save 按钮 🖫，弹出 "保存为" 文件对话框，将文件保存为 Ex_Complex.cpp。

（4）编译运行，分析结果。

试一试：在上述程序的基础上，若还有复数和实数的乘除运算，则如何进行重载？

4. 退出 Visual C++ 6.0

5. 写出实验报告

根据上述分析和试一试内容，结合思考与练习题，写出实验报告。

思考与练习

（1）在程序 Ex_Shape 中，若基类 CShape 中没有纯虚函数 SetData，则编译肯定会有错误，这是为什么？

（2）用友元函数和成员函数进行运算符重载的区别是什么？

实验 7 输入输出流库

实验内容

程序 Ex_File：用文件实现一个学生记录的添加、查找等操作。

提示：学生记录用类 CStudentRec 表示，它的数据成员包括姓名、学号、三门课的成绩以及总平均分，成员函数记录显示 Print、记录键盘输入 Input、数据校验 Validate 和"<<"、">>"运算符重载等。文件操作用 CStuFile 类定义，成员函数有数据的添加 Add、查找 Seek、显示 List 等。

实验准备和说明

编写本次上机所需的程序。

实验步骤

1. 创建工作文件夹

在"D:\Visual C++程序\LiMing"文件夹中创建一个新的子文件夹"7"。

2. 创建控制台应用程序项目 Ex_File

（1）启动 Visual C++ 6.0。

（2）选择"文件"→"新建"命令，显示"新建"对话框。从列表框中选中 Win32 Console Application 项。

（3）在"工程"编辑框中键入控制台应用程序项目名称 Ex_File，并将项目文件夹定位到"D:\Visual C++程序\LiMing\7"。

（4）单击 确定 按钮，显示 Win32 应用程序向导对话框。选中"一个空工程（An empty project）"项。单击 完成 按钮，系统显示向导创建的信息，单击 确定 按钮自动创建此应用程序。

3. 添加 Ex_File.h 文件

（1）选择"文件"→"新建"命令，切换到"新建"对话框的"文件"标签，选择"C/C++ Header File"文件类型，在文件编辑框中输入 Ex_File.h，单击 确定 按钮。

（2）在 Ex_File.h 中添加 CStudentRec 类代码。

```cpp
#include <iostream.h>                    // 仍用老的头文件包含格式
#include <iomanip.h>
#include <fstream.h>
#include <string.h>
// using namespace std;
class CStudentRec
{
public:
    CStudentRec(char* name, char* id, float score[]);
    CStudentRec(){chFlag = 'N';};             // 默认构造函数
    ~CStudentRec(){};                         // 默认析构函数
    void Input(void);                         // 键盘输入，返回记录
    float    Validate(void);                  // 成绩数据的输入验证，返回正确值
    void Print(bool isTitle = false);         // 记录显示
    friend   ostream& operator<< ( ostream& os, CStudentRec& stu );
    friend   istream& operator>> ( istream& is, CStudentRec& stu );
    char chFlag;                              // 标志,'A'表示正常, 'N'表示空
    char strName[20];                         // 姓名
    char strID[10];                           // 学号
    float    fScore[3];                       // 三门成绩
    float    fAve;                            // 总平均分
};
// CStudent类的实现
CStudentRec::CStudentRec(char* name, char* id, float score[])
{
    strncpy(strName, name, 20);
    strncpy(strID, id, 10);
    fAve = 0;
    for (int i=0; i<3; i++) {
        fScore[i] = score[i];       fAve += fScore[i];
    }
    fAve = float(fAve / 3.0);
```

```
        chFlag = 'A';
    }
    void CStudentRec::Input(void)
    {
        cout<<"姓名: ";       cin>>strName;
        cout<<"学号: ";       cin>>strID;
        float fSum = 0;
        for (int i=0; i<3; i++) {
            cout<<"成绩"<<i+1<<": ";
            fScore[i] = Validate();          fSum += fScore[i];
        }
        fAve = (float)(fSum / 3.0);
        chFlag = 'A';
    }
    float CStudentRec::Validate(void)
    {
        int s;
        char buf[80];
        float res;
        for (;;) {
            cin>>res;
            s = cin.rdstate();
            while (s){
                cin.clear();
                cin.getline(buf, 80);
                cout<<"非法输入, 重新输入: ";
                cin>>res;
                s = cin.rdstate();
            }
            if ((res<=100.0) && (res>=0.0)) break;
            else
                cout<<"输入的成绩超过范围! 请重新输入: ";
        }
        return res;
    }
    void CStudentRec::Print(bool isTitle)
    {
        cout.setf( ios::left );
        if (isTitle)
            cout<<setw(20)<<"姓名"<<setw(10)<<"学号"
                <<"\t成绩1"<<"\t成绩2"<<"\t成绩3"<<"\t平均分"<<endl;
        cout<<setw(20)<<strName<<setw(10)<<strID;
        for (int i=0; i<3; i++)      cout<<"\t"<<fScore[i];
        cout<<"\t"<<fAve<<endl;
    }
    ostream& operator<< ( ostream& os, CStudentRec& stu )
    {
        os.write(&stu.chFlag, sizeof(char));
        os.write(stu.strName, sizeof(stu.strName));
        os.write(stu.strID, sizeof(stu.strID));
        os.write((char *)stu.fScore, sizeof(float)*3);
        os.write((char *)&stu.fAve, sizeof(float));
        return os;
    }
    istream& operator>> ( istream& is, CStudentRec& stu )
    {
        char name[20],id[10];
        is.read(&stu.chFlag, sizeof(char));
        is.read(name, sizeof(name));
        is.read(id, sizeof(id));
        is.read((char*)stu.fScore, sizeof(float)*3);
        is.read((char*)&stu.fAve, sizeof(float));
        strncpy(stu.strName, name, sizeof(name));
```

```
    strncpy(stu.strID, id, sizeof(id));
    return is;
}
```

4. 添加 Ex_File.cpp 文件，测试 CStudentRec 类

（1）选择"文件"→"新建"命令，切换到"新建"对话框的"文件"标签，选择"C++ Source File"文件类型，在文件编辑框中输入 Ex_File.cpp，单击 确定 按钮。

（2）在 Ex_File.cpp 中添加 CStudentRec 类的测试代码。

```cpp
#include <iostream>
using namespace std;
#include "Ex_File.h"
int main()
{
    float fScore[] = {80,90,92};
    CStudentRec rec1("Ding","21050101",fScore);
    rec1.Print(true);
    CStudentRec rec2;
    rec2.Input();    rec2.Print(true);
    return 0;
}
```

（3）编译运行并测试，如图 T7-1 所示。

试一试：若将输入的学生记录保存在文件中，并从文件中读取记录，则这样的功能应如何实现？

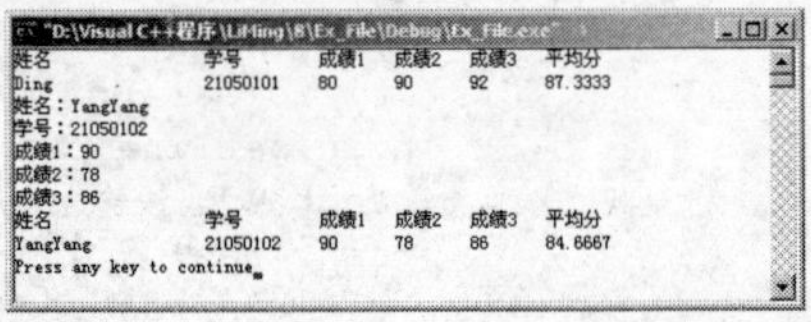

5. 添加 CStudentFile 类代码

（1）切换到工作区窗口的 FileView 页面，展开所有节点，双击 Ex_File.h 节点。

图 T7-1   CStudentRec 类的测试结果

（2）在 Ex_File.h 文件后面添加下面的 CStudentFile 类代码。

```cpp
class CStudentFile
{
public:
    CStudentFile(char* filename);
    ~CStudentFile();
    void Add(CStudentRec stu);                   // 添加记录
    int  Seek(char* id, CStudentRec &stu);       // 按学号查找，返回记录号，-1表示没有找到
    int  List(int nNum = -1);
private:
    char*    strFileName;                        // 文件名
};
// CStudentFile类的实现
CStudentFile::CStudentFile(char* filename)
{
    strFileName = new char[strlen(filename)+1];
    strcpy(strFileName, filename);
}
CStudentFile::~CStudentFile()
{
    if (strFileName) delete []strFileName;
}
void CStudentFile::Add(CStudentRec stu)
{
    // 打开文件用于添加
    fstream file(strFileName, ios::out|ios::app|ios::binary );
    file<<stu;
    file.close();
}
int CStudentFile::Seek(char* id, CStudentRec& stu)        // 按学号查找
{
    int nRec = -1;
    fstream file(strFileName, ios::in|ios::nocreate);     // 打开文件用于只读
    if (!file) {
        cout<<"文件 "<<strFileName<<" 不能打开! \n";
```

```
            return nRec;
        }
        int i=0;
        while (!file.eof()) {
            file>>stu;
            if ((strcmp(id, stu.strID) == 0) && (stu.chFlag != 'N')){
                nRec = i;      break;
            }
            i++;
        }
        file.close();
        return nRec;
}
// 列表显示nNum个记录，-1时全部显示，并返回文件中的记录数
int  CStudentFile::List(int nNum)
{
        fstream file(strFileName, ios::in|ios::nocreate);      // 打开文件用于只读
        if (!file) {
            cout<<"文件 "<<strFileName<<" 不能打开! \n";
            return 0;
        }
        int nRec = 0;
        if (( nNum == -1 ) || (nNum>0)) {
            cout.setf( ios::left );
            cout<<setw(6)<<"记录"<<setw(20)<<"姓名"<<setw(10)<<"学号"
                <<"\t成绩1\t成绩2\t成绩3\t平均分"<<endl;
        }
        while (!file.eof()) { // 读出所有记录
            CStudentRec data;
            file>>data;
            if (data.chFlag == 'A') {
                nRec++;
                if (( nNum == -1 ) || (nRec <= nNum))  {
                    cout.setf( ios::left );
                    cout<<setw(6)<<nRec;
                    data.Print();
                }
            }
        }
        file.close();
        return nRec;
}
```

6. 添加 CStudentFile 类的测试代码
（1）在工作区窗口的 FileView 页面中，双击 Ex_File.cpp 节点。
（2）修改 Ex_File.cpp 文件的代码。

```
#include <iostream>
using namespace std;
#include "Ex_File.h"
CStudentFile theStu("student.txt");      // 定义一个全局对象
void AddTo( int nNum )                    // 输入多个记录
{
    CStudentRec stu;
    for (int i=0; i<nNum; i++) {
        cout<<"请输入第"<<i+1<<"记录: "<<endl;
        stu.Input();                      // 输入
        theStu.Add( stu );
    }
}
int main()
{
    AddTo(3);
    theStu.List();
```

```
CStudentRec one;
if (theStu.Seek("21050102",one)>=0)
    one.Print(true);
else
    cout<<"没有找到! \n";
theStu.List();
return 0;
}
```

（3）编译运行并测试，按运行的提示内容输入下列 3 个记录数据。

```
MaWenTao      21050101      80      90      85
LiMing        21050102      75      81      83
YangYang      21050103      80      65      76
```

想一想：若上述程序再重新运行一次，且输入 3 个相同的记录数据，则运行的结果将会如何？若在输入成绩时，故意输成字符或不是 0~100 的数值，则运行结果又将如何？

7. 退出 Visual C++ 6.0

8. 写出实验报告

结合上述分析和试一试内容，写出实验报告。

思考与练习

若 CStuFile 类还能实现记录的修改、删除、排序功能（按平均分高低），则应如何编程？（提示：由于文件中的记录删除需要移动大量数据，因此为避免这种情况发生，删除时只需将文件中要删除记录的标志成员 chFlag 变成 'N' 即可。）

实验 8   向导框架、消息及调试

实验内容

（1）在一个默认的单文档应用程序 Ex_SDI 中通过映射计时器消息实现这样功能：无论在 Ex_SDI 应用程序窗口的客户区中单击鼠标左键或右键，都会弹出消息对话框，显示鼠标左键或右键的单击次数。显示的结果如图 T8-1 所示 。

（2）使用调试器对上述程序的流程和鼠标单击次数进行调试。

图 T8-1   Ex SDI 运行结果

实验准备和说明

（1）学习完第 4 章的"消息和消息映射"内容之后进行本次实验。

（2）构思本次上机所需的程序。

（3）"调试"为新增的内容，要学会并掌握调试方法和过程。

实验步骤

1. 创建工作文件夹

在 "D:\Visual C++程序\LiMing" 文件夹中创建一个新的子文件夹 "8"。

2. 创建单文档应用程序 Ex_SDI

（1）启动 Visual C++ 6.0。

（2）用 MFC AppWizard（exe）创建一个默认的单文档应用程序 Ex_SDI。在"新建"对话框中将项目文件夹定位到 "D:\Visual C++程序\LiMing\8"。

3. 添加数据成员

（1）展开项目工作区窗口 ClassView 页面中的所有类节点。

（2）右击 **CEx_SDIView** 类节点，从弹出的快捷菜单中选择 "Add Member Variable（添加成员变量）"，弹出如图 T8-2 所示的对话框。

（3）在 "变量类型"（Variable Type）框中输入成员变量类型 int，在 "变量名称"（Variable Name）框中输入成员变量名 m_nLButton。保留默认的访问方式（Access）为 Public。单击 确定 按钮，在 CEx_SDIView 中添加一个公有型成员变量 m_nLButton，变量类型为 int。

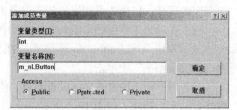

图 T8-2 "Add Member Variable" 对话框

（4）按相同的方法，在 CEx_SDIView 中添加一个公有型成员变量 m_nRButton，变量类型为 int。

（5）在项目工作区窗口 ClassView 中，展开 CEx_SDIView 类节点的所有成员节点，双击其构造函数节点，在 CEx_SDIView 类的构造函数中添加下列成员变量初始化代码。

```
CEx_SDIView::CEx_SDIView()
{
    m_nLButton = m_nRButton = 0;
}
```

4. 添加消息映射

（1）使用 MFC ClassWizard 对话框为 CEx_SDIView 类添加 WM_LBUTTOMDOWN 消息映射，并在映射函数中添加下列代码。

```
void CEx_SDIView::OnLButtonDown(UINT nFlags, CPoint point)
{
    // 计数变量m_nLButton加1, 然后启动计时器
    m_nLButton++;
    SetTimer( 1, 50, NULL );
    CView::OnLButtonDown(nFlags, point);
}
```

（2）为 CEx_SDIView 类添加 WM_RBUTTOMDOWN 消息映射，并在映射函数中添加下列代码。

```
void CEx_SDIView::OnRButtonDown(UINT nFlags, CPoint point)
{
    // 计数变量m_nRButton加1, 然后启动计时器
    m_nRButton++;
    SetTimer( 2, 50, NULL );
    CView::OnRButtonDown(nFlags, point);
}
```

（3）为 CEx_SDIView 类添加 WM_TIMER 消息映射，并在映射函数中添加下列代码。

```
void CEx_SDIView::OnTimer(UINT nIDEvent)
{
    CString str;                        // 创建一个字符串类对象
    // 通过判断nIDEvent的值来确定鼠标是左击还是右击
    if ( nIDEvent == 1)
        str.Format( "你已单击鼠标左键 %d 次! ", m_nLButton );
    if ( nIDEvent == 2)
        str.Format( "你已单击鼠标右键 %d 次! ", m_nRButton );
    if ((nIDEvent == 1) || (nIDEvent == 2))
    {
        KillTimer( nIDEvent );          // 先要关闭计时器
        MessageBox( str, "报告");
    }
    CView::OnTimer(nIDEvent);
}
```

（4）编译运行并测试，结果见图 T8-1。

5. 设置断点

在设置断点之前，首先要保证程序中没有语法错误。断点实际上就是告诉调试器在何处暂时中断程序的运行，以便查看程序的状态以及浏览和修改变量的值等。

（1）在项目工作区的 ClassView 页面中，展开 CEx_SDIView 下的所有节点。

（2）双击 OnLButtonDown 节点，在文档窗口中打开并定位到该消息映射代码处。在代码行"m_nLButton++;"中单击。

（3）用下列 3 种方式之一设置断点，使代码行"m_nLButton++;"最前面的窗口页边距上有一个深红色的实心圆块，如图 T8-3 所示。

- 按【F9】快捷键。
- 在编译（Build）微型条工具栏上单击 按钮。
- 定位到文档窗口中的代码行，在需要设置（或清除）断点的位置上右击，在弹出的快捷菜单中选择"Insert/Remove Breakpoint"命令。

需要说明的是，若在断点所在的代码行中再使用上述的快捷方式进行操作，则相应位置的断点被清除。若此时使用快捷菜单方式进行操作，则菜单项中还包含"Disable Breakpoint"命令，选择此命令后，该断点被禁用，相应的断点标志由原来的红色实心圆变成空心圆。

6. 控制程序运行

（1）选择"组建"（Build）→"开始调试"→"Go"命令，或单击编译（Build）微型条工具栏上的 按钮，启动调试器。

（2）程序运行后，在客户区单击，由于程序中该消息的映射函数中设置了断点，因此程序会在该断点处停顿下来。

（3）这时可以看到一个黄色小箭头指向即将执行的代码，而且原来的"组建"菜单变成"调试"（Debug）菜单，如图 T8-4 所示。其中有 4 个命令 Step Into、Step Over、Step Out 和 Run to Cursor 用来控制程序运行，其含义如下。

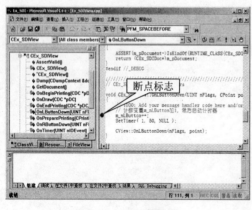

图 T8-3 设置的断点　　　　　　　图 T8-4 启动调试器后的"调试"菜单

- Step Over 的功能是运行当前箭头指向的代码（只运行一条代码）。
- Step Into 的功能是如果当前箭头所指的代码是一个函数的调用，则用 Step Into 进入该函数单步执行。
- Step Out 的功能是如果当前箭头所指向的代码在某一函数内，则用它使程序运行至函数返回处。
- Run to Cursor 的功能是使程序运行至光标所指的代码处。

试一试：执行 Step Into、Step Over、Step Out 和 Run to Cursor 命令，看看运行结果和流程是怎样的。

（4）选择"调试"菜单中的"Stop Debugging"命令、按【Shift+F5】组合键或单击"调试"工具栏中的■按钮，终止调试器。

7. 查看和修改变量的值

为了更好地调试程序，调试器还提供一系列的窗口，用来显示各种调试信息。可借助"查看"菜单下的"调试窗口"子菜单来访问它们。实际上，启动调试器后，Visual C++ 6.0 的开发环境会自动显示 Watch 和 Variables 两个调试窗口，如图 T8-5 所示。

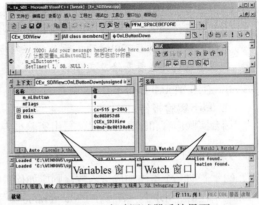

图 T8-5 启动调试器后的界面

除了上述窗口外，调试器还提供 QuickWatch、Memory、Registers、Disassembly 和 Call Stack 等窗口。但查看和修改变量值，通常使用 QuickWatch、Watch 和 Variables 这 3 个窗口即可。

使用这 3 个窗口来查看和修改 m_nLButton 或 m_nRButton 值的步骤如下。

（1）启动调试器，程序运行后，在客户区中单击，程序停顿下来。

（2）参看图 T8-5，可以看到 Variables 窗口有 3 个页面：Auto、Locals 和 This。其中，Auto 页面用来显示当前语句和上一条语句使用的变量，以及使用 Step Over 或 Step Out 命令后函数的返回值。Locals 页面用来显示当前函数使用的局部变量。This 页面用来显示由 This 指向的对象信息。这些页面内均有"名称"（Name）和"值"（Value）两个域，调试器自动填充它们。除了这些页面外，Variables 窗口还有一个"上下文"（Context）组合框，可从中选定当前 Call Stack（调用堆栈）的指令，以便于确定在页面中显示变量的范围。

（3）在"调试"工具栏上，单击 ⓪按钮或按【F10】快捷键，箭头指向下一条代码"SetTimer(1, 50, NULL);"，同时 Variables 窗口中的 m_nLButton 值变成了 1。实际上，若仅需要快速查看变量或表达式的值，则只需要将鼠标指针放在代码中该变量或表达式上，片刻后，系统会自动弹出一个小窗口显示该变量或表达式的值。

（4）在 Watch 窗口中，单击左边"名称"（Name）域下的空框，输入 m_nRButton，按【Enter】键，相应的值自动出现在"值"（Value）域中，同时在末尾出现新的空框，以便继续输入新项，如图 T8-6 所示。

需要说明的是，Watch 窗口有 4 个页面：Watch1、Watch2、Watch3 和 Watch4，在每个页面中有用户要查看的一系列变量和表达式，用户可以将一组变量或表达式的值显示在同一个页面中。

（5）选择"调试"→"QuickWatch"命令、按【Shift+F9】组合键或在"调试"工具栏上单击 ∞∞ 按钮，弹出如图 T8-7 所示的 QuickWatch 窗口。

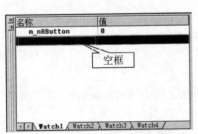

图 T8-6 添加新的变量或表达式

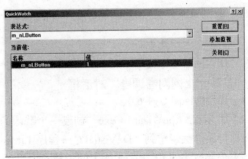

图 T8-7 "QuickWatch"窗口

其中，"表达式"框可以让用户键入变量名或表达式，然后按【Enter】键或单击 重置(R) 按钮，在"当前值"列表中显示相应的值。若想修改其值的大小，则可按【Tab】键或在列表项的"值"（Value）域中双击该值，再输入新值按【Enter】键即可。单击 添加监视 按钮，可将刚才输入的变量名或表达式及其值显示在"Watch"窗口中。

（6）单击 关闭(C) 按钮，关闭 QuickWatch 窗口。

（7）单击"调试"工具栏中的 按钮，终止调试器。

总结： 从上述过程可以看出，调试的一般步骤为：修正语法错误→设置断点→启用调试器→控制程序运行→查看和修改变量的值。

8. 退出 Visual C++ 6.0

9. 写出实验报告

结合实验内容和思考与练习，写出实验报告。

思考与练习

（1）若向一个类添加成员函数，则应如何进行？

（2）在 Ex_SDI 中，若再在 CMainFrame 类添加 WM_LBUTTOMDOWN 消息映射，并在映射函数添加弹出消息对话框的代码。这样，在 CMainFrame 类和 CEx_SDIView 中都有该消息的映射函数，测试看看在 CMainFrame 类的这个消息映射函数会不会执行？为什么？用调试器调试其结果。

实验 9　对话框和按钮控件

实验内容

设计一个对话框，用于问卷调查，在教材【例 Ex_Research】基础上针对"上网"话题提出一个问题："你每天上网的平均时间"，该问题的备选答案是"<1小时"、"<2 小时"、"<3 小时"和">3 小时"，如图 T9-1 所示。回答问题后，单击"确定"按钮，弹出一个消息对话框，显示用户选择的内容。

实验准备和说明

（1）学习完第 5 章的"静态控件和按钮"内容之后进行本次实验。

（2）复习第 4 章的"设计和使用对话框"及其之后的内容。

图 T9-1　"上网问卷调查"对话框

实验步骤

1. 创建工作文件夹

在"D:\Visual C++程序\LiMing"文件夹中创建一个新的子文件夹"9"。

2. 设计"上网问卷调查"对话框

（1）启动 Visual C++ 6.0。

（2）用 MFC AppWizard（exe）创建一个默认的基于对话框应用 Ex_Research。在"新建"对话框中将项目文件夹定位到"D:\Visual C++程序\LiMing\9"。

（3）按教材【例 Ex_Research】的步骤先上机练习该对话框应用程序并通过。

（4）调整对话框的大小（宽度不变），将"确定"和"取消"按钮移至对话框的下方，参照图 T9-1 布局控件，添加一个静态文本控件，标题为"你每天上网的平均时间:"，保留默认的标识符。

（5）添加 4 个单选按钮控件，在其属性对话框中，分别将其标题设置为 "<1 小时"、"<2 小时"、"<3 小时" 和 ">3 小时"，标识符分别设为 IDC_TIME_L1、IDC_TIME_L2、IDC_TIME_L3 和 IDC_TIME_M3。

（6）选中第 1 个单选按钮 IDC_TIME_L1 的 Group 属性选项。

（7）添加一个静态图片控件，在其属性对话框中选择其类型属性为 "Frame（框架）"，颜色属性为 "Etched（蚀刻）"，如图 T9-2 所示。

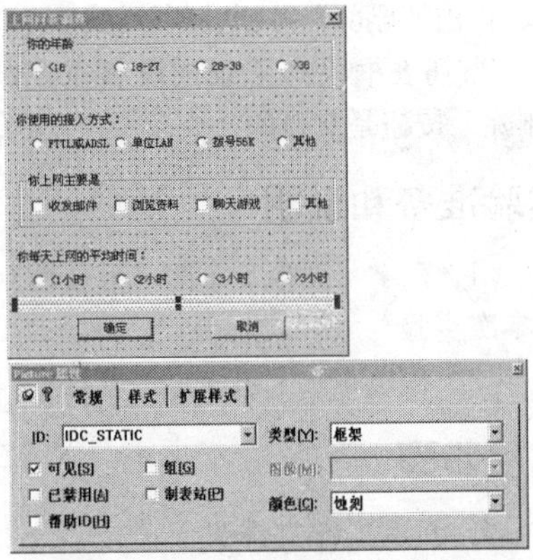

图 T9-2　调整静态图片控件属性

3. 修改代码

（1）在 CEx_ResearchDlg::OnInitDialog 函数中添加下列代码。

```
BOOL CEx_ResearchDlg::OnInitDialog()
{   ...
    pBtn->SetCheck(1);              // 使 "收发邮件" 复选框选中
    CheckRadioButton(IDC_TIME_L1, IDC_TIME_M3, IDC_TIME_L1);
    return TRUE;  // return TRUE  unless you set the focus to a control
}
```

（2）在 CEx_ResearchDlg::OnOK 函数中添加下列代码。

```
void CEx_ResearchDlg::OnOK()
{   ...
    // 获取第四个问题的用户选择
    str = str + "\n你每天平均上网的时间: \n";
    nID = GetCheckedRadioButton( IDC_TIME_L1, IDC_TIME_M3);
    GetDlgItemText(nID, strCtrl);  // 获取指定控件的标题文本
    str = str + strCtrl;
    MessageBox( str );
    CDialog::OnOK();
}
```

4. 编译运行并测试

编译并运行后，出现 "上网问卷调查" 对话框，回答问题后，单击 "确定" 按钮，出现相应的消息对话框，显示用户选择的内容。

5. 退出 Visual C++ 6.0

6. 写出实验报告

分析上述运行结果以及思考与练习，写出实验报告。

思考与练习

（1）在本实验中，单击消息对话框的 "确定" 按钮后，对话框全部消失。若想使 "上网问卷调查" 对话框一直显示，直到单击 "取消" 按钮，则应该如何设计和编程？

提示：删除 CEx_ResearchDlg::OnOK 函数中最后的基类调用代码 "CDialog::OnOK();" 即可，或删除 "确定" 按钮，在对话框中另添加一个按钮控件，单击该按钮后，弹出一个消息对话框，显示用户选择的内容。

（2）若将弹出的消息对话框的标题设为 "选择的结果"，则应如何修改代码？

实验 10　编辑框、列表框和组合框

实验内容

设计一个学生成绩管理对话框应用程序 Ex_Input，如图 T10-1 所示，单击 "添加" 按钮后，学

生成绩记录添加到列表框中，在列表框中单击学生成绩记录，相应记录内容显示在左边的相关控件中，单击"删除"按钮，删除该记录。需要说明的是，当列表框没有记录或没有选定的记录项时，"删除"按钮是灰显的。

图 T10-1　Ex_Input 运行结果

实验准备和说明

（1）在学习完第 5 章的"组合框"内容之后进行本次实验。

（2）构思本次上机所需的程序。

实验步骤

1. 创建工作文件夹

在 "D:\Visual C++程序\LiMing" 文件夹中创建一个新子文件夹 "10"。

2. 设计学生成绩对话框

（1）启动 Visual C++ 6.0。

（2）创建一个默认的基于对话框的应用程序项目 Ex_Input，在"新建"对话框中将项目文件夹定位到 "D:\Visual C++程序\LiMing\10"。

（3）在打开的对话框资源模板中，将对话框的标题属性改为"学生成绩管理"，删除 "TODO: ..." 静态控件和"取消"按钮，并将"确定"按钮的标题属性改为"退出"。

（4）显示对话框网格，调整对话框的大小，按图 T10-2 布局控件，向对话框添加如表 T10-1 所示的控件，并调整控件的位置（在调整静态文本时，选中后按 2 次向下方向键，以使静态文本处在右边控件的中间）。

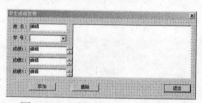

图 T10-2　布局 Ex_Input 对话框

表 T10-1　学生成绩管理对话框添加的控件

添加的控件	ID 标识符	标　题	其他属性
编辑框	IDC_EDIT_NAME	—	默认
组合框	IDC_COMBO_NO	—	默认
编辑框	IDC_EDIT_S1	—	默认
旋转按钮控件	IDC_SPIN_S1	—	自动结伴，设置结伴整数，靠右排列
编辑框	IDC_EDIT_S2	—	默认
旋转按钮控件	IDC_SPIN_S2	—	自动结伴，设置结伴整数，靠右排列
编辑框	IDC_EDIT_S3	—	默认
旋转按钮控件	IDC_SPIN_S3	—	自动结伴，设置结伴整数，靠右排列
列表框	IDC_LIST1	—	默认
按钮	IDC_BUTTON_ADD	添加	默认
按钮	IDC_BUTTON_DEL	删除	Disabled

（5）测试对话框，查看编辑框和旋转按钮是否合二为一（结伴）。若不是，则改变并使它们的 Tab 次序相邻，且编辑框的 Tab 次序在先。

（6）打开 MFC ClassWizard 对话框，切换到 Member Variables 页面，确定 Class name 中是否已选择了 CEx_InputDlg，选中所需的控件 ID 标识符，双击鼠标或单击 Add Variables 按钮，依次按表 T10-2 所示的控件顺序增加成员变量。

表 T10-2 控件变量

控件 ID 标识符	变量类别	变量类型	变 量 名	范围和大小
IDC_EDIT_NAME	Value	CString	m_strName	20
IDC_COMBO_NO	Value	CString	m_strNO	20
IDC_COMBO_NO	Control	CComboBox	m_cbNo	—
IDC_LIST1	Control	CListBox	m_ltBox	—
IDC_EDIT_S1	Value	float	m_fScore1	0.0 ~ 100.0
IDC_SPIN_S1	Control	CSpinButtonCtrl	m_spinS1	—
IDC_EDIT_S2	Value	float	m_fScore2	0.0 ~ 100.0
IDC_SPIN_S2	Control	CSpinButtonCtrl	m_spinS2	—
IDC_EDIT_S3	Value	float	m_fScore3	0.0 ~ 100.0
IDC_SPIN_S3	Control	CSpinButtonCtrl	m_spinS3	—

（7）在 CEx_InputDlg::OnInitDialog 中添加下列代码。

```
BOOL CEx_InputDlg::OnInitDialog()
{
    CDialog::OnInitDialog();
    …
    m_spinS1.SetRange( 0, 100 );          // 设置旋转按钮控件范围
    m_spinS2.SetRange( 0, 100 );
    m_spinS3.SetRange( 0, 100 );
    // 设置组合框内容
    CString str;
    for (int i=1; i<=50; i++)
    {
        str.Format("210501%02d", i );
        // %为格式引导符，后面02d表示i按2位整数格式输出，不足时前方补0
        m_cbNo.InsertString( i-1, str );
    }
    m_cbNo.SetCurSel(0);
    return TRUE;  // return TRUE unless you set the focus to a control
}
```

（8）编译运行。

3. 完善代码

（1）在 Ex_InputDlg.h 文件的 class CEx_InputDlg : public CDialog 语句前面添加下列 CStudentRec 类代码。

```
class CStudentRec
{
public:
    CStudentRec(CString name, CString id, float s1, float s2, float s3)
    {
        strName = name;
        strID = id;
        fScore[0] = s1;   fScore[1] = s2;   fScore[2] = s3;
    }
    CStudentRec(){};                     // 默认构造函数
    ~CStudentRec(){};                    // 默认析构函数
    CString     strName;                 // 姓名
    CString     strID;                   // 学号
    float       fScore[3];               // 三门成绩
};
```

（2）用 MFC ClassWizard 在 CEx_InputDlg 类中映射 IDC_BUTTON_ADD 按钮控件的 BN_CLICKED 消息，并添加下列代码。

```
void CEx_InputDlg::OnButtonAdd()
```

```
{
    UpdateData();                      // 使控件数据传到控件变量中
    m_strName.TrimLeft();
    m_strName.TrimRight();
    if (m_strName.IsEmpty())
    {
        MessageBox("姓名不能为空! ","提示" );
        return;
    }
    CString str;
    str.Format("%15s%10s%6.1f%6.1f%6.1f", m_strName, m_strNo,
        m_fScore1, m_fScore2, m_fScore3);
    CStudentRec *rec = new CStudentRec( m_strName, m_strNo,
        m_fScore1, m_fScore2, m_fScore3);
    int nIndex = m_ltBox.AddString( str );
    m_ltBox.SetItemDataPtr( nIndex, rec );
}
```

（3）用 MFC ClassWizard 在 CEx_InputDlg 类中映射 IDC_BUTTON_DEL 按钮控件的 BN_CLICKED 消息，并添加下列代码。

```
void CEx_InputDlg::OnButtonDel()
{
    int nIndex = m_ltBox.GetCurSel();
    if (nIndex != LB_ERR )
    {
        delete (CStudentRec *)m_ltBox.GetItemDataPtr(nIndex);
        m_ltBox.DeleteString( nIndex );
    } else
        GetDlgItem(IDC_BUTTON_DEL)->EnableWindow( FALSE );
}
```

（4）用 MFC ClassWizard 在 CEx_InputDlg 类中映射 IDC_LIST1 列表框控件的 LBN_ SELCHANGE 消息，并添加下列代码。

```
void CEx_InputDlg::OnSelchangeList1()
{
    int nIndex = m_ltBox.GetCurSel();
    if (nIndex != LB_ERR )
    {
        GetDlgItem(IDC_BUTTON_DEL)->EnableWindow( TRUE );
        CStudentRec data;
        data = *(CStudentRec*)m_ltBox.GetItemDataPtr( nIndex );
        m_strName = data.strName;
        m_strNo = data.strID;
        m_fScore1 = data.fScore[0];
        m_fScore2 = data.fScore[1];
        m_fScore3 = data.fScore[2];
        UpdateData( FALSE );
    } else
        GetDlgItem(IDC_BUTTON_DEL)->EnableWindow( FALSE );
}
```

（5）用 MFC ClassWizard 在 CEx_InputDlg 类中映射 WM_DESTROY 窗口消息，并添加下列代码。

```
void CEx_InputDlg::OnDestroy()
{
    CDialog::OnDestroy();
    for (int nIndex = m_ltBox.GetCount()-1; nIndex>=0; nIndex--)
    {
        // 删除所有与列表项相关联的CStudentRec数据，并释放内存
        delete (CStudentRec *)m_ltBox.GetItemDataPtr(nIndex);
    }
}
```

（6）编译运行并测试。

4. 退出 Visual C++ 6.0

5. 写出实验报告

分析上述运行结果以及思考与练习，写出实验报告。

思考与练习

（1）若在 Ex_Input 中还需要修改添加的学生成绩记录，在列表框中选中某记录项时，单击"修改"按钮，修改当前记录项，则这样的功能如何实现？

提示：可先将原来的记录项删除，然后再添加。

（2）若在 Ex_Input 中还需对添加的学生成绩记录进行重复性判断，即判断添加记录的学生姓名是否与已添加的记录重名，若是，则不添加，并弹出相应的消息对话框，那么上述的代码应如何修改？

实验 11　进展条、滚动条和滑动条

实验内容

设计一个对话框应用程序 Ex_Color，如图 T11-1 所示。操作滚动条、滑动条和进展条控件可以调整 RGB 颜色的 3 个颜色分量：R（红色）、G（绿色）和 B（蓝色），并根据用户指定的颜色填充控件。

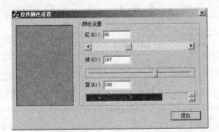
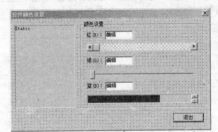

图 T11-1　Ex_Color 运行结果　　　　　图 T11-2　布局 Ex_Color 对话框控件

实验准备和说明

（1）学习完第 5 章的全部内容之后进行本次实验。

（2）构思本次上机所需的程序。

实验步骤

1. 创建工作文件夹

在 "D:\Visual C++程序\LiMing" 文件夹中创建一个新子文件夹 "11"。

2. 设计对话框

（1）启动 Visual C++ 6.0。

（2）创建一个默认的基于对话框应用程序的项目 Ex_Color，在"新建"对话框中将项目文件夹定位到 "D:\Visual C++程序\LiMing\11"。

（3）在打开的对话框资源模板中，将对话框的标题属性改为"控件颜色设置"，删除"TODO: ..."静态控件和"取消"按钮，并将"确定"按钮的标题属性改为"退出"。

（4）显示对话框网格，调整对话框的大小，按图 T11-2 布局控件，向对话框添加如表 T11-1 所示的控件，并调整控件的位置。

表 T11-1   添加的控件

添加的控件	ID 标识符	标 题	其他属性
静态文本	IDC_DRAW	默认	静态边缘（Static edge），其余默认
组合框	默认	颜色设置	默认
静态文本	默认	红(R)	默认
编辑框	IDC_EDIT_R	—	默认
滚动条	IDC_SCROLLBAR1	—	默认
静态文本	默认	绿(G)	默认
编辑框	IDC_EDIT_G	—	默认
滑动条	IDC_SLIDER1	—	默认
静态文本	默认	蓝(B)	默认
编辑框	IDC_EDIT_B	—	默认
进展条	IDC_PROGRESS1	—	平滑，去掉边框，其余默认
旋转按钮	IDC_SPIN1	—	默认

（5）打开 MFC ClassWizard，切换到 Member Variables 页面，确定 Class name 中是否已选择了 CEx_InputDlg，选中所需的控件 ID 标识符，双击鼠标或单击 Add Variables 按钮，依次为表 T11-2 所示的控件添加成员变量。

表 T11-2   控件变量

控件 ID 标识符	变量类别	变量类型	变量名	范围和大小
IDC_EDIT_R	Value	int	m_nRValue	0 ~ 255
IDC_EDIT_G	Value	int	m_nGValue	0 ~ 255
IDC_EDIT_B	Value	int	m_nBValue	0 ~ 255
IDC_SCROLLBAR1	Control	CScrollBar	m_Scroll	—
IDC_SLIDER1	Control	CSliderCtrl	m_Slider	—
IDC_SPIN1	Control	CSpinButtonCtrl	m_Spin	—
IDC_PROGRESS1	Control	CProgressCtrl	m_Progress	—

3. 添加成员函数 Draw

（1）展开项目工作区窗口 ClassView 中 CEx_ColorDlg 类的所有节点。

（2）右击 CEx_ColorDlg 类节点，从弹出的快捷菜单中选择"Add Member Function"（添加成员函数），弹出如图 T11-3 所示的对话框。

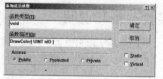

图 T11-3   "添加成员函数"对话框

（3）在"函数类型"（Function Type）文本框中输入成员函数类型 void，在"函数描述"（Function Declaration）文本框中输入成员函数声明 DrawColor(UINT nID)。保留默认的访问方式（Access）为 Public，单击 [确定] 按钮。

（4）定位到 DrawColor 函数，添加下列代码：

```
void CEx_ColorDlg::DrawColor(UINT nID)   // nID是指定的控件资源标识
{
    CWnd* pWnd = GetDlgItem(nID);
    CDC* pDC = pWnd->GetDC();              // 获得窗口当前的设备环境指针
    CBrush drawBrush;                      // 定义画刷变量
    drawBrush.CreateSolidBrush(RGB(m_nRValue,m_nGValue,m_nBValue));
    // 创建一个填充色画刷。RGB是一个颜色宏，用来将指定的红、绿、蓝3种
    // 颜色分量转换成一个32位的RGB颜色值
    CBrush* pOldBrush = pDC->SelectObject(&drawBrush);
```

```
    CRect rcClient;
    pWnd->GetClientRect(rcClient);        // 获取当前控件的客户区大小
    pDC->Rectangle(rcClient);             // 用当前画刷填充指定的矩形框
    pDC->SelectObject(pOldBrush);         // 恢复原来的画刷
}
```

4. 添加初始化代码

（1）在 CEx_ColorDlg::OnInitDialog 中添加下列代码：

```
BOOL CEx_ColorDlg::OnInitDialog()
{
    CDialog::OnInitDialog();
    …
    // 设置滚动条、滑动条、进展条、旋转按钮的范围和当前位置
    m_Scroll.SetScrollRange( 0, 255 );
    m_Scroll.SetScrollPos( m_nRValue );
    m_Slider.SetRange( 0, 255 );
    m_Slider.SetPos( m_nGValue );
    m_Progress.SetRange( 0, 255 );
    m_Progress.SetPos( m_nBValue );
    m_Spin.SetRange( 0, 255 );
    m_Spin.SetPos( m_nBValue );
    return TRUE;                // return TRUE  unless you set the focus to a control
}
```

（2）编译运行。

5. 完善代码

（1）用 MFC ClassWizard 在 CEx_ColorDlg 类中为编辑框 IDC_EDIT_R、IDC_EDIT_G 和 IDC_EDIT_B 分别添加 EN_CHANGE 的消息映射，但它们的消息映射函数名都设为 OnChangeEdit，并添加下列代码：

```
void CEx_ColorDlg::OnChangeEdit()
{
    UpdateData();
    m_Scroll.SetScrollPos(m_nRValue);
    m_Slider.SetPos(m_nGValue);
    m_Progress.SetPos( m_nBValue );
    m_Spin.SetPos( m_nBValue );
    DrawColor(IDC_DRAW);
}
```

（2）用 MFC ClassWizard 在 CEx_ColorDlg 类中为旋转按钮控件 IDC_SPIN 添加 UDN_DELTAPOS 消息映射，并在映射函数中添加下列代码：

```
void CEx_ColorDlg::OnDeltaposSpin1(NMHDR* pNMHDR, LRESULT* pResult)
{
    NM_UPDOWN* pNMUpDown = (NM_UPDOWN*)pNMHDR;
    UpdateData(TRUE);                           // 将控件的内容保存到变量中
    m_nBValue += pNMUpDown->iDelta;
    if (m_nBValue<0)  m_nBValue = 0;
    if (m_nBValue>255)     m_nBValue = 255;
    UpdateData(FALSE);                          // 将变量的内容显示在控件中
    OnChangeEdit();
    *pResult = 0;
}
```

（3）用 MFC ClassWizard 在 CEx_ColorDlg 类中添加 WM_HSCROLL 消息映射，并在映射函数中添加下列代码：

```
void CEx_ColorDlg::OnHScroll(UINT nSBCode, UINT nPos, CScrollBar* pScrollBar)
{
    int nID = pScrollBar->GetDlgCtrlID();
    if (nID == IDC_SLIDER1) {                   // 使滑动条产生水平滚动消息
        m_nGValue = m_Slider.GetPos();          // 获得滑动条当前的位置
```

```
        }
        if (nID == IDC_SCROLLBAR1) {                            // 使滚动条产生水平滚动消息
            switch (nSBCode) {
                case SB_LINELEFT:      m_nRValue--;              // 单击滚动条左边箭头
                                       break;
                case SB_LINERIGHT:     m_nRValue++;              // 单击滚动条右边箭头
                                       break;
                case SB_PAGELEFT:      m_nRValue -= 10;
                                       break;
                case SB_PAGERIGHT:       m_nRValue += 10;
                                       break;
                case SB_THUMBTRACK:    m_nRValue = nPos;
                                       break;
            }
            if (m_nRValue<0) m_nRValue = 0;
            if (m_nRValue>255) m_nRValue = 255;
            m_Scroll.SetScrollPos(m_nRValue);
        }
        UpdateData(FALSE);
        OnChangeEdit();
        CDialog::OnHScroll(nSBCode, nPos, pScrollBar);
}
```

（4）编译运行并测试，见图 T11-1。但若用另一个窗口遮挡 Ex_Color 对话框，则静态文本控件中的颜色又变成了默认的灰色，这是因为当一个对话框被遮挡时，系统认为此时对话框无效，会自动调用 OnPaint 函数进行刷新。所以需要在 OnPaint 函数中调用前面添加的 DrawColor 函数，如下列代码：

```
void CEx_ColorDlg::OnPaint()
{
    if (IsIconic()){
        …
    } else {
        CDialog::OnPaint();
        CWnd* pWnd=GetDlgItem(IDC_DRAW);
        pWnd->UpdateWindow();
        DrawColor(IDC_DRAW);
    }
}
```

需要说明的是：在对话框的控件中进行绘画时，为了防止 Windows 用系统默认的颜色向对话框进行重复绘制，用户需调用 UpdateWindow（更新窗口）函数。UpdateWindow 是 CWnd 的一个无参数的成员函数，其目的是绕过系统的消息队列，而直接发送或停止发送 WM_PAINT 消息。如果窗口没有需要更新的区域，就停止发送。这样，当用户绘制完图形时，由于没有 WM_PAINT 消息的发送，系统也就不会用默认的颜色对窗口进行重复绘制。

6. 退出 Visual C++ 6.0

7. 写出实验报告

分析上述运行结果以及思考与练习，写出实验报告。

思考与练习

（1）在 Ex_Color 的基础上，若添加设置对话框背景色的功能，则应如何添加代码？

（2）试述当单击旋转按钮控件的向上箭头时，程序流程是怎样的。

实验 12　基本界面元素

实验内容

创建一个单文档应用程序 Ex_SDI，当单击工具栏上的圆圈按钮时，该按钮呈按下状态，如图

T12-1 所示。此时窗口客户区的光标为一个圆圈；双击，状态栏上显示"你在(x,y)处双击鼠标"（x,y 为鼠标在客户区的位置）。再次单击工具栏上的圆圈按钮，该按钮呈正常状态，光标变成原来的形状，双击，状态栏上不再显示任何文本。

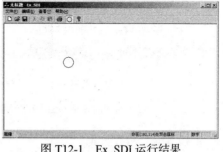

图 T12-1   Ex_SDI 运行结果

实验准备和说明

（1）学习完第 6 章的全部内容之后进行本次实验。

（2）构思本次上机所需的程序。

实验步骤

1. 创建工作文件夹

在"D:\Visual C++程序\LiMing"文件夹中创建一个新的子文件夹"12"。

2. 添加并设计一个工具按钮

（1）启动 Visual C++ 6.0。

（2）用 MFC AppWizard 创建一个默认的单文档应用程序 Ex_SDI。在"新建"对话框中将项目文件夹定位到"D:\Visual C++程序\LiMing\12"。

（3）切换到项目工作区窗口的 ResourceView 页面，双击"Toolbar"项中的 IDR_MAINFRAME，打开工具栏资源。

（4）单击工具栏最右端的空白按钮，在资源编辑器的按钮设计窗口中绘制一个圆，颜色为黑色，然后将其拖动到"帮助"按钮 的前面，并使该按钮的前后均有半个空格，结果如图 T12-2 所示。

（5）双击刚设计的工具按钮，在弹出的属性对话框中将其标识符设为 ID_TEST，在提示框中输入"用于测试的工具按钮\n 测试"，如图 T12-3 所示。

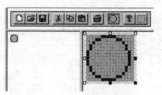

图 T12-2   设计的工具按钮

图 T12-3   设置工具按钮的属性

3. 添加并设计一个光标

（1）按【Ctrl+R】组合键，打开"插入资源"对话框，选择"Cursor"类型后，单击 新建(N) 按钮。在图形编辑器工作窗口的控制条上，单击"新建设备图像"（New Device Image）按钮 ，从弹出的"新建光标图像"对话框中，单击 自定义(C)... 按钮。

（2）在弹出的"自定义图像"对话框中，保留默认的大小和颜色数，单击 确定 按钮，返回"新建光标图像"对话框。

（3）选择"32×32, 16 色"设备类型，单击 确定 按钮。

（4）在图形编辑器的"设备"（Device）组合框中，选择"单色（32×32）"，打开系统"图像"（Image）菜单，选择"删除设备图像"（Delete Device Image）命令，删除"单色（32×32）"设备类型。如果不这样做，加载后的光标不会采用"32×32, 16 色"设备类型。

（5）保留默认的 ID IDC_CURSOR1，用图形编辑器绘制光标图形，指定光标热点位置为（15, 15），结果如图 T12-4 所示。

4. 更新工具按钮

（1）为 CMainFrame 类添加一个 BOOL 型的成员变量 m_bIsTest，在 CMainFrame 类构造函数中将 m_bIsTest 的初值设为 FALSE。

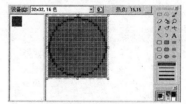

图 T12-4   设计的光标

（2）用 MFC ClassWizard 在 CMainFrame 类中添加工具按钮 ID_TEST 的 COMMAND 和 UPDATE_COMMAND_UI 消息映射函数，并添加下列代码：

```
void CMainFrame::OnTest()
{
    m_bIsTest = !m_bIsTest;
}
void CMainFrame::OnUpdateTest(CCmdUI* pCmdUI)
{
    pCmdUI->SetCheck(m_bIsTest);
}
```

（3）编译运行并测试。

5. 更改应用程序光标

（1）为 CMainFrame 类添加一个成员变量 m_hCursor，变量类型为光标句柄 HCURSOR。

（2）用 MFC ClassWizard 为 CMainFrame 类添加 WM_SETCURSOR 的消息映射函数，并添加下列代码：

```
BOOL CMainFrame::OnSetCursor(CWnd* pWnd, UINT nHitTest, UINT message)
{
    BOOL bRes = CFrameWnd::OnSetCursor(pWnd, nHitTest, message);
    if ((nHitTest == HTCLIENT ) && (m_bIsTest))
    {
        m_hCursor = AfxGetApp()->LoadCursor(IDC_CURSOR1);
        SetCursor(m_hCursor);
        bRes = TRUE;
    }
    return bRes;
}
```

（3）编译运行并测试。

6. 添加状态栏窗格

（1）切换到项目工作区窗口的 ResourceView 页面，双击"String Table"项的"字串表"（String Table）子节点，在主界面的右边出现字符串编辑器。

（2）在字符串列表最后一行的空项上双击，在弹出的对话框中指定一个字符串标识符 ID_TEST_PANE，设置字符串值为"你在 (1024,1024)处双击鼠标"，注意该字符串的字符数将决定添加的状态栏窗格的大小，结果如图 T12-5 所示。

图 T12-5　添加一个字串资源

（3）关闭"String 属性"对话框。

（4）打开 MainFrm.cpp 文件，将原先的 indicators 数组修改如下：

```
static UINT indicators[] =
{
    ID_SEPARATOR,                                    // status line indicator
    ID_TEST_PANE,
    ID_INDICATOR_CAPS,
    ID_INDICATOR_NUM,
    ID_INDICATOR_SCRL,
};
```

7. 映射鼠标双击消息

（1）用 MFC ClassWizard 在 CEx_SDIView 类中添加 WM_LBUTTONDBLCLK（双击鼠标）的消息映射，并在映射函数中添加下列代码：

```
void CEx_SDIView::OnLButtonDblClk(UINT nFlags, CPoint point)
{
    CMainFrame* pFrame=(CMainFrame*)AfxGetApp()->m_pMainWnd; // 获得主窗口指针
    CStatusBar* pStatus=&pFrame->m_wndStatusBar;      // 获得主窗口中的状态栏指针
    CString str;
    if (pFrame->m_bIsTest)
        str.Format("你在(%d,%d)处双击鼠标",point.x, point.y);   // 格式化文本
    else
        str.Empty();                                  // 为空字符
    if (pStatus)
        pStatus->SetPaneText(1,str);                  // 更新第二个窗格的文本
    CView::OnLButtonDblClk(nFlags, point);
}
```

（2）将 MainFrm.h 文件中的受保护变量 m_wndStatusBar 变成公共变量。

（3）在 Ex_SDIView.cpp 文件的开始处增加下列语句：

```
#include "Ex_SDIView.h"
#include "MainFrm.h"
```

（4）编译运行并测试，结果如图 T12-6 所示。

8. 完善代码

上述运行结果并不是很理想，因为一开始运行时状态栏第二个窗格上的文本是"你在(1024,1024)处双击鼠标"，因此需要在 CMainFrame::OnUpdateTest 函数中添加下列代码：

```
void CMainFrame::OnUpdateTest(CCmdUI* pCmdUI)
{
    pCmdUI->SetCheck(m_bIsTest);
    if (!m_bIsTest)
        m_wndStatusBar.SetPaneText(1, "");
}
```

图 T12-6   在状态栏上显示文本

9. 退出 Visual C++ 6.0

10. 写出实验报告

分析上述运行结果以及思考与练习，写出实验报告。

思考与练习

（1）在上述程序基础上，添加一个菜单项，使其和工具按钮 ID_TEST 联动，运行后，单击工具按钮 ID_TEST，看看菜单项有什么变化。

（2）添加并设计一个图标，然后更改 Ex_SDI 应用程序的图标。

实验 13   数据、文档和视图

实验内容

上机练习教材第 7 章的【例 Ex_Student】和【例 Ex_Rect】。

实验准备和说明

（1）学习完第 7 章的内容全部之后进行本次实验。

（2）阅读教材内容，理解本次上机所需的程序。

实验步骤

1. 创建工作文件夹

在"D:\Visual C++程序\LiMing"文件夹中创建一个新的子文件夹"13"。

2. 上机练习【例 Ex_Student】

（1）用 MFC AppWizard(exe)创建一个默认的单文档应用程序 Ex_Student。在"新建"对话框中将项目文件夹定位到"D:\Visual C++程序\LiMing\13"。

（2）余下步骤按教材【例 Ex_Student】进行。

3. 上机练习【例 Ex_Rect】

按教材【例 Ex_Rect】的步骤进行。

4. 写出实验报告

结合实验内容和思考与练习，写出实验报告。

思考与练习

经过上述实验后，谈谈对类的序列化和文档序列化的理解。

实验 14　图形和文本

实验内容

上机练习教材第 8 章的【例 Ex_Draw】和【例 Ex_Text】。

实验准备和说明

（1）学习完第 8 章的"图形和文本"内容之后进行本次实验。

（2）阅读教材内容，理解本次上机所需的程序。

实验步骤

1. 创建工作文件夹

在"D:\Visual C++程序\LiMing"文件夹中创建一个新子文件夹"14"。

2. 上机练习【例 Ex_Draw】

（1）用 MFC AppWizard（exe）创建一个默认的单文档应用程序 Ex_Draw。在"新建"对话框中将项目文件夹定位到"D:\Visual C++程序\LiMing\14"。

（2）余下步骤按教材【例 Ex_Draw】进行。

3. 上机练习【例 Ex_Text】

按教材【例 Ex_Text】步骤进行。

4. 写出实验报告

结合实验内容和思考与练习，写出实验报告。

思考与练习

若将【例 Ex_Draw】和【例 Ex_Text】绘制的内容在对话框的静态文本控件中进行，则应如何实现？

实验 15 ODBC 数据库编程

实验内容

上机练习教材第 8 章的【例 Ex_ODBC】和【例 Ex_ODBCDLG】。

实验准备和说明

（1）学习完第 8 章的全部内容之后进行本次实验。

（2）复习教材相关内容。

实验步骤

1. 创建工作文件夹

在"D:\Visual C++程序\LiMing"文件夹中创建一个新子文件夹"15"。

2. 上机练习【例 Ex_ODBC】

按教材【例 Ex_ODBC】步骤进行。

3. 上机练习【例 Ex_ODBCDLG】

按教材【例 Ex_ODBCDLG】步骤进行。

4. 写出实验报告

分析上述运行结果以及思考与练习，写出实验报告。

思考与练习

（1）说明【例 Ex_ODBC】中表 Score 的记录操作与对话框中的数据是如何一一对应的。例如，说明记录添加的完整过程。

（2）若【例 Ex_ODBC】表中还有"姓名"（stuname）字段，则操作的代码应如何修改？

（3）在【例 Ex_ODBC】中，若"学生课程成绩"对话框中的内容没有任何修改，单击"确定"按钮时，应避免后面程序的执行。试修改代码来解决这个问题。当弹出用于修改的"学生课程成绩"对话框时，学号和课程号编辑框应禁止修改，试添加此功能。

（4）在【例 Ex_ODBCDLG】中，记录添加操作代码结束后有一句 MessageBox 代码，去掉此句代码，看看执行 DispDictAllRecs 后，列表框有没有显示添加的记录内容，为什么？

实习一　学生成绩管理程序（C++版）

所需知识

教材第 1~3 章，实验 1~7。

难度级别

难度级别：`1` `2` **`3`** `4` `5` `6`

目的

（1）掌握用 Visual C++ 6.0 开发环境开发控制台应用程序的方法。

（2）掌握运算符重载的常用方法。

（3）掌握 C++面向对象的设计方法。

（4）掌握基本输入输出的方法。

（5）掌握文件的打开、关闭、读写等常用操作。

（6）了解控制台窗口的界面设计方法。

要求

开发一个"学生成绩管理"应用程序，要求如下。

（1）用文件和类的方式管理学生成绩数据。

（2）能进行数据记录的增加和删除。

（3）能进行数据记录的显示、查找和排序。

（4）应用程序的文本界面设计美观、简洁。

（5）有简要的应用程序项目开发文档。

实现方法

本实习的应用程序项目 Ex_Student 可在实验 7 的基础上进行，下面说明其实现方法。

1. 项目创建和类的设计

（1）用向导创建一个 Win32 Console Application（Win32 控制台应用程序）项目 Ex_Student，选择"一个 "Hello, World!" 程序"类型。

（2）创建并添加一个"C/C++ Header File"文件 student.h，此文件包含实验 7 的 CStudentRec（用来定义基本的数据类型和操作）和 CStudentFile（用来定义记录在文件中的基本操作）两个类的所有代码。

其中，为 CStudentRec 类添加"赋值运算符重载"功能，代码如下。

```
CStudentRec& operator = (CStudentRec &stu)    // 赋值运算符重载
{
    strncpy(strName, stu.strName, 20);
    strncpy(strID, stu.strID, 10);
    for (int i=0; i<3; i++)
```

```
            fScore[i] = stu.fScore[i];
        fAve = stu.fAve;
        chFlag = stu.chFlag;
        return *this;
    }
```

CStudentFile 类添加的功能多一些，如加底纹的代码如下。

```
// CStudentFile 类的声明
class CStudentFile
{
public:
    CStudentFile(char* filename);
    ~CStudentFile();
    void Add(CStudentRec stu);                   // 添加记录
    void Delete(char* id);                        // 删除学号为id的记录
    void Update(int nRec, CStudentRec stu);       // 更新记录号为nRec的内容，nRec从0开始
    int  Seek(char* id, CStudentRec &stu);        // 按学号查找，返回记录号，-1表示没有找到
    int  List(int nNum = -1);
    int  GetRecCount(void);                       // 获取文件中的记录数
    int  GetStuRec( CStudentRec* data );          // 获取所有记录,返回记录数
private:
    char*    strFileName;                         // 文件名
};
```

添加的成员函数实现代码如下。

```
void CStudentFile::Delete(char *id)
{
    CStudentRec temp;
    int nDel = Seek(id, temp);
    if (nDel<0) return;
    // 设置记录中的 chFlag 为'N'
    temp.chFlag = 'N';
    Update( nDel, temp );
}
void CStudentFile::Update(int nRec, CStudentRec stu)
{
    fstream file(strFileName, ios::in|ios::out|ios::binary); // 二进制读写方式
    if (!file) {
        cout<<"the "<<strFileName<<" file can't open !\n";
        return ;
    }
    int nSize = sizeof(CStudentRec) - 1;
    file.seekg( nRec * nSize);
    file<<stu;
    file.close();
}
int  CStudentFile::GetRecCount(void)
{
    fstream file(strFileName, ios::in|ios::nocreate);        // 打开文件用于只读
    if (!file) {
        cout<<"the "<<strFileName<<" file can't open !\n";
        return 0;
    }
    int nRec = 0;
    while (!file.eof()){                                     // 读出所有记录
        CStudentRec data;
        file>>data;
        if (data.chFlag == 'A')    nRec++;
    }
    file.close();
    return nRec;
}
int CStudentFile::GetStuRec( CStudentRec* data )
{
    fstream file(strFileName, ios::in|ios::nocreate);        // 打开文件用于只读
```

```
    if (!file) {
        cout<<"the "<<strFileName<<" file can't open !\n";
        return 0;
    }
    int nRec = 0;
    while (!file.eof()){                            // 读出所有记录
        CStudentRec stu;
        file>>stu;
        if (stu.chFlag == 'A') {
            data[nRec] = stu;
            nRec++;
        }
    }
    file.close();
    return nRec;
}
```

（3）定位到 main 函数所在文件的前面，在 "#include "stdafx.h"" 之后添加 student.h 文件包含。

2. 关于界面设计

从专业角度来说，控制台（与 DOS 兼容）模式下的文本界面需要自己定制。本书前两版都提供了开发好的 CConUI 类供下载和使用，但文本界面也有简单的形式，其中最直接的就是使用 stdlib.h 中的 "system("...");" 来执行指定的 DOS 命令。例如，system("cls")用来将控制台窗口清屏，system("pause")用来暂停并提示"请按任意键继续…"等。

3. 程序框架设计

按项目的要求，数据记录操作通常有增加、删除、排序、列表、查找以及记录保存和调用等。这些操作的实现可参看教材和实验相关内容。下面给出本项目的参考程序框架。

```
#include "stdafx.h"
#include "student.h"
#include "stdlib.h"

CStudentFile theFile("student.dat");
// 定义命令函数
void DoAddRec(void);
void DoDelRec(void);
void DoListAllRec(void);
void DoFindRec(void);

// 定义界面操作函数
void ToMainUI( void );
void ToWaiting( void );
void ToClear( void );
int  GetSelectNum( int nMaxNum );

int main(int argc, char* argv[])
{
for (;;)
{
    ToMainUI();
    int nIndex = GetSelectNum( 9 );
    switch( nIndex ) {
        case 1:                        // Add a student data record
                                       DoAddRec();  break;
        case 2:                        // Delete a student data record
                                       DoDelRec();  break;
        case 3:                        // List all data records
                                       DoListAllRec();  break;
        case 4:                        // Find a student data record
                                       DoFindRec(); break;
        case 9:                        // Exit
                                       break;
    }
    if ( nIndex == 9 ) break;
    else ToWaiting();
```

```
    }
    return 0;
}

// 这是界面相关的几个函数实现
void ToMainUI( void )
{
    ToClear();
    cout<<"          主菜单"<<endl;
    cout<<"---------------------------------------------"<<endl;
    cout<<" 1  添加学生成绩记录"<<endl;
    cout<<" 2  删除学生成绩记录"<<endl;
    cout<<" 3  列表所有学生成绩记录"<<endl;
    cout<<" 4  查找学生成绩记录"<<endl;
    cout<<" 9  退出"<<endl;
    cout<<"---------------------------------------------"<<endl;
    cout<<" 请输入菜单前面的数字并按回车...";
}


void ToWaiting( void )
{
    system("pause");
}

void ToClear( void )
{
    system("cls");
}

int   GetSelectNum( int nMaxSelNum )        // 获取选择项的序号
{
    if ( nMaxSelNum < 1 ) return 0;
    int i;
    cin>>i;
    if ( cin.rdstate() ){
        char buf[80];
        cin.clear();
        cin.getline( buf, 80 );
    } else {
        if (( i <= nMaxSelNum ) && ( i >= 1 ) )
            return i;
    }
    return 0;
}

// 这是命令函数的实现
void DoAddRec(void)
{
    CStudentRec rec;
    rec.Input();
    theFile.Add( rec );
    DoListAllRec();
}
void DoDelRec(void)
{
    char strID[80];
    cout<<"请输入要删除的学生的学号: ";
    cin>>strID;
    if ( strID ) {
        CStudentRec rec;
        int nIndex = theFile.Seek( strID, rec );
        if ( nIndex >= 0 ) {
            theFile.Delete( strID );
            DoListAllRec();
        } else
            cout<<"要删除的学生 "<<strID<<" 不存在! "<<endl;
    }
```

```
}
void DoListAllRec(void)
{
    int nCount = theFile.GetRecCount();
    CStudentRec *stu;
    stu = new CStudentRec[nCount];
    theFile.GetStuRec( stu );
    for ( int i=0; i<nCount; i++ )
    {
        stu[i].Print( i == 0 );
    }
    delete [nCount]stu;
}
void DoFindRec(void)
{
    char strID[80];
    cout<<"请输入要查找的学生的学号: ";
    cin>>strID;
    if (strID) {
        CStudentRec rec;
        int nIndex = theFile.Seek( strID, rec );
        if ( nIndex>=0 )
            rec.Print( true );
        else
            cout<<"没有找到学生 "<<strID<<" ! "<<endl;
    }
}
```

　　程序运行后的测试结果如图 P1-1 所示。需要说明的是，此框架还需要添加排序、修改记录等功能，相信在此基础上一定能实现。

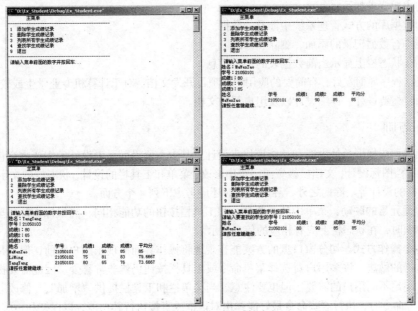

图 P1-1　框架运行并测试

实习二　　学生成绩管理程序（MFC 版）

所需知识

　　教材第 4~8 章，实验 8~15。

难度级别

难度级别：① ② ③ ④ ⑤ ⑥

目的

（1）掌握用 Visual C++ 6.0 开发环境开发软件的方法。

（2）掌握单文档应用程序结构，熟悉多文档和基于对话框的应用程序的编程方法。

（3）掌握用资源编辑器编辑图标、光标、菜单、工具栏、对话框等资源，熟悉应用程序界面设计方法。

（4）掌握对话框和常用控件的使用方法。

（5）熟悉文档视图结构，掌握文档与视图、视图与视图之间的数据传递技巧。

（6）熟悉切分窗口及一档多视的编程方法。

（7）了解在视图和对话框、控件等窗口中绘制图形的方法。

（8）掌握用 MFC 编写 ODBC 数据库应用程序的方法和技巧。

建议

（1）教师可根据实际情况提出或由学生自行提出新的实验实习题目。

（2）本次实验实习时间建议安排 10~15 学时。

要求

学生学习成绩管理系统通常涉及对学生信息、课程成绩及课程信息等内容的管理，开发这样的应用程序的主要要求如下：

（1）用数据库的方式管理系统中涉及的数据。

（2）能进行数据记录的添加、删除和修改。

（3）能在状态栏上显示当前数据表的记录信息。

（4）应用程序界面友好，有简要的应用程序项目开发文档。对于计算机专业学生或较优秀学生，要求写出项目概要设计、详细设计以及用户帮助文档。

界面设计原则

主框架界面应根据总体方案和功能模块来设计，其中主要界面元素设计的主要内容包括：应用程序图标、文档图标设计，文档模板资源字符串修改，菜单和工具栏的设计，状态栏的文字提示，"关于..."对话框的设计等。除此之外，界面设计时还应考虑下列 4 个方面。

（1）**界面元素的联动。** 菜单中的一些命令和工具栏按钮的功能相同，当鼠标指针移至这些命令按钮或菜单项时，在状态栏上应有相应的信息提示。

（2）**多个操作方式。** 切分窗口型的方案能直观地将操作界面呈现于用户眼前，但不是所有的用户都喜欢这样的做法。许多用户对选择菜单命令或工具栏按钮仍然非常喜爱。因此需要提供多种操作方式，以满足不同用户的需要。但也要注意，当菜单栏和工具栏提供"增加"、"修改"、"删除"和"查询"等命令时，执行这些命令最好能弹出对话框或直接执行其功能，以保持和传统风格一致。值得一提的是，应根据实际需要提供快捷菜单供用户选择执行。

（3）**界面的美学要求。** 在应用程序界面的现代设计和制作过程中，仅仅考虑界面的形式、颜色、字体、功能以及与用户的交互能力等因素，还远远不够。因为一个出色的软件还应有其独到之处，如果没有创意，就只是一种重复劳动。在设计过程中还必须考虑"人性"的影响，因为界面的好坏最终是由"人"来评价的。因此，在界面的设计过程中，除了考虑其本身的基本原则外，还应该有美学方面的要求。

方案和实现

为了降低实习项目的复杂程度，其方案和功能拟定如下。

（1）整个界面主框架是一个基于 CListView 视图类的单文档应用程序。CListView 的视图窗口根据提交的信息查询条件显示学生成绩内容，包括学号、姓名、性别、专业、课程号、课程名称、课程类别、开课学期、课时数、学分和成绩等。

（2）顶层菜单去掉向导生成的"文件"和"编辑"两组菜单，相应的工具按钮也一并去除。在此基础上，添加"信息"、"成绩"两个菜单。这样，顶层菜单依次为"信息"、"成绩"、"查看"和"帮助"。

（3）"信息"菜单包含"学生"、"课程"和"字典"子菜单项，菜单命令执行后，弹出相应对话框，用于对各数据表进行基本操作。"成绩"菜单包含"输入"和"查询"子菜单项。

（4）执行"输入"菜单命令后，弹出"成绩输入"对话框，若输入的学号和课程号已有成绩记录，则根据输入的成绩弹出消息框提示是否修改（成绩大于或等于 0）或删除（成绩小于 0）；若输入的成绩还没有相应的记录，则单击对话框的【确定】按钮后，添加成绩记录。

（5）执行"查询"菜单命令后，弹出查询对话框，从中可指定所有（默认）、按课程、按学号等查询条件。查询的结果显示在 CListView 的视图窗口中。

实现的方案如图 P2-1 所示，图中的连线表示菜单项和工具按钮的联动，菜单项文本中显示要联动的快捷键。

图 P2-1 界面方案

下面说明相关功能的实现。

1. 数据库的设计

用 Micosoft Access 创建一个数据库 student.mdb，包含用于描述学生信息、课程成绩、课程信息及数据字典的数据表 student、score、course 和 dict，其结构如表 P2-1~表 P2-4 所示。

2. 程序框架代码及其添加的类

（1）为上述数据库添加并创建一个 ODBC 数据源，名称为"用于 MFC 实习"。

（2）用 MFC AppWizard 创建一个单文档应用程序 iStudentXX（XX 表示 2 位数学号，作为示例，这里创建的项目名称设为 iStudent），在向导的第 2 步中选择"标题文件（Header files only）"，在第 4 步中去掉"打印和打印预览"选项的选中标记，在第 6 步中将视图基类选为 CListView。这样，应用程序可以使用数据库的 MFC 类，但又没有默认的数据库代码框架。

（3）在应用程序项目中，用 MFC ClassWizard 为数据表 student、score、course、dict 创建并添加 CRecordSet 的派生类：CStudentSet、CScoreSet、CCourseSet 和 CDictSet。同时在 iStudentView.cpp 文件的前面添加这些类的头文件包含指令。

表 P2-1 学生信息表（student）结构

序 号	字段名称	数据类型	字段大小	小数位	字段含义
1	studentname	文本	20		姓名
2	studentno	文本	10		学号
3	xb	是/否			性别
4	birthday	日期/时间			出生年月
5	special	文本	50		专业

表 P2-2　学生课程成绩表（score）结构

序　号	字段名称	数据类型	字段大小	小数位	字段含义
1	studentno	文本	10		学号
2	course	文本	20		课程号
3	score	数字	单精度	1	成绩
4	credit	数字	单精度	1	学分

表 P2-3　课程信息表（course）结构

序　号	字段名称	数据类型	字段大小	小数位	字段含义
1	courseno	文本	20	—	课程号
2	special	文本	50	—	所属专业
3	coursename	文本	50	—	课程名
4	coursetype	文本	10	—	课程类别
5	openterm	数字	字节	—	开课学期
6	hours	数字	字节	—	课时数
7	credit	数字	单精度	1	学分

表 P2-4　字典表（dict）结构

序　号	字段名称	数据类型	字段大小	小数位	字段含义
1	nID	自动编号	—	—	—
2	dicttype	文本	20	—	类型
3	dictval	文本	50	—	值

（4）在 CMainFrame::PreCreateWindow 函数中添加修改主框架标题的代码：

```
BOOL CMainFrame::PreCreateWindow(CREATESTRUCT& cs)
{
    if( !CFrameWnd::PreCreateWindow(cs) )
        return FALSE;
    cs.style &= ~FWS_ADDTOTITLE;
    SetTitle("学生成绩管理");
    return TRUE;
}
```

（5）在 CEx_FieldView::PreCreateWindow 函数中添加修改列表视图风格的代码：

```
BOOL CIStudentView::PreCreateWindow(CREATESTRUCT& cs)
{
    // TODO: Modify the Window class or styles here by modifying
    //   the CREATESTRUCT cs
    cs.style &= ~LVS_TYPEMASK;
    cs.style |= LVS_REPORT;                        // 报表方式
    return CListView::PreCreateWindow(cs);
}
```

（6）为 CIStudentView 类添加一个成员函数 DispMainInfo，用来根据指定的条件在列表视图中用报表形式显示学生成绩的所有信息，该函数的代码如下：

```
void CIStudentView::DispMainInfo(CString strFilter)
{
    CListCtrl& m_listCtrl = GetListCtrl();      // 获取内嵌在列表视图中的列表控件
    m_listCtrl.DeleteAllItems();                // 删除所有的列表项
    CScoreSet sSet;
    sSet.m_strFilter = strFilter;               // 设置过滤条件
    sSet.Open();                                // 打开score表
    int nItem = 0, nCol  = 0;
    CString str;
```

```
        while (!sSet.IsEOF()) {
            m_listCtrl.InsertItem( nItem, sSet.m_studentno); // 插入学号
            // 根据score表中的studentno(学号)获取student表中的"姓名"
            {
                CStudentSet uSet;
                uSet.m_strFilter.Format("studentno='%s'", sSet.m_studentno);
                uSet.Open();
                if (!uSet.IsEOF())
                {
                    nCol++;  m_listCtrl.SetItemText( nItem, nCol, uSet.m_studentname );
                    nCol++;
                    if ( uSet.m_xb )  m_listCtrl.SetItemText( nItem, nCol, "男" );
                    else              m_listCtrl.SetItemText( nItem, nCol, "女" );
                    nCol++;  m_listCtrl.SetItemText( nItem, nCol, uSet.m_special );
                }
                uSet.Close();
            }
            nCol++;       m_listCtrl.SetItemText( nItem, nCol, sSet.m_course);
            // 根据score表中的course(课程号)获取course表中的课程信息
            {
                CCourseSet cSet;
                cSet.m_strFilter.Format("courseno='%s'", sSet.m_course);
                cSet.Open();
                if (!cSet.IsEOF())  {
                    // 后面5个字段
                    for (UINT i = 2; i < cSet.m_nFields; i++) {
                        cSet.GetFieldValue(i, str);         // 获取指定字段值
                        nCol++;  m_listCtrl.SetItemText( nItem, nCol, str);
                    }
                }
                cSet.Close();
            }
            str.Format("%0.1f", sSet.m_score);
            nCol++;  m_listCtrl.SetItemText( nItem, nCol, str);
            sSet.MoveNext();
            nItem++; nCol = 0;
        }
        if (sSet.IsOpen())    sSet.Close();
    }
}
```

（7）在 CIStudentView::OnInitialUpdate 函数中添加下列代码，用来创建列表标题头以及记录信息的默认显示。

```
void CIStudentView::OnInitialUpdate()
{
    CListView::OnInitialUpdate();
    // 设置列表头
    CString strHeader[]={"学号","姓名", "性别", "专业", "课程号",
        "课程名称","课程类别","开课学期","课时数","学分","成绩"};
    int nLong[] = {70, 70, 40, 150, 70, 150, 70, 70, 60, 50, 50};
    CListCtrl& m_listCtrl = GetListCtrl();              // 获取内嵌在列表视图中的列表控件
    for (int nCol=0; nCol<sizeof(strHeader)/sizeof(CString); nCol++)
        m_listCtrl.InsertColumn(nCol,strHeader[nCol],LVCFMT_LEFT,nLong[nCol]);
    DispMainInfo( "" );
}
```

（8）设计菜单和工具栏，并映射它们的命令消息。

3. 成绩"查询"对话框设计

（1）添加一个对话框资源 IDD_SEEK，用于查询学生成绩数据，创建的对话框类为 CSeekDlg。

（2）设计 IDD_SEEK 对话框，如图 P2-2 所示，添加的控件及控件变量如表 P2-5 所示。

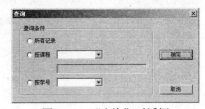

图 P2-2 "查询"对话框

表 P2-5　　"查询"对话框添加的控件及控件变量

添加的控件	ID	变量类型	变 量 名	范围和大小
单选按钮（所有记录）	IDC_RADIO_ALL	—	—	—
单选按钮（按课程）	IDC_RADIO_COURSE	—	—	—
单选按钮（按学号）	IDC_RADIO_STUNO	—	—	—
组合框（按课程）	IDC_COMBO_COURSE	CComboBox	m_boxCourse	—
编辑框（按课程）	IDC_EDIT_COURSE	CString	m_strCourseName	50
组合框（按学号）	IDC_COMBO_STUNO	CComboBox	m_boxStuNO	—

（3）为对话框 CSeekDlg 添加成员变量 m_strSeek，用于指定学生成绩的查询条件，其类型为 CString。

（4）为 CSeekDlg 类添加 WM_INITDIALOG 的消息映射，并添加下列初始化代码（涉及的 CStudentSet、CCourseSet 类要在 SeekDlg.cpp 文件前面添加其头文件包含）：

```
BOOL CSeekDlg::OnInitDialog()
{
    CDialog::OnInitDialog();
    m_strSeek.Empty();
    CheckRadioButton( IDC_RADIO_ALL, IDC_RADIO_STUNO, IDC_RADIO_ALL );
        // 初始化按课程组合框
    m_boxCourse.ResetContent();
    {
        CCourseSet cSet;
        cSet.Open();
        while (!cSet.IsEOF()) {
            m_boxCourse.AddString( cSet.m_courseno );
            cSet.MoveNext();
        }
        cSet.Close();
    }
    m_boxCourse.EnableWindow( false );
        // 初始化按学号组合框
    m_boxStuNO.ResetContent();
    {
        CStudentSet uSet;
        uSet.Open();
        while (!uSet.IsEOF()) {
            m_boxStuNO.AddString( uSet.m_studentno );
            uSet.MoveNext();
        }
        uSet.Close();
    }
    m_boxStuNO.EnableWindow( false );
    return TRUE;              // return TRUE unless you set the focus to a control
                             // EXCEPTION: OCX Property Pages should return FALSE
}
```

（5）添加所有单选按钮的 BN_CLICKED 以及所有组合框的 CBN_SELCHANGE 的消息映射，并增加相应的处理代码，以实现如图 P2-3 所示的功能。

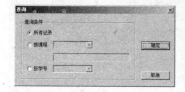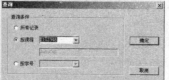

图 P2-3　　"查询"对话框的功能

4."成绩输入"对话框设计

（1）添加一个对话框资源 IDD_SCORE，用于学生成绩的输入操作，创建的对话框类为 CInputDlg。

（2）设计 IDD_SCORE 对话框，如图 P2-4 所示，添加的控件及控件变量如表 P2-6 所示。

图 P2-4　"成绩输入"对话框

表 P2-6　成绩输入对话框添加的控件及控件变量

添加的控件	ID	变量类型	变 量 名	范围和大小
组合框（学生）	IDC_COMBO_STUNO	CComboBox	m_boxStuNO	—
		CString	m_strStuNO	
组合框（课程）	IDC_COMBO_COURSENO	CComboBox	m_boxCourseNO	—
		CString	m_strCourseNO	
编辑框（成绩）	IDC_EDIT_SCORE	float	m_fScore	

（3）为 CInputDlg 类添加 WM_INITDIALOG 的消息映射，并添加下列初始化代码：

```
BOOL CInputDlg::OnInitDialog()
{
    CDialog::OnInitDialog();
    // TODO: Add extra initialization here
    // 初始化学生组合框
    m_boxStuNO.ResetContent();
    {
        CString strItem;
        CStudentSet uSet;
        uSet.Open();
        while (!uSet.IsEOF()) {
            strItem.Format( "%-16s%s", uSet.m_studentno, uSet.m_studentname );
            m_boxStuNO.AddString( strItem );
            uSet.MoveNext();
        }
        uSet.Close();
    }
    // 初始化课程组合框
    m_boxCourseNO.ResetContent();
    {
        CString strItem;
        CCourseSet cSet;
        cSet.Open();
        while (!cSet.IsEOF()) {
            strItem.Format( "%-16s%s[%.1f学分]",
                cSet.m_courseno, cSet.m_coursename, cSet.m_credit );
            m_boxCourseNO.AddString( strItem );
            cSet.MoveNext();
        }
        cSet.Close();
    }
    return TRUE; // return TRUE unless you set the focus to a control
                 // EXCEPTION: OCX Property Pages should return FALSE
}
```

（4）在为 CIStudentView 类映射菜单项"输入"（ID_SCORE_OP）命令映射函数中可添加下列代码框架：

```
void CIStudentView::OnScoreOp()
{
```

```
// TODO: Add your command handler code here
CInputDlg dlg;
if ( IDOK == dlg.DoModal() )
{
    CString strStuNO = dlg.m_strStuNO.Left( 15 );
    CString strCourseNO = dlg.m_strCourseNO.Left( 15 );
    strStuNO.TrimRight();
    strCourseNO.TrimRight();
    CScoreSet sSet;
    sSet.m_strFilter.Format( "studentno='%s' AND course='%s'",
        strStuNO,    strCourseNO );
    sSet.Open(); // 打开score表
    if ( sSet.IsEOF() ){
        if ( dlg.m_fScore >= 0.0f )
        {
                // 这里添加成绩添加记录的代码
        }
    }
    else
    {
        if ( dlg.m_fScore < 0.0f ) {
            CString str;
            str.Format( "真的要删除 %s %s 记录吗? ",
                dlg.m_strStuNO, dlg.m_strCourseNO );
            if ( IDYES == MessageBox( str, "询问", MB_OKCANCEL|MB_ICONQUESTION ) )
            {
                // 这里添加成绩删除记录的代码
            }
        }
        else
        {
                // 需要弹出消息对话框来询问
                // 这里添加成绩修改记录的代码
        }
    }
    sSet.Close();
    DispMainInfo( "" );
}
```

```
}
```

5. 各数据表操作的对话框设计

数据表操作可用对话框和一般控件的形式来完成，类似于第 8 章的【例 Ex_ODBCDLG】，或直接使用 RemoteData 和 DBGrid 来简化操作，就像第 8 章的【例 Ex_ActiveX】。

限于篇幅，这里不再细说。实际上，要完善一个系统功能是非常不容易的，因为有许许多多细节上的考虑。比如说，删除时要弹出消息对话框以确定是否真的删除等！再比如右击鼠标以弹出当前的快捷操作等。当然，若是时间充分的话，还可用对话框来显示出一个学生成绩分布的直方图或圆饼图。

附录 A   常用 C++库函数及类库

  C++编译器自带了许多头文件，包含用于实现基本输入输出、数值计算、字符串处理等方面的函数。这里仅列出最常用的一些 C++库函数，如表 A-1~表 A-3 所示（表格标题后面括号中是使用库函数时，需要指定包含的新头文件名和兼容 C 的头文件名）。

表 A-1   常用数学函数（cmath、math.h）

函数原型	功能说明
int abs(int n);	分别求整数 n 的绝对值，其结果由函数返回
long labs(long n);	分别求长整数 n 的绝对值，其结果由函数返回
double fabs(double x);	分别求双精度浮点数 x 的绝对值，其结果由函数返回
double cos(double x);	求余弦，x 用来指定一个弧度值，结果由函数返回
double sin(double x);	求正弦，x 用来指定一个弧度值，结果由函数返回
double tan(double x);	求正切，x 用来指定一个弧度值，结果由函数返回
double acos(double x);	求反余弦，x 用来指定一个余弦值(-1 ~ 1)，求得的弧度值由函数返回
double asin(double x);	求反正弦，x 用来指定一个正弦值(-1 ~ 1)，求得的弧度值由函数返回
double atan(double x);	求反正切，x 用来指定一个正切值，求得的弧度值由函数返回
double log(double x);	求以 e 为底的对数，结果由函数返回
double log10(double x);	求以 10 为底的对数，结果由函数返回
double exp(double x);	求 e^x，结果由函数返回
double pow(double x, double y);	求 x^y，结果由函数返回
double sqrt(double x);	求 x 的平方根，结果由函数返回
double fmod(double x, double y);	求整除 x/y 的余数，结果由函数返回
double ceil(double x);	求不小于 x 的最小整数，结果由函数返回
double floor(double x);	求不大于 x 的最大整数，结果由函数返回

表 A-2   常用字符串函数（cstring、string.h）

函数原型	功能说明
char *strcat(char *strDestination, const char *strSource); char *strncat(char *strDest, const char *strSource, int count);	将 strSource 接到 strDestination 后面，函数返回 strDestination，count 指定要接的字符数
char *strcpy(char *strDestination, const char *strSource); char *strncpy(char *strDest, const char *strSource, int count);	将 strSource 复制到 strDestination 中，函数返回 strDestination，count 指定要复制的字符数
int strcmp(const char *string1, const char *string2); int strncmp(const char *string1, const char *string2, int count);	比较两个字符串，count 指定要比较的字符数。当它们相同时，函数返回 0，小于时返回负数，否则返回正数
int strlen(const char *string);	返回 string 中的字符数
char *strchr(const char *string, int c);	找出 string 中首次出现字符 c 的指针位置
char *strstr(const char *string, const char *strCharSet);	找出 string 中首次出现子串 strCharSet 的指针位置，若不存在，则函数返回 NULL

表 A-3　其他常用函数（cstdlib、stdlib.h）

函数原型	功能说明
void abort(void);	立即结束当前程序运行，但不做结束工作
void exit(int status);	结束当前程序运行，做结束工作。status 为 0 时，表示正常退出
double atof(const char *string);	将字符串 string 转换成浮点数，结果由函数返回
int atoi(const char *string);	将字符串 string 转换成整数，结果由函数返回
long atol(const char *string);	将字符串 string 转换成长整数，结果由函数返回
int rand(void);	产生一个随机数
void srand(unsigned int seed);	随机数种子发生器
__max(a, b);	返回 a 和 b 中的最大数（Visual C++），其他编译器为 max(a, b)
__min(a, b);	返回 a 和 b 中的最小数（Visual C++），其他编译器为 min(a, b)

附录 B　字符串类型和 CString 类

为了满足数据操作不同场合的需要，MFC 提供了许多有关数据操作的类。其中，CString 类是对 C++语言的一个很重要的扩充，有许多非常有用的运算符和成员函数用于**字符串**的操作。由于 CString 类对象能自动动态开辟和释放内存，因而实际使用时，根本不用担心 CString 对象的容量大小（它最大可使用 2,147,483,64 个字符）。下面讨论它的一些典型用法和技巧。

1. BSTR、const char*、LPCTSTR 和 CString

在 Visual C++的所有编程方式中，常常要用到这样的一些基本字符串类型，如 BSTR、LPSTR 和 LPWSTR 等。之所以出现类似上述的数据类型，是因为不同编程语言之间的数据交换以及对 ANSI、双字节字符集（Unicode）和多字节字符集（MBCS）的支持。

那么什么是 BSTR、LPSTR 和 LPWSTR 呢？

BSTR（Basic STRing，Basic 字符串）是一个 OLE CHAR*类型的 Unicode 字符串。它被描述成一个与自动化相兼容的类型。由于操作系统提供相应的 API 函数（如 SysAllocString）来管理它以及一些默认的调度代码，因此 BSTR 实际上就是一个 COM 字符串，但它却在自动化技术以外的多种场合下，也得到了较为广泛的应用。

LPSTR 和 LPWSTR 是 Win32 和 Visual C++使用的一种字符串数据类型。LPSTR 被定义成是一个指向以 NULL（'\0'）结尾的 8 位 ANSI 字符数组指针，而 LPWSTR 是一个指向以 NULL 结尾的 16 位双字节字符数组指针。在 Visual C++中，还有类似的字符串类型，如 LPTSTR、LPCTSTR 等，它们的含义如图 B-1 所示。

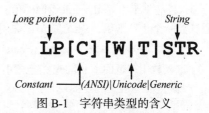

图 B-1　字符串类型的含义

例如，LPCTSTR 是指 "long pointer to a constant generic string"，表示 "一个指向一般字符串常量的长指针类型"，与 C/C++的 const char*相映射，而 LPTSTR 映射为 char*。

CString 类支持字符串类型，并可通过 CString 类构造函数和一些运算符进行构造。CString 类构造函数原型如下。

```
CString( );
CString( const CString& stringSrc );
CString( TCHAR ch, int nRepeat = 1 );
CString( LPCTSTR lpch, int nLength );
CString( const unsigned char* psz );
CString( LPCWSTR lpsz );
CString( LPCSTR lpsz );
```

例如：

```
CString s1;                              // 创建一个空字符串
CString s2( "cat" );                     // 从 C 语言样式的字符串创建 s2
CString s3 = s2;                         // 使用拷贝构造函数，将 s2 作为 s3 的初值
CString s4( s2 + " " + s3 );             // 从一个字符表达式创建 s4
CString s5( 'x' );                       // 使 s5 = "x"
CString s6( 'x', 6 );                    // 使 s6 = "xxxxxx"
CString s7((LPCSTR)ID_FILE_NEW);         // 从资源 ID_FILE_NEW 的字符串值创建 s7
                                         // 等同于：
                                         // CString s7 ;
                                         // s7. LoadString( ID_FILE_NEW ) ;
CString city = "Philadelphia";           // 从 C 语言样式的字符串创建 city
```

当然，也可使用 CString 类的 Format 成员函数将任意数据类型转换成 CString 字符串（后面专门讨论）。

若将一个 CString 字符串向上述字符串类型进行转换，则可使用 CString 类提供的 const char*、LPCTSTR 运算符以及 AllocSysString 和 SetSysString 成员函数等。例如：

```
// 将 Cstring 转换为 LPTSTR 的方法一
CString theString( "This is a test" );
LPTSTR lpsz = new TCHAR[theString.GetLength()+1];
// TCHAR 在 Unicode 平台中等同于 WCHAR(16 位 Unicode 字符)，在 ANSI 中等价于 char
_tcscpy( lpsz, theString);
// 将 Cstring 转换为 LPTSTR 的方法二
CString theString( "This is a test" );
LPTSTR lpsz = (LPTSTR)(LPCTSTR)theString;
// 将 Cstring; 转换为 BSTR
CString str("This is a test");
BSTR bstrText = str.AllocSysString();
//…
SysFreeString(bstrText);                          // 用完释放
```

2. 字符串的字符访问

在 CString 类中，可以用 SetAt 和 GetAt 来设置或获取指定字符串中的字符，也可以使用运算符"[ ]"来直接操作。它们的函数原型描述如下。

```
void SetAt( int nIndex, TCHAR ch );
```

其中，参数 nIndex 用来指定 CString 对象中某个字符的索引（从 0 开始），它的值必须大于或等于 0，且应小于由 GetLength 返回的值。ch 用来指定要插入的字符。这样，就可将一个 CString 对象看作是一个字符数组，SetAt 成员函数用来改写指定索引的字符。

```
TCHAR GetAt( int nIndex ) const;
```

该函数用来返回由 nIndex 指定索引位置（从零开始）的 TCHAR 字符。例如：

```
CString str( "abcdef" );
ASSERT( str.GetAt(2) == 'c' );
// 断言返回的字符与'c'相等。在 MFC 中，断言机制常用于调试，当断言失败后，程序在此中断
// 然后弹出对话框，询问是否进入调试或选择其他操作
TCHAR operator []( int nIndex ) const;
```

这是一个运算符重载函数，即将一个 CString 对象看作是一个字符数组，使用下标运行符"[]"，通过指定下标值 nIndex 来获取相应的字符。例如：

```
CString str( "abc" );
ASSERT( str[1] == 'b' );
```

3. 清空及字符串长度

清空 CString 对象可用 Empty 函数，判断 CString 对象是否为空，使用 IsEmpty 函数，获取 CString 对象的字符串长度，使用 GetLength 函数，它们的原型如下。

```
void Empty( );
```

该函数强迫 CString 对象为空（字符串长度为 0），并释放相应的内存。

```
BOOL IsEmpty( ) const;
```

该函数用来判断 CString 对象是否为空（字符串长度为 0），"是"为 TRUE，"否"为 FALSE。

```
int GetLength( ) const;
```

该函数用来获取 CString 对象的字符串长度（字符数），这个长度不包括字符串结尾的结束符。例如：

```
CString s( "abcdef" );
ASSERT( s.GetLength() == 6 );
```

4. 提取和大小写转换

CString 类提供许多用来从一个字符串中提取部分字符串的操作函数，以及大小写转换函数。下面分别说明。

```
CString Left( int nCount ) const;
```

该函数用来从 CString 对象中提取最前面的 nCount 个字符作为要提取的子字符串（简称**子串**）。如果 nCount 超过了字符串的长度，则取整个字符串。

```
CString Mid( int nFirst ) const;
CString Mid( int nFirst, int nCount ) const;
```

该函数函数从 CString 对象中提取一个从 nFirst（从 0 开始的索引）指定位置开始的 nCount 个字符的子串。若 nCount 不指定，则提取的子串从 nFirst 开始，直到字符串结束。

```
CString Right( int nCount ) const;
```

该函数从 CString 对象中提取最后面的 nCount 个字符作为要提取的子字符串。如果 nCount 超过了字符串的长度，则取整个字符串。

```
void MakeLower( );
```

该函数用来将 CString 对象的所有字符转换成小写字符。

```
void MakeUpper( );
```

该函数用来将 CString 对象的所有字符转换成大写字符。

```
void TrimLeft( );
void CString::TrimLeft( TCHAR chTarget );
void CString::TrimLeft( LPCTSTR lpszTargets );
```

该函数用来删除 CString 对象最左边的空格、tab 字符、chTarget 指定的字符和 lpszTargets 指定的子串。

```
void TrimRight( );
void CString::TrimRight( TCHAR chTarget );
void CString::TrimRight( LPCTSTR lpszTargets );
```

该函数用来删除 CString 对象最后边的空格、tab 字符、chTarget 指定的字符和 lpszTargets 指定的子串。例如：

```
CString strBefore;
CString strAfter;
strBefore = "Hockey is Best!!!!" ;
strAfter = strBefore;
strAfter.TrimRight('!' );
// strAfter 中的字符串"Hockey is Best!!!!"变成了"Hockey is Best"
strBefore = "Hockey is Best?!?!?!?!" ;
strAfter = strBefore;
strAfter.TrimRight("?!?");
// strAfter 中的字符串"Hockey is Best?!?!?!?!"变成了"Hockey is Best"
```

5. Format 成员函数

CString 类的 Format 成员函数将任意数据类型转换成 CString 字符串。Format 成员函数使用 C 语言的 printf 格式样式进行创建，例如：

```
CString str;
str.Format( "Floating point: %.2f\n", 12345.12345);
str:Format( "Left-justified integer: %.6d\n", 35);
```

其中，凡格式字串中出现的"以引导符%开始，以基本类型转换符结束"的子串都是**格式参数域**，其使用格式如下。

%[标志符][m.n][类型修饰符]基本类型转换符

格式中，基本类型转换符如表 B-1 所示；在基本类型符的前面可以加上 h、l、L、ll 和 LL 等类型修饰符。其中，h 表示 short，l 或 L 表示 long。m.n 是宽度和精度的控制格式，它们都是整数，其中，m 表示宽度，.n 表示精度。例如，"10.8"、"10"、"10." 和 ".8" 都是合法的 "m.n" 格式。在格式中还可以使用标志符，如 "-"、"+"、"#"、"0" 和 "␣" 等，指定时，它们必须紧随 "%" 之后，其含义如表B-2所示。

表 B-1　基本类型转换符

基本类型转换符		对应的类型名	说　　明
整型	d、i	int、signed [int]	表示十进制的有符号整型
	u	unsigned [int]	表示十进制的无符号整型
	o(小写字母o)	unsigned [int]	表示八进制的无符号整型
	x(小写字母)	unsigned [int]	表示十六进制的无符号整型，对于10~15的数使用小写的a~f来表示
	X(大写字母)	unsigned [int]	表示十六进制的无符号整型，对于10~15的数使用大写的A~F来表示
浮点型	e	float、double	小写形成的e格式，即科学记数法（指数形式）中的e是小写的
	E	float、double	大写形成的E格式，即科学记数法（指数形式）中的E是大写的
	f	float、double	小数形式的实型格式
	g	float、double	去掉e格式和小数格式中数字后面没有意义的0
	G	float、double	去掉E格式和小数格式中数字后面没有意义的0
字符型	c(小写字母)	char	表示单个字符
	s(小写字母)	字符串	表示字符串

表 B-2　格式输出标志符

标志符	指定后的结果	默认结果
-	在指定的宽度中，输出的内容靠左对齐	靠右对齐
+	强制输出符号，正数前面输出"+"，负数前面输出"-"	正数前面没有符号，负数前面输出"-"
#	对c、d、i、u和s类型输出不起作用 对于o、x或X类型输出来说，它在非零数前面相应添加进制前缀0、0x或0X	没有前缀
	对于e、E和f类型输出来说，它强制出现小数点 对于g或G类型输出来说，它强制出现小数点，这样就避免小数尾部的0被舍去	小数点随小数出现而出现小数尾部的0被舍去
0	在指定输出宽度时，数据前面的不足部分用0来补齐，若还出现'-'标志，则'0'标志不起作用	不足部分用空格补齐
␣	强制使用符号"位"，正数前面输出"␣"，负数前面输出"-"	正数前面没有符号

附录 C　Visual C++常用操作

在 Visual C++应用程序编程过程中，常常需要对类及类代码进行定位和添加、添加成员、消息映射、虚函数等操作，在操作之前，先创建一个默认的单文档应用程序 Ex_SDI。

1. 类的添加

给项目添加一个类有很多方法，例如，将外部源文件复制到当前项目文件夹中，选择"工程"→"增加到工程"→"文件"命令，将外部源文件所定义的类添加到项目中。但若使用 MFC 的 ClassWizard，则可以从大多数 MFC 类中派生一个类，并且创建的类代码自动包含 MFC 所需的消息映射等机制。

用 MFC 类向导（ClassWizard）给项目添加一个类的步骤如下。

（1）按【Ctrl+W】组合键，启动 MFC ClassWizard 对话框。单击 Add Class... ▼ 按钮，从弹出的下拉菜单中选择 New 命令，弹出如图 C-1 所示的 New Class 对话框。

（2）在对话框中的 Name 文本框中输入要添加的类名，注意要以 "C" 字母打头，以保持与 MFC 标识符命名规则一致；File Name 是该类的源代码文件名，单击 Change... 按钮可改变源文件名称及其在磁盘中的位置；Base class 用来指定该类的基类；Dialog ID 是选择 CDialog 作为基类时，指定对话框的资源 ID（标识）。最下面的 Automation 用来设置对自动化的支持。

（3）单击 OK 按钮，一个新类就自动添加到项目中。

2. 类的删除

当添加的类需要删除时，按下列步骤进行。

（1）将 Visual C++ 6.0 打开的所有文档窗口关闭。

（2）将项目工作区窗口切换到 FileView 页面，展开 Source Files 和 Header Files 节点，分别选定要删除类对应的.h 和.cpp 文件，按【Delete】键，删除这两个文件。

（3）选择"文件"→"关闭工作区"命令，关闭项目。

（4）从当前项目文件夹中删除对应的.h、.cpp 和.clw 文件。

这样，当调入项目文件后，按【Ctrl+W】组合键就会弹出一个对话框，询问是否重新建立 ClassWizard 数据文件，单击 是(Y) 按钮，出现如图 C-2 所示的 Select Source Files 对话框。单击右下角的 Add All 按钮，然后单击 OK 按钮，进入 MFC ClassWizard 对话框，单击 确定 按钮即可。

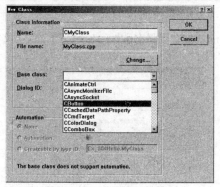

图 C-1　New Class 对话框

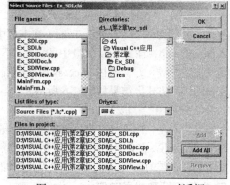

图 C-2　Select Source Files 对话框

3. 添加类的成员函数

向一个类添加成员函数可按下列步骤进行，这里是向 CEx_SDIView 类添加一个成员函数 void DoDemo(int nDemo1)。

（1）选择"文件"→"打开工作空间"命令，从弹出的对话框中打开前面创建的单文档应用程序项目 Ex_SDI。

（2）切换到项目工作区窗口的 ClassView 页面，右击"CEx_sDIView"类名，弹出相应的快捷菜单，如图 C-3 所示。

（3）从弹出的快捷菜单中选择"Add Member Function"，弹出"添加成员函数"（Add Member Function）对话框。在"函数类型"（Function Type）文本框中输入 void，在"函数描述"（Function Declaration）文本框中输入 DoDemo(int nDemo1)，Access 用来设置该成员函数的访问方式，如图 C-4 所示。

图 C-3 ClassView 页面和快捷菜单

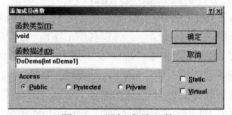

图 C-4 添加成员函数

（4）单击 确定 按钮，文档窗口打开该类源代码文件，并自动定位到添加的函数实现代码处，在这里用户可以添加该函数的代码，如图 C-5 所示。

4. 添加类的成员变量

向一个类添加成员变量可按下列步骤进行，这里是向 CEx_SDIView 类添加一个成员指针变量 int *m_nDemo。

（1）切换到项目工作区窗口的 ClassView 页面。

（2）右击"CEx_SDIView"类名，从弹出的快捷菜单中选择"Add Member Variable"，弹出"添加成员"（Add Member Variable）对

图 C-5 添加成员函数后的文档窗口

话框。在"变量类型"（Variable Type）文本框中输入 int，在"变量名称"（Variable Name）文本框中输入*m_nDemo，注意指针变量中的"*"不能添加到"变量类型"文本框中，Access 用来设置该成员变量的访问方式。结果如图 C-6 所示。

（3）单击 确定 按钮。

需要说明的是，用这种方法添加的成员变量，对于某些类型来说，它会自动为其设定初值。当然，成员变量也可在类的声明文件（.h）中直接添加。

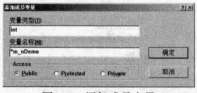

图 C-6 添加成员变量

5. 文件打开和成员定位

前面已说过，在 ClassView 页面中，每个类名前有一个图标和一个套在方框中的符号"+"，双击类名节点，直接打开并显示类定义的头文件；单击符号"+"，显示该类中的成员函数和成员变量；双击成员函数节点，在文档窗口中直接打开源文件，并显示相应函数体代码；双击成员变量节点，在文档窗口中直接打开类的头文件，并显示该成员变量的定义。

　　例如，下面的操作步骤是在 CEx_SDIView 构造函数处，将指针变量*m_nDemo 设为 NULL。

　　（1）切换到项目工作区窗口的 ClassView 页面。

　　（2）单击 CEx_SDIView 类前面的 "+"，展开该类的所有节点，双击与 CEx_SDIView 类同名的节点，即构造函数名节点。

　　（3）此时文档窗口自动定义到 CEx_SDIView 构造函数处，在该函数中添加如下代码。

```
CEx_SDIView::CEx_SDIView()
{    // TODO: add construction code here
     m_nDemo = NULL;
}
```

　　实际上，打开文件最简单的方法是切换到项目工作区的 FileView 页面，然后展开所有节点，双击文件名节点，即可打开该文件。

模拟测试试卷

模拟测试试卷一（基于C++）

一、单项选择题（本大题共 20 小题，每小题 1 分，共 20 分）

1. 编写 C++程序一般需经过的几个步骤依次是（　　）。
   A) 编辑、调试、编译、连接
   B) 编辑、编译、连接、运行
   C) 编译、调试、编辑、连接
   D) 编译、编辑、连接、运行

2. 下列 C++标识符不合法的是（　　）。
   A) Pad
   B) name_1
   C) A#bc
   D) _a12

3. 设有定义 int i; char c = 'a'; double d＝5;，则 10+i+c+d 值的数据类型是（　　）。
   A) int
   B) double
   C) float
   D) 不确定

4. 一个函数无返回值时，函数类型应选择的说明符是（　　）。
   A) static
   B) extern
   C) void
   D) 无说明符

5. 以下能正确定义数组并正确赋初值的语句是（　　）。
   A) int N=5,b[N][N];
   B) int a[2]={{1},{3},{4},{5}};
   C) int c[2][]={{1,2},{3,4}};
   D) int d[3][2]={{1,2},{3,4}};

6. 通常的拷贝构造函数的参数是（　　）。
   A) 某个对象名
   B) 某个对象成员名
   C) 某个对象的引用
   D) 某个对象的指针名

7. 已知 Print 函数是一个类的常成员函数，它无返回值，下列声明中，正确的是（　　）。
   A) void Print() const;　B) const void Print();　C) void const Print();　D) void Print(const);

8. 下列关于派生类的说法，不正确的是（　　）。
   A) 派生类一般都用公有派生
   B) 对基类成员的访问必须是无二义性的
   C) 公有派生类可以将派生类的对象直接赋给其基类的对象，反之却不可以
   D) 基类的公有成员在派生类中仍然是公有的

9. 下面关于 this 指针使用的说法，正确的是（　　）。
   A) this 指针是一个隐含指针，它隐含于类的成员函数中
   B) 只有在使用 this 时，系统才会将对象的地址赋值给 this
   C) 类的友元函数也有 this 指针
   D) this 指针表示成员函数当前操作数据所属的对象

10. 下列关于虚函数的描述，正确的是（　　）。
    A) 虚函数是一个 static 类型的成员函数
    B) 虚函数是一个非成员函数
    C) 只有通过基类指针，才能实现虚函数的多态性
    D) 派生类的虚函数与基类的虚函数具有不同的参数个数和类型

11. 下列关于 new 运算符的描述，不正确的是（　　）。
    A) 它可以用来动态创建对象和对象数组
    B) 使用它创建的对象和对象数组可以使用运算符 delete 删除
    C) 使用它创建对象时要调用构造函数
    D) 使用它创建对象数组时必须指定初始值

12. 下面程序的运行结果为（　　）。
```
#include<iostream>
```

```
using namespace std;
int add(int a,int b)
{
    int s=a+b;
    return s;
}
int main()
{
    extern int x,y;
    cout<<add(x,y)<<endl;
    return 0;
}
int x=20,y=5;
```

A) 20   B) 5   C) 25   D) 编译会提示出错信息

13. 假设 Class Y : public X，即类 Y 是类 X 的派生类，则说明一个 Y 类的对象和删除 Y 类对象时，调用构造函数和析构函数的次序分别为（   ）。

A) X,Y；Y,X   B) X,Y；X,Y   C) Y,X；X,Y   D) Y,X；Y,X

14. 假定一个类的构造函数为 A(int aa,int bb) {a=aa--;b=a*bb;}，则执行 A x(4,5);语句后，x.a 和 x.b 的值分别为（   ）。

A) 3 和 15   B) 5 和 4   C) 4 和 20   D) 20 和 5

15. 下列程序的输出结果是（   ）。

```
#include<iostream>
using namespace std;
int main()
{
    int n[][3]={10,20,30,40,50,60};
    int (*p)[3];
    p=n;
    cout<<p[0][0]<<", "<<*(p[0]+1)<<", "<<(*p)[2]<<endl;
    return 0;
}
```

A) 10，30，50   B) 10，20，30   C) 20，40，60   D) 10，30，60

16. 已知 p 是一个指向类 A 数据成员 m 的指针，a1 是类 A 的一个对象。如果要给 m 赋值 5，则正确的是（   ）。

A) a1.p = 5;   B) a1->p = 5;   C) a1.*p = 5;   D) *a1.p = 5;

17. 下列运算符中，在 C++语言中不能重载的是（   ）。

A) *   B) >=   C) ::   D) /

18. 有关 C++编译指令，以下叙述正确的是（   ）。

A) C++每行可以写多条编译指令

B) #include 指令中的文件名可含有路径信息

C) C++的编译指令可以以#或//开始

D) C++中不管#if 后的常量表达式是否为真，该部分都需要编译

19. 设有函数模板

```
template <class Q>
Q Sum(Q x,Q y)
{ return (x)+(y); }
```

则下列语句中，对该函数模板使用错误的是（   ）。

A) Sum(10,2);   B) Sum(5.0,6.7);   C) Sum(15.2f,16.0f);   D) Sum("AB", "CD");

20. 要禁止修改指针 p 本身，又要禁止修改 p 所指向的数据，这样的指针应定义为（   ）。

A) const char *p="ABCD";   B) char *const p="ABCD";

C) char const *p="ABCD";   D) const char * const p="ABCD";

二、填空题（本大题共 20 小题，每小题 1 分，共 20 分）

1. 下列程序段的输出结果是＿＿＿＿＿＿＿。

```
for(i=0,j=10,k=0;i<=j;i++,j-=3,k=i+j);cout<<k;
```

2. 重载的运算符保持其原有的＿＿＿＿＿＿＿、优先级和结合性不变。

3. 在 C++中要创建一个文件输入流对象 fin，同时该对象打开文件"Test.txt"用于输入，则正确的声明语句是＿＿＿＿＿＿＿。

4. 假设 int a=1,b=2; 则表达式(++a/b)*b--的值为＿＿＿＿＿＿＿。

5. 采用私有派生方式，基类的 public 成员在私有派生类中是＿＿＿＿＿＿＿成员。

6. 执行下列代码

```
int a=32;
double c=32;
cout.setf(ios::hex);
cout<<"hex:a="<<a<<",c="<<c<<endl;
cout.unsetf(ios::hex);
```

程序的输出结果为＿＿＿＿＿＿＿。

7. 用 class 定义一个类时，数据成员和成员函数的默认访问权限是＿＿＿＿＿＿＿。

8. 使用 new 为 int 数组动态分配 10 个存储空间是＿＿＿＿＿＿＿。

9. C++的流库预定义了 4 个流对象，它们是 cin、cout、clog 和＿＿＿＿＿＿＿。

10. 假如一个类的名称为 MyClass，使用该类的一个对象初始化该类的另一个对象时，可以调用＿＿＿＿＿＿＿构造函数来完成此功能。

11. #include 命令指定的包含头文件，可以是系统定义的头文件，也可以是＿＿＿＿＿＿＿的头文件。

12. C++中如果调用函数时，需要改变实参或者返回多个值，则应该采取＿＿＿＿＿＿＿方式。

13. 如果要把类 B 的成员函数 void fun()说明为类 A 的友元函数，则应在类 A 中加入的语句为＿＿＿＿＿＿＿。

14. 在函数前面用＿＿＿＿＿＿＿关键字修饰时，表示该函数为内联函数。

15. 控制格式输入输出的操作中，函数＿＿＿＿＿＿＿用于设置域宽。

16. 面向对象除抽象之外还有 3 个基本特性，它们是＿＿＿＿＿＿＿、继承性和封装性。

17. 静态成员函数、友元函数、构造函数和析构函数中，不属于成员函数的是＿＿＿＿＿＿＿。

18. C++支持的两种多态性分别是＿＿＿＿＿＿＿多态性和运行时多态性。

19. 进行函数重载时，被重载的同名函数如果都没有用 const 修饰，则它们的＿＿＿＿＿＿＿必须不同。

20. C++函数在定义时允许有默认的形参值，但默认形参值必须按＿＿＿＿＿＿＿的顺序定义。

三、完成程序题（本大题共 6 小题，每小题 6 分，共 36 分）

1. 补充程序，实现大写字母转换成小写字母。

```
#include<iostream>
using namespace std;
int main()
{
  char a;
    _____ ;
```
```
cin>>a;
if (_____)
a = a + i;
cout<<a<<endl;
_____ ;
}
```

2. 将程序补充完整，使输出为：0, 2, 10。

```
#include<iostream>
#include <cmath>
```
```
using namespace std;
class Magic
```

```
    {
        double x;
    public:
      Magic(double d = 0.00 )
             :x(fabs(d))
      {}
      Magic operator+( _____ )
      {
          return Magic(sqrt(x*x+c.
x*c.x));
      }
      _____operator<<(ostream
&stream, Magic &c)
```

```
    {
        stream<<c.x;
        _____;
    }
};
void main()
{
    Magic ma;
    cout<<ma<<", "<<Magic(2)<<",
"<<ma+Magic(-6)+Magic(-8)<<endl;
    return 0;
}
```

3. 将程序补充完整。

```
#include<iostream>
using namespace std;
class Samp
{
public:
    void Setij(int a,int b)
    {
        i = a, j = b;
    }
    ~Samp()
    {
        cout<<"Destroying..."<<i
<<endl;
    }
    int GetMuti()
    {
        return i*j;
    }
```

```
protected:
    int i, j;
};
int main()
{
    Samp *p = new Samp[5];
    if ( _____ )  {
        cout<<"Allocation error \n";
        return 1;
    }
    for(int j=0;j<5;j++)  p[j].
Setij(j,j);
    for(int k=0;k<5;k++)
        cout<<"Muti["<<k<<"]
is:"<<p[k]._____<<endl;
    _____
    return 0;
}
```

4. 将程序补充完整，并使程序的输出为：

```
11,10
12,13
```

```
#include<iostream>
using namespace std;
class A
{
    int a;
public:
    A(int i = 0)
    {
        a = i;
    }
    int Geta()
    {
        return a;
    }
    void show()
    {
        cout<<a<<endl;
    }
};
```

```
class B
{
    A a;
    int b;
public:
    B(int i, int j)
        _____
    {
    }
    void show()
    {
        cout<<a.Geta()<<", "<<b<<
endl;
    }
};
int main()
{
    B b[2] ={ B(10,11), B(12,13) };
    for(int i=0; _____; i++)
        _____
    return 0;
}
```

5. 下面程序中的 Base 是抽象类。将下面的程序补充完整，并使程序的输出为：

```
Der1 called!
Der2 called!
```

```
#include<iostream>
using namespace std;
class Base
```

```
{
public:
    _____;
};
class Der1 :   public Base
{
```

```
public:
  void display()
  {
      cout<<"Der1 called!"<<endl;
  }
};
class Der2 :     _____
{
public:
  void display()
  {
      cout<<"Der2 called!"<<endl;
  }
};
void fun( _____ )
```

```
{
  p->display();
}
int main()
{
  Der1 b1;
  Der2 b2;
  Base *p = &b1;
  fun(p);
  p = &b2;
  fun(p);
  return 0;
}
```

6. 将下面的程序补充完整，以使该程序执行结果为：

```
50 4 34 21 10
0 7.1 8.1 9.1 10.1 11.1
```

```
#include<iostream>
using namespace std;
template <class T>
void f ( _____ )
{
    _____;
  for (int i=0; i<n/2; i++)
  {
      t = a[i]; a[i] = a[n-1-i];
a[n-1-i] = t;
  }
}
```

```
int main ()
{
  int      a[5] = {10,21,34,4,50};
  double   d[6] = {11.1,10.1,9.1,
8.1,7.1};
  f(a,5);
  f(d,6);
  for (int i=0; i<5; i++)
cout<<a[i]<<"";
  cout<<endl;
  for ( _____ )
cout<<d[k]<<"";
  cout<<endl;
  return 0;
}
```

四、程序设计题（本大题共 2 小题，每小题 12 分，共 24 分）

1. 定义一个抽象类 Shape，由它派生出 3 个类：Square（正方形）、Trapezoid（梯形）和 Triangle（三角形）。用虚函数分别计算几种图形面积及其和。要求用基类指针数组，使它每一个元素指向一个派生类对象。试编写一个完整的程序并测试。

2. 已知 CName 类的部分代码如下，编写 CName 类的构造函数、析构函数、赋值函数和测试程序。

```
#include<iostream>
#include<cstring>
using namespace std;
class CName
{
public:
  CName(const char *str = NULL);          // 普通构造函数
  CName(const CName &other);              // 拷贝构造函数
  ~CName();                               // 析构函数
  CName & operator=(const CName &other);  // 赋值函数
  void show()
  {
      cout<<m_data<<endl;
  }
private:
  char *m_data;                           // 用于保存字符串
};
```

模拟测试试卷二（基于Visual C++）

一、选择题（本大题共 20 小题，每空 1 分，共 30 分）

1. 在 WinMain 函数的原型中，HINSTANCE hInstance 定义（　　　），HINSTANCE hPrevInstance 定义（　　　），LPSTR lpCmdLine 定义（　　　），int nCmdshow）定义（　　　）。

    A) 当前实例句柄   B) 先前实例句柄

    C) 指向命令行参数的指针   D) 窗口的显示状态

2. 以下哪个不是在 WinMain 函数中完成的操作？（　　　）

    A) 注册窗口类   B) 创建应用程序主窗口

    C) 进入应用程序消息循环   D) 调用窗口过程函数

3. 下面关于消息循环的说法错误的是（　　　）。

    A) Windows 为当前运行的每个 Windows 程序维护一个"消息队列"

    B) 程序通过执行一块被称为"消息循环"的代码从消息队列中取出消息

    C) 消息循环从 GetMessage 调用开始，从消息队列中取出一个消息

    D) GetMessage 通常将一个指向 msg 的 MSG 结构的指针直接传递给窗口函数 WndProc

4. 由 CreateWindow 函数发出的消息是（　　　），关闭窗口时产生的消息是（　　　）。

    A) WM_KEYDOWN   B) WM_CREATE   C) WM_DESTROY   D) WM_CLOSE

5. 下列 MFC 中的宏与消息映射无关的是（　　　）。

    A) DECLARE_DYNAMIC   B) DECLARE_MESSAGE_MAP

    C) ON_COMMAND   D) END_MESSAGE_MAP

6. 多文档界面的文档/视图架构应用程序使用的框架窗口类是（　　　）。

    A) CFrameWnd   B) CMDIFrameWnd   C) CSDIChildWnd   D) CSplitterWndP

7. 以下图形绘制函数中，不受画刷影响的函数是（　　　）。

    A) Rectangle   B) Ellipse   C) LineTo   D) Polygon

8. 定义屏幕或窗口中一个点的 x 和 y 坐标的数据类是（　　　），反映矩形等大小的数据类是（　　　）。

    A) CRect   B) CArray   C) CPoint   D) CSize

9. 下列关于菜单消息的 ON_COMMAND_RANGE 映射，说法正确的是（　　　）。

    A) 一旦两个消息被设置了范围映射，则原有的消息映射函数会失去作用

    B) 两个消息被设置了范围映射，原有的消息映射函数仍然有作用

    C) 在设置范围映射时，如果参数表中第一个消息的 ID 大于最后一个消息的 ID（不为 0），则消息不能被响应

    D) 在设置范围映射时，如果参数表中第一个消息的 ID 大于最后一个消息的 ID（不为 0），则只能响应第一个消息

10. 下列函数中，用于获取指定文件的文件名的是（　　　），用于获取指定文件的文件路径名的是（　　　）。

    A) GetFileName   B) GetStatus   C) GetFilePath   D) GetFileTitle

11. 下列函数中，用于创建模式对话框的是（　　　），建立对话框中数据交换的是（　　　）。

    A) Create   B) DoModal   C) InitDialog   D) DoDataExchange

12. 关于文件对话框，以下说法正确的是（　　　）。

    A) 文件对话框只能打开单个文件   B) 文件对话框可以设置默认的打开文件

    C) 文件对话框可以限制访问的文件类型   D) 文件对话框是无模式对话框

13. 在 MFC 编程中，所有基于窗口的控件类的基类是（　　　）。

    A) CWnd   B) CView   C) CWindows   D) CFrame

14. 在 MFC 编程中，仅仅用于显示文字提示的控件类为（　　　），可编辑文本框的控件类是（　　　）。

    A) CEdit   B) CButton   C) CStatic   D) CComboBox

15. 在实际应用中，如果需要列表视图控件显示一张 3×3 数据表中的全部数据，则应该选用的列表视图控件风格是（　　　）。

    A) 图标（Icon）   B) 小图标(Small Icon)

    C) 列表（List）   D) 报表（Report）

16. 在 MFC 的 ODBC 中，针对数据源中的记录集，负责记录操作的类是（　　　）；负责界面的类是（　　　）；负责记录集与数据源进行数据交换的类是（　　　）。

    A) CDatabase   B) CRecordset   C) CRecordView   D) CFieldExchange

17. 输出文本之前要获取字体的信息，如字符高度等，以确定输出格式和下一行字符的位置，获取当前使用字体信息的函数是（　　　）。

    A) GetFontMetrics   B) GetFontMetric   C) GetTextMetrics   D) GetTextMetric

18. 在 MFC 消息机制中，一个单文档视图应用程序的消息处理优先级顺序是（　　　）。

    A) 视图、文档、主框架、应用程序   B) 文档、视图、主框架、应用程序

    C) 应用程序、视图、文档、主框架   D) 主框架、视图、文档、应用程序

19. 关于 MFC 文档类的说法，下列正确的是（　　　）。

    A) 文档类代表用户使用的文件

    B) 一个文档类只能对应一个视图类

    C) 文档类和 CFile 类都是对文件进行具体操作

    D) 一个文档类可以对应多个视图类

20. 在 MFC 编程中，下列关于资源的定义，错误的是（　　　）。

    A) 在资源编辑器中直接添加资源，默认 ID 由系统指定

    B) 使用资源时，可以直接指定资源的 ID

    C) 在程序中，每个资源的 ID 可以取任意数

    D) 在资源编辑器中，资源不必按照标准的资源命名方式命名

二、判断题（本大题共 30 小题，每小题 1 分，共 30 分）

1. 在 Windows 编程约定中，代表窗口句柄的数据类型是 HWND。（　　　）

2. 在 Windows 编程中，菜单可以在资源视图中设计，一旦载入程序，就不能再更改。（　　　）

3. 在 Windows 编程中，键盘按键弹起时，返回消息 WM_KEYDOWN。（　　　）

4. 在 MFC 下不能再调用系统的底层函数。（　　　）

5. 在 MFC 和 Windows 编程中，很多函数既有 MFC 形式的，也有系统 API 形式的。（　　　）

6. CObject 类是一个抽象类。（　　　）

7. 在 MFC 编程中，文档类用于在窗口客户区域显示内容。（　　　）

8. 所有的 MFC 应用程序都必须有一个应用对象。（　　　）

9. MFC AppWizard 只能自动生成 MFC 框架的程序。（　　　）

10. 使用 MFC AppWizard 可以自动生成带有数据库连接的程序框架（　　　）

11. 在 MFC 编程中，后缀名为 rc 的资源文件存储了位图的数据。（　　　）

12. 在 MFC 消息机制中，任何一个类都可以收到消息。（　　　）

13. 在 MFC 编程中，Windows 消息处理被定义为函数的形式。（　　　）

14. 在书写 C++的宏时，如果一行写不完，可以使用连字符从下一行接着写。例如，MFC 的消息映射宏，在第一行末尾表示下一行是前一行的后续的符号是 "\"。（　　　）

15. 在菜单资源编辑界面中，为菜单项添加热键的符号是 "&"。（　　　）

16. 菜单功能只能在视图类中实现。（　　　）

17. 在 MFC 编程中，封装对话条的类是 CControlBar。（   ）

18. 在对话框编辑器中，要连续用鼠标点选控件，需要按住【Alt】键。（   ）

19. 在 MFC 编程中，创建一个无模式对话框使用的系统函数是 Create（   ）

20. 在 MFC 编程中，对话框的数据交换机制的英文缩写是 DDX。（   ）

21. 在 MFC 编程中，对话框的数据验证机制的英文缩写是 DDE。（   ）

22. 消息框的按钮不允许使用自定义按钮。（   ）

23. 在 MFC 编程中，标准的按钮类是 CButton 类。（   ）

24. 静态控件中的文本在程序运行过程中无法改变。（   ）

25. 列表视图（ListCtrl）只能在列表项中显示字符串信息。（   ）

26. 一个文档对象只能与一个视图对象关联。（   ）

27. 一个视图对象只能与一个文档对象关联。（   ）

28. 串行化数据是指将数据按顺序保存到文件中，读取也按照这个顺序。（   ）

29. 数据库编程时，一定要用到 DAO 类。（   ）

30. CDatabase 类的主要功能是建立与数据源的连接，并操作和使用它。（   ）

三、简答题（本大题共 4 小题，每小题 5 分，共 20 分）

1. GUI、SDK、SDI、MFC、ODBC 的英文全称和中文含义是什么？

2. 以菜单项 ID_SET_PARAM 为例，写出为视图类 CDrawView 手工添加命令事件处理函数的步骤与相关代码。

3. 创建和使用自定义用户模式对话框的主要步骤有哪些？

4. （1）为什么不能在 MFC 的视图类或对话框类的构造函数中，对窗口或控件进行初始化？

（2）为什么在第一次调用视图类的 OnSize 函数时，不能使用文档类中的数据，也不能进行任何可视对象的操作？

（3）在打开文档并就绪后，MFC 应用程序框架先后调用的视图类函数是什么？

四、编程题（本大题共 2 小题，每小题 10 分，共 20 分）

1. 设有一个实心绿色椭圆，其外接矩形的左上角坐标为（10,20），宽 200，高 100，椭圆边框为红色单像素实线，写出绘制该椭圆的代码段。

2. 有一个输入对话框，其中有一个编辑控件 IDC_NUM_INPUT，用于接收用户的整数输入。该对话框对应的类为 CInputDlg，其编辑控件对应的类变量为 m_iDlgNum。写出符合下列要求的源代码：在视图类的事件处理函数 OnInputNum 中，打开此输入对话框，并以视图类的类变量 m_iNum 的值，初始化对话框中的输入编辑控件，并在用户单击"确定"按钮关闭对话框后，将用户输入的值赋值给 m_iNum。

单元综合测试和模拟测试参考答案

第4章

一、选择题

1. C   2. D   3. B   4. B   5. A   6. D   7. B   8. D   9. D   10. A

二、填空题

1. CCmdTarget

2. ① CDocument   ② CView

3. ① CiProApp   ② CMainFrame

4. 属于模式对话框

5. DoModal

6. ① CColorDialog   ② CFileDialog   ③ CFontDialog

第5章

一、选择题

1. C   2. A   3. C   4. A   5. A   6. A   7. A   8. D   9. A   10. B

二、填空题

1. ① GetCheckedRadioButton   ② GetCheck

2. 编辑框、列表框、组合框

3. ① (CListBox*)GetDlgItem(IDC_LIST1);   ② InsertString(0, "China");

4. ① 编辑框   ② 列表框   ③ ResetContent

5. SB_THUMBTRACK

6. WM_TIMER

第6章

一、选择题

1. C   2. D   3. D   4. B   5. A   6. C   7. C   8. C   9. C   10. D

二、填空题

1. ① CChildFrame   ② PreCreateWindow

2. ① m_pMainWnd   ② ShowWindow

3. ① 视图类、文档类、框架类和应用程序类   ② 视图类

4. ① EnableDocking   ② DockControlBar

5. ① UPDATE_COMMAND_UI   ② SetRadio

第7章

一、选择题

1. A   2. D   3. D   4. C   5. B   6. A   7. C   8. C   9. C   10. A

二、填空题

11. ① 文档模板类   ② CSingleDocTemplate   ③ CMultiDocTemplate

12. ① DECLARE_SERIAL   ② IMPLEMENT_SERIAL   ③ Serialize

13. 视图

14. ① UpdateAllViews   ② OnUpdate   ③ GetDocument

第8章

一、选择题

1. D   2. C   3. C   4. C   5. C   6. A   7. B   8. C   9. B   10. C

二、填空题

1. ① LineTo   ② Rectangle   ③ TextOut   2. ① COLORREF   ② RGB(255, 0, 0)

3. ① AddNew   ② MoveFirst   ③ Update   4. ① 动态行集（Dynasets）   ② 快照集（Snapshots）

模拟测试试卷一

一、单项选择题

1. B   2. C   3. B   4. C   5. D   6. C   7. A   8. D   9. D   10. C   11. D   12. C   13. A

14. C   15. B   16. C   17. C   18. B   19. D   20. D

二、填空题

1. 4   2. 操作数个数   3. ifstream fin(“Test.txt”);   4. 2   5. 私有   6. hex:a=20,c=32

7. 私有或 private   8. new int[10];   9. cerr   10. 复制或拷贝   11. 自定义

12. 传址或引用   13. friend void B::fun();   14. inline   15. setw(int)   16. 多态性

17. 友元函数   18. 编译时   19. 形参个数或类型   20. 从右到左

三、完成程序题

1. int i = 32   (a>=’A’) && (a<=’Z’)   return 0

2. Magic &c   friend ostream   return stream

3. !p   GetMuti()   delete []p;

4. : a(i), b(j)   i < 2   b[i].show();

5. virtual void display()=0;   public Base   Base *p

6. T a[], int n 或 T *a, int n   T t   int k=0; k<6; k++

四、程序设计题（略）

模拟测试试卷二

一、选择题

1. A、B、C、D   2. D   3. D   4. B、D   5. A   6. B   7. C   8. C、D   9. D   10. A、C

11. B、A   12. C   13. A   14. C、A   15. D   16. B、C、D   17. C   18. A   19. D   20. C

二、判断题

1. √   2. ×   3. ×   4. ×   5. √   6. √   7. ×   8. √   9. ×   10. √

11. ×   12. ×   13. √   14. √   15. √   16. ×   17. ×   18. ×   19. √   20. √

21. ×   22. √   23. √   24. ×   25. ×   26. ×   27. √   28. √   29. ×   30. √

三、简答题（略）

四、编程题（略）

推荐阅读

Access 2010数据库程序设计教程

作者: 熊建强 等 ISBN: 978-7-111-43681-2 定价: 39.00元

数据库原理及应用

作者: 王丽艳 等 ISBN: 978-7-111-40997-7 定价: 33.00元

数据库与数据处理：Access 2010实现

作者: 张玉洁 等 ISBN: 978-7-111-40611-2 定价: 35.00元

C语言程序设计：问题与求解方法

作者: 何勤 ISBN: 978-7-111-40002-8 定价: 36.00元

Visual C++ .NET程序设计教程 第2版

作者: 郑阿奇 等 ISBN: 978-7-111-40084-4 定价: 36.80元

计算机网络教程 第2版

作者: 熊建强 等 ISBN: 978-7-111-38804-3 定价: 39.00元